机电设备控制技术

主编 江静

国防工业出版社

·北京·

内 容 简 介

本书共分6章。内容包括液压与气压传动系统、常用低压电器、基本电气控制线路、典型机电设备的电气控制系统、机电设备的分类及应用、机电设备控制线路的设计。

全书内容注重理论联系实际,侧重于实际应用,图文并茂,采用最新国家标准。书中加强实践技能和综合能力的培养,使学生尽快掌握机电设备控制技术的基本理论知识和安装、调试与维修的基本技能;对控制线路分析全面,便于自学;每章都附有习题与习题解答,可供学生课后参考与练习。

本书可作为高等院校机电类以及相近专业的教材,适用于高等院校机械制造及其自动化专业、电气工程及其自动化专业、数控加工专业、模具设计与制造等专业的本科生,也可作为电气控制线路设计、运行、维修的技术人员岗位技能培训的培训教材,还可作为从事机电设备制造、加工等专业工程技术人员的参考用书。

图书在版编目(CIP)数据

机电设备控制技术/江静主编. —北京:国防工业出版社,2012.6
ISBN 978-7-118-08010-0

Ⅰ.①机... Ⅱ.①江... Ⅲ.①机电设备 – 控制系统 Ⅳ.①TP271

中国版本图书馆 CIP 数据核字(2012)第 091475 号

※

国防工业出版社 出版发行

(北京市海淀区紫竹院南路23号 邮政编码100048)
北京奥鑫印刷厂印刷
新华书店经售

*

开本 787×1092 1/16 印张 21½ 字数 524 千字
2012 年 6 月第 1 版第 1 次印刷 印数 1—5000 册 定价 39.00 元

(本书如有印装错误,我社负责调换)

国防书店:(010)88540777 发行邮购:(010)88540776
发行传真:(010)88540755 发行业务:(010)88540717

前　言

随着我国电力工业的迅速发展,机电设备控制技术在工农业生产等各行各业和人们日常生活中的应用越来越广泛。为了满足高等院校机电类本科生的培养要求以及广大从事机电设备控制与维修的工程技术人员的工作需要,我们编写了这本教材。

本书共分6章。第1章　液压与气压传动系统,主要介绍了液压装置与气压装置,重点介绍了液压控制元件、液压辅助元件、液压基本回路、气压传动执行元件、气压传动控制元件、气压传动基本回路等知识。第2章　常用低压电器,详细介绍了熔断器、隔离器与刀开关、低压断路器、接触器、主令电器等低压电器的结构与工作原理,分析了各类低压电器的选型、工作原理、常见故障及排除故障的方法。第3章　基本电气控制线路,主要介绍了电气控制系统图的有关知识,重点分析了三相鼠笼式异步电动机的直接启动控制线路、制动控制线路、正反转控制线路、调速控制线路及控制线路的实训内容。第4章　典型机电设备的电气控制系统,主要介绍了电气图的识图方法和步骤,分析了 M7120 型平面磨床、CA6140 型普通车床、X62W 型万能铣床、Z3040 型摇臂钻床、T68 型卧式镗床的电气控制线路,重点介绍了各类机床控制线路的故障检修以及实训内容。第5章　机电设备的分类及应用,主要介绍了金属切削机床、起重设备、电梯等机电设备的实际应用,重点强调了各类设备应用的电气控制线路以及常见故障与检修。第6章　机电设备控制线路的设计,主要介绍了设计的原则、方法和内容。

本书是根据高等院校机电类系列教材的基本要求,并借鉴了相关院校的课程建设与改革成果后组织编写的。根据教学大纲的要求,全书按64个学时编写。本书在内容体系上,力求结构合理,内容与时俱进,叙述深入浅出,文字简练易懂;在内容的取舍与深度的把握上,强调重点突出,注意理论联系实际,旨在培养学生解决生产一线实际问题的能力。另外,每章都附有习题与习题解答,可供学生课后参考与练习。

本书从工程技术角度出发,突出基本理论、基本概念和基本方法,并注重学生在机电设备控制技术应用能力与工程素养两方面的培养。根据教学大纲的要求,全书安排了6项实训项目,12 个学时,实训内容叙述力求简练,注重理论与应用结合,设计与实现结合,强调系统性与实用性。课程实验根据各学校的具体条件,可以随课程进度安排,也可把几个实验集中起来开设实验专用周或综合实验。

本书由江静、张雪松任主编,刘朝辉、李旭任副主编。其中,第 2 章、第 3 章由江静编写,第 1 章、第 4 章由张雪松编写,第 5 章由刘朝辉编写,第 6 章由李旭编写。全书由江静统稿,由张雪松主审。

本书在编写过程中得到了华北科技学院机电工程学院以及光电信息控制和安全技术重点实验室的领导及同事们的大力支持,编者对关心本书出版、热心提出建议和提供资料的单位和个人在此一并表示衷心感谢。

由于编者水平所限,书中错误和不妥之处在所难免,恳请广大读者不吝赐教。

编 者
2012 年 4 月

目　录

第1章　液压与气压传动系统

1.1　液压传动系统

1. 传动的类型

机器通常由原动机、传动装置和工作机构三部分组成。原动机的作用是把各种形态的能量转变为机械能,是机器的动力源。传动装置设置于原动机和工作机构之间,起传递动力和进行控制的作用。工作机构是利用机械能来改变材料或工件的性质、状态、形状或位置,以进行生产或达到其他预定目的的工作装置。

传动的类型有多种,按照传动所采用的机件或工作介质的不同可分为机械传动、电力传动、气压传动和液体传动。其中,机械传动是通过齿轮、齿条、带、链条等机件传递动力和进行控制的一种传动方式,它是发展最早而应用最为普遍的传动形式。电力传动是利用电力设备并调节电参数来传递动力和进行控制的一种传动方式。气压传动是以压缩空气为工作介质进行能量传递和控制的方式。液体传动是以液体为工作介质进行能量传递和控制的一种传动方式,按其工作原理的不同又可分为液力传动和液压传动:液力传动的工作原理是基于流体力学的动量矩原理,主要是以液体动能来传递动力,故又称为动力式液体传动;液压传动是基于流体力学的帕斯卡原理,主要利用液体静压能来传递动力,故也称容积式液体传动或静液传动。

2. 液压传动的工作原理

假设在面积为 A_1 单柱塞泵的活塞 1 上作用一个 F_1 力,如图 1-1 所示,则柱塞泵输出油液的压力为

$$p = \frac{F_1}{A_1} \tag{1-1}$$

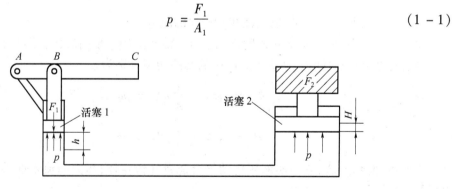

图 1-1　液压传动原理图

根据帕斯卡原理,此压力将以同样大小传给作用面积为 A_2 的液压缸的活塞 2 上,因而,液压缸可以产生的推力为

$$F_2 = pA_2 = F_1 \frac{A_2}{A_1} \tag{1-2}$$

1

由式(1-2)力传递基本方程式看出:如果 A_2 很大, A_1 很小,则只需很小的 F_1 力便能获得很大的推力 F_2。可见,这是一个力的放大机构,即液压传动具有增力效应,其增大倍率为 $\dfrac{A_2}{A_1}$,这是液压传动的一个重要特征。

力 F_1 之所以能够从活塞 1 传到活塞 2 上去,是通过处于两个活塞之间的密封容器内的受压液体进行的,即处于密封容器内的受压液体,能像齿轮、齿条等固体传动机件一样传递动力。

由式(1-2)还可看出: F_2 越大,即外负载越大,液压缸油腔中的油压 p 也就越大,这说明系统中的油压大小是由外负载决定的。

假如活塞 1 在 F_1 力作用下,在 t 时间内向下移动一段距离 h,则柱塞泵排出油液的体积为 hA_1;而活塞 2 一定要向上移动一段距离 H,在活塞与液压缸(泵)体滑动面间完全密封及液体不可压缩情况下,有

$$A_1 h = A_2 H \qquad (1-3)$$

式(1-3)两端除以时间 t,整理后得

$$v_2 = v_1 \frac{A_1}{A_2} \qquad (1-4)$$

式中: v_1、v_2 分别为活塞 1、2 的运动速度。

由此可见,这又是一个速度变换机构,其速度的变换和传递是靠液体容积变化相等的原则进行的。

由式(1-4)得

$$v_1 A_1 = v_2 A_2 = q \qquad (1-5)$$

或者

$$\begin{cases} v_1 = \dfrac{q}{A_1} \\[2mm] v_2 = \dfrac{q}{A_2} \end{cases} \qquad (1-6)$$

式中: q 为流入液压缸的流量,也是柱塞泵排出的流量。

式(1-6)表明,液压缸活塞速度正比于流入液压缸的流量而反比于活塞面积。

显而易见,单位时间内,活塞 1、2 所做的功的功率分别为

$$P_1 = v_1 F_1 = \frac{q}{A_1} p A_1 = pq \qquad (1-7)$$

$$P_2 = v_2 F_2 = \frac{q}{A_2} p A_2 = pq \qquad (1-8)$$

由此可知: $P_1 = P_2$,它表明液压传动符合能量守恒定律;压力与流量的乘积就是功率,以后要经常用到。

综上所述,可归纳出液压传动的基本特征是:以液体为传动介质,依靠位于密闭容器内的液体静压力来传递动力,其静压力的大小取决于外负载;负载速度的传递是按液体容积变化相等的原则进行的,其速度大小取决于流量。

3. 液压传动系统的组成

液压传动系统,除了以液体为传动介质外,通常由以下几部分组成:

（1）动力源部分。由液压泵及原动机构成，它将原动机输出的机械能转变为工作液体的压力能。

（2）执行部分。包括液压缸和液压马达，是把工作液体的压力能重新转变为机械能，推动负载运动。

（3）控制部分。包括压力、流量、方向控制阀等。通过它们控制和调节液压系统中的压力、流量和流向，以保证执行部件所要求的输出力、速度和方向。

（4）辅助部分。包括油箱、管道、滤油器、蓄能器以及指示仪表等，以保证系统的正常工作。

例1-1　液压千斤顶传动系统的组成。

如图1-2所示，液压缸1与单向阀3、4一起构成手动液压泵，用以完成吸油与排油。当向上抬起杠杆时，手动液压泵的活塞2向上运动，活塞2的下部容腔a的容积增大形成局部真空，致使排油单向阀3关闭，油箱8中的油液在大气压作用下经油管5顶开吸油单向阀4，进入a腔。当活塞2在力F_1作用下向下运动时，a腔的容积减小，油液因受挤压，故压力升高。于是，被挤出的液体将使吸油单向阀4关闭，而使排油单向阀3被顶开，经油管6进入液压缸10的b腔，推动活塞11，使其上移顶起重物（重力为F_2）。手摇泵的活塞2不断上下作往复运动，重物逐渐被抬高。重物上升到所需高度后，停止活塞2的运动，则液压缸10的b腔内的油液压力将使排油单向阀3关闭，b腔内的液体被封死，活塞11连同重物一起被闭锁不动。此时，截止阀9关闭。如打开截止阀9，则液压缸10的b腔内液体便经油管7流回油箱8，于是活塞11将在自重作用下，下移回到原始位置。

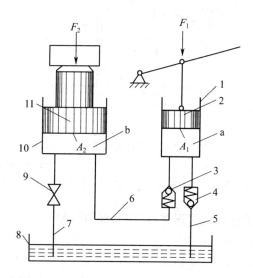

图1-2　液压千斤顶结构示意图

1,10—液压缸;2,11—活塞;3—排油单向阀;4—吸油单向阀;5,6,7—油管;8—油箱;9—截止阀。

例1-2　机床工作台液压传动系统的组成。

如图1-3所示，当液压泵3由电动机驱动旋转时，从油箱1经过滤器2吸油。当换向阀7（有P、T(T$_1$)A、B四个油口和三个工作位置）的阀芯处于换向手柄12所示位置时，压力油经管路14、阀5、阀7（P→A）和管路11进入液压缸9的左腔，推动活塞（杆）及工作台10向右运动。液压缸9右腔的油液经管路8，阀7（B→T）和管路6、4排回油箱；通过扳动换向

3

手柄 12 切换阀 7 的阀芯,使之处于左端工作位置,则液压缸活塞反向运动;切换阀 7 的阀芯工作位置,使之处于中间位置,则液压缸 9 在任意位置停止运动。调节和改变流量控制阀 5 的开度大小,可以调节进入液压缸 9 的流量,从而控制液压缸活塞及工作台的运动速度。液压泵 3 排出的多余油液经管路 15、溢流阀 16 和管路 17 流回油箱。液压缸 9 的工作压力取决于负载。液压泵 3 的最大工作压力由溢流阀 16 调定,其调定值应为液压缸的最大工作压力及系统中油液流经各类阀和管路的压力损失之和。因此,系统的工作压力不会超过溢流阀的调定值,溢流阀对系统还有超载保护作用。

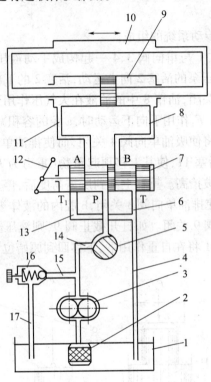

图 1-3 机床工作台液压系统结构示意图

1—油箱;2—过滤器;3—液压泵;4,6,8,11,13,14,17—管路;5—流量控制阀;
7—换向阀;9—液压缸;10—工作台;12—换向手柄;16—溢流阀。

图中符号意义详见液压气动图形符号(GB 786.1—93)。

4. 液压传动系统的分类

液压传动系统按照工作介质循环方式的不同,可以分为开式系统和闭式系统。图 1-4 所示就是一个开式系统,其特点是液压泵自油箱吸油,经换向阀送入液压缸,液压缸回油返回油箱,工作油在油箱中冷却及沉淀过滤之后再进入工作循环。闭式系统如图 1-5 所示,液压泵的吸油管直接与液压马达的回油管相连通,形成一个闭合回路。为了补偿系统中由于液压泵、马达和管路等处的泄漏损失,设置了补油泵。液压马达是通过改变液压泵的液流方向和流量来换向和调速的,因此,在闭式系统中常采用双向变量泵。

液压传动系统按照控制方式的不同,可分为阀控系统和泵控系统。靠用液压控制阀来控制系统压力、流量和执行元件的运动方向及速度或转速的系统可称为阀控系统,如图 1-4 所示。靠用变量泵来控制系统执行元件的运动方向及其速度或转速的系统可称为泵控系

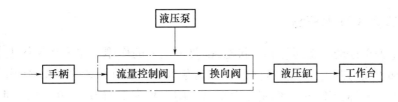

图 1-4　开式控制的液压系统原理方块图

统,如图 1-5 所示。在实际应用的液压传动系统中,阀控系统是很普遍的,如由定量泵、双作用液压缸等元件所组成的液压传动系统,其液压缸的运动方向和速度只能用控制阀来控制和调节;而泵控系统往往要和阀控方式相结合,实际上是阀控与泵控组合而成的复合系统。液压传动系统按系统中所使用的泵的数目多少可分为单泵系统及多泵系统;按液压泵向多个液压缸或马达供油连接方式的不同可分为串联系统及并联系统;按工程上液压设备工况特点及应用场合的不同,液压传动系统的种类更是名目繁多。

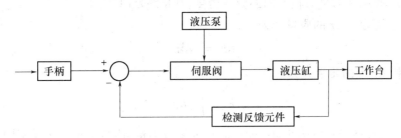

图 1-5　闭式控制的液压系统原理方块图

5. 各类传动方式的比较

机械传动的优点是传动准确可靠、操作简单、传动效率高、制造容易和维护简单等;缺点是一般不能进行无级调速,远距离操作困难,结构也比较复杂等。电力传动的优点是能量传递方便、信号传递迅速、标准化程度高、易于实现自动化等;缺点是运动平稳性差,易受外界负载的影响,惯性大、换向慢,电力设备和元件要耗用大量的有色金属,成本高,受温度、湿度、振动、腐蚀等环境影响较大。气压传动的优点是结构简单、成本低,易于实现无级变速,气体黏性小,阻力损失小,流速可以很高,能防火、防爆,可以在高温下工作;缺点是空气容易压缩,负载对传动特性的影响较大,不宜在低温下工作(凝结成水,结冰),气压传动系统的工作压力一般为 0.7MPa ~ 0.8MPa,只适用于小功率传动。

液压传动与上述几种传动方式相比,有以下优点:

(1) 单位质量输出功率大,容易获得很大的力和力矩。如液压马达的外形尺寸约为同功率电动机的 12%,质量约为电动机的 10% ~ 20%。

(2) 由于体积小、重量轻,因而惯性小,启动、制动迅速,运动平稳,可以快速而无冲击地变速和换向。

(3) 可以在运行过程中进行无级调速,调速方便,调速范围比较大。

(4) 简化机器结构,减少零件数目。

(5) 操纵简便,与电力、气动传动相配合,易于实现远距离操纵和自动控制。

(6) 由于系统充满油液,对各液压元件有自润滑和冷却作用,使之不易磨损,又由于容易实现过载保护,因而寿命长。

1.1.1 流体力学基本概念

流体无论处于运动状态还是静止状态,都要承受力的作用。作用在流体上的外力可以分为质量力和表面力两大类。在流体中取一个界面为封闭曲面 S 的体积,作用在体积内各个流体微团上的力称为质量力;作用在表面 S 上的力称为表面力,简称面力。重力、引力和惯性力是质量力,压力、摩擦力是面力。

1. 质量力

质量力是用它在空间的分布密度来表示的。在体积 τ 内任取一点 M,围绕 M 点作体积元素 $\mu\tau$,它的质量为 δm,作用在其上的质量力为 δF,若存在下面的极限值:

$$f = \lim_{\delta m \to 0} \frac{\delta F}{\delta m} = \frac{dF}{dm} = \frac{1}{\rho}\frac{dF}{d\tau} \tag{1-9}$$

则式(1-9)中的极限值 f 代表 M 点上单位质量流体所受到的质量力,它是空间坐标 x、y、z 和时间 t 的函数,称为质量力在空间的分布密度,其量纲是 $[LT^{-2}]$。

作用在体积元素 $\mu\tau$ 的质量力为

$$dF = \rho f d\tau \tag{1-10}$$

有限体积 $d\tau$ 上的质量力为

$$F = \int_\tau \rho f d\tau \tag{1-11}$$

式中:$d\tau$ 可表示为微元立方体积 $dxdydz$,是三阶无穷小量,质量力密度 f 是有限量,由(1-11)可知,与 $d\tau$ 同阶的微元质量力 dF 也是三阶无穷小量。

如果质量力 F 有势,可表示为

$$F = -\nabla \tilde{V} \tag{1-12}$$

式中:$\tilde{V}$ 是力势函数。当质量力是重力时,$\tilde{V} = gz$。

2. 面力

面力是与体积 τ 的界面 S 接触的流体或固体作用于表面 S 上的力。面力用它在表面 S 上的分布密度来表示。在表面 S 上任取一点 N,作面积元素 ΔS 包住 N 点。设 ΔS 的法线为 n,作用在 ΔS 上的面力为 ΔP,令 ΔS 向 N 点收缩。若存在下面的极限值:

$$p_n = \lim_{\Delta s \to 0} \frac{\Delta P}{\Delta S} = \frac{dP}{dS} \tag{1-13}$$

则 p_n 代表 N 点上以 n 为法线的单位面积上所受的面力。p_n 称为面力在 S 面上的分布密度,或称为应力,其量纲是 $[ML^{-1}T^{-2}]$。应力 p_n 是空间坐标 x、y、z 和时间 t 的函数,依赖于作用面的方向。作用在 ΔS 面上的面力为

$$dp = p_n dS \tag{1-14}$$

而作用在有限面积 S 上的面力为

$$p = \int_s p_n dS \tag{1-15}$$

面积元素 ΔS 是二阶无穷小量,应力 p_n 是有限量,由(1-13)可知,与面积元素 dS 同量阶的微元面力 dp 也是二阶无穷小量。

1.1.2 液压泵

在液压传动系统中,液压泵是液压传动系统的动力元件,它是将原动机输入的机械能转换成液体压力能的能量转换装置。在液压传动系统中属于动力元件,是液压传动系统的重要组成部分,其作用是向液压系统提供压力油。

液压泵的种类很多,按其结构形式的不同,可分为齿轮式、叶片式、柱塞式和螺杆式等类型;按泵的排量能否改变,可分为定量泵和变量泵;按泵的输出油液方向能否改变,可分为单向泵和双向泵。工程上常用的液压泵有齿轮泵、叶片泵和柱塞泵;齿轮泵包括外啮合齿轮泵和内啮合齿轮泵;叶片泵包括双作用叶片泵和单作用叶片泵;柱塞泵包括轴向柱塞泵和径向柱塞泵。

1. 液压泵的工作原理

液压泵都是依靠密封容积变化的原理来进行工作的,故一般称为容积式液压泵。图1-6所示的是一单柱塞液压泵的工作原理图,图中柱塞2与泵体3形成一个密封容积V,柱塞在弹簧4的作用下始终压紧在偏心轮1上。原动机驱动偏心轮1旋转,从而使柱塞2作往复运动,使密封容积V的大小发生周期性的交替变化。当V由小变大时就形成部分真空,油箱中油液在大气压作用下,经过吸油管顶开单向阀6,进入密封腔而实现吸油;反之,当V由大变小时,密封腔中吸满的油液将顶开单向阀5,流入系统而实现压油,原动机驱动偏心轮不断旋转,液压泵就不断地吸油和压油,这样液压泵就将原动机输入的机械能转换成了液体的压力能。

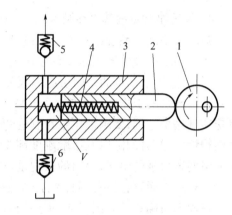

图1-6 液压泵工作原理图
1—偏心轮;2—柱塞;3—泵体;4—弹簧;5,6—单向阀。

2. 液压泵的特点

(1)具有若干个周期性变化的密封容积,密封容积由小变大时吸油,由大变小时压油。液压泵输出油液的多少只取决于此密封容积的变化量及其变化频率。这是容积式液压泵的一个重要特性。

(2)油箱内液体的绝对压力必须等于或大于大气压力,这是容积式液压泵能够吸入油液的必要外部条件。因此,为保证液压泵正常吸油,油箱必须与大气相通,或采用密闭的充压油箱。

(3)具有相应的配流机构,将吸油腔与排油腔隔开。它保证密封容积由小变大时只与吸油管连通,密封容积由大变小时只与压油管连通。图1-6中的单柱塞泵中的两个单向阀5和6就是起配流作用的,是配流机构的一种类型。

3. 选择液压泵的原则

根据主机工况、功率大小和系统对工作性能的要求,确定液压泵的类型。首先应该确定的是选用变量泵还是定量泵,变量泵价格昂贵,但是工作效率高、节能。选用的时候应综合考虑泵的性能、特点及成本。然后按系统所要求的压力、流量大小确定其规格型号。

表 1 - 1 各类液压泵的主要性能与选用范围

项目	齿轮泵	双作用叶片泵	单作用叶片泵	轴向柱塞泵	径向柱塞泵	螺杆泵
工作压力/MPa	≤17.5	6.3 ~ 21	≤6.3	10 ~ 40	10 ~ 20	2.5 ~ 10
流量调节	不能	不能	能	能	能	不能
容积效率	0.70 ~ 0.95	0.80 ~ 0.95	0.80 ~ 0.90	0.90 ~ 0.98	0.85 ~ 0.95	0.75 ~ 0.95
总效率	0.60 ~ 0.85	0.75 ~ 0.85	0.70 ~ 0.85	0.85 ~ 0.95	0.75 ~ 0.92	0.70 ~ 0.90
流量脉动率	大	小	中等	中等	中等	小
对油液污染敏感性	不敏感	敏感	敏感	敏感	敏感	不敏感
自吸特性	好	较差	较差	较差	差	好
噪声	大	小	较大	大	较大	小

4. 液压泵常见故障及维修

液压泵是液压系统的心脏,它一旦发生故障就会立即影响系统的正常工作。工作中造成液压泵出现故障的原因是多种多样的,原因主要如下。

1) 由液压泵本身的原因引起的故障

从液压泵的工作原理可知,液压泵的吸油和压油是依靠密封容积作周期变化实现的。要想实现这个过程,要求液压泵在制造的过程中满足足够的加工精度,尺寸公差、形位公差、表面粗糙度、配合间隙以及接触刚度都要符合技术条件。液压泵经过一段时间的使用后,有些质量问题会暴露出来,突出的表现是技术要求遭到破坏,液压泵不能正常工作。这种故障对于一般用户而言,是不易排除的。在进行液压泵故障分析时,这个原因要放到最后来考虑。在尚未明确故障原因之前,不要轻易拆泵。

2) 由外界因素引起的故障

(1) 油液。油液黏度过高或过低都会影响液压泵正常工作。黏度过高,会增加吸油阻力,使泵的吸油腔真空度过大,出现气穴和气蚀现象;黏度过低,会加大泄漏,降低容积效率,并容易吸入空气,造成泵运转过程中的冲击和爬行。

油液的清洁也是非常重要的。液压油受到污染,如水分、空气、铁屑、灰尘等进入油液,对液压泵的运行会产生严重的影响。铁屑、灰尘等固体颗粒会堵塞过滤器,使液压泵吸油阻力增加,产生噪声;还会加速零件磨损,擦伤密封件,使泄漏增加,对那些对油液污染敏感的泵而言,危害就更大。

(2) 液压泵的安装。泵轴与驱动电动机轴的连接应有足够的同轴度。若同轴度误差过大,就会引起噪声和运动的不平稳,严重时还会损坏零件。同时安装时要注意液压泵的转向,应合理选择液压泵的转速,同时要保证吸油管与排油管道管接头处的密封。

(3) 油箱。油箱容量小,散热条件差,会使油温过高,油液黏度减小,带来许多问题;油箱容量过大,油面过低以及液压泵吸油口高度不合适,吸油管道直径过细等都会影响泵的正常工作。

1.1.3　液压缸与液压马达

1. 液压缸

液压缸是液压系统的执行元件。它把液体的压力能(压力 p 和流量 q)转变为机械能(推力 F、速度 v),用于驱动工作机构作直线往复运动或往复摆动。

1）液压缸的类型与结构

液压缸按其结构形式可分为活塞式、柱塞式、伸缩式、增压式、增速式和摆动式六类。

（1）活塞式液压缸有双杆式和单杆式两种：

① 双活塞杆液压缸。双杆液压缸的活塞两端均有活塞杆伸出，而且两杆的直径相等，根据安装方式不同，又可分为缸筒固定式和活塞杆固定式两种。图1－7所示为缸筒固定式双活塞杆液压缸的工作原理示意图，当油液自 B 口进入油缸时，活塞杆带动工作台向右移动；油液自 A 口进入油缸时，活塞杆带动工作台向左移动。由于活塞两端受压面积相等，所以活塞往复的速度必然相等。

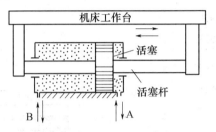

图1－7 双杆式液压缸工作示意图

② 单活塞杆液压缸。单杆液压缸的一侧有活塞杆，另一侧无活塞杆。如图1－8所示，当油液自 B 口进入油缸时，活塞杆带动工作台向右移动；油液自 A 口进入油缸时，活塞杆带动工作台向左移动。由于单杆式液压缸的活塞只有一端有活塞杆，因此活塞两端承受油压的面积不等，活塞左边的作用面积大，向右移动的速度就慢；活塞右边的作用面积小，向左移动的速度就快。所以当压入油缸的流量相同时，活塞向左速度会大于向右速度。这个工作特点，适用于需要两种不同速度的工作机构。例如，组合机床的液压动力头需要慢速给进、快速退回时，就可采用这种液压缸。

如果单活塞杆的左、右两腔同时通压力油，则称为差动连接，如图1－9所示。差动连接的单活塞杆液压缸称为差动液压缸。差动液压缸虽然两腔的油液压力相等，但因两腔有效面积不同，所以两侧总压力不能平衡，活塞向右的作用力大于向左的作用力，使活塞向右（有杆腔方向）运动，并使液压缸有杆腔排出的油液流量和泵输出的流量汇合进入液压缸的左腔，使活塞运动速度加快。通过差动连接能提高速度的特点，适用于工作过程中需要快速进给的机构。

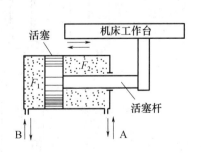

图1－8 单杆式液压缸工作示意图

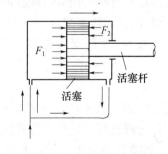

图1－9 差动液压缸工作示意图

（2）柱塞式液压缸。活塞式液压缸的活塞和油缸的配合精度要求较高，尤其是油缸内孔的形状公差如椭圆度、锥度以及孔的轴线在全长上的弯曲度等都有严格规定。所以活塞

9

行程越长,深孔精加工就越困难。用柱塞代替活塞,就可以得到解决。如图 1 – 10 所示,柱塞液压缸是由油缸、柱塞和密封装置组成。油缸体上开有一个进油口。由于柱塞和油缸的精配合集中在油缸口的一小部分地方,所以只需把这部分作精加工即可。

柱塞式液压缸是一种单作用式液压缸,它只能产生单方向的作用力,柱塞的复位是依靠自身的重量。例如,装载机的举升液压缸,在压力油进入油缸时,把铲斗升起。当控制阀门把油液的进出口油口接通回油油路时,铲斗的自重将油液压出,使柱塞复位,铲斗下降。柱塞式液压缸如果需要双向作用,可用两个液压缸组合起来,如图 1 – 11 所示。当一个液压缸进油时,另一个液压缸回油,这样就可以完成双向往复运动。

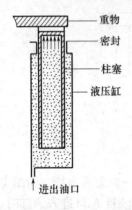

图 1 – 10　柱塞式液压缸工作示意图

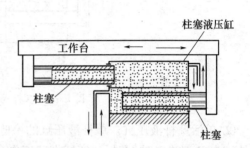

图 1 – 11　组合柱塞式液压缸工作示意图

（3）伸缩式液压缸。伸缩式液压缸又称多级缸,它是由多级液压缸套装而成,前一级液压缸的柱塞是后一级液压缸的缸筒,各级柱塞伸出时可获得较长的工作行程,缩回时可保持较小的结构尺寸。图 1 – 12 所示是单作用伸缩式液压缸,其外形如拉杆天线,一节套着一节。当压力油压入后,套筒依次伸出,常用作自卸汽车的车箱倾卸液压缸。液压缸的复位是靠车箱的质量将套筒逐级压回,此时进油口成为回油口,直至车箱复位。

双作用伸缩式液压缸是由缸体、套筒、活塞等组成。缸体两端开有两个油口。油缸内孔和套筒外圆柱配合,套筒内孔和活塞配合,三者可相对滑动。套筒壁内开有油路,使活塞右腔和套筒右腔相沟通。图 1 – 13 为双作用伸缩液压缸工作过程示意图。当A 口进压力油、B 口回油时,在油压作用下,套筒和活塞杆同时伸出（活塞杆连接负载）。套筒移动到油缸体止口时停止移动。此时活塞继续在套筒内向右移动,到套筒右端为止。活塞右腔油液自套筒壁内油路流向 B 口。当换向阀改变油流方向,压力油自 B 口进入时,同样经套筒内油路流向活塞右侧腔室,使活塞向左移动。当移动到套筒左端后,就连同

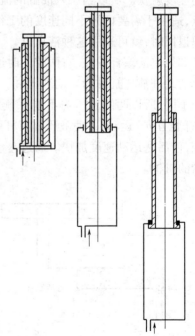

图 1 – 12　单作用伸缩液压缸结构示意图

10

套筒一起向左移动,恢复原来位置。这种液压缸常用于汽车式起重机和自升塔式起重机。

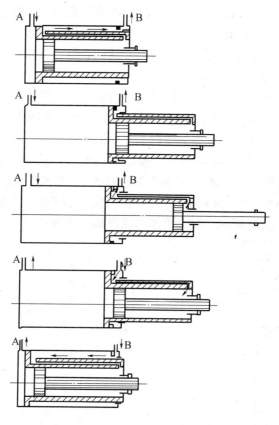

图 1-13　双作用伸缩式液压缸工作过程示意图

（4）增压液压缸。增压液压缸是利用两个活塞有效面积的不同以增加输出油液的压力。如图 1-14 所示,它是由低压油缸和高压油缸组合而成。低压油缸的活塞杆可成为高压油缸的柱塞（或另连接一小活塞）。活塞左端面承受的油液压力为 p_1；柱塞右端面承受的压力为 p_2。当活塞处于平衡状态时,左右两端面的总作用力必定相等,由此说明左右两腔油压和活塞两端面积成反比,即 f_2 越小于 f_1,p_2 就越大于 p_1,增压作用就越大。如果将几个增压液压缸串联起来,逐级增压,就可以得到所需的强大压力。

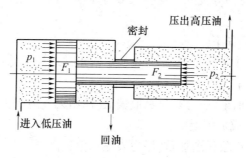

图 1-14　增压液压缸工作原理示意图

（5）增速液压缸。增速液压缸是在不增加压力油流量的情况下,能实现外活塞快速移动的复合液压缸。如图 1-15 所示,内活塞和油缸固定连接,外活塞可以在油缸内滑动。外活塞的内腔又和内活塞相配合,可以相互滑动。当压力油从油口 A 进入内活塞后,在油压作用下,推动外活塞向下移动。外活塞下移后,在油缸内造成空隙由油箱通过 B 口补充。外活塞压出的油液由油口 D 流出。由于内活塞的面积比外活塞小,所以用这个办法推动外活塞所得到的移动速度,要比用压力油从油口 C 进入油缸直接推动外活塞所得到的速度快得多。当外活塞快速下降压住工件时,油路中的控制阀门发生作用,压力油从油口 C 进入油缸,使外活塞上端面承受油压而产生巨大作用力来加工工件。当加工动作完毕后,控制阀门使压力油自油口 D 进入油缸,而从油口 C 回油箱,使外活塞加速上升,完成增速的工作过程。利用这个增速原理,还可以根据需要制成多速液压缸。

(6)摆动液压缸。又称摆动马达。当向缸体内输入压力油时,它的主轴能输出小于 360°的摆动运动。如图 1-16 所示,它是由油缸壳体、定子和转子组成。转子上装有叶片。当 A 口进油、B 口出油时,叶片在油液压力作用下,顺时针摆动。反之,则逆时针摆动。如果转子固定不动,也可让壳体摆动,其进、出油的原理是一样的。

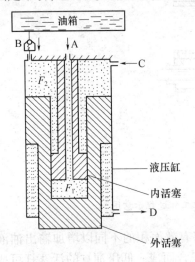

图 1-15　增速液压缸工作原理示意图

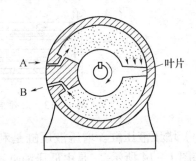

图 1-16　摆动液压缸工作原理示意图

2)液压缸常见故障及分析

液压缸的故障有很多种,在实际使用中经常出现的故障主要表现为推力不足或动作失灵,出现爬行、振动以及泄漏等现象。这些故障有时单个出现,有时会几种现象同时出现。

(1)故障现象:爬行。

具体现象及产生原因如下。

① 液压缸两端爬行并伴有噪声,压力表显示值正常或稍偏低。

原因:缸内及管道存有空气。

② 液压缸爬行逐渐加重,压力表显示值偏低,油箱无气泡或少许气泡。

原因:液压缸某处形成负压吸气。

③ 液压缸两端爬行现象逐渐加重,压力表显示值偏高。

原因:活塞与活塞杆不同心。

④ 液压缸爬行部位规律性很强,运动部件伴有抖动,导向装置表面发白,压力表显示值偏高。

原因:导轨或滑块夹得太紧或导轨与缸的平行度误差过大。

⑤ 液压缸爬行部位规律性很强,压力表显示值时高时低。

原因:液压缸内壁或活塞表面拉伤,局部磨损严重或腐蚀。

排除方法:

① 设置排气装置。

② 找出形成负压处,加以密封并排气。

③ 将活塞组件装在 V 形块上校正,同轴度误差应小于 0.04mm,如需要则更换新活塞。

④ 调整导轨或滑块压紧条的松紧度,既要保证运动部件的精度,又要保证滑行阻力小。若调整无效,应检查缸与导轨的平行度,并修刮接触面加以校正。

⑤ 镗缸的内孔,重配活塞。

(2) 故障现象:推力不足,速度下降,工作不稳定。

具体现象及产生原因:

① 液压缸内泄漏严重。

② 液压缸工作段磨损不均匀,造成局部形状误差过大,致使局部区域高、低压腔密封性变差而内泄。

③ 活塞杆密封圈压得太紧或活塞杆弯曲。

④ 油液污染严重,污物进入滑动部位。

⑤ 油温过高,黏度降低,致使泄漏增加。

排除方法:

① 更换密封圈。活塞与缸内孔的间隙由于磨损而变大,加装密封圈或更换活塞。

② 镗磨、修复缸内孔,新配活塞。

③ 调整活塞杆密封圈压紧度,以不漏油为准;校直活塞杆。

④ 更换油液。

⑤ 检查油温升高的原因,采取散热和冷却措施。

(3) 故障现象:泄漏。

具体现象及产生原因:

① 密封圈密封不严。

② 由于排气不良,使气体绝热压缩造成局部高温而损坏密封圈。

③ 活塞与缸筒安装不同心或承受偏心载荷,使活塞倾斜或偏磨造成内泄。

④ 缸内孔加工或磨损造成形状精度差。

排除方法:

① 检查密封圈及接触面有无伤痕,加以更换或修复。

② 增设排气装置,及时排气。

③ 检查缸筒与活塞的同轴度并修整对中。

④ 镗缸孔,重配活塞。

2. 液压马达

液压马达是液压系统中的执行元件,是将液压泵提供的液压能(压力 p 和流量 q)转变为机械能(转矩 T、转速 n)的能量转换装置。

液压马达和液压泵的结构基本相同,利用密闭容积的变化进行吸油和压油。在工作原理上,大部分液压泵和液压马达是可逆的,即只要输入液压油,液压泵就成为液压马达,就可以输出转速和转矩,但两者在构造上还是稍有差异的。液压马达按其结构可分为高速小转矩(齿轮马达、叶片马达、轴向柱塞马达等)和低速大转矩(径向柱塞马达)两类。额定转速高于 500r/min 的属于高速液压马达,额定转速低于 500r/min 的属于低速液压马达。高速液压马达的主要特点是转速较高,转动惯量小,便于启动和制动,调节(调速及换向)灵敏度高。通常高速液压马达输出转矩不大,所以又称为高速小转矩液压马达。低速液压马达的主要特点是排量大、转速低,因此可直接与工作机构连接,不再需要减速装置,使传动机构大为简化。通常低速液压马达输出转矩较大,所以又称为低速大转矩液压马达。

1) 齿轮马达

齿轮马达和齿轮泵结构相似,如图 1-17 所示,当压力油输入齿轮马达时,A、B 两齿轮受力情况如箭头所指,齿轮 A 的齿牙 a 承受油压产生顺时针转矩,齿牙 c 的齿根也承受油压(齿顶部分两侧油压相同,处于平衡),产生逆时针转矩。由于齿牙 a 是全齿承压,齿牙 c 仅齿根承压,因而齿轮 A 顺时针转动。齿轮 B 的情况类同,但转向相反。这样,这一对齿轮就按箭头所示方向转动,并把油液带到低压腔排回油箱。

齿轮马达在结构上为适应双向回转的需要,进、出油口尺寸相等,具有对称性;并有单独泄油口把轴承部分的泄漏油液引出泵体。为减小启动时的摩擦力矩,采用滚动轴承。为减少输出转矩脉动,齿轮的齿数多于齿轮泵。为提高机械效率,输入油压力不能过高,输出转矩较小,因而齿轮马达只适用于高转速、小转矩的场合。

2) 叶片马达

叶片马达和叶片泵结构相似,常用叶片马达为双作用式。如图 1-18 所示,当压力油从进油口输入两个压油腔时,两相邻叶片间的密闭容积中充满压力油。叶片 1 和 3 的承压面积大于叶片 2 和 4,叶片 5、6 两侧均承受油压,处于平衡状态。由于叶片承压面积的不同,就能产生不平衡的转矩而使叶片泵转子顺时针转动。当叶片 1 和 3 转到排油腔时,油液泄回油箱。

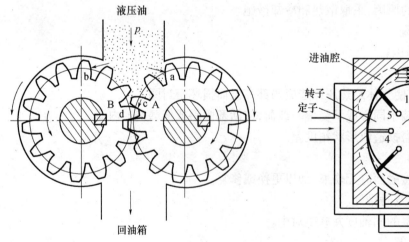

图 1-17 齿轮马达工作原理示意图

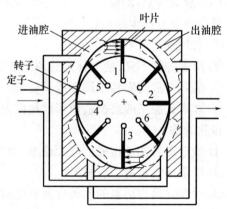

图 1-18 叶片马达工作原理示意图

叶片马达的结构比叶片泵稍有差别:为适应叶片马达正、反转的需要,叶片径向放置,其顶端两边对称倒角。为使叶片始终压向定子内表面并紧密接触,转子两侧面的环形槽内放有顶紧弹簧。为保证叶片底部始终通压力油,在高(进)、低压(出)油腔通入叶片底部的通路上装有梭阀。

叶片马达体积小,转动惯量小,动作灵敏,允许较高频率的换向;但是,工作时泄漏较大,不能在低速下工作,因而适用于高转速、小转矩和动作灵敏的场合。

3)轴向柱塞马达

轴向柱塞马达的结构和轴向柱塞泵基本相同。定量及大多数变量轴向柱塞泵(除带辅助泵的变量轴向柱塞泵以外)都可作为马达使用。它的工作原理如图1-19所示。当压力油经配油盘的进油窗口进入缸体(转子)上的柱塞孔时,压力油将孔中的柱塞顶出,使之压紧在斜盘上。斜盘对柱塞的反作用力 N 垂直于斜盘表面,该力可分解为水平分力(轴向分力 P 和垂直分力 r)。轴向分力 P 和柱塞上的液压力相平衡,而垂直分力 r 则使柱塞对缸体(转子)中心产生一个转矩,带动缸体逆时针方向转动。其总转矩为各柱塞产生的转矩之和。如果改变压力油的输入方向,则马达为顺时针方向转动。

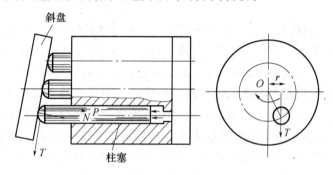

图1-19 轴向柱塞马达工作原理示意图

轴向柱塞马达和轴向柱塞泵的结构稍有不同,由于轴向柱塞马达的柱塞和斜盘之间作用力较大,为了减少它们之间的磨损,在斜盘后面装有推力轴承以承受推力,斜盘在柱塞端部摩擦力作用下,可以绕自身轴线转动。

轴向柱塞马达容积效率较高,调速范围较大,且最低稳定转速较低;但耐冲击和振动的性能差,对液压油的污染敏感,结构复杂,价格高。广泛应用于施工机械的行走、回转等要求低速大转矩的场合。

4)径向柱塞马达

径向柱塞马达具有转矩大、转速低的特点,故又称低速大转矩液压马达。按其结构特点,可分为连杆式、静平衡式和内曲线式三种。

(1)连杆式径向柱塞马达。连杆式径向柱塞马达的结构和工作原理如图1-20所示。它是由星形壳体、偏心轮、转轴、柱塞、配油转阀等组成。转轴每转一转,柱塞往复一次。其行程为偏心轮偏心值的二倍。压力油通过随转轴一起转动的配油转阀及壳体上的通道,进入部分柱塞的顶部油腔,推动柱塞运动,柱塞的作用力 N 由于不通过转动中心 O,所以就能使偏心轮转动,从而使转轴旋转,并输出转矩。同时,另一部分柱塞将其顶部的油液经壳体通道及配油转阀排回油箱。所以对某一柱塞来说始终处于两种状态。当配油转阀将压力油输入该柱塞时,它就推动偏心轮旋转。当配油转阀转动而使该柱塞上端油腔连通油箱时,也正好是偏心轮的转动使该柱塞上移,从而压迫油液回油箱。由于偏心轮是受五只柱塞驱动的,当一部分柱塞排油时总有另一部分柱塞在工作,因此就能不停地旋转。

这种液压马达结构简单,加工容易,耐冲击,寿命长。但转速及转矩的均匀性较差,效率较低,不宜用于均匀性要求高的机械,可用作机械行走装置的车轮马达。

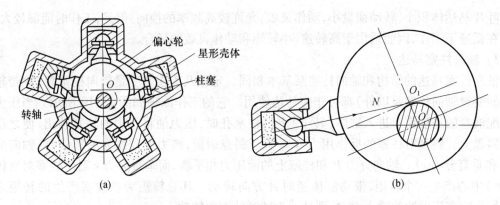

图 1-20　连杆式径向柱塞马达工作原理示意

（2）静平衡式径向柱塞马达。静平衡式径向柱塞马达的结构和工作原理如图 1-21 所示。它是由壳体、柱塞、压力环、五星轮、曲轴等组成。柱塞内有通孔，柱塞下端面和五星轮侧面贴合，五星轮内孔和曲轴外表面配合，曲轴的旋转中心和五星轮内孔中心存在偏心距。因此当曲轴旋转时，五星轮在壳体内作平面平行移动。当压力油自曲轴上的压力油口进入后，就在柱塞、压力环、五星轮及曲轴偏心轮之间所围成的密闭容积中形成高压液柱。这个液柱作用于曲轴偏心轮上后所产生的总液压力 P 是通过偏心轮 O' 的。由于有偏心距 OO'，所以 P 力对曲轴的旋转中心 O 就产生一个力矩，因而能使曲轴旋转。由于同时处于压力油区的柱塞不止一个，因此液压马达的总输出转矩应是几个柱塞产生的转矩之和。

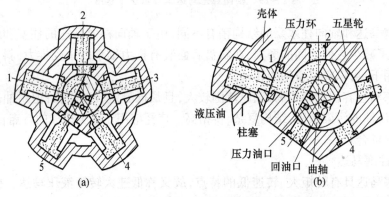

图 1-21　静平衡式径向液压马达工作原理示意图

由于静平衡式径向液压马达中，液压力直接作用于曲轴，所以柱塞和压力环、曲轴和五星轮相互接触处的压力较小，润滑油膜容易保持，不易磨损和咬死。因此它的低速稳定性和工作可靠性较好，比连杆式的使用范围广。

（3）内曲线径向柱塞马达。内曲线径向柱塞马达是在上述两种马达的基础上发展出来的。它是由定子、转子、配油轴、配油套、柱塞、滚轮等组成。如图 1-22 所示，定子内壁做成多作用的曲线，主轴转一转，柱塞可往复动作多次。转子上柱塞数目常用的为 8 个、10 个、12 个（图示为 5 个），最多的达 21 个。它的工作原理以图中柱塞 2 为例，在图示位置压力油压迫柱塞向前，柱塞推动滚轮顶紧在定子的曲线内壁。内壁对滚轮产生一反作用力 N，由于曲线形状关系，该力必定分成两分力，分力 P 用来平衡液压力（图 1-23），而切向分力 P 则使滚轮绕转动中心 O 转动，从而带动转子旋转。由于柱塞在一转中可以往复作用多次，柱

16

塞数又较多,因此这种液压马达可产生很大的转矩,而且转矩均匀,转速平稳,低速稳定性也比较好。但由于柱塞数多,结构复杂,加工制造较为困难。适用于要求运转平稳和转矩较大的场合,所以在建筑施工、起重运输等各种机械中得到广泛应用。

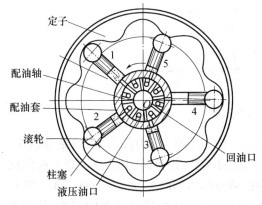
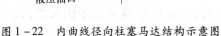

图 1-22 内曲线径向柱塞马达结构示意图

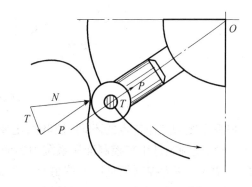

图 1-23 内壁对滚轮产生反作用力示意图

1.1.4 液压控制元件

1. 液压控制阀的功能

液压控制元件又称液压控制阀,是液压系统中用来控制液流方向、压力和流量的元件。借助于液压控制阀,便能对液压执行元件的启动和停止、运动方向和运动速度、动作顺序和克服负载的能力等进行调节与控制,使各类液压机械都能按要求协调地工作。

2. 液压控制阀的类型

按控制方式分类,液压控制阀可分为开关阀、电液比例控制阀、伺服阀和数字阀等。开关阀在调定后只能在既定状态下工作,它是液压系统中使用最为普遍的元件;电液比例控制阀的输出量与输入量之间保持一定的比例关系,它根据输入信号连续或按比例控制液压控制阀的参数,一般多用于开环液压控制系统;伺服阀一般情况是采用输入信号和反馈信号的偏差来连续地控制液压控制阀的输出参数,多用于要求精度高、响应快的闭环液压控制系统;数字阀则用数字信息直接控制液压阀的动作。

按安装连接形式分类,液压控制阀可分为管式连接阀、板式连接阀、叠加式连接阀和插装式连接阀。管式连接阀是将液压控制阀的油口攻螺纹,用螺纹管接头连接管路。板式连接阀是将液压控制阀的各油口均布置在同一安装面上,并用螺钉固定在与阀有对应油口的连接板上,再用管接头和管道及其他元件连接,如图 1-24(a)所示。由于拆卸时无须拆卸与之相连的其他元件,故这种安装连接方式应用较广。叠加式连接阀连接时,最下面一般为连接板,最上面液压阀的下表面,中间液压阀的上、下面为连接结合面,各油口分布在结合面上,同规格阀的油口连接尺寸相同,如图 1-24(b)所示。插装式连接阀由阀芯和阀套等组成的单元体,插装在插装块体的预制孔中,用盖板和螺纹等固定,通过块体中的通道连接组成回路。

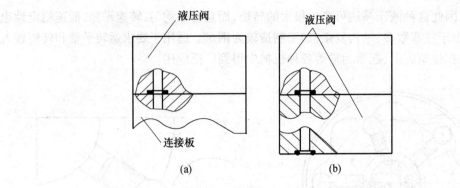

图 1 - 24　液压阀的连接方式

根据用途和工作特点的不同,控制阀主要分为方向控制阀、压力控制阀、液量控制阀。其中,方向控制阀是用来控制液压系统中的液流方向的阀类,如单向阀(图 1 - 25)、换向阀(图 1 - 26)。压力控制阀是用来控制液压系统中的液流压力的阀类,如溢流阀(图 1 - 27 和图 1 - 28)、降压阀、顺序阀等。液量控制阀用来控制液压系统中液流流量的阀类,如节流阀、调速阀等。

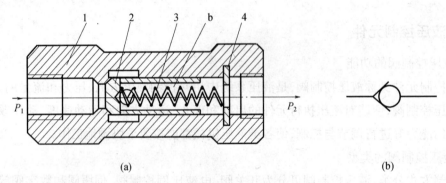

图 1 - 25　普通单向阀
(a)结构图;(b)图形符号。
1—阀体;2—阀芯;3—弹簧;4—挡圈。

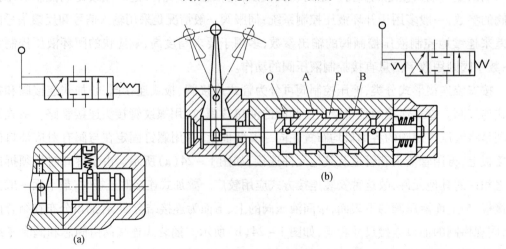

图 1 - 26　三位四通手动换向阀
(a)弹簧钢球定位结构;(b)弹簧自动复位结构。

18

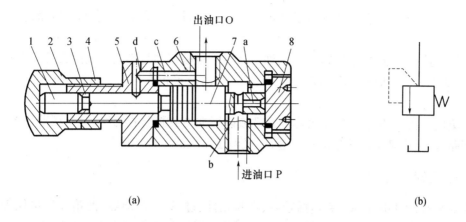

(a)　　　　　　　　　　　　　　　　(b)

图 1-27　直动式溢流阀

（a）直动式溢流阀结构图；（b）直动式溢流阀图形符号。

1—调节杆；2—调节螺母；3—调压弹簧；4—锁紧螺母；5—阀盖；6—阀体；7—阀芯；8—底盖。

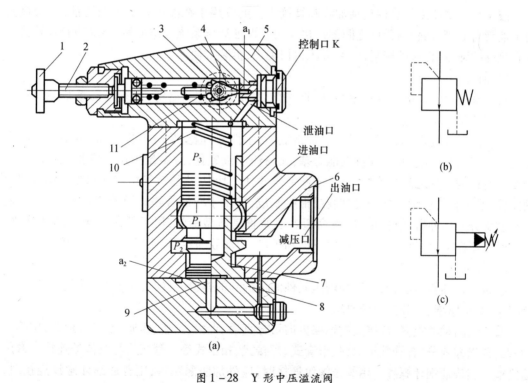

(a)

图 1-28　Y 形中压溢流阀

（a）结构图；（b），（c）图形符号。

1—调压手柄；2—阀芯；3—复位弹簧；4—阻尼孔；5—上盖锁紧螺母；

6—调压弹簧；7—阀体；8—锥阀座；9—调节杆；10—主阀弹簧；11—调压弹簧。

　　为了减少液压系统中元件的数目和缩短管道长度尺寸，有时常将两个或两个以上的阀类元件安装在一个阀体内，制成结构紧凑的独立单元，这样的阀称为组合阀，如单向顺序阀、单向节流阀等。

3. 液压控制阀的连接形式

（1）管式连接。这类阀的阀体进、出油口由螺纹或法兰直接与油管连接。管式连接安装方式简单、重量轻,在移动设备和流量较少的液压元件中应用较广,但元件分散布置,装卸、维修不方便。

(2) 板式连接。这种阀的阀体进、出油口通过连接板与油管连接。这种连接形式,元件集中布置,操作、调整和维护都比较方便。板式连接的连接板有单层、双层和整体连接板三种形式。

(3) 集成连接。集成连接是由标准元件或以标准参数制造的元件,按典型动作要求组成基本回路,然后将基本回路集成在一起,组成液压系统的一种连接形式。

1.1.5 液压辅助元件

液压系统中的辅助元件主要包括管件、密封元件、过滤器、蓄能器、油箱和测量仪表等。除油箱通常需要自行设计外,其余均为标准件。这些元件从液压传动的工作原理来看,起辅助作用,但它们对保证液压系统可靠和稳定地工作,具有非常重要的作用。

1. 管件

液压系统中使用的管件包括油管和管接头。油管用于在液压系统中输送油液,管接头用于油管与油管、油管与元件之间的连接。为了保证液压系统工作可靠,要求油管及管接头应有足够的强度、良好的密封性,并且压力损失小,拆装方便。

1) 油管

液压系统中常用的油管有钢管、橡胶软管、尼龙管及塑料管等,必须根据系统的工作压力及其安装位置正确选用。

钢管能承受高压,油液不易氧化,价格低廉,刚性好,但安装时不易弯曲,常用在装卸方便处。由于钢材短缺,并且其抗振能力差,又易使油液氧化,应尽量少用。橡胶软管多用于两个相对运动部件之间的连接,分高压和低压两种。其中,高压软管由耐油橡胶夹钢丝编织网制成,低压软管由耐油橡胶夹麻线或棉线制成,常用于回油管路。橡胶软管安装方便,还能吸收部分液压冲击,但价格高,寿命短。尼龙管是新型油管,用于低压系统或回油管路。尼龙管可塑性大,加热后可任意弯曲成型和扩口,冷却后即定形,使用较方便,且价格便宜。

2) 管接头

管接头是油管与油管,油管与液压元件间可拆卸的连接件,应满足连接牢固、密封可靠、液阻小、结构紧凑、拆装方便等要求。

管接头的种类很多,按接头的通路方向可分直通、直角、三通、四通、铰接等形式;按其与油管的连接方式分,有管端扩口式、卡套式、焊接式、扣压式等。管接头与机体的连接。常用圆锥螺纹和普通细牙螺纹。用圆锥螺纹连接时,应外加防漏填料;用普通细牙螺纹连接时,应采用组合密封垫(熟铝合金与耐油橡胶组合),且应在被连接件上加工出一个小平面。

2. 密封元件

密封装置的功用在于防止液压元件和液压系统中液压油的内漏和外漏,保证建立起必要的工作压力;此外还可以防止外漏油液污染工作环境,节省油料。因此,对液压系统中的密封装置必须引起高度重视。

1) 密封装置的要求

(1) 在一定的压力、温度范围内具有良好的密封性能。

(2) 运动零件之间因密封装置而引起的摩擦力要小,摩擦因数要稳定。

(3) 抗腐蚀能力强,不易老化,寿命长,耐磨性好,磨损后在一定程度上能自动补偿。

（4）结构简单,装卸方便,成本低。

2）密封元件的类型

（1）O形密封圈。O形密封圈的截面为圆形,如图1-29(a)所示,一般用耐油橡胶制成。O形密封圈安装时要有合理的预压缩量 δ_1 和 δ_2,如图1-29(b)所示。它在沟槽中受到油压作用而变形,会紧贴槽侧及配合件的壁,所以其密封性能可随压力的增加而提高。但其预压缩量必须合适,过小不能密封,过大则会增大摩擦力,易损坏。因此,安装密封圈的沟槽尺寸和表面质量必须按有关手册给出的数据严格保证。在动密封中,为防止压力油将密封圈挤入间隙而损坏,如图1-29(c)所示,需在O形密封圈的低压侧设置聚四氟乙烯挡圈,如图1-29(d)所示。双向受高压时,两侧都要加挡圈,如图1-29(e)所示。

O形密封圈的结构简单,密封性能好,安装尺寸小,摩擦因数小,制造容易,安装方便,成本低;但寿命较短,密封处的精度要求高,动密封时启动阻力大,适用于温度在 $-40℃ \sim +120℃$ 范围内工作。

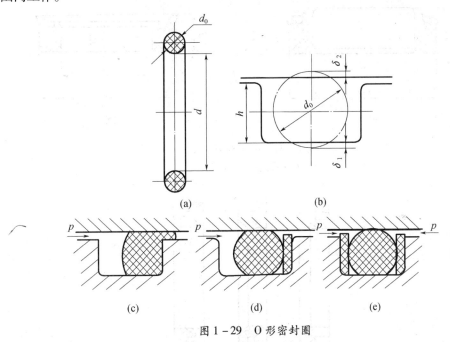

图1-29　O形密封圈

（2）Y形密封圈。Y形密封阀的截面形状为Y形,如图1-30(a)所示,用耐油橡胶制成。工作时,利用油的压力使两唇边紧压在配合件两结合面上实现密封。其密封能力可随压力的升高而提高,并且在磨损后有一定的自动补偿能力。因此,装配时其唇边对着有压力的油腔。当压力变化较大、运动速度较高时,要采用支撑环来定位,以防发生翻转现象,如图1-30(b)、(c)所示。

Y形密封圈因内、外唇边对称,因此既可用于轴用密封,也可用于孔用密封,如图1-31所示。它的密封性能良好,摩擦力小,稳定性好,工作温度为 $-30℃ \sim +80℃$。

（3）V形密封圈。V形密封圈的截面形状为V形,其结构形式如图1-32所示。它由支撑环、密封环和压环三个圈叠在一起使用。密封环用橡胶或夹织物橡胶制成,压环和支撑环可用金属、夹布橡胶、合成树脂等制成。压环的V形槽角度和密封环完全吻合,而支撑环的夹角略大于密封环。当压环压紧密封环时,支撑环使密封环变形而起密封作用。安装时,V形环的唇口应面向压力高的一侧。

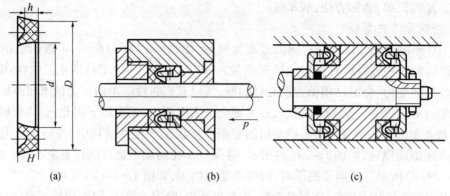

图 1-30　Y 形密封圈

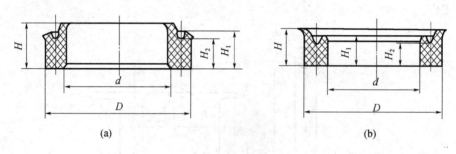

图 1-31　小 Y 形密封圈
（a）孔用；（b）轴用。

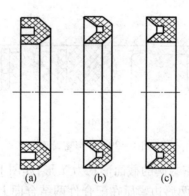

图 1-32　V 形密封圈
（a）支撑环；（b）密封环；（c）压环。

　　V 形密封圈耐高压、密封性能良好、寿命长，但密封装置的摩擦力和结构尺寸较大，检修、拆换不便。它主要用于大直径、高压、高速柱塞或活塞和低速运动活塞杆的密封。

　　3. 过滤器

　　液压油被污染后，直接影响液压系统的工作性能，使系统发生故障，缩短元件的使用寿命等。造成这些危害的主要原因是污垢中的颗粒状物体进入元件，加剧了元件的磨损，并可能堵塞液压元件中的节流孔、阻尼孔，或使阀芯卡死，从而造成液压系统的故障。

　　过滤器的功用是过滤混在油液中的各种杂质，以免它们进入液压传动系统和液压元件内,影响系统的正常工作或造成故障。因此,对油液进行过滤是十分必要的。过滤器按过滤精度不同,分为粗过滤器和精过滤器两类;按滤芯材料和结构形式的不同,可分为网式、线隙式、纸芯式、烧结式和磁性式过滤器等;按过滤的方式不同,可分为表面型、深度型和中间型过滤器三类。

1)网式过滤器

网式过滤器结构如图 1-33 所示,铜丝网 3 包在四周开有很多窗口的塑料或金属圆筒上。过滤精度由网孔大小和层数决定。它结构简单,通油能力大,压力损失小,但过滤精度低,一般安装在液压泵吸油管口上对油液进行粗过滤,以保护液压泵。图 1.33(b)为过滤器图形符号。

2)线隙式过滤器

线隙式过滤器结构如图 1-34 所示,它是用铜丝(或铝丝)绕在筒形骨架 4 组成滤芯。过滤精度取决于铜丝间的间隙。常用线隙式过滤器的特点是结构简单,通油能力大,压力损失较小,过滤效果较好,但不易清洗。滤芯强度低,常用于低压系统和油泵的吸油口。当过滤器堵塞时,信号装置将发出信号,以便清洗更换滤芯。

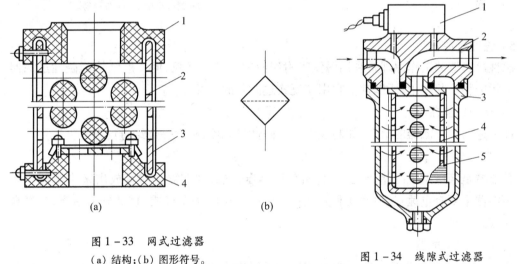

图 1-33 网式过滤器
(a)结构;(b)图形符号。
1—上盖;2—筒形骨架;3—铜丝网;4—下盖。

图 1-34 线隙式过滤器
1—信号装置;2—端盖;3—壳体;4—骨架;5—铜丝。

3)烧结式过滤器

烧结式过滤器结构如图 1-35 所示,它的滤芯一般由金属粉末压制后烧结而成,靠其颗粒间的孔隙过滤油液。这种过滤器的滤芯强度高,抗腐蚀性能好,制造简单;缺点是压力损失大,易堵塞,难清洗,若有颗粒脱落会影响过滤精度。多安装在回油路上。

4)纸芯式过滤器

纸芯式过滤器结构如图 1-36 所示,纸芯式过滤器的结构与线隙式过滤器相似,只是滤芯为纸质。一般滤芯由三层组成:外层 2 为粗眼钢板网,中层 3 为折叠成 W 形的滤纸,里层 4 由金属丝网与滤纸一并折叠而成。滤芯中央还装有支撑弹簧 5。纸芯式过滤器结构紧凑,通油能力大,其缺点是易堵塞,无法清洗,需经常更换滤芯。多数纸芯式过滤器上方装有堵塞状态信号装置 1,当滤芯堵塞时,发出堵塞信号——发亮或发声,提醒操作人员更换滤芯。纸芯式过滤器一般用于要求过滤精度高的液压系统中。

23

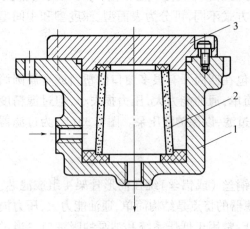

图 1-35　烧结式过滤器
1—壳体;2—滤芯;3—端盖。

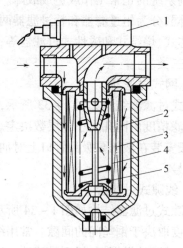

图 1-36　纸芯式过滤器
1—信号装置;2—滤芯外层;3—滤芯中层;
4—滤芯里层;5—支撑弹簧。

5）磁性过滤器

磁性过滤器的工作原理是利用磁铁吸附油液中的铁质微粒,但一般结构的磁性过滤器对其他污染物不起作用,所以常把它用作复式过滤器的一部分。

6）复式过滤器

即上述几类过滤器的组合,如制成纸芯—磁性过滤器,磁性—烧结过滤器等。

4. 蓄能器

蓄能器是液压系统的储能元件,它储存液体压力能,并在需要时释放出来供给液压系统。蓄能器主要有重锤式、弹簧式和充气式三种。常用的是充气式,它又分为活塞式、气囊式和隔膜式三种。

1）活塞式蓄能器

图 1-37(a)所示为活塞式蓄能器,它是利用在缸筒 2 中浮动的活塞 1 把缸中的气体与油液隔开。活塞上装有密封圈,活塞的凹部面向气体,以增加气室的容积。这种蓄能器结构简单,工作可靠,安装容易,维修方便,寿命长;但由于活塞惯性和摩擦阻力的影响,反应不灵敏,容量较小,温度适应范围为 $-4℃ \sim +80℃$。

2）气囊式蓄能器

图 1-37(b)为 NXQ 型皮囊折合式蓄能器,它由壳体 4、皮囊 5、充气阀 3 和限位阀 6 等组成。温度适用范围为 $-10℃ \sim +65℃$。工作前,从充气阀向皮囊内充进一定压力的气体,然后将充气阀关闭,使气体封闭在皮囊内。要储存的油液从壳体底部限位阀处引到皮囊外腔,使皮囊受压缩而储存液压能。其优点是惯性小,反应灵敏,结构紧凑,质量轻,充气后能长时间保存气体,且充气方便,所以广泛应用于液压系统中。

3）隔膜式蓄能器

隔膜式蓄能器利用薄膜的弹性来储存、释放压力能。主要用于小体积和小流量工作情况,如用做减震器、缓冲器和控制油的循环等。一般场合使用较少。

24

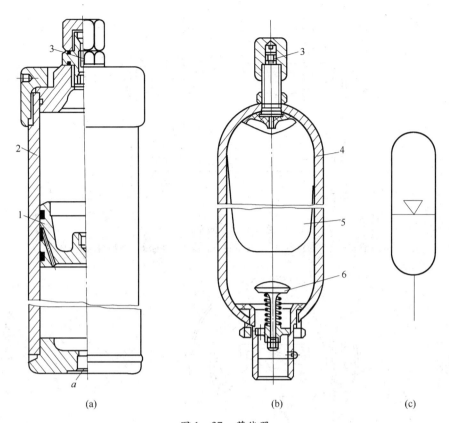

| (a) | (b) | (c) |

图 1 – 37　蓄能器

(a) 活塞式;(b) 气囊式;(c) 图形符号。

1—活塞;2—缸筒;3—充气阀;4—壳体;5—皮囊;6—限位阀。

5. 油箱和测量仪表

1) 油箱

油箱的主要功用是存储油液,另外还有散热、分离油中的空气和沉淀油中的杂质等作用。液压系统中的油箱有总体式和分离式两种。总体式是利用机器设备机身内腔作为油箱(如注塑机、压铸机等),其结构紧凑,漏油易回收,但不便于维修和散热。分离式是设置一个单独的油箱,与主机分开,减少了油箱发热和液压源振动对主机工作精度的影响,因此得到了普遍的应用,特别是在组合机床、自动线和精密机械设备上被广泛采用。

油箱通常用钢板焊接而成,可采用不锈钢板、镀锌钢板或普通钢板内涂防锈的耐油涂料。图 1 – 38 所示为油箱简图,图中,1 为吸油管,3 为回油管,中间有两个隔板 7 和 8,隔板 7 用于阻挡沉淀物进入吸油管,隔板 8 用于阻挡泡沫进入吸油管,脏物可从放油阀 6 放出,空气过滤器 2 设在回油管一侧的上部,兼有加油和通气的作用,5 是油标。

2) 测量仪表

压力计用于观测系统的工作压力的测量仪表。压力计的种类较多,最常用的是图 1 – 39 所示弹簧管式压力计。压力油进入弹簧弯管 1,弯管弹性变形,曲率半径加大,其端部位移通过连杆 4 使扇形齿轮 5 摆动,扇形齿轮和小齿轮 6 啮合,于是小齿轮带动指针 2 转动,从刻度盘 3 上可读出压力值。选用压力计测量压力时,其量程应比系统压力稍大,一般取系统压力的 1.3 倍 ~ 1.5 倍。压力计与压力管道连接时,应通过阻尼小孔,以防止被测压力突变而将压力计损坏。

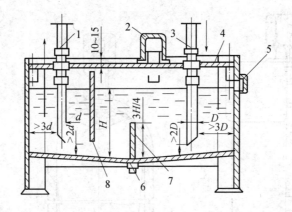

图1-38 油箱简图

1—吸油管;2—空气过滤器;3—回油管;4—上盖;5—油标;6—放油阀;7,8—隔板。

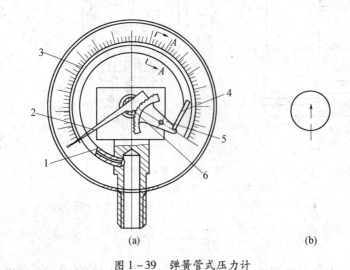

(a)　　　　　　　　　　　　(b)

图1-39 弹簧管式压力计

(a)外形;(b)图形符号。

1—弹簧弯管;2—指针;3—刻度盘;4—连杆;5—扇形齿轮;6—小齿轮。

1.1.6 液压基本回路

1. 方向控制回路

方向控制回路的作用是利用各种方向阀来控制液压系统中液流的方向和通断,以使执行元件换向、启动或停止(包括锁紧)。采用各种换向阀或改变变量泵的输油方向都可以使执行元件换向。其中,电磁换向阀动作快,但换向有冲击,且交流电磁阀又不宜作频繁的切换;电液换向阀换向时较平稳,但仍不适于频繁切换;采用变量泵来换向,其性能一般较好,但构造复杂。因此,对换向性能(如换向精度、换向平稳性和换向停留等)有一定要求的某些机械设备(如磨床等)常采用机—液换向阀的换向回路。

1)时间控制式机—液换向回路

时间控制式机—液换向回路如图1-40所示,该回路主要由机动先导阀C和液动主阀D及节流阀A等组成。由执行元件带动工作台上的行程挡块拨动机动先导阀,机动先导阀使液动主阀D的控制油路换向,进而使液动阀换向,执行元件(液压缸)反向运动。执行元

26

件的换向过程可分解为制动、停止和反向启动三个阶段。在图1-40所示位置上,泵B输出的压力油经阀C、D进入液压缸左腔,液压缸右腔的回油经阀D、节流阀A流回油箱,液压缸向右运动。当工作台上的行程挡块拨动拨杆,使机动先导阀C移至左位后,泵输出的压力油经先导阀C的油口7、单向阀I_2作用于液动主阀D的右端,阀D左移,液压缸右腔的回油通道3→4逐渐关小,工作台的移动速度减慢,这即是执行元件(工作台)的制动过程。当阀芯移过一段距离L(阀D的阀芯移至中位)后,回油通道全部关闭,液压缸两腔互通,执行元件停止运动。当阀D的阀芯继续左移时,泵B的油液经阀C、阀D的通道5→3进入液压缸右腔,同时油路2→4打开,执行元件开始反向运动。这三个阶段过程的快慢取决于液动主阀D阀芯移动的速度。该速度由阀D两端的控制油路的回油路上的节流阀J_1(或J_2)调整,即当液动主阀D的阀芯从右端向左端移动时,其速度由节流阀J_1调整;反之,则由J_2调整。由于阀芯从一端到另一端的距离一定,因此调整D阀芯移动的速度,也就是调整了时间,因此称这种换向回路为时间控制式换向回路。时间控制式换向回路最适用于要求换向频率高、换向平稳性好、无冲击,但不要求换向精度很高的场合,如平面磨床、牛头刨床等液压系统。

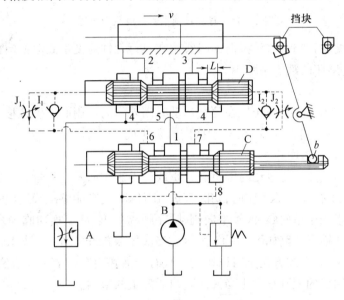

图1-40 时间控制式机—液换向回路

2) 行程控制式机—液换向回路

时间控制式换向回路的主要缺点:节流阀J_1或J_2一旦调定后,制动时间就不能再变化。故若执行元件的速度高,其冲击量就大;执行元件速度低,冲击量就小,因此换向精度不高。图1-41所示的行程控制式机—液换向回路便解决了这一问题。

在图1-41所示的位置上,液压缸的回油必须经过先导阀C才能流回油箱。这是与时间控制式换向回路主要的区别之处。当工作台上的行程挡块拨动拨杆,使先导阀C的阀芯左移时,阀芯中段的右制动锥1将先导阀阀体上的油口5、6间的回油通道逐渐关小,起制动作用。执行元件的速度高,行程挡块拨动拨杆的速度也快,油口5、6间的通道关闭速度就快;反之亦然。通道的关闭过程就是执行元件的制动过程。因此,在速度变化时,执行元件的停止位置,即换向位置基本保持不变,故称这种回路为行程控制式换向回路。这种回路换向精度高,冲击量小;但由于先导阀制动锥1恒定,因此,制动时间和换向冲击的大小就受到

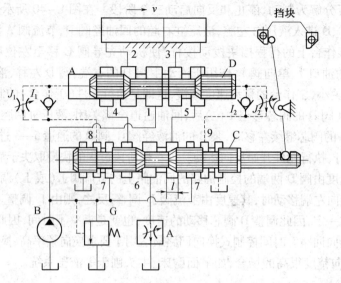

图 1-41 行程控制式机—液换向回路

执行元件运动速度的影响。这种换向回路宜用在执行元件速度不高但换向精度要求较高的场合,例如,内、外磨床的液压系统中。

2. 锁紧回路

锁紧回路的作用是防止液压缸在停止运动时因外力的作用而发生位移或窜动。锁紧回路可用单向阀、液控单向阀或 O 型、M 型换向阀来实现。

1) 液控单向阀锁紧回路

为了防止液压缸在停止运动时因负载自重或外界影响而发生下落、窜动,常常在系统中设置锁紧回路,在执行元件不工作时,切断其进、出油路,使它能够准确地停止在预定的位置上。锁紧回路可以采用单向阀、液控单向阀、顺序阀或 O 型、M 型换向阀等来实现。

液控单向阀的锁紧回路如图 1-42 所示。当液压泵停止工作时,液压缸活塞向右方向的运动被单向阀锁紧,向左方向则可以运动。只有当活塞向左移动到极限位置时,才能实现双向锁紧。这种回路的锁紧精度也受换向阀内泄漏量的影响。

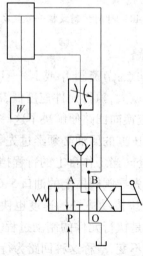

图 1-42 液控单向阀的锁紧回路

28

2）换向阀锁紧回路

图1-43所示为换向阀的锁紧回路。这种回路利用三位四通阀的M型（或O型）中位机能封闭液压缸两腔，使活塞能在其行程的任意位置上锁紧。由于滑阀式换向阀存在泄漏的缺点，因而这种锁紧回路能保持执行元件锁紧的时间不长。

3. 压力控制回路

压力控制回路是利用压力控制阀来控制系统整体或局部压力的回路，主要有单级调压回路、双级调压回路、三级调压回路等多种形式。

1）单级调压回路

在进、出口节流调速回路中，由溢流阀与定量泵组合在一起便构成了单级调压回路，如图1-44和图1-45所示。

2）双级调压回路

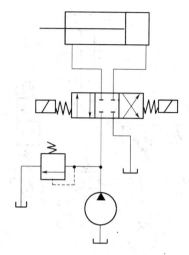

图1-43 换向阀的锁紧回路

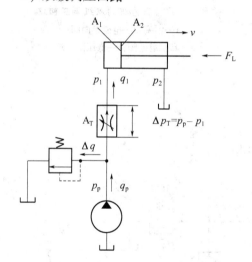

图1-44 进口节流的调压回路

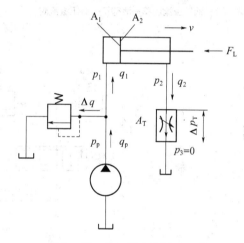

图1-45 出口节流的调压回路

图1-46是由溢流阀和远程调压阀构成的双级调压回路。这种回路在机床的夹紧机构和压力机液压系统中都有应用。图1-47是应用于压力机的另一种双级调压回路的实例。图中，活塞1下降为工作行程，其压力由高压溢流阀4调节；活塞上升为非工作行程，其压力由低压溢流阀3调节，且只需克服运动部件自身的重量和摩擦阻力即可。溢流阀3、4的规格都必须按液压泵最大供油量来选择。

3）三级调压回路

图1-48所示为三级调压回路。在图示状态下，系统压力（为10MPa）由溢流阀1调节；当1YA带电时，系统压力（为5MPa）由溢流阀3调节；当2YA带电时，系统压力（为7MPa）由溢流阀2调节。因此可以得到三级压力。三个溢流阀的规格都必须按泵的最大供油量来选择。这种调压回路能调出三级压力的条件是溢流阀1的调定压力必须大于另外两个溢流阀的调定值，否则溢流阀2、3将不起作用。另外，在采用比例压力阀的压力控制回路中，调节比例溢流阀的输入电流I，就可改变系统的压力，实现多级压力控制。

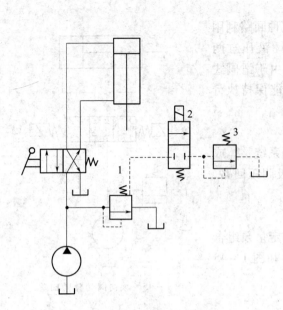

图 1-46 溢流阀双级调压回路
1—低压溢流阀；2—活塞；3—高压溢流阀。

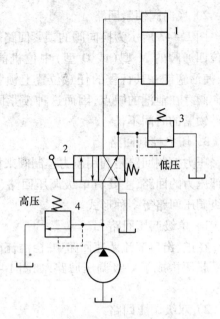

图 1-47 压力机的双级调压回路
1—活塞；2—电磁换向阀；
3—高压溢流阀；4—低压溢流阀。

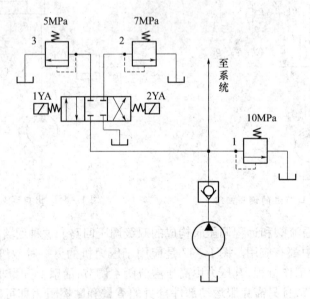

图 1-48 三级调压回路
1,2,3—溢流阀。

4. 速度调节回路

根据流量阀在回路中的位置不同,分为进油节流阀调速、回油节流阀调速和旁路节流阀调速三种回路。其中,进油节流阀调速、回油节流阀调速最为常见。

1) 进油节流阀调速回路

将节流阀串联在泵与缸之间,即构成进油节流阀调速回路,如图 1-49 所示。泵输出的油液一部分经节流阀进入缸的工作腔,泵多余的油液经溢流阀回油箱。由于溢流阀有溢流,泵的出口压力 P_p 保持恒定。调节节流阀通流面积,即可改变通过节流阀的流量,从而调节缸的速度。可见,进油节流阀调速回路适用于轻载、低速、负载变化不大和对速度稳定性要求不高的小功率场合。

2) 回油节流阀调速回路

如图 1-50 所示,将节流阀串接在缸的回油路上,即构成回油节流阀调速回路(泵的出口压力恒定)。此回路用节流阀调节缸的回油流量,实现调速。

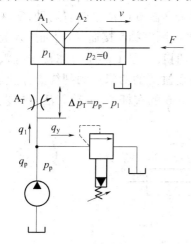
图 1-49　进油节流阀调速回路

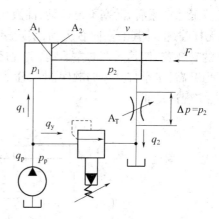
图 1-50　回油节流阀调速回路

讨论两种回路的异同:

(1) 回油节流阀调速回路的节流阀使缸的回油腔形成一定的背压($p_2 \neq 0$),因而能承受负值负载,并提高了缸的速度平稳性。

(2) 进油节流阀调速回路容易实现压力控制。因当工作部件在行程终点碰到挡铁后,缸对进油腔的油压会上升到等于泵压,利用这个压力变化,可使并联于此处的压力继电器发出信号,对系统的下步动作实现控制。而在回油节流阀调速时,进油腔压力没有变化,不易实现压力控制。虽然工作部件碰到挡铁后,缸的回油压力下降为零,可利用这个变化值使压力继电器失压发出信号,对系统的下步动作实现控制,但可靠性差,一般不采用。

(3) 若回路使用单杆缸,则无杆腔进油量大于有杆腔回路流量。故在缸径、缸速相同的情况下,进油节流阀调速回路的节流阀开口较大,低速时不易堵塞。因此,进油节流阀调速回路能获得更低的稳定速度。

(4) 长期停车后缸内油液会流回油箱,当泵重新向缸供油时,在回油节流阀调速回路中,由于进油路上没有节流阀控制流量,会使活塞前冲;而在进油节流阀调速回路中,活塞前冲很小,甚至没有前冲。

(5) 发热及泄漏对进油节流阀调速的影响均大于回油节流阀调速。因为进油节流阀调速回路中,经节流阀发热后的油液直接进入缸的进油腔;而在回路节流阀调速回路中,经节流阀发热后的油液直接流回油箱冷却。

为了提高回路的综合性能,一般常采用进油节流阀调速,并在回油路上加背压阀,使其兼具两者的优点。

5. 多缸工作控制回路

用一个液压泵驱动两个或两个以上的液压缸(或液压马达)工作的回路,称为多缸工作控制回路。根据液压缸(或液压马达)动作间的配合关系,多缸控制回路可以分为多缸顺序动作回路和多缸同步动作回路两大类。

1) 多缸顺序动作回路

(1) 采用顺序阀的顺序动作回路。图1-51为采用顺序阀的顺序动作回路。图中液压缸6(夹紧液压缸)和液压缸7(钻孔液压缸)按①→②→③→④的顺序动作。在图示位置,泵1启动后,压力油首先进入液压缸6的无杆腔,推动液压缸6的活塞向右运动,实现运动①。待工件夹紧后,活塞不再运动,油液压力升高,使单向顺序阀5接通,压力油进入液压缸7的无杆腔,推动其活塞向右运动,实现运动②。阀3切换后,泵1的压力油首先进入液压缸7的有杆腔,使其活塞向左运动,实现运动③。当液压缸7的活塞运动到终点停止后,油液压力升高,于是打开单向顺序阀4,压力油进入液压缸6的有杆腔,推动其活塞向左运动复位,实现运动④。

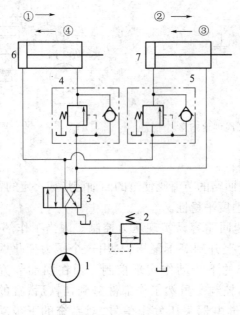

图1-51 采用顺序阀的顺序动作回路

1—泵体;2—溢流阀;3—电磁换向阀;4,5—单向顺序阀;6—夹紧液压缸;7—钻孔液压缸。

这种顺序动作回路的可靠性主要取决于顺序阀的性能及其压力的调定值。为保证动作顺序可靠,顺序阀的调定压力应比先动作的液压缸的最高工作压力高出0.8MPa～1MPa,以免系统中压力波动时顺序阀产生误动作。

(2) 采用压力继电器的顺序动作回路。图1-52为采用压力继电器的顺序动作回路。其工作原理:电磁铁1YA通电时,压力油进入液压缸5左腔,推动其活塞向右运动,实现运动①。当液压缸5的活塞运动到预定位置,碰上挡铁后,回路压力升高,压力继电器3发出信号,使电磁铁3YA通电,压力油进入液压缸6左腔,推动其活塞向右运动,实现运动②。当液压缸6的活塞运动到预定位置时,电磁铁3YA断电,4YA通电,压力油进入液压缸6的右腔,使其活塞向左运动、退回,实现运动③。当它到达终点后,回路压力又升高。压力继电器 4 发出信号,使电磁铁 1YA 断电,2YA 通电。压力油进入液压缸 5 右腔,推动其活塞向左运动退回,实现运动④。从而完成了一个由①→②→③→④的运动循环。与顺序阀的顺序动作回路相似,为了防止压力继电器误发信号,压力继电器的调整压力应比先动作液压缸的最高工作压力高出(3~5)×10MPa。

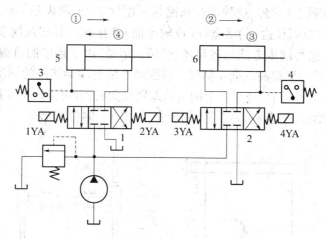

图 1-52　采用压力继电器的顺序动作回路
1,2—溢流阀;3,4—压力继电器;5,6—液压缸。

(3) 行程控制式顺序动作回路。行程控制式是利用液压缸移动到某一规定位置后,发出控制信号,使下一个液压缸动作的控制方式。这种控制方式应用非常普遍,它可由电气行程开关、行程阀或特殊结构的液压缸等实现。

图 1-53 为采用行程开关和电磁阀的顺序动作回路。图示位置是液压缸 5、7 的初始状态(液压缸 5、7 中的活塞都处于缸中的左端位置)。按下原位启动按钮,1YA 通电,液压缸 5 活塞向右运动实现了运动①。到达预定位置时,挡块压下行程开关 8,发出信号,2YA 通电,缸 7 活塞向右运动,实现了运动②。到达预定位置时,挡块压下行程开关 9,发出信号,1YA 断电,缸 5 活塞向左退回,实现了运动③。退到原位后压下行程开关 10,发出信号,2YA 断

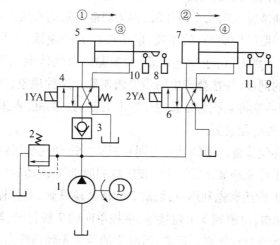

图 1-53　采用行程开关和电磁阀的顺序动作回路
1—液压泵;2—溢流阀;3—单向顺序阀;4,6—电磁阀;5,7—液压缸;8,9,10,11—行程开关。

33

电,缸 7 活塞向左运动退回,实现运动④。当缸 7 活塞退回原位时,压下行程开关 11,为下一个工作循环做好准备。这种回路的顺序动作用电气元件控制,灵活方便,特别适用于动作顺序要经常变动的场合。动作的可靠性在很大程度上取决于电气元件的质量。

2) 多缸同步动作回路

(1) 机械连接同步回路。这种同步回路是用刚性梁、齿轮齿条等机械装置将两个(或若干个)液压缸(或液压马达)的活塞杆(或输出油)连接在一起实现同步运动的,如图 1 - 54(a)、(b)所示。这种同步方法比较简单、经济。但是,由于连接的机械装置的制造、安装存在误差,因此不易得到很高的同步精度。特别对于用刚性梁连接的同步回路,如图 1 - 54(a)所示,若两个(或若干个)液压缸上的负载差别较大时,有可能发生卡死现象,所以,这种同步回路宜用于两液压缸负载差别不大的场合,如图 1 - 54(b)所示。

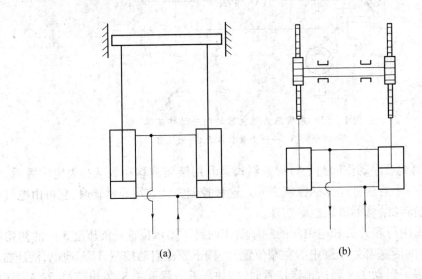

图 1 - 54 机械连接的同步回路

(2) 串联液压缸的同步回路。图 1 - 55 为两个液压缸串联的同步回路。其中,第一个液压缸回油腔排出的油液输入第二个液压缸,如果两液压缸的有效工作面积相等,便可实现速度同步。这种同步回路结构简单、效率高,能适应较大的偏载,但泵的供油压力高(至少为两缸工作压力之和)。然而,由于制造误差、内泄漏以及气体混入等因素的影响,这种同步回路很难保证严格的同步,往往会产生同步失调现象。这种现象(即便是很微小的)如不加以解决,在多次行程后就将累积为显著的位置上的差别。为此,在采用串联液压缸的同步回路时,一般都应有位置补偿装置。

图 1 - 56 为带有补偿装置的串联液压缸同步回路。这种同步回路可在行程终点处消除两缸的位置误差。其工作原理如下:当两个液压缸同时向下运动时(此时三位四通阀的左位机能起作用),若缸 1 的活塞先到终点,而缸 2 的活塞还没到,则行程开关 3 先被行程挡块压下,使电磁铁 1YA 通电,电磁阀 5 上位接通,液控单向阀 7 被打开,缸 2 下腔与油箱相通,使缸 2 活塞能继续下行至行程终点。反之,若缸 2 的活塞先到达终点,则行程开关 4 先被压下,使 2YA 通电,于是压力油便经阀 6 打开单向阀 7,向缸 1 上腔补油,使缸 1 活塞继续下行至终点。这样两缸位置上的误差就不会累积了。

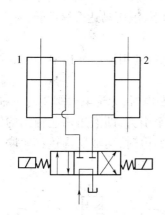

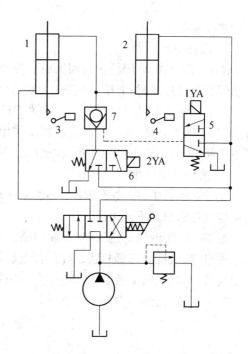

图 1-55　串联液压缸的同步回路
1,2—液压缸。

图 1-56　带有补偿装置的串联液压缸同步回路
1,2—液压缸;3,4—行程开关;5,6—电磁阀;7—单向阀。

（3）并联液压缸同步回路。图 1-57 为采用调速阀的并联液压缸同步回路。图中,调速阀分别串联在两液压缸的回油路上(也可装在进油路上),仔细调整两个调速阀的开口大小,可使两个液压缸向右速度同步。这种回路结构简单,成本低,易于实现多缸同步,故应用较广泛。但其调整麻烦,效率低,同步精度受油温变化及调速阀本身性能差异影响较大。

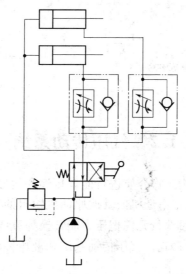

图 1-57　采用调速阀的并联液压缸同步回路

6. 液压马达制动回路

当工作部件停止工作时,由于液压马达的旋转惯性(该惯性较液压缸的惯性大得多),液压马达还要继续旋转。为使液压马达迅速停转,需要采用制动回路。常用的方法有液压

35

制动和机械制动。

1）液压制动回路

图 1-58 是在液压马达的回油路上安置背压阀(溢流阀)，使液压马达制动的回路。当手动阀处于位置 1 时，液压马达出口接通油箱，液压泵向液压马达供油(最高供油压力由溢流阀限定)，液压马达运转。当手动阀处于位置 3 时，液压泵卸荷，液压马达的回油因背压阀的作用，压力升高，对液压马达起制动作用，使马达迅速停转。当手动阀处于位置 2 时，液压泵卸荷，液压马达出口通油箱，在机械摩擦的阻力作用下，液压马达缓慢停转。

2）液压马达的串、并联回路

在行走机械中，常直接用液压马达来驱动车轮，这时可利用液压马达串、并联的不同特性适应行走机械的不同工况。

图 1-59 为液压马达的串、并联回路。当电磁阀 1 断电时，无论电磁阀 2 的左右电磁铁哪个通电，两液压马达都并联，这时，行走机械有较大的牵引力，即液压马达输出的转矩大，但速度低；当电磁阀 1 通电，阀 2 左、右电磁铁任何一个通电时，两液压马达都串联，这时行走机械速度高，但牵引力小。

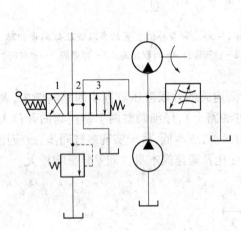

图 1-58 安置背压阀的制动回路

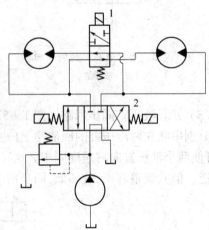

图 1-59 液压马达的串、并联回路

1,2—电磁阀。

1.2 气压传动系统

气压传动，是以压缩空气为工作介质进行能量传递和信号传递的一门技术。气压传动的工作原理是利用空气压缩机把电动机或其他原动机输出的机械能转换为空气的压力能，然后在控制元件的作用下，通过执行元件把压力能转换为直线运动或回转运动形式的机械能，从而完成各种动作，并对外做功。气压传动系统和液压传动系统类似，包括传动技术和控制技术两方面的内容。

1.2.1 气压传动基础知识

1. 气压传动系统的组成

气压传动系统由四部分组成：气源装置、执行机构、控制元件、辅助元件。

（1）气源装置。压缩空气的发生装置，其主体部分是空气压缩机（简称空压机）。它将原动机的机械能转换为空气的压力能并经辅助设备净化，为各类气动设备提供动力。

（2）执行机构。系统的能量输出装置，如汽缸和气马达，将气体的压力能转换为机械能，并输出到工作机构上去。

（3）控制元件。控制调节压缩空气的压力、流量、流动方向以及系统执行机构的工作程序的元件，有压力阀、流量阀、方向阀和逻辑元件等。

（4）辅助元件。如各种过滤器、油雾器、消声器、散热器、传感器、放大器及管件等。它们对保持系统可靠、稳定和持久地工作，起着十分重要的作用。

2. 气压传动系统的优缺点

1）优点

（1）工作介质是空气，与液压油相比可节约能源。气体不易堵塞流动通道，不污染环境。

（2）空气的特性受温度影响小，在高温下能可靠地工作，不会发生燃烧或爆炸。此外，温度变化时，对空气的黏度影响极小，故不会影响传动性能。

（3）空气的黏度很小（约为液压油的万分之一），所以流动阻力小，在管道中流动的压力损失较小，便于集中供应和远距离输送。

（4）相对液压传动而言，气动动作迅速、反应快，一般只需 0.02s ~ 0.3s 就可达到工作压力和速度。液压油在管路中流动速度一般为 1m/s ~ 5m/s，而气体的流速最小也大于 10m/s，有时甚至达到声速，排气时还达到超声速。

（5）气体压力具有较强的自保持能力，即使压缩机停机，关闭气阀，但装置中仍然可以维持一个稳定的压力。液压系统要保持压力，一般需要能源泵继续工作或另加蓄能器，而气体通过自身的膨胀性来维持承载缸的压力不变。

（6）气动元件可靠性高、寿命长，电气元件可运行百万次，而气动元件可运行 2000 万次 ~4000 万次。

（7）工作环境适应性好，特别是在易燃、易爆、多尘埃、强磁、辐射、振动等恶劣环境中，比液压、电子、电气传动和控制优越。

（8）气动装置结构简单，成本低，维护方便，过载能自动保护。

2）缺点

（1）由于空气的可压缩性较大，气动装置的动作稳定性较差，外载变化时，对工作速度的影响较大。

（2）由于工作压力低，气动装置的输出力或力矩受到限制。在结构尺寸相同的情况下，气压传动装置比液压传动装置输出的力要小得多，气压传动装置的输出力不宜大于 10kN ~40kN。

（3）气动装置中的信号传动速度比光、电控制速度慢，所以不宜用于信号传递速度要求十分高的复杂线路中。同时实现生产过程的遥控也比较困难，但对一般的机械设备，气动信号的传递速度是能满足工作要求的。

（4）噪声较大，尤其是在超声速排气时要加消声器。

1.2.2　气源装置及气动辅助元件

1. 气源装置

一般的气源装置由三部分组成：空压机；存储、净化压缩空气的设备；连接传输压缩气体的管路及其他辅件。

空压机是气压传动系统的动力来源,是气动系统必不可少的重要组成部分,它为气动系统提供具有一定压力和流量的压缩空气,并要求所提供的压缩空气清洁、干燥,以满足气动系统的工作需要。空压机是气动系统的动力源,它将电动机输出的机械能转换成气压能输送给气动系统。

一般的压缩空气站除空气压缩机外,还必须设置过滤器、后冷却器、油水分离器和储气罐等净化装置和气动辅助元件,一般的气源装置及净化处理流程如图1-60所示。首先,空气经过滤器滤去部分粉尘、杂质后进入空压机1,压缩机输出的空气进入后冷却器2,使压缩空气的温度由140℃~170℃降至40℃~50℃,使得空气中的油气和水汽凝结成油滴和水滴;接着进入油水分离器3中,使大部分油、水和杂质从气体中分离出来;最后,将得到初步净化的气体送入到储气罐4中(一般称此过程为一次净化)。对于使用要求不高的气压系统,即可从储气罐4直接供气。对于仪表和用气质量要求高的工业用气,则必须进行二次和多次净化处理。既将经过一次净化处理的压缩空气再送入干燥器5进一步除去气体中的残留水分和油污。在净化系统中干燥器甲和乙交替使用,其中闲置的一个利用加热器8吹入的热空气进行再生,以备替换使用。四通阀9用于转换两个干燥器的工作状态,过滤器6的作用是进一步清除压缩空气中的杂质和油气。经过处理的气体进入储气罐7,可供给气动设备和仪表使用。

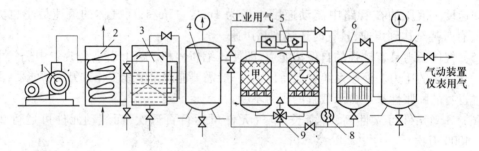

图1-60 压缩空气站净化流程示意图

1—压缩机;2—冷却器;3—分离器;4—储气罐;5—干燥器;6—过滤器;7—储气罐;8—加热器;9—四通阀。

2. 气动辅助元件

由空压机产生的压缩空气,含有大量的水分、油分和粉尘杂质等,必须经过降温、净化等一系列处理,以提高压缩空气的质量,再经过降压阀调节系统所需压力,才能供给气动执行元件和控制元件使用。一般的气源净化装置有后冷却器、油水分离器、空气干燥器、空气过滤器、储气罐等。

1)后冷却器

后冷却器安装在空压机输出管路上,其作用是将空压机出口排出的压缩空气温度由140℃~170℃降至40℃~50℃,并使其中大部分的水蒸气和油雾冷凝成液态,以便经油水分离器析出。后冷却器主要有风冷式和水冷式两种。

风冷式后冷却器是靠风扇产生的冷空气吹向带散热片的热气管道来降低压缩空气的温度的。它不需要循环冷却水,使用维护方便,但处理的压缩空气量小,且经冷却后的压缩空气出口温度比环境温度高15℃左右。水冷式后冷却器是通过强迫冷却水沿压缩空气流动方向的相反方向流动来进行冷却的,压缩空气的出口温度比环境温度高10℃左右。通常使用间接式水冷冷却器,其结构形式有蛇管式、列管式、散热片式、套管式等。图1-61所示为几种常见的后冷却器的结构示意图。安装时需特别注意压缩空气和冷却水的流动方向(图中箭头所示方向)。

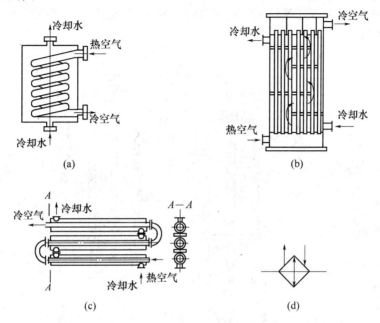

图1-61 常见后冷却器的结构示意图
(a)蛇管式;(b)列管式;(c)套管式;(d)图形符号。

2)油水分离器

油水分离器的作用是分离压缩空气中冷凝的水滴和油滴及粉尘等杂质,使压缩空气得到初步的净化。其结构形式有撞击折回式、环形回转式、水浴式、离心旋转式等。

图1-62所示为撞击折回式油水分离器的结构示意图。当压缩空气由进气管输入口进入分离器壳体后,气流先受到隔板的阻挡,被撞击而折回向下(如图中箭头所示方向);之后又上升并产生环形回转,最后从输出管口排出。与此同时,在压缩空气中凝聚的水滴、油滴等杂质,受惯性力作用而分离析出,沉降于壳体底部,由排污阀定期排出。

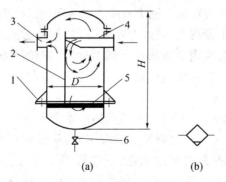

图1-62 撞击折回式油水分离器的结构示意图
(a)工作原理;(b)图形符号。
1—支架;2—隔板;3—输出管;4—进气管;5—栅板;6—放油水阀。

图 1-63 所示为水浴式和旋转离心式油水分离器的串连接构示意图。压缩空气从管道进入分离器底部后,经水洗和过滤以除去压缩空气中大量的油分等杂质,之后从出口输出,再沿切向进入旋转离心分离器后,产生强烈的旋转,使压缩空气中的水滴、油滴等杂质,利用离心力作用被分离出来而沉降到壳体底部,再由排污阀定期排出。这种组合式分离器可显著增强净化效果。

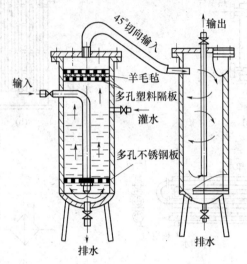

图 1-63 水浴式和旋转离心式油水分离器的串连接构示意图

3) 空气干燥器

压缩空气经后冷却器、油水分离器的初步净化后,可进入到储气罐中以满足一般气动系统的使用;而某些对压缩空气质量要求较高的气动设备的用气,还需经过进一步净化处理后才能够使用。干燥器的作用是进一步除去压缩空气中含有的少量的水分、油分、粉尘等杂质,使压缩空气干燥,提供给要求气源质量较高的系统及精密气动装置使用。

目前使用的干燥器,主要有吸附法和冷却法。吸附法是利用硅胶、铝胶、分子筛、焦炭等吸附剂吸收压缩空气中的水分,使压缩空气得到干燥的方法。吸附法除水效果很好。采用焦炭做吸附剂相对效果差些,但成本低,还可吸附油分。冷却法是利用制冷设备使空气冷却到一定的露点温度,析出空气中超过饱和水蒸气气压部分的水分,降低其含湿量,增加空气的干燥程度。吸附法应用较为普遍。图 1-64 所示为吸附式干燥器的结构图。工作原理是使压缩空气从管道 1 进入干燥器内,通过上吸附层 21、铜丝过滤网 20、上栅板 19、下吸附层 16 之后,湿空气中的水分被吸附剂吸附而干燥,再经过铜丝过滤网 15、下栅板 14、毛毡层 13、铜丝过滤网 12 滤去空气中的粉尘杂质,最后干燥、洁净的压缩空气从输出管输出。

4) 空气过滤器

空气过滤器的作用是滤去压缩空气中的油分、水分和粉尘等杂质的。不同的使用场合对过滤器的要求不尽相同。过滤器的形式较多,常用的过滤器可分为一次过滤器和二次过滤器。一次过滤器又称为简易过滤器,一般置于干燥器之后,其滤灰效率为 50% ~ 70%。二次过滤器又称分水滤气器,其滤灰效率为 70% ~ 90%。图 1-65 所示为一次过滤器。过滤原理是:气流由切线方向进入筒体内,在惯性力的作用下分离出液体,然后气体由下而上通过多孔钢板、毛毡、硅胶、滤网等过滤吸附材料,干燥洁净的压缩空气从筒顶输出。

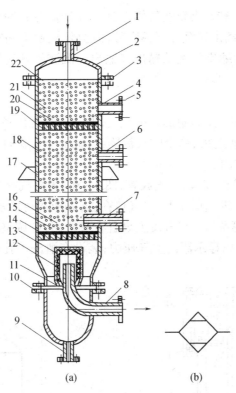

图 1 - 64 吸附式干燥器的结构图

（a）工作原理；（b）图形符号。

1—湿空气进气管;2—顶盖;3,5,10—法兰;4,6—再生空气排气管;7—再生空气进气管;
8—干燥空气输出管;9—排水管;11,22—密封垫;12,15,20—铜丝过滤网;13—毛毡;
14—下毡板;16,21—吸附层;17—支撑板;18—外壳;19—上栅板。

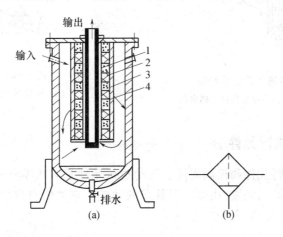

图 1 - 65 一次过滤器

（a）工作原理；（b）图形符号。

1—10mm 密孔管;2—280 目细铜丝网;3—焦炭;4—硅胶。

分水滤气器在气动系统中应用非常普遍,它和降压阀、油雾器一起称为气动三联件,一般置于气动系统的入口处。图 1 - 66 所示为分水滤气器的结构图。其工作原理:压缩空气从输入口进入后,被引入旋风叶子 1,旋风叶子上有很多成一定角度的缺口,迫使空气沿切线方向运动产生强烈的旋转。夹杂在气体中较大的水滴、油滴粉尘等杂质,在惯性作用下与存水杯3内壁碰撞,并分离出来沉淀到杯底部;而微颗粒粉尘和雾状水汽则在气体通过滤芯2时被除去,洁净的压缩空气便从输出口输出。沉淀于杯底部的杂质通过排污法及时放掉。

5) 储气罐

储气罐的作用是储存一定数量的压缩空气,调节用气量以备空压机发生故障和临时应急用;消除压力脉动,保证连续、稳定的气流输出;减弱空压机排气压力脉动引起的管道振动;进一步分离压缩空气中的水分和油分。

储气罐一般为焊接结构,多以立式放置,图1-67为储气罐的结构示意图。罐高 H 为罐内径 D 的2倍~3倍。进气口在下,出气口在上,并应尽可能加大两管口的间距,以利于充分分离空气中的油水等杂质。储气罐上设置有安全阀,应调整其极限压力比正常工作压力高10%;装设有压力表以显示罐内空气压力;装设有清洗入孔或手孔;底部设置排放油、水的接管和阀门。

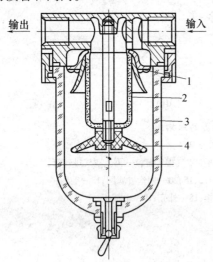

图1-66 分水滤气器的结构图
1—旋风叶子;2—滤芯;3—存水杯;4—挡水板。

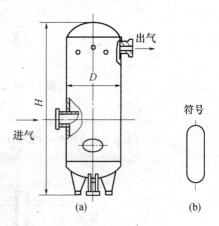

图1-67 储气罐
(a) 原理图;(b) 图形符号。

1.2.3 气压传动执行元件

气动元件包括执行元件和控制元件。气动执行元件是以压缩空气为动力源,将气体的压力能再转换为机械能的装置,用来实现既定的动作。它主要有汽缸和气动马达。前者作直线运动,后者作旋转运动。

1. 汽缸

1) 直线运动汽缸

在压缩空气作用下,单作用汽缸活塞杆伸出,当无压缩空气时,缸的活塞杆在弹簧力作用下回缩。汽缸活塞上永久磁环可用于驱动磁感应传感器动作,如图1-68所示。对于单作用汽缸来说,压缩空气仅作用在汽缸活塞的一侧,另一侧则与大气相通。汽缸只在一个方向上做功,汽缸活塞在复位弹簧或外力作用下复位。

在无负载情况下,弹簧力使汽缸活塞以较快速度回到初始位置。复位力大小由弹簧自

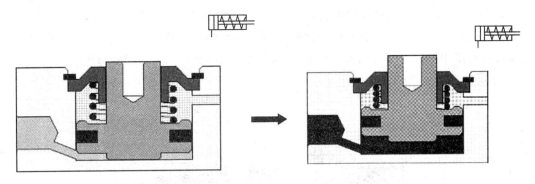

图 1-68　单作用汽缸示意图

由长度决定。单作用汽缸具有一个进气口和一个出气口。出气口必须洁净,以保证汽缸活塞运动时无故障。通常将过滤器安装在出口上。

　　双作用汽缸在两个方向的运动都是通过气压传动进行的,汽缸的内部结构如图 1-69所示,它的两端具有缓冲。在汽缸轴套前端有一个防尘环,以防止灰尘等杂质进入汽缸腔内。前缸盖上安装的密封圈用于活塞杆密封,轴套可为汽缸活塞杆导向,其由烧结金属或涂塑金属制成。

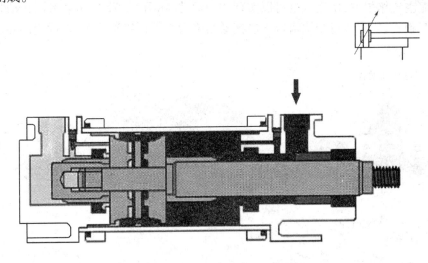

图 1-69　双作用汽缸示意图

　　无杆汽缸(缸的两端均没有活塞杆)比有杆汽缸节约很多安装空间,如图 1-70 所示为磁偶合无杆汽缸。

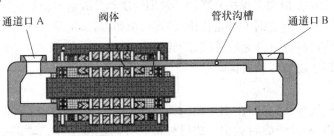

图 1-70　无杆双作用汽缸示意图

增力汽缸如图 1-71 所示,增力汽缸综合了两个双作用汽缸的特点,即将两个双作用汽缸串联连接在一起形成一个独立执行元件。对于要求输出力较大的场合,这种方式提高了活塞的有效作用面积。增力汽缸适用于要求输出力大而缸径又受到限制的场合。

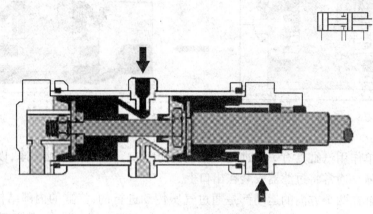

图 1-71　增力汽缸示意图

2) 摆动汽缸

在压缩空气作用下,摆动汽缸可以实现摆动运动,如图 1-72 所示。可调止动装置与旋转叶片相互独立,从而使得挡块可以限制摆动角度大小。在终端位置,弹性缓冲环可对冲击进行缓冲。

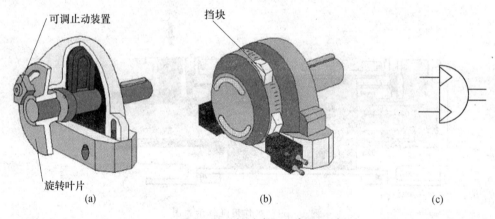

图 1-72　摆动汽缸示意图

摆动汽缸是一种在小角度范围内作往复摆动的气动执行元件。它将压缩空气的压力能转换成机械能,输出力矩使机构实现往复摆动。常用的摆动汽缸输出轴承受转矩,对冲击的耐力小,因此若受到驱动物体停止时的冲击作用,将容易损坏,需采用缓冲机构或安装制动器。

摆动汽缸按结构特点可分为叶片式、齿轮齿条式等。其中,除叶片式外,都带有汽缸直线运动转换为回转运动的传动机构。

2. 气动马达

气动马达简称气马达,它的作用是把压缩空气的压力能转换为机械能,实现输出轴的旋转运动并输出转矩,驱动作旋转运动的执行机构。气马达按工作原理的不同可分为容积式和动力式两大类,在气压传动中主要采用的是容积式。容积式中又分齿轮式、活塞式、叶片式和薄膜式等,其中以叶片式和活塞式两种应用最广泛。

1）齿轮齿条式摆动马达

利用齿轮齿条传动,将活塞的往复运动变为输出轴的旋转运动。当汽缸活塞杆作往复运动时,通过推杆端部的棘爪使棘轮作间歇性转动。这种马达运动慢,有断续性,但产生的转矩大,如图1-73所示。

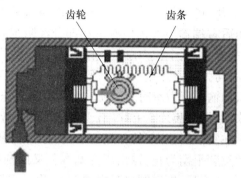

图1-73 齿轮齿条式摆动马达

2）径向活塞式气马达

活塞式气马达的启动转矩和功率较大,密封性好,容易换向,允许过载。其缺点是结构较复杂,价格高,如图1-74所示。

3）叶片式气马达

叶片式气马达如图1-75所示,压缩空气由孔输入后分为两路:一路经定子两端密封盖的槽进入叶片底部,将叶片推出抵于定子内壁上,相邻叶片间形成密闭空间以便启动。由孔进入的另一路压缩空气就进入相应的密闭空间而作用在两个叶片上。由于叶片伸出量不同使压缩空气的作用面积不同,因而产生了转矩差。于是叶片带动转子在此转矩差的作用下按顺时针方向旋转。做功后的气体由孔排出。若改变压缩空气的输入方向,即改变了转子的转向。

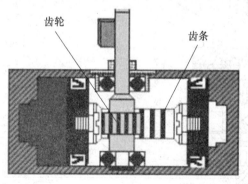

图1-74 径向活塞式气马达

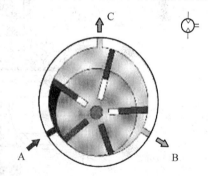

图1-75 叶片式气马达

这种马达结构较简单,体积小、质量轻、泄漏小、启动力矩大且转矩均匀转速高(每分钟几千转至20000r/min)。其缺点是叶片磨损较快,噪声较大。

1.2.4 气压传动控制元件

1. 压力控制阀

控制压缩空气的压力和依靠压力来控制执行组件动作顺序的阀,统称为压力控制阀。

45

1）降压阀

由于气源压力往往比每台设备所需压力高,同时气源压力波动也比较大,因此有必要用降压阀将气源压力降低并稳定到设备所需压力值。图1－76所示为直动型降压阀的结构原理图。顺时针旋转手柄1,使阀处于工作状态,此时调压弹簧2、3被压缩,推动膜片5下凹,再通过阀杆6带动阀芯9下移,进气阀口11被打开,压缩空气从左端输入,经进气阀口11的降压后从右端输出,降压后右端输出气体中有一小部分经阻尼孔7进入膜片室12,在膜片5的下部产生一个向上的推力,这个推力总是企图把阀口开度关小,使其输出压力下降。当作用在膜片上的气压推力与弹簧力互相平衡后,降压阀的输出压力便保持稳定。若输入压力有波动或负载变化时,如输入压力瞬时升高使输出压力随之升高,作用在膜片5上的推力也相应增大,破坏了原来的平衡,膜片5上移(有少量气体经溢流孔4、排气口13排出),在膜片5上移的同时,阀芯在复位弹簧10的作用下也随之上移,进气阀口11的开度减小,输出压力下降,直至使膜片重新平衡为止,输出压力基本上又回到原值。反之,输入压力下降时,输出压力相应下降,膜片下移,进气阀口开度增大,输出压力又基本上回升至原值。当不使用时,可旋松手柄1,使弹簧2、3恢复自由状态,阀芯9在复位弹簧10的作用下关闭进气阀口,降压阀便处于截止状态,无气流输出。

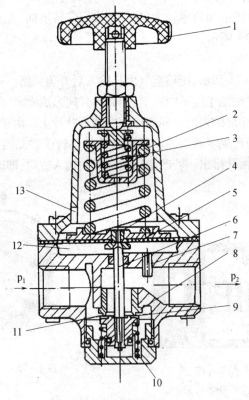

图1－76 降压阀结构图

1—旋转手柄;2,3—调压弹簧;4—溢流孔;5—膜片;6—阀杆;7—阻尼孔;
8—阀体;9—阀芯;10—复位弹簧;11—进气阀口;12—膜片室;13—排气口。

2）顺序阀

顺序阀的作用是依靠气路中压力的大小来控制执行机构按顺序动作。顺序阀常与单向阀结合成一体,称为单向顺序阀。图1－77所示为单向顺序阀的工作原理图,当压缩空气由

P 口进入腔 4 后,若作用在活塞 3 上的气压力小于弹簧 2 的弹力时,阀处于关闭状态;而当作用于活塞上的气压力大于弹簧力时,活塞被顶起,压缩空气经腔 4 流入腔 5 由 A 口流出(图 1 – 77(a))。当压缩空气由 A 口进入时(图 1 – 77(b)),单向阀 6 开启,压缩空气经腔 5、单向阀 6 和腔 4 向外排。调节手柄 1 可改变单向顺序阀的开启压力。

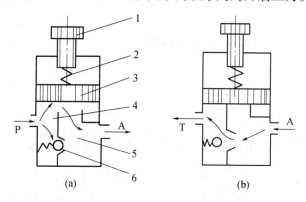

图 1 – 77 单向顺序阀的工作原理图
1—调节手柄;2—弹簧;3—活塞;4,5—腔体;6—单向阀。

2. 流量控制阀

与液压流量控制阀一样,也是通过改变阀的通流面积来实现流量控制的。

1)节流阀

图 1 – 78 所示为节流阀结构原理图,气体由输入口 P 进入阀内,经阀座 1 与阀芯 3 间的节流口从输出口 A 流出,调节螺杆 2 使阀芯上下移动,即可改变节流口通流面积,实现流量的调节。单向节流阀的工作原理,当气流由 P→A 流动时,单向阀在弹簧和气压作用下关闭,气流经节流阀节流后流出;当气流由 A→P 流动时,弹簧被压缩,单向阀打开,不节流。

2)排气节流阀

图 1 – 79 所示为排气节流阀工作原理图,它的工作原理与节流阀相近似,通过调节节流口的通流面积来调节排气流量,由消声套减少排气时产生的噪声。

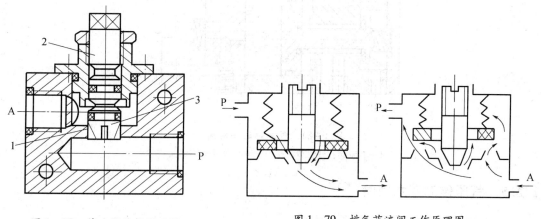

图 1 – 78 节流阀结构原理图
1—阀座;2—螺杆;3—阀芯。

图 1 – 79 排气节流阀工作原理图

3．方向控制阀

1）气压控制换向阀

气压控制换向阀利用气压控制阀芯移动而使气路换向。图1-80为单气控截止式换向阀的工作原理图。图1-80(a)中阀芯1在弹簧2的作用下处于上端位置，使阀口A与T接通，P与A断开；图1-80(b)是有气控信号时阀的状态（动作状态），由于气压力的作用，阀芯压缩弹簧下移，阀口A与T断开，P与A接通。

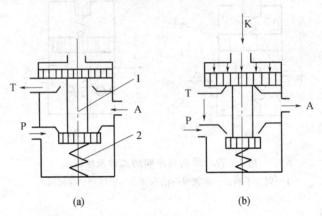

(a)   (b)

图1-80　单气控截止式换向阀的工作原理图
1—阀芯；2—弹簧。

2）气压延时换向阀

图1-81所示为气压延时换向阀。当信号气流通过K口、节流阀1的节流口和恒节流孔2对气容C充气，使气容C的压力能克服左端弹簧力时，主阀芯4左移而换向，阀口A与T断开，P与A接通，调节节流阀阀口的大小可控制延时换向的时间；当去掉信号气流后，气容C经单向阀3快速放气，主阀芯在左端弹簧作用下返回右位，阀口A与T接通，P与A断开。

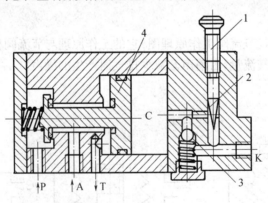

图1-81　气压延时换向阀
1—节流阀；2—恒节流孔；3—单向阀；4—主阀芯。

1.2.5　气压传动基本回路

1．方向控制回路

1）单作用汽缸控制回路

图1-82所示的为单作用汽缸换向回路。图1-82(a)是用二位三通电磁阀控制的单

作用汽缸换向回路。该回路中,当电磁铁得电时,活塞杆伸出;断电时,在弹簧力作用下活塞杆缩回。图1-82(b)所示为由三位五通阀电气控制的单作用汽缸上、下和停止的换向回路。该阀在两电磁铁均失电时具有自动对中功能,可使汽缸停在任意位置,但定位精度不高,且定位时间不长。

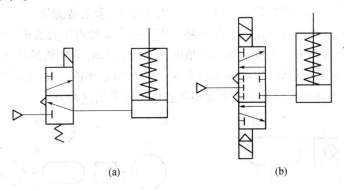

(a)　　　　　　　　　　(b)

图1-82　单作用汽缸换向回路

2) 双作用汽缸控制回路

图1-83为各种双作用汽缸的换向回路。图1-83(a)是比较简单的换向回路。图1-83(f)有中停位置,但中停定位精度不高。图1-83(d)、(e)、(f)的两端控制电磁铁线圈或按钮不能同时操作,否则将出现误动作,其回路相当于双稳的逻辑功能。对图1-83(b)的回路中,当A有压缩空气时汽缸推出;反之,汽缸退回。

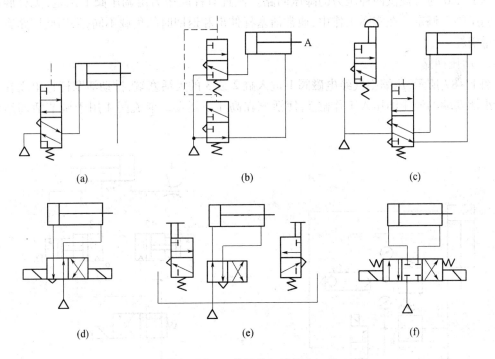

(a)　　　　　　　(b)　　　　　　　(c)

(d)　　　　　　　(e)　　　　　　　(f)

图1-83　双作用汽缸的换向回路

2. 压力控制回路

压力控制回路的功用是使系统保持在某一规定的压力范围内。常用的压力控制回路有调压回路、降压回路和增压回路。

1）调压回路

图 1-84 所示为调压回路,它由空压机、气罐、安全阀(溢流阀)等组成。这种回路主要是利用溢流阀控制气罐的压力不超过规定值。当气罐压力超过规定值时,溢流阀就会打开。此种回路结构简单,工作可靠,但由于在一定压力下溢流,会浪费能量。

图 1-85 为另一种调压回路。它在气路上安装一个电接点压力表来控制空气压缩机的转动和停止。当气罐内的压力未达到调定值时,电动机转动,空压机继续往气罐内充气;当达到调定压力时,电动机停转,空压机不再工作。这种回路比前一种回路节能,但对电动机的控制要求较高,电动机如果处于强震起停状态也不宜采用这种方法。

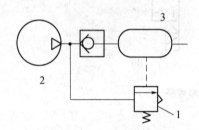

图 1-84 调压回路
1—溢流阀;2—空压机;3—气罐。

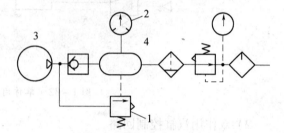

图 1-85 调压回路
1—溢流阀;2—电触点压力表;3—空压机;4—气罐。

2）降压回路

图 1-86 为可提供两种压力的降压回路。汽缸有杆腔压力由调压阀 1 调定,无杆腔压力由调压阀 2 调定。在实际工作中,通常活塞杆伸出和退回时的负载不同,采用此回路有利于能量消耗。

3）增压回路

图 1-87 所示,压缩空气经电磁阀 1 进入缸 2 或 3 的大活塞端,推动活塞杆把串联在一起的小活塞端的液压油压入工作缸 5,使活塞在高压下运动。节流阀 4 用于调节活塞运动速度。

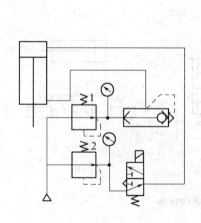

图 1-86 降压回路
1,2—调压阀。

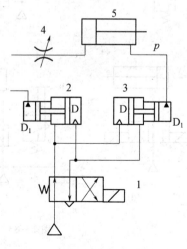

图 1-87 增压回路
1—电磁阀;2,3—液压缸;4—节流阀;5—工作缸。

3．速度控制回路

1）节流调速回路

与液压传动相比,气压传动有很高的运动速度,这在某种意义上讲,是一大优点。但在许多场合,如切削加工和精确定位,不需要执行机构高速运动。这就需要通过控制元件进行速度控制。因目前气动系统中,所使用的功率都不太大,因而调速方法大多采用节流调速。

从理论上讲,汽缸活塞运动速度可以采用进气节流调速和排气节流调速来实现控制。但由于在进气节流调速系统中,汽缸排气压力很快降至大气压力,随着活塞运动,汽缸腔也将增大,进气压力变化很大,造成汽缸产生"爬行"现象。因而在实际应用中,大多采用排气节流调速方法。这是因为排气节流调速时,排气腔内的压力在节流阀的作用下,产生与负载相应的背压,在负载保持不变或变动很小的条件下,运动速度比较平稳。但当负载变化很大时,排气腔背压也随着变化,有可能使汽缸产生"自走"现象。

（1）单作用汽缸速度控制回路。如图1－88（a）所示,两个反接的单向节流阀,可分别控制活塞杆伸出和缩回的速度。图1－88（b）中,汽缸活塞上升时节流调速,下降时则通过快速排气阀排气,使活塞杆快速返回。

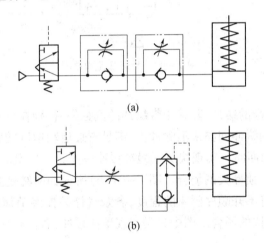

图1－88　单作用汽缸速度控制回路

（2）双作用汽缸速度控制回路。双作用汽缸速度控制回路如图1－89所示。图1－89

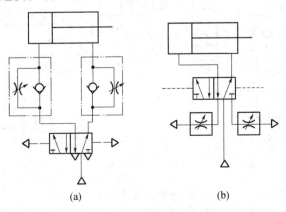

图1－89　双作用汽缸速度控制回路

(a)是采用单向节流阀的双向调速回路;取消图中任意一只单向节流阀,便得到单向调速回路。图1-89(b)是采用排气节流阀的双向调速回路。它们都是采用排气节流调速方式。当外负载变化不大时,采用排气节流调速方式,进气阻力小,负载变化对速度影响小,比进气节流调速效果要好。

2)快速往复回路

图1-90所示为采用快速排气阀的快速往复回路,若欲实现汽缸单向快速运动,可省去图中一只快速排气阀。

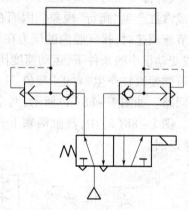

图1-90　快速往复回路

3)缓冲回路

要获得汽缸行程末端的缓冲,除采用带缓冲的汽缸外,特别在行程长、速度快、惯性大的情况下,往往需要采用缓冲回路来消除冲击,满足汽缸运动速度的要求。

图1-91(a)所示的回路可实现快进—慢进缓冲—停止—快退的循环,行程阀可根据需要调整缓冲行程,常用于惯性大的场合。图1-91(b)所示的回路是当活塞返回至行程末端时,其左腔压力已降至打不开顺序阀4的程度,剩余气体只能经节流阀2排出,使活塞得到缓冲,适于行程长、速度快的场合。图中只是实现单向缓冲,若汽缸两侧均安装此回路,则可实现双向缓冲。

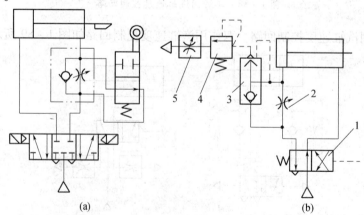

(a)　　　　　　　　　　　　　(b)

图1-91　缓冲回路

(a)采用行程阀的缓冲回路;(b)采用快速排气阀、顺序阀和节流阀的缓冲回路。

1—电磁阀;2,5—节流阀;3—液控单向阀;4—顺序阀。

4）气液转换速度回路

气液联动是以气压为动力,利用气液转换器把气压传动变为液压传动,来获得更为平稳的和更为有效地控制运动速度的气压传动。图1-92所示为采用气液转换器的调速回路。当电磁阀处于下位接通时,气压作用在汽缸无杆腔活塞上,有杆腔内的液压油经机控换向阀进入气液转换器,从而使活塞杆快速伸出。当活塞杆压下机控换向阀时,有杆腔油液只能通过节流阀到气液转换器,从而使活塞杆伸出速度减慢,而当电磁阀处于上位时,活塞杆快速返回。此回路可实现快进、工进、快退工况。

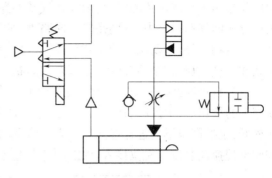

图1-92 气液转换调速回路

4．其他控制回路

1）同步回路

气压传动中的同步回路与液压传动中的同步回路基本相同。图1-93为简单的同步回路,它采用刚性连接部件连接两缸活塞杆,分别调节两节流阀的开度,迫使A、B两缸同步。

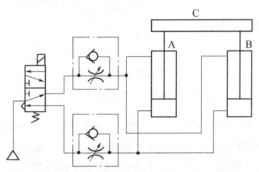

图1-93 同步动作控制回路

图1-94为气液缸的串联同步回路,此回路缸1下腔与缸2上腔相连,内部注满液压油,只要保证缸1下腔的有效面积和缸2上腔的有效面积相等,就可以实现同步。回路中3接放气装置,用于放掉混入油中的气体。

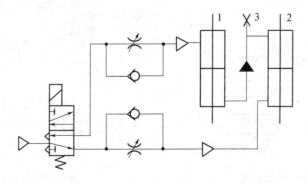

图1-94 气液缸转换同步回路
1,2—工作缸;3—接放气阀处。

53

2）安全保护回路

由于气动机构负荷的过载、气压的突然降低以及气动执行机构的快速动作等原因都可能危及操作人员或设备的安全，因此在气动回路中，常常要加入安全回路。需要指出的是，在设计任何气动回路中，特别是安全回路中，都不可缺少过滤装置和油雾器。因为，污脏空气中的杂物，可能堵塞阀中的小孔与通路，使气路发生故障。缺乏润滑油，很可能使阀发生卡死或磨损，以致整个系统的安全都发生问题。下面介绍几种常用的安全保护回路。

（1）自锁回路。图1-95所示为典型的自锁回路，也是一个手控换向回路。当按下手动阀1的按钮后，主控阀右位接入，汽缸中的活塞杆将向左伸出，这时即便将手动阀1的按钮松开，主控阀也不会进行换向。只有当将手动阀2的按钮按下后，控制信息逐渐消失，主控阀出现换向复位并左位接入，汽缸中的活塞才向右退回。

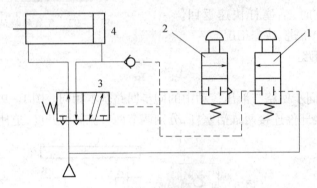

图1-95 自锁回路

1,2—手动阀；3—主控阀；4—汽缸。

（2）互锁回路。如图1-96所示，主控阀（二位四通阀）的换向受三个串联的机控二通阀控制，只有三个机控阀都接通时，主控阀才能换向，汽缸才能动作。

（3）过载保护回路。如图1-97所示，当活塞右行遇到障碍或其他原因使汽缸过载时，左腔压力升高，当超过预定值时，打开溢流阀3，使换向阀4换向，阀1、2同时复位，汽缸返回，保护设备安全。

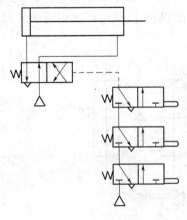

图1-96 互锁回路

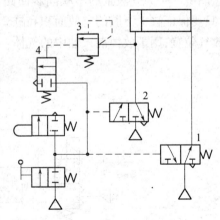

图1-97 过载保护回路

1,2—顺序阀；3—溢流阀；4—换向阀。

3）延时控制回路

（1）延时接通回路。图 1－98 所示的是延时输出回路。当控制信号 A 切换阀 4 后，压缩空气经单向节流阀 3 向气容 2 充气。当充气压力经延时升高至使阀 1 换位时，阀 1 就有输出。

（2）延时断开回路。图 1－99 所示为延时断开回路。图中按下阀 8，则汽缸向外伸出，当汽缸在伸出行程中压下阀 5 后，压缩空气经节流阀到气容 6 延时后才将阀 7 切换，汽缸退回。

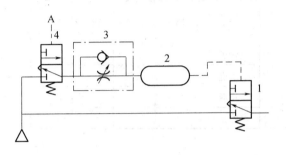

图 1－98　延时接通回路

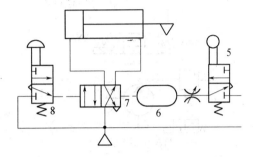

图 1－99　延时断开回路

习　题　一

1－1　比较节流阀和调速阀的主要异同点。

1－2　何谓液压传动？其基本工作原理是怎样的？

1－3　液压传动系统主要有哪几部分组成？

1－4　何谓换向阀的"位"和"通"？并举例说明。

1－5　如题图 1－5 所示的液压系统，可以实现"快进—工进—快退—停止"的工作循环要求。

（1）说出图中标有序号的液压元件的名称。

（2）写出电磁铁动作顺序表列题表 1－5。

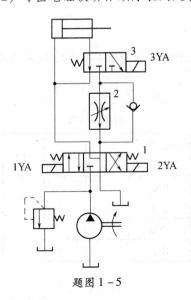

题图 1－5

题表 1－5

电磁铁\动作	1YA	2YA	3YA
快进			
工进			
快退			
停止			

1-6 如题图1-6所示系统可实现"快进—工进—快退—停止(卸荷)"的工作循环。

(1) 指出液压元件1~4的名称。

(2) 试列出电磁铁动作表(通电"+",失电"-"),列于题表1-6。。

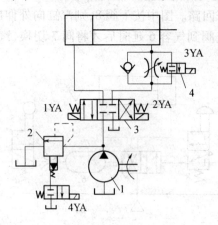

题表1-6

动作 \ YA	1YA	2YA	3YA	4YA
快进				
工进				
快退				
停止				

题图1-6

1-7 如题图1-7所示液压系统,完成如下动作循环:"快进—工进—快退—停止卸荷"。试写出动作循环表,并评述系统的特点。

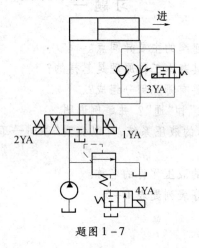

题图1-7

1-8 如题图1-8所示系统可实现"快进—工进—快退—停止(卸荷)"的工作循环。

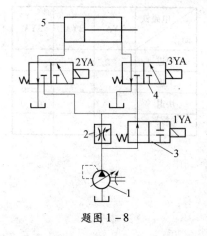

题表1-8

动作 \ 电磁铁	1YA	2YA	3YA
快进			
工进			
快退			
停止			

题图1-8

（1）指出标出数字序号的液压元件的名称。

（2）试列出电磁铁动作表(通电"＋",失电"－"),列于题表 1－8。

1－9 如题图 1－9 所示系统能实现"快进—1 工进—2 工进—快退—停止"的工作循环。试画出电磁铁动作顺序表,并分析系统的特点?

1－10 如题图 1－10 所示液压系统可实现"快进—工进—快退—原位停止"工作循环,分析并回答以下问题:

（1）写出元件 2、3、4、7、8 的名称及在系统中的作用。

（2）列出电磁铁动作顺序表(通电"＋",断电"－")。

（3）分析系统由哪些液压基本回路组成。

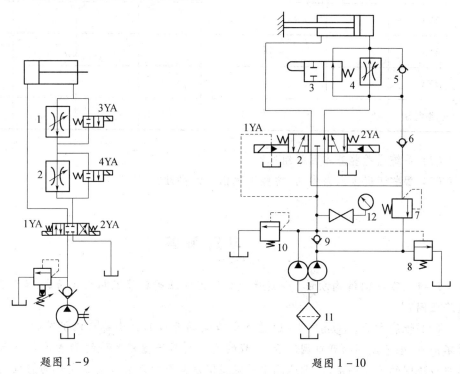

题图 1－9   题图 1－10

1－11 如题图 1－11 所示为专用铣床液压系统,要求机床工作台一次可安装两支工

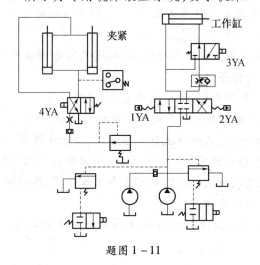

题图 1－11

件,并能同时加工。工件的上料、卸料由手工完成,工件的夹紧及工作台由液压系统完成。机床的加工循环为"手工上料—工件自动夹紧—工作台快进—铣削进给—工作台快退—夹具松开—手工卸料。分析系统回答下列问题:

(1) 填写电磁铁动作顺序表(题表1-11)。

题表1-11

动作 电磁铁	手工上料	自动夹紧	快进	铣削进给	快退	夹具松开	手工卸料
1YA							
2YA							
3YA							
4YA							
压力继电器							

(2) 系统由哪些基本回路组成?

(3) 哪些工况由双泵供油,哪些工况由单泵供油?

习 题 解 答

1-1 答:(1)结构方面。调速阀是由定差降压阀和节流阀组合而成,节流阀中没有定差降压阀。

(2) 性能方面。①相同点:通过改变节流阀开口的大小都可以调节执行元件的速度。②不同点:当节流阀的开口调定后,负载的变化对其流量稳定性的影响较大。而调速阀,当其中节流阀的开口调定后,调速阀中的定差降压阀则自动补偿负载变化的影响,使节流阀前后的压差基本为一定值,基本消除了负载变化对流量的影响。

1-2 答:(1)液压传动是以液体为工作介质,利用液体的压力能来实现运动和力的传递的一种传动方式。

(2) 液压传动的基本原理为帕斯卡原理,在密闭的容器内液体依靠密封容积的变化传递运动,依靠液体的静压力传递动力。

1-3 答:动力元件、执行元件、控制调节元件、辅助元件、传动介质——液压油。

1-4 答:(1)换向阀是利用阀芯在阀体中的相对运动,使阀体上油路口的液流通路接通、关断、变换液体的流动方向,从而使执行元件启动、停止或停留、变换运动方向,这种控制阀芯在阀体内所处的工作位置称为"位",将阀体上的油路口成为"通"。

(2) 如换向阀中,阀芯相对阀体的运动有三个工作位置,换向阀上有四个油路口和四条通路,则该换向阀称为三位四通换向阀。

1-5 解:(1)1为三位四通电磁换向阀;2为调速阀;3为二位三通电磁换向阀。

(2)

动作　电磁铁	1YA	2YA	3YA
快进	+	−	−
工进	+	−	+
快退	−	+	+
停止	−	−	−

1-6 解:(1)1 为变量泵;2 为溢流阀;3 为电磁阀;4 为调速器电磁换向阀。

(2)

动作	1YA	2YA	3YA	4YA
快进	+	−	+	−
工进	+	−	−	−
快退	−	+	−	−
停止	−	−	−	+

1-7 解:(1)

	1YA	2YA	3YA	4YA
快进	+	−	−	−
工进	+	−	+	−
快退	−	+	−	−
停止、卸荷	−	−	−	+

(2) 特点:先导型溢流阀卸荷回路卸荷压力小冲击小,回油节流调速回路速度平稳性好,发热、泄漏节流调速影响小,用电磁换向阀易实现自动控制。

1-8 解:(1)1 为变量泵;2 为调速阀;3 为二位二通电磁换向阀;4 为二位三通电磁换向阀;5 为液压缸。

(2)

	1YA	2YA	3YA
快进	−	+	+
工进	+	+	−
快退	−	−	+
停止	−	−	−

1-9 解:(1)

	1YA	2YA	3YA	4YA
快进	+	−	+	+
1 工进	+	−	−	+
2 快退	+	−	−	−
快退	−	+	+	+
停止	−	−	−	−

（2）特点:由快速回路、速度换接回路、调压回路、同步回路组成。快进、快退由双泵供油,其余由单泵供油。

1-10 解:(1)2 为35DY,使执行元件换向;3 为22C,快慢速换接;4 为调速阀,调节工作进给速度;7 为溢流阀,背压阀;8 为外控内泄顺序阀做卸荷阀。

（2）电磁铁动作顺序表

工况	1YA	2YA	行程阀
快进	+	−	−
工进	+	−	+
快退	−	+	+(−)
原位停止	−	−	−

（3）三位五通电液换向阀的换向回路,进口调速阀节流调速回路,单向行程调速阀的快、慢、快换速回路,差动连接快速回路,双泵供油快速回路。

1-11 答:(1)电磁铁动作顺序表如下:

动作 电磁铁	手工上料	自动夹紧	快进	铣削进给	快退	夹具松开	手工卸料
1YA	+	+	+	+	−	−	−
2YA	−	−	−	−	+	+	−
3YA	−	−	+	−	−	−	−
4YA	−	+	+	+	−	−	−
压力继电器	−	−	−	−	+	−	−

（2）基本回路:快速回路、速度换接回路、调压回路、降压回路、同步回路。

（3）快进、快退由双泵供油,其余由单泵供油。

第2章 常用低压电器

低压电器通常是指用于额定电压交流 1200V 或直流 1500V 及以下电路中的电器。低压电器在电路中的用途是根据外界施加的信号或要求,自动或手动接通或分断电路,从而连续或断续地改变电路的参数或状态,以实现对电路或非电对象的切换、控制、保护、检测、变换和调节。

低压电器按不同的分类方式有着不同的类型,主要有四种分类方式。

1. 按用途分类

1)配电电器

配电电器主要用于低压供电系统,主要包括刀开关、转换开关、熔断器、断路器等。对配电电器的主要技术要求是分断能力强、限流效果和保护性能好,有良好的动稳定和热稳定性。

2)控制电器

控制电器主要用于电力拖动控制系统,包括接触器、继电器、启动器和主令电器等。控制电器的主要技术要求是有相应的转换能力、操作频率高、电气寿命和机械寿命长。

2. 按操作方式分类

1)自动电器

自动电器是指通过电磁或气动机构动作来完成接通、分断、启动和停止等动作的电器。它主要包括接触器、断路器、继电器等。

2)手动电器

手动电器是指通过人力来完成接通、分断、启动和停止等动作的电器,是一种非自动切换的电器。主要包括刀开关、转换开关和主令电器等。

3. 按工作条件分类

(1)一般工业用电器。这类电器用于机械制造等正常环境条件下的配电系统和电力拖动控制系统,是低压电器的基础产品。

(2)化工电器。化工电器的主要技术要求是耐腐蚀。

(3)矿用电器。矿用电器的主要技术要求是能防爆。

(4)牵引电器。牵引电器的主要技术要求是耐振动和冲击。

(5)船用电器。船用电器的主要技术要求是耐潮湿、颠簸和冲击。

(6)航空电器。航空电器的主要技术要求是体积小、质量小、耐振动和冲击。

4. 按工作原理分类

(1)电磁式电器。电磁式电器的感测元件接受的是电流或电压等电量信号。

(2)非电量控制电器。这类电器的感测元件接受的信号是热量、温度、转速、机械力等非电量信号。

2.1 熔断器

18世纪初,人们就开始设想利用真空的一些特点来分断电流,到1893年美国里顿毫斯(Rittenhause)设计出第一个结构简单的真空灭弧室并以专利发表后,引起了人们的重视。1920年,瑞典佛加(Birka)公司第一次制成了真空开关,尽管其分断能力极小,尚无实用价值,但却引起了人们的兴趣。1923年前后,索伦森(Sorenson)和曼登霍尔(Mandenhall)在美国加利福尼亚工学院开始真空中分断电流的研究工作,并成功地在41kV下分断了926A的工频电流。但由于当时科学技术对真空开关的要求也不迫切,所以研究成果不甚显著。直至第二次世界大战后,20世纪50年代初期,随着科学技术的进步,才使真空开关的研究工作有了较快的进展。1955、年,罗斯(H. C. Ross)在美国詹尼斯(Jennings)无线电制造公司多年来生产几安的高频真空转换开关的基础上,制成了15kV、200A的真空开关。但在整个50年代,对真空开关触头尚未找到适当的材料,使其分断能力一直停留在4V、5kA的水平。直到20世纪60年代初,由于半导体技术的迅速发展,提供了冶炼含气量极低的金属材料的方法,使在真空开关结构研究上取得了一个跃变。1961年美国通用电气公司在此成果的基础上,开始生产额定电压15kV、分断能力12.5kA的真空断路器。1966年,进一步试制成功15kV、25kA和31.5kA的真空断路器,从此真空开关正式进入了电力开关的行列。到2000年前后,额定电流已达到6.3kA,如合理地选用风冷措施和散热器可提高到10kA以上。现在单断口真空灭弧室的工作电压已能做到接近200kV。纵向磁场结构的真空灭弧室的研究已突破了分断200kA以上的能力。

我国于1958年开始从事真空电弧理论研究,主要偏重于真空开关方面。1964年,西安交通大学研制成功我国第一台额定电压10kV、分断电流1.5kA的三相真空开关,并在当年北京全国高教科研成果展览会上展出,受到来自全国各地专家们的高度评价。从此我国就开始生产各式真空开关。到20世纪90年代西安高压电器研究所、真空灭弧室制造厂、全国有关电器专业的高等院校和电器开关制造厂在电力部门的配合下,已能生产出达到国际水平的各类真空开关,其产量已占世界总产量的一半以上,并开始稳步打入国际市场。

2.1.1 熔断器结构和工作原理

1. 熔断器的结构

熔断器是一种结构简单、使用方便、价格低廉的保护电器,广泛应用于低压配电系统和控制电路中,主要作为短路保护元件,也常作为单台电气设备的过载保护元件。

熔断器的结构主要由熔体、安装熔体的熔管(或盖、座)、触头和绝缘底板等组成。其中,熔体是熔断器的核心部件,它既是感测元件又是执行元件,用金属材料制成;熔管是熔断器的外壳,主要作用是便于安装熔体且当熔体熔断时有利于熄灭电弧。

2. 工作原理

熔断器的工作原理:它串联在被保护的电路中,当电路为正常负载电流时,熔体的温度较低;而当电路中发生短路或过载故障时,通过熔体的电流随之增大,熔体开始发热。当电流达到或超过某一定值时,熔体温度将升高到熔点,便自行熔断,从而分断故障电路,起到保护作用。

2.1.2　常用熔断器类型

1. 按结构形式分类

按结构形式可分为半封闭插入式熔断器、无填料密闭管式熔断器、有填料封闭管式熔断器、快速熔断器和自复熔断器五类。

1) 半封闭插入式熔断器

（1）瓷插式熔断器。插入式熔断器又称瓷插式熔断器，具有结构简单、价格低廉、更换熔体方便等优点，被广泛用于照明电路和小容量电动机的短路保护。一般常用的为 RC1A 系列插入式熔断器，其结构如图 2-1 所示，主要由瓷盖、瓷座、动触头、静触头和熔丝等组成。其中，瓷盖和瓷座由电工陶瓷制成，电源线和负载线分别接在瓷座两端的静触头上，瓷座中间有一空腔，它与瓷盖的凸起部分构成灭弧室。由于插入式熔断器只有在瓷盖拔出后才能更换熔丝，而且对于额定电流为 60A 及以上的熔断器，在灭弧室中还垫有帮助灭弧的编织石棉，所以比较安全。

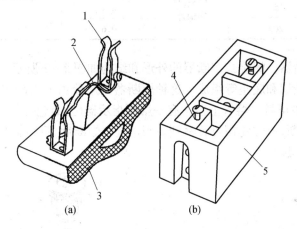

图 2-1　插入式熔断器（瓷插式熔断器）

1—动触头；2—熔丝；3—瓷盖；4—静触头；5—瓷座。

RC1A 系列插入式熔断器的主要技术数据见表 2-1。

表 2-1　RC1A 系列插入式熔断器的主要技术数据

熔断器额定电流/A	熔体额定电流/A	熔体材料	熔体直径或厚度/mm	极限分断能力/A	交流电路功率因数 $\cos\varphi$
5	1,2	软铅丝	$\phi0.52$	250	0.8
	3,5		$\phi0.71$		
10	2		$\phi0.52$		
	4		$\phi0.82$		
	6		$\phi1.08$	500	
	10		$\phi1.25$		
15	12,15		$\phi1.98$		

熔断器额定 电流/A	熔体额定 电流/A	熔体材料	熔体直径或 厚度/mm	极限分断 能力/A	交流电路功率 因数 cosφ
30	20		$\phi0.61$	1500	0.7
	25		$\phi0.71$		
	30		$\phi0.80$		
60	40	铜 丝	$\phi0.92$		
	50		$\phi1.07$		
	60		$\phi1.20$		
100	80		$\phi1.55$	3000	0.6
	100		$\phi1.80$		
200	120	变截面冲 制铜片	0.2		
	150		0.4		
	200		0.6		

（2）螺旋式熔断器。螺旋式熔断器的外形和结构如图 2-2 所示,主要由瓷帽、熔管、瓷套、上接线端、下接线端和底座等组成。这种熔断器的熔管由电工陶瓷制成,熔管内装有熔体(丝或片)和石英砂填料。熔管上盖中有一熔断指示器(上有色点),当熔体熔断时指示器跳出,显示熔断器熔断,通过瓷帽可观察到。当熔断器熔断后,只须旋开瓷帽,取下已熔断的熔管,换上新熔管即可。

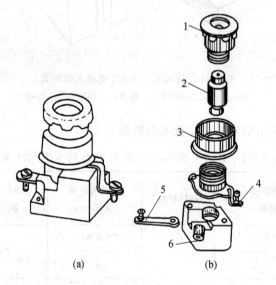

图 2-2　螺旋式熔断器

(a) 外形;(b) 结构。

1—瓷帽;2—熔管;3—瓷套;4—上接线端;5—下接线端;6—底座。

常用螺旋式熔断器产品有 RL5、RL6 和 RL8 系列。其中,RL5 系列适用于矿用电气设备控制回路中,主要作为短路保护,其主要技术数据见表 2-2。RL6 系列适用于交流 50Hz的配电电路中,作过载或短路保护,其主要技术数据见表 2-3。RL8 系列适用于交流 50Hz

的电路中,主要作为电缆导线等低压配电系统中线路的过载和短路保护,其主要技术数据见表 2 - 2。

表 2 - 2　RL5 系列螺旋式熔断器的主要技术数据

产品型号	额定电压/V	额定电流/A		额定分断能力/kA
		熔断体支持件	熔体	
R15 - 16/06	660	16	1,2,4	7
R15 - 16/11	1140		6,10,16	5

表 2 - 3　RL6 系列螺旋式熔断器的主要技术数据

产品型号	额定电压/V	额定电流/A		额定分断能力/kA
		熔断体支持件	熔断体	
RL6 - 25/2	500	25	2	50
RL6 - 25/4			4	
RL6 - 25/6			6	
RL6 - 25/10			10	
RL6 - 25/16			16	
RL6 - 25/20			20	
RL6 - 25/25			25	
RL6 - 63/35		63	35	
RL6 - 63/50			50	
RL6 - 63/63			63	
RL6 - 100/80		100	80	
RL6 - 100/100			100	
RL6 - 200/125		200	125	
RL6 - 200/160			160	
RL6 - 200/200			200	

表 2 - 4　RL8 系列螺旋式熔断器的主要技术数据

产品型号	额定电压/V	熔断体支持件额定电流/A	熔体额定电流/A	支持件额定功耗/W	额定分断能力(有效值)	
					I_1/kA	$\cos\varphi$
RL8 - 16	380	16	2,4,6,10,16	2.2	50	0.1 ~ 0.2
RL8 - 16/sa						
RL8 - 3P16						
RL8 - 3P16/sa						
RL8 - 63		63	20,25,35,50,63	50		
RL8 - 63/sa						
RL8 - 3P63						
RL8 - 3P63/sa						

65

2）无填料密闭管式熔断器

无填料密闭管式熔断器是一种可拆卸的熔断器,其特点是当熔体熔断时,管内产生高气压,能加速灭弧。另外,熔体熔断后,使用人员可自行拆开,装上新熔体后可尽快恢复供电。还具有分断能力大、保护特性好和运行安全可靠等优点,常用于频繁发生过载和短路故障的场合。

常用的无填料密闭管式熔断器产品主要有 RM10 系列。RM10 系列熔断器的外形和结构如图 2-3 所示,主要由熔管、熔体和夹座等组成。其中,15A 和 60A 熔断器的熔管由钢纸管(俗称反白管)、黄铜套和黄铜帽等组成;100A 及以上的熔断器熔管由钢纸管、黄铜套、黄铜帽和触刀等组成。熔片由变截面锌片制成,中间有几处狭窄部分。当短路电流通过熔片时,首先在狭窄处熔断,熔管内壁在电弧的高温作用下,分解出大量气体,使管内压力迅速增大,很快将电弧熄灭。常用无填料密闭管式熔断器的主要技术数据(表 2-5)。

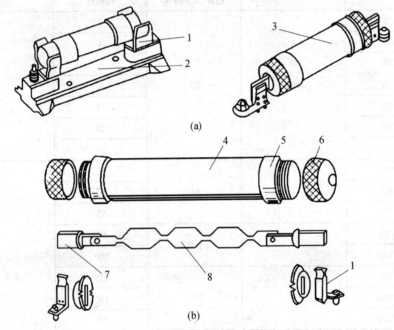

图 2-3 RM10 系列无填料密闭管式熔断器

（a）外形；（b）结构。

1—夹座;2—底座;3—熔管;4—钢纸管;5—黄铜管;6—黄铜帽;7—触刀;8—熔体。

表 2-5 RM10 系列管式熔断器的主要技术数据

型 号	熔断器额定电压/V	熔断器额定电流/A	熔体额定电流等级/A	分断能力/kA
RM10-15		15	6,10,15	1.2
RM10-60		60	15,20,25,30,40,50,60	3.5
RM10-100	AC500、380、220 DC440、220	100	60,80,100	10
RM10-200		200	100,125,160,200	10
RM10-350		350	200,240,260,300,350	10
RM10-600		600	350,430,500,600	10
RM10-1000		1000	600,700,850,1000	12

3）有填料封闭管式熔断器

有填料封闭管式熔断器是一种为增强熔断器的灭弧能力,在其熔管中填充了石英砂等介质材料而得名。石英砂具有较好的导热性能、绝缘性能,而且其颗粒状的外形增大了同电弧的接触面积,便于吸收电弧的能量,使电弧快速冷却,从而加快了灭弧过程。有填料封闭管式熔断器具有分断能力强、保护特性好、带有醒目的熔断指示器、使用安全等优点,广泛用于具有高短路电流的电网或配电装置中,作为电缆、导线、电动机、变压器以及其他电器设备的短路保护和电缆、导线的过载保护。其缺点是熔体熔断后必须更换熔管,经济性较差。

常用有填料封闭管式熔断器主要是 RT 系列和 NT 系列(引进德国技术生产、国内型号为 RT16)产品,下面以 RT0 系列为例介绍有填料封闭管式熔断器的结构。RT0 系列有填料封闭管式熔断器的外形和结构如图 2-4 所示,它主要由熔管和底座两部分组成。RT0 系列有填料封闭管式熔断器的主要技术数据见表 2-6。

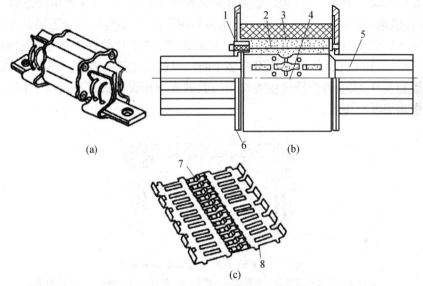

图 2-4　RT0 系列有填料封闭管式熔断器

(a) 外形; (b) 熔管; (c) 熔体。

1—熔断指示器;2—指示器熔体;3—石英砂;4—工作熔体 5—触刀;6—盖板;7—锡桥;8—引燃栅。

其中,熔管包括管体、熔体、指示器、触刀、盖板和石英砂,管体采用滑石陶瓷或高频陶瓷制成,具有较高的机械强度和耐热性能,管内装有工作熔体和指示器熔体。熔体通常由薄紫铜片冲制成变截面形状,中间部分用锡桥连接,装配时一般将熔片围成笼状,以增大熔体与石英砂的接触面积,从而提高了熔断器的分断能力,又能使管体受热均匀而不易断裂。熔断指示器是一个机械信号装置,指示器上装有与熔体并联的细康铜丝。

表 2-6　RT0 系列有填料封闭管式熔断器的主要技术数据

产品型号	熔断体			底座
	额定电流/A	额定电压/V	分断能力/kA	额定电流/A
RT0-100	30,40,50,60,80,100			100
RT0-200	80,100,120,150,200			200
RT0-400	150,200,250,300,350,400	380	50	400
RT0-600	350,400,450,500,550,500			600
RT0-1000	700,800,900,1000			1000

4）快速熔断器

随着电子技术的迅猛发展,半导体元器件已开始被广泛应用于电气控制和电力拖动装置中。然而,由于各种半导体元器件的过载能力很差,通常只能在极短的时间内承受过载电流,时间稍长就会将其烧坏。因此,一般熔断器已不能满足要求,应采用动作迅速的快速熔断器进行保护,快速熔断器又称为半导体器件保护熔断器。

目前,常用的快速熔断器主要有 RS 系列有填料快速熔断器、RLS 系列螺旋式快速熔断器和 NGT 系列半导体器件保护用熔断器三大类。

（1）RS 系列有填料快速熔断器。常用 RS 系列有填料快速熔断器主要有 RS0 和 RS3 两个系列产品。其中,RS0 系列产品主要用于硅整流元器件及其成套装置的短路保护,RS3 系列产品主要用作晶闸管及其成套装置的短路保护。

快速熔断器的结构与 RT0 系列有填料封闭管式熔断器的结构基本一致,只是熔体的材料和形状有所不同。图 2-5 为 RS3 系列快速熔断器的结构图,它主要由瓷熔管、石英砂填料、熔体和接线端子组成。其中,熔管一般用高频陶瓷制成,熔管内填充石英砂填料;熔体一般由性能优于铜的纯银片制成,银片上开有 V 形深槽,使熔片的狭窄部分特别细,因此,过载时极易熔断。另外,熔体沿轴向还设有多个断口以适应熄弧的需要。还有,为缩小安装空间和保证接触良好,快速熔断器的接线端子一般做成表面镀银的汇流排式。以上结构使熔断器达到快速熔断的要求。

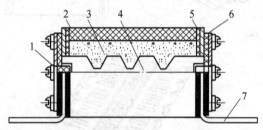

图 2-5 RS3 系列快速熔断器的结构
1—熔断指示器;2—熔管;3—石英砂;4—熔体;5—绝缘垫;6—端盖;7—接线端子。

（2）RLS 系列螺旋式快速熔断器。RLS 系列快速熔断器是 RL 系列螺旋式熔断器的派生产品,除熔体材料(采用变截面银片)和结构不同外,其基本结构和外形没有多大区别。目前,常用的有 RLS1 和 RLS2 两个系列产品,它们适用于小容量的硅整流器件和晶闸管的短路或过载保护。

（3）NGT 系列半导体器件保护用熔断器。NGT 系列熔断器是我国引进德国 AGE 公司制造技术生产的一种高分断能力快速熔断器,其结构也是有填料封闭管式。该系列熔断器具有功率损耗小、性能稳定、分断能力高等优点,广泛应用于半导体器件保护。

5）自复熔断器

自复熔断器是可多次动作使用的熔断器。在分断过载或短路电流后瞬间,熔体能自动恢复到原状。其结构如图 2-6 所示。外壳由奥氏体不锈钢制成,外壳中心埋有氧化铍(BeO)瓷心,不锈钢和瓷心之间填充玻璃体,起密封和坚固瓷心的作用。瓷心细孔内灌以金属钠作为熔体,活塞的背面空隙部分充有 10MPa ~ 20MPa 的氩气,以压紧金属钠。在正常工作情况下,电流可以从引线端子 A 进入,通过瓷心细孔内的金属钠,传导到不锈钢外壳,并由出线端子 B 引出。当短路电流通过熔断器时,短路电流将瓷心细孔部分的金属钠迅速加热,使之由固体变成高温高压状态的等离子体蒸气,电阻率迅速增加,从而对短路电流起强烈的限流作用,并在瞬间分断电流。金属钠汽化瞬时压力可达400MPa。由于活塞背面氩气的缓冲作用,此压力很快降低到30MPa～20MPa。当分断结束时,金属钠蒸气立刻恢复到液态和固态,同时氩气又重新推动活塞,压紧金属钠,电路重又接通。

自复熔断器的特点是分断电流大,可以分断200kA交流(有效值),甚至更大的电流。从额定电流100A的自复熔断器分断100kA、50Hz电流的波形图可以看出,这种熔断器具有非常显著的限流作用,当瞬时电流达到接近165kA时即能被迅速限流。

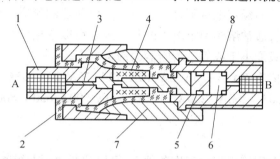

图2-6 自复式熔断器

1,8—电流端子;2—云母玻璃;3—氧化铍陶瓷绝缘管;
4—氧化铍陶瓷绝缘管细孔内金属钠熔体;5—活塞;6—氩气;7—不锈钢套。

2. 按使用对象分类

按使用对象分类,熔断器可分为专职人员使用和非熟练人员使用两大类。其中,专职人员使用的熔断器因使用人员操作技能较高,对熔断器的防护等级没有要求,多采用开启式结构,如触刀式熔断器、螺栓连接熔断器和圆筒形帽熔断器等;非熟练人员使用的熔断器一般多用于家庭,因使用的人员一般没有电工知识和操作经验,因此安全要求较高,其结构多采用封闭或半封闭式,如螺旋式熔断器、圆管式熔断器和插入式熔断器等。

专职人员使用的熔断器按用途又可分为一般工业用熔断器、半导体器件保护用熔断器(又称快速熔断器)和自复式熔断器等。快速熔断器分断速度较快,主要用作电力半导体变流装置内部短路保护;自复熔断器是一种新型限流元件(限流器),本身不能分断电路,它常与断路器串联使用,可提高断路器的分断能力。因这种熔断器在故障电流切除后可自动恢复到初始状态,又可继续使用,故称自复熔断器。

3. 按工作类型分类

熔断器按工作类型(或称分断范围)可分为g和a两类。g类熔断器又称为全范围分断熔断器,能够在不低于其额定电流的情况下长期工作,并可在规定条件下分断从最小熔化电流到其额定分断电流之间的任何电流。a类熔断器又称为部分范围分断熔断器,也可在不低于其额定电流的情况下长期工作,但在规定条件下只能分断从4倍额定电流到其额定分断电流之间的任何电流。

4. 按使用类别分类

熔断器按使用类别分为G和M两类。其中G类为一般用途熔断器,常用于保护包括电缆在内的各种负载;M类为电动机电路用熔断器,主要用于对电动机负载的保护。对于具体的熔断器,按上述两种分类的类型可以有不同的组合,如常用的gG系列和aM系列等。其中,gG系列熔断器主要用于对电路的过载和短路保护,而aM系列熔断器主要用于对电动机的短路保护。

2.1.3 熔断器的主要技术参数和特性

1. 额定电压

指保证熔断器能够长期正常工作时承受的电压,其值一般等于或大于电气设备的额定电压。其系列有 220V、380V、415V、500V、660V、1140V 等多个等级。

2. 额定电流

指熔断器长期工作时,各部件温升不超过规定值时所能承受的电流。需要说明的是,熔断器的额定电流与熔体的额定电流不是一个概念。熔断器的额定电流等级较少,熔体的额定电流等级较多,因此,通常熔体额定电流的几个规格可以使用同一规格的熔断器,但熔体额定电流的最大规格只能小于或等于熔断器的额定电流。

熔体的额定电流值有 2A、4A、6A、8A、10A、12A、16A、20A、25A、32A、40A、50A、63A、80A、100A、125A、160A、200A、250A、315A、400A、500A、630A、800A、1000A、1250A 等多个等级。

3. 分断能力

指熔断器在额定电压等规定的工作条件下,可以分断的预期短路电流值,也就是熔断器可以分断的最大电流值。

熔断器的工作过程为,当电路发生短路时,经过一段时间,短路电流被切断。若熔断器在短路电流达到其最大值前动作,则熔断器便会起到通常所说的"限流"作用。因此,熔断器的限流作用越强,其分断能力就越大。

4. 保护特性

熔断器的保护特性(又称安秒特性),是指熔体的熔化电流与熔断时间的关系(熔断时间为熔化时间与燃弧时间之和),这一关系与熔体材料和结构有关,其特征曲线是反时限的,如图 2-7 所示。

在保护特性曲线中,有一熔断电流与不熔断电流的分界线,与其相应的电流叫最小熔化电流,用 I_r 表示。当通过熔体的电流等于或大于这个电流值时,熔体就会熔断;而当通过熔体的电流小于 I_r 时,熔体则不会熔断。因此,根据对熔断器的要求,熔体在额定电流(用 I_{re} 表示)时绝对不应熔断。最小熔化电流 I_r 与熔体的额定电流 I_{re} 之比称为熔断器的熔化系数,用 K_r 表示。它是表征熔断器保护小倍数过载时灵敏度的指标。从过载保护观点来看,K_r 越小对小倍数过载保护越有利,但 K_r 也不宜太小,如果 K_r 接近1,不仅会使熔体在额定电流下的工作温度过高,还有可能因为保护特性本身的误差而发生熔体在额定电流下熔断的现象,因此会影响熔断器工作的可靠性。

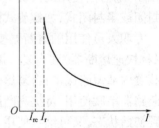

图 2-7 熔断器的保护特性

熔化系数主要取决于熔体的结构、材料和工作温度。当熔体采用低熔点金属材料(如锡、铅、锌等)时,熔化时所需热量较小,故熔化系数较小,因此,有利于过载保护。但其电阻率较大,熔体截面积较大,熔断时产生的金属蒸气较多,不利于熄弧,故分断能力较低。而当熔体采用高熔点金属材料(如铝、铜、银等)时,熔化时所需热量较大,故熔化系数较大,不利于过载保护,而且还可能使熔断器过热。但其电阻率较小,熔体截面积也较小,有利于熄弧,因此分断能力较高。由此可见,不同熔体材料的熔断器,有不同的特点,可分别在电路中起不同的保护作用。

综上所述,熔断器的主要技术参数是分断能力和保护特性,这两个参数都体现了在保护方面对熔断器提出的要求。其中,分断能力主要是为短路保护服务的,反映的是瞬时限流特性,主要受燃弧时间和限流作用影响;而保护特性主要是为过载保护服务的,具有反时限特性,主要受最小熔化电流影响。

2.1.4 熔断器的选型

1. 熔断器的选择原则

（1）根据使用条件确定熔断器的类型。

（2）选择熔断器的规格时,应首先选定熔体的规格,然后再根据熔体去选择熔断器的规格。

（3）熔断器的保护特性应与被保护对象的过载特性有良好的配合。

（4）在配电系统中,各级熔断器应相互匹配,一般上一级熔体的额定电流要比下一级熔体的额定电流大2倍~3倍。

（5）对于保护电动机的熔断器,应注意电动机启动电流的影响。熔断器一般只作为电动机的短路保护,过载保护应采用热继电器。

（6）熔断器的额定电流应不小于熔体的额定电流;额定分断能力应大于电路中可能出现的最大短路电流。

2. 熔断器类型的选择

熔断器主要根据负载的情况和电路短路电流的大小来选择类型。

1）熔体额定电流的选择

（1）对于照明电路和电热设备等电阻性负载,因为其负载电流比较稳定,可用作过载保护和短路保护,所以熔体的额定电流(I_{rn})应等于或稍大于负载的额定电流(I_{fn}),即

$$I_{rn} = 1.1I_{fn} \qquad\qquad (2-1)$$

（2）电动机的启动电流很大,因此对电动机只宜作短路保护,对于保护长期工作的单台电动机,考虑到电动机启动时熔体不能熔断,即

$$I_{rn} \geqslant (1.5 \sim 2.5)I_{fn} \qquad\qquad (2-2)$$

式中:轻载启动或启动时间较短时,系数可取近1.5;带重载启动、启动时间较长或启动较频繁时,系数可取近2.5。

（3）对于保护多台电动机的熔断器,考虑到在出现尖峰电流时不熔断熔体,熔体的额定电流应等于或大于最大一台电动机的额定电流的1.5倍~2.5倍,加上同时使用的其余电动机的额定电流之和,即

$$I_{rn} \geqslant (1.5 \sim 2.5)I_{fnmax} + \sum I_{fn} \qquad\qquad (2-3)$$

式中:I_{fnmax}为多台电动机中容量最大的一台电动机的额定电流;$\sum I_{fn}$为其余各台电动机额定电流之和。

2）熔断器额定电压的选择

熔断器的额定电压应等于或大于所在电路的额定电压。

3）常用熔丝的规格

常用低压熔丝的种类很多,其规格见表2-7~表2-9。

表 2-7　铅合金熔丝规格

种　类	直径/mm	截面/mm²	近似英规线号	额定电流/A	熔断电流/A
	0.08	0.005	44	0.25	0.5
	0.15	0.018	38	0.5	1.0
	0.20	0.031	36	0.75	1.5
	0.22	0.038	35	0.8	1.6
	0.25	0.049	33	0.9	1.8
	0.28	0.062	32	1.0	2
	0.29	0.066	31	1.05	2.1
	0.32	0.080	30	1.1	2.2
	0.35	0.096	29	1.25	2.5
	0.36	0.102	28	1.35	2.7
	0.40	0.126	27	1.5	3.0
	0.46	0.166	26	1.85	3.7
	0.52	0.212	25	2.0	4
	0.54	0.229	24	2.25	4.5
	0.60	0.283	23	2.5	5
铅锑合金	0.71	0.40	22	3.0	6
(ω_{pb} 为 98%，	0.81	0.52	21	3.75	7.5
ω_{sb} 为 0.3% ~ 1.5%)	0.98	0.75	20	5	10
	1.02	0.82	19	6	12
	1.25	1.32	18	7.5	15
	1.51	1.79	17	10	20
	1.67	2.19	16	11	22
	1.75	2.41	15	12	24
	1.98	3.08	14	15	30
	2.40	4.52	13	20	40
	2.78	6.07	12	25	50
	2.95	6.84	11	27.5	55
	3.14	7.74	10	30	60
	3.81	11.40	9	40	80
	4.12	13.33	8	45	90
	4.44	15.48	7	50	100
	4.91	18.93	6	60	120
	5.24	21.57	4	70	140

表 2 - 8 铅锡合金熔丝规格

种类	直径/mm	截面/mm²	近似英规线号	额定电流/A	熔断电流/A
铅锡合金（ω_{pb} 为 75%，ω_{sb} 为 2.5%）	0.51	0.204	25	2.0	3.0
	0.56	0.246	24	2.3	3.5
	0.61	0.292	23	2.6	4.0
	0.71	0.40	22	3.3	5.0
	0.81	0.52	21	4.1	6.0
	0.92	0.66	20	4.8	7.0
	1.22	1.17	18	7.0	10
	1.63	2.09	16	11.0	16
	1.83	2.63	15	13.0	19
	2.03	3.24	14	15.0	22.0
	2.34	4.30	13	18.0	27.0
	2.64	5.47	12	22.0	32.0
	2.95	6.83	11	26.0	37.0
	3.25	8.30	10	30.0	44

表 2 - 9 铜熔丝规格

种类	直径/mm	截面/mm²	近似英规线号	额定电流/A	熔断电流/A
铜丝	0.234	0.043	34	4.7	9.4
	0.254	0.051	33	5	10
	0.274	0.059	32	5.5	11
	0.295	0.068	31	6.1	12.2
	0.315	0.078	30	6.9	13.8
	0.345	0.093	29	8	16
	0.376	0.111	28	9.2	18.4
	0.417	0.137	27	11	22
	0.457	0.164	26	12.5	25
	0.508	0.203	25	15	29.5
	0.559	0.245	24	17	34
	0.60	0.283	23	20	39
	0.70	0.385	22	25	50
	0.80	0.5	21	29	58
	0.90	0.6	20	37	74
	1.00	0.8	19	44	88
	1.13	1.0	18	52	104
	1.37	1.5	17	63	125
	1.60	2	16	80	160
	1.76	2.5	15	95	190
	2.00	3	14	120	240
	2.24	4	13	140	280
	2.50	5	12	170	340
	2.73	6	11	200	400

熔断器的形式也要考虑使用环境,例如,管式熔断器常用于大型设备及容量较大的变电场合;插入式熔断器常用于无振动的场合;螺旋式熔断器多用于机床配电;电子设备一般采用熔丝座。

2.1.5 熔断器常见故障及排除故障的方法

熔断器的常见故障现象,故障原因的分析以及相应的排除故障的方法,见表2-10。

表2-10 熔断器的常见故障,故障原因以及排除故障的方法

故 障 现 象	故 障 原 因	排 除 方 法
熔体电阻无穷大	熔体已断	更换相应的熔体
电动机启动瞬间,熔体便断	① 熔体电流等级选择太小; ② 电动机侧有短路或接地; ③ 熔体安装时受到机械损伤	① 更换合适的熔体; ② 排除短路或接地故障; ③ 更换熔体
熔断器入端有电,输出端无电	① 紧固螺钉松脱; ② 熔体或接线端接触不良	① 调高整定电流值; ② 更换磨损部件

2.2 隔离器与刀开关

隔离器是在电源切除后,将线路与电源明显可见的隔开,以保障检修人员安全的电器。隔离器分断时能将电路中所有电流通路都切断,并保持有效的隔离距离(又称电气间隙)。隔离器一般属于无载通断电器,只能接通或分断母线、连接线和短电缆等的分布电容电流和电压互感器或分压器的电流等,但有一定的载流能力。刀开关是手动电器中结构最简单的一种,广泛地应用于各种配电设备和供电线路,可作为非频繁地接通和分断容量不太大的低压供电线路之用。兼有开关作用的隔离器称作隔离开关,它具备一定的短路接通能力。

隔离器与开关的差异是很明显的。一般情况下,特别是开关(或负荷开关)切莫当隔离器使用,因为它不具备在断开位置上的隔离功能,也就不能确保维修供电设备时维修人员的人身安全。反之,也不能把隔离器当开关使用,因为它不能切断分断电流时产生的电弧。

2.2.1 常用隔离器与刀开关

1. 刀开关与隔离器的分类

刀开关和隔离器按极数分,有单极、双极和三极;按结构分,有平板式和条架式;按操作方式分,有直接手柄操作式、杠杆操作机构式、旋转操作式和电动操作机构式;按转换方式分,有单投和双投,双投即为刀形转换开关。通常,除特殊的大电流刀开关有采用电动操作方式外,一般都是采用手动操作方式。

2. 刀开关与隔离器的结构原理

刀开关是由手柄、触刀、静插座(简称插座)、铰链支座和绝缘底板所组成,绝缘底板一般用酚醛玻璃布板或环氧玻璃布板等层压板制造,也有的采用陶瓷材料。绝缘手柄多用塑料压制。触刀材料为硬纯铜板,静插座及铰链支座采用硬纯铜板或黄铜板制成,如图2-8所示。

刀开关的触刀相当于动触头,而静插座相当于静触头。当操作人员握住手柄,使触刀绕铰链支座转动,插到静插座内的时候,就完成了接通操作。这时,由铰链支座、触刀和静插座形成了一个电流通路。如果操作人员使触刀绕铰链支座作反方向转动,脱离静插座,电路就被切断。

从结构上来看,大电流刀开关与小电流刀开关的触刀和静插座也不一样。一般情况下,额定电流为400A及以下者,触刀采用单刀片形式,如图2-9(a)所示,静插座由铜材拼铆而成,其中额定电流在100A及以上者,静插座外还增设片状弹簧以保证接触压力;额定电流在600A及以上者,触刀采用双刀片形式,如图2-9(b)所示。刀片分布在静插座两侧,并且用螺钉和片状弹簧锁紧,以保证接触压力。

3. 刀开关与隔离器的主要技术参数

(1)额定电压。额定电压是指在规定条件下,开关在长期工作中能承受的最高电压。目前国内生产的刀开关的额定电压一般为交流500V(50Hz)以下,直流为440V以下。

(2)额定电流。额定电流是指在规定条件下,开关在合闸位置允许长期通过的最大工作电流。目前,生产的大电流刀开关的额定电流一般分为100A、200A、400A、600A、1000A、1500A等6级。小电流刀开关的额定电流一般分为10A、15A、20A、30A、60A等5级。

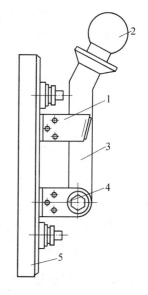

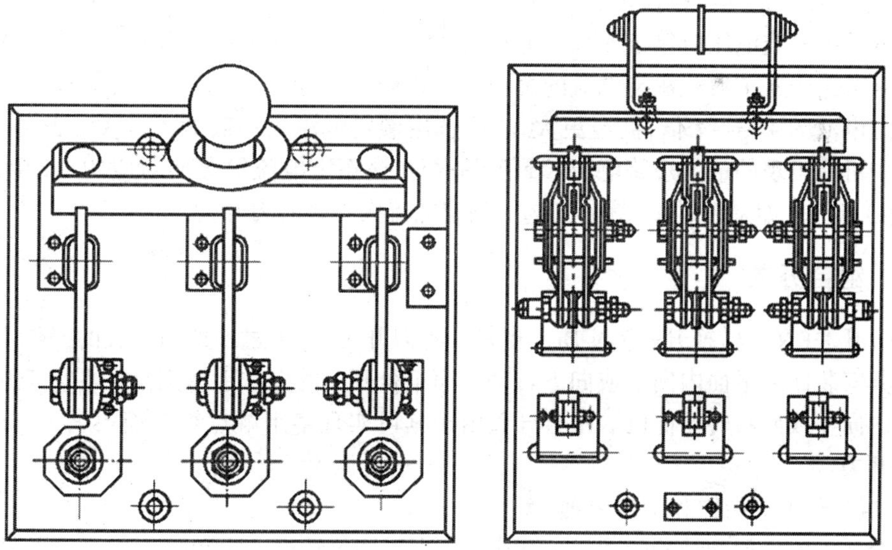

图2-8 平板式手柄操作
的单极刀开关

1—静插座;2—手柄;3—触刀;
4—铰链支座;5—绝缘底板。

图2-9 刀开关的结构形式
(a)单刀片式;(b)双刀片式。

(3)通断能力。通断能力指在规定条件下,在额定电压下能可靠接通和分断的最大电流值。

（4）电动稳定性电流。简称动稳定电流,当发生短路事故时,如果刀开关能通以某一最大短路电流,并不因其所产生的巨大电动力的作用而发生变形、损坏或者触刀自动弹出等现象,则这一短路电流(峰值)就是刀开关的电动稳定性电流。通常,刀开关的电动稳定性电流为其额定电流的数十倍到数百倍。

（5）热稳定性电流。简称热稳定电流,当发生短路事故时,如果刀开关能在一定时间(通常为1s)内通以某一最大短路电流,并不会因温度急剧升高而发生熔焊现象,则这一短路电流就称为刀开关的热稳定性电流。通常,刀开关的1s热稳定性电流也为其额定电流的数十倍。

（6）机械寿命。开关电器在需要修理或更换机械零件前所能承受的无负载操作次数称为机械寿命。刀开关为不频繁操作电器。

（7）电寿命。在规定的正常工作条件下,开关电器不需修理或更换零件的情况下,带负载操作次数称为电寿命。

2.2.2　隔离器与刀开关的选型

1. 确定刀开关（或隔离器）的结构形式

选用刀开关时,首先应根据其在电路中的作用和其在成套配电装置中的安装位置,确定其结构形式。如果电路中的负载是由低压断路器、接触器或其他具有一定分断能力的开关电器(包括负荷开关)来分断,即刀开关仅仅是用来隔离电源时,则只需选用没有灭弧罩的产品;反之,如果刀开关必须分断负载,就应选用带灭弧罩,而且是通过杠杆操作的产品。此外,还应根据操作位置、操作方式和接线方式来使用。

2. 选择刀开关（或隔离器）的规格

刀开关的额定电压应等于或大于电路的额定电压。刀开关的额定电流一般应等于或大于所关断电路中各个负载额定电流的总和。若负载是电动机,就必须考虑电动机的启动电流为额定电流的4倍~7倍,甚至更大,故应选用额定电流大一级的刀开关。此外,还要考虑电路中可能出现的最大短路电流(峰值)是否在该额定电流等级所对应的电动稳定性电流(峰值)以下。如果超过了,就应当选用额定电流大一级的刀开关。

2.2.3　组合开关

组合开关（又称转换开关）实质上也是一种刀开关,只不过一般刀开关的操作手柄是在垂直于其安装面的平面内向上或向下转动。而组合开关的操作手柄则是在平行于其安装面的平面内向左或向右转动而已。组合开关由于其可实现多组触点组合而得名,实际上是一种转换开关。

1. 组合开关的结构和工作原理

组合开关的外形和结构如图 2 - 10 所示。当手柄每转过一定角度。组合开关转轴上装有扭簧储能机构,可使开关迅速接通与断开,其通断速度与手柄旋转速度无关。组合开关的操作机构分无限位和有限位两种。触头盒的下方有一块供安装用的钢质底板。

HZ5 系列组合开关有 9 种组合,即双极开关、三极开关、四极开关、两电源可转换双极开关、电动机可逆控制开关、两电源可转换三极开关、启动开关、双速电动机开关和三速电动机开关。

HZ10 系列组合开关是操作机构无限位的组合开关结构。这种开关的动、静触头都装设在不太高的数层胶木绝缘触头座内,触头座可以一个接一个地堆叠起来,最多可堆叠达6层。这样,就使得整个结构向立体空间发展,从而可以缩小安装面积。此外,通过选择不同类型的动触头、按不同方式配置动触头和静触头,然后叠装起来,还可得到若干种不同的接线方案,使用起来非常方便。

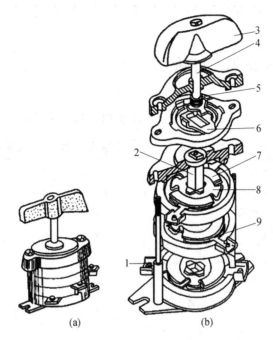

图 2-10 组合开关

（a）外形;（b）结构。

1—接线柱;2—绝缘杆;3—手柄;4—转轴;5—弹簧;6—凸轮;7—绝缘垫板;8—动触头;9—静触头。

HZ15 系列组合开关是在 HZ10 系列基础上发展起来的达标产品。3LB 系列组合开关是引进德国西门子公司的产品,主要用于三相异步电动机负载启动、变速换向以及作主电路和辅助电路的转换之用,其结构形状与国产 HZ5 系列组合开关相似。

2. 组合开关的选用

组合开关是一种体积小、接线方式多、使用非常方便的开关电器。选择组合开关时应注意以下几点:

（1）组合开关应根据用电设备的电压等级、容量和所需触头数进行选用。组合开关用于一般照明、电热电路时,其额定电流应大于或等于被控制电路中各负载电流的总和;组合开关用于控制电动机时,其额定电流一般取电动机额定电流的 1.5 倍~2.5 倍。

（2）组合开关接线方式很多,应能够根据需要,正确地选择相应规格的产品。

（3）组合开关本身是不带过载保护和短路保护的。如果需要这类保护,就必须另设其他保护电器。

3. 组合开关的使用和维护

（1）由于组合开关的通断能力较低,故不能用来分断故障电流。当用于控制电动机作可逆运转时,必须在电动机完全停止转动后,才允许反向接通。

（2）当操作频率过高或负载功率因数较低时,组合开关要降低容量使用,否则影响开关寿命。

（3）在使用时应注意，组合开关每小时的转换次数一般不超过 15 次 ~20 次。

（4）经常检查开关固定螺钉是否松动，以免引起导线压接松动，造成外部连接点放电、打火、烧蚀或断路。

（5）检修组合开关时，应注意检查开关内部的动、静触片接触情况，以免造成内部接点起弧烧蚀。

2.2.4　开关常见故障及排除故障的方法

1. 刀开关

刀开关的常见故障现象、故障原因的分析以及相应的排除故障的方法，见表 2-11。

表 2-11　熔断器的常见故障、故障原因以及排除故障的方法

故障现象	故障原因	排除方法
合闸后电路一相或两相无电源	① 静触头弹性消失，开口过大使静动触头接触不良； ② 熔丝熔断或虚连； ③ 静动触头氧化或生垢； ④ 电源进出线头氧化后接触不良	① 更换静触头； ② 更换或紧固螺丝； ③ 清洁触头； ④ 清除氧化物
闸刀短路	① 外接负载短路，熔丝熔断； ② 金属异物落入开关内引起相间短路	① 除负载短路故障； ② 清除开关内异物
触头烧坏	① 开关容量太小； ② 拉闸或合闸时动作太慢，造成电弧过大，烧坏触头	① 更换大容量开关； ② 改善操作方法

2. 组合开关

组合开关的常见故障现象，故障原因的分析以及相应的排除故障的方法，见表 2-12。

表 2-12　熔断器的常见故障、故障原因以及排除故障的方法

故障现象	故障原因	排除方法
手柄转动后内部触头未动	① 手柄上的轴孔磨损变形； ② 绝缘杆变形； ③ 手柄与轴或轴与绝缘杆配合松动； ④ 操作机构损坏	① 更换手柄； ② 更换绝缘杆； ③ 紧固松动部件； ④ 修理
手柄转动能到位	弹簧安装不准确	重新安装弹簧
手柄转动后，动静触点不能同时通断	① 动触头安装角度不正确； ② 静触头失去弹性或接触不良	① 重新安装动触头； ② 更换触头； ③ 清除氧化层或污垢
接线柱间短路	因铁屑或油污附着在接线柱间，形成导电层，将胶木烧焦，绝缘损坏后而形成	更换开关

3. 自动空气开关

自动空气开关的常见故障现象，故障原因的分析以及相应的排除故障的方法，见表 2-13。

表 2 - 13　熔断器的常见故障,故障原因以及排除故障的方法

故障现象	故障原因	排除方法
不能合闸	① 开关容量太大; ② 热脱扣器的热元件未冷却复原; ③ 锁链和搭钩衔接处磨损,合闸时滑扣; ④ 杠杆或搭钩卡阻	① 更换大容量的开关; ② 待双金属片复位后再合闸; ③ 更换锁链及搭钩; ④ 检查并排除卡阻
开关温升过高	① 触头表面过分磨损,接触不良; ② 触头压力过低; ③ 接线柱螺钉松动	① 更换触头; ② 调整触头压力; ③ 拧紧螺钉
电流达到整定值时开关不断开	① 热脱扣器的双金属片损坏; ② 电磁脱扣器的衔铁与铁芯距离太大或电磁线圈损坏; ③ 主触头熔焊后不能分断	① 处理接触面或更换触头; ② 调整触头压力; ③ 拧紧螺钉
电流未达到整定值,开关误动作	① 整定电流调得过小; ② 锁链或搭钩磨损,稍受震动即脱钩	① 调高整定电流值; ② 更换磨损部件

2.3　低压断路器

2.3.1　低压断路器的结构与工作原理

低压断路器又称自动开关,是指能够接通、承载及分断正常电路条件下的电流,也能在规定的非正常电路条件(过载、短路、特别是短路)下接通、承载一定时间和分断电流的开关电器。

1. 低压断路器的结构

通俗地讲,断路器是一种可以自动切断故障线路的保护开关,它既可用来接通和分断正常的负载电流、电动机的工作电流和过载电流,也可用来接通和分断短路电流,在正常情况下还可以用于不频繁地接通和断开电路以及控制电动机的启动和停止。断路器具有动作值可调整、兼具过载和保护两种功能、安装方便、分断能力强以及动作后不需要更换元件等优点,因此应用非常广泛。断路器的外形如图 2 - 11 和图 2 - 12 所示。断路器的结构主要由触头系统、操作机构、各种脱扣器和灭弧装置等部分组成。

1) 触头系统

触头系统是断路器的执行元件,它一般由动触头、静触头和连接导线等组成,主要用来接通和分断电路。当线路或设备发生过载或短路故障时,触头被自动打开,动、静触头间产生的电弧被拉长,然后进入灭弧室灭弧。因此,制造触头的材料必须具有良好的导电性、耐电弧性、耐熔焊性和耐磨性。

常用的触头形式有插入式、桥式和对接式三种。插入式触头适合于没有电弧产生的接触处,常用做开关板后出线的插入式连接。这类触头的特点是能通过巨大的短路电流,能防止触头弹开,有电动补偿作用。桥式触头是一种采用双断点结构的触头,由于增加了一个断点,有助于灭弧,从而使灭弧装置得到了简化,但需要保证使双断点触头同时接通或分断。这类触头适合用于小容量断路器。对接式触头有一对动、静触头,适用于通过大电流的断

79

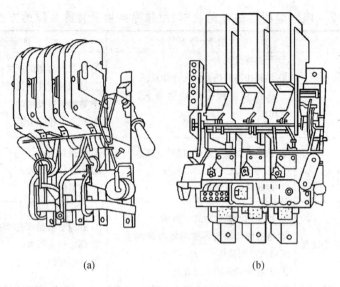

图 2-11 万能式断路器外形图

(a) DW10 系列；(b) DW16 系列。

图 2-12 NLW1(DW45)系列万能式低压断路器的实物图

路器。为了有效防止电流对触头的破坏作用,对接式触头常制成单档触头、双档触头和三档触头三种形式。其中,单档触头只有一个触头即主触头,适用于容量较小的断路器;双挡触头由主触头和与主触头并联,而主要起分断电弧及保护主触头作用的弧触头组成;三挡触头则是在主触头和弧触头之间增加了一个起保护作用的副触头,因此分断电流能力更强。

主触头在正常状态下通过额定电流,在故障状态下通过故障电流,因为它需要足够的电动稳定性、热稳定性和较低的接触电阻,所以主触头一般采用纯银材料制作;弧触头的作用主要是用于保护主触头,它在动作过程中,先于主触头闭合,而后于主触头分断,因此燃弧总是发生在弧触头上,故制成弧触头的材料必须耐电弧、耐熔焊,通常采用银钨合金、铜钨合金或黄铜、纯铜制成。正常工作时,弧触头的电阻较主触头大得多,故很少有工作电流流过。考虑到容量较大的断路器在分断过程中,当电流由主触头向弧触头转移时,因弧触头上的电压降太大,可能会导致主触头刚产生的微小间隙被击穿燃弧。故在断路器的老产品中,都增设一个副触头,以作为主触头的双重保护。三档触头断开负载的工作程序是,先断开主触头,然后断开副触头,最后断开弧触头,使电弧在弧触头间熄灭;合闸时顺序相反,弧触头先闭合,其次是副触头闭合,最后是主触头闭合。触头系统的结构如图2-13所示。

2)操作机构

断路器的操作机构是实现断路器的闭合与断开动作的执行机构。操作机构一般为四连杆机构,按操作方式不同,操作机构可分为手柄操作机构(手动)、电磁铁操作机构、电动机操作机构、气动或液压操作机构等五种。其中,手柄操作机构一般用于小容量断路器;电磁铁操作机构和电动机操作机构多用于大容量断路器,进行远距离操作。按闭合方式不同,操作机构又分为储能闭合和非储能闭合两种。其中,储能闭合是预先将弹簧压缩,然后利用弹簧释放的能量使触头闭合,它所得到的闭合速度和能力,与操作者所施加力的大小和速度无关,能保证恒定的闭合力和闭合速度;非储能闭合操作机构所得到的闭合速度和力,取决于所施加力的大小和速度,它要求由熟练操作人员进行操作。

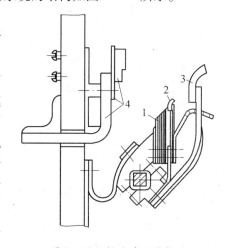

图2-13 触头系统结构图
1—主触头;2—副触头;3—弧触头;4—静触头。

3)脱扣器

脱扣器是断路器的感测元件,也是断路器的保护装置,当接到操作人员的指令或继电保护信号后,可通过传递元件使断路器跳闸而切断电路。常用的脱扣器有过电流脱扣器、欠电压脱扣器、分励脱扣器、半导体脱扣器等。

(1)过电流脱扣器。过电流脱扣器能反映过电流的大小,当过电流达到一定数值时,脱扣器经过一定时间后动作,使断路器断开,过电流越大,动作时间越短,当电流大到一定程度时可发生瞬时断开。前者称为反时限过电流脱扣器,后者称为瞬动过电流脱扣器。

反时限过电流脱扣器一般由发热元件与双金属片组成,又称为热脱扣器。当一定的过载电流流过发热元件时,发热元件产生热量并传递给双金属片,引起双金属片受热膨胀、弯曲,推动顶杆动作,顶开搭钩,主触头则在释放弹簧的作用下很快断开,将电路切断。

瞬动过电流脱扣器一般利用电磁原理制成,故又称为电磁脱扣器,其结构如图2-14所示,主要由衔铁、铁芯、线圈和油阻尼器等组成。正常情况下,流过脱扣器线圈的电流在整定值以内,线圈产生的磁力不足以吸引衔铁;而当发生短路或过载时,流过线圈的电流超过整定值,强磁场的吸力克服弹簧的拉力,衔铁被铁芯吸引过去,同时将连杆抬高,使其作用于脱扣轴,推动自由脱扣机构,将主触头分断。利用调整螺母,可使螺杆上下移动,从而能改变释放弹簧的拉力,以达到改变整定电流的目的。如果需要延时脱扣,可在瞬动电磁式过电流脱扣器中增设阻尼机构(如钟表机构、油阻尼机构等),可得到短延时动作,以实现选择性断开,短延时一般为0.1s~1s。过电流脱扣器主要用于对负载的短路和严重过载保护。

(2)欠电压(失压)脱扣器。欠电压脱扣器也是一种保护性装置,一般为电磁式结构。正常情况下,线路电压在额定值,欠电压脱扣器的线圈产生的磁力可以将衔铁吸合,使断路器处于闭合状态;而当电源电压低于额定值或为零时,其电磁吸力不足以维持吸合衔铁,在弹簧力的作用下,衔铁的顶板推动脱扣器脱扣而使断路器断开。欠电压脱扣器的结构如图

2-15 所示。

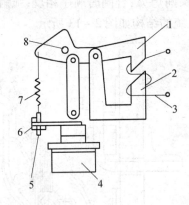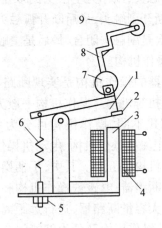

图 2-14 瞬动过电流脱扣器结构示意图

1—衔铁(动铁芯);2—铁芯(静铁芯);3—线圈;

4—油阻尼器;5—螺杆;6—调整螺母;

7—释放弹簧;8—连杆。

图 2-15 欠电压脱扣器的结构示意图

1—衔铁;2—分磁环;3—铁芯;

4—线圈;5—调整螺母;6—释放弹簧。

当操动手柄使断路器闭合时,手柄压着滚轮,使衔铁靠向铁芯,帮助铁芯吸引衔铁。在闭合过程中,断路器的辅助触头将欠电压脱扣器的线圈接到电源上。只要电网电压正常,铁芯就能把已经靠拢过来的衔铁吸住。此后,手柄就离开滚轮,继续运动,使断路器闭合。如果电网电压低于额定值或者干脆没有电压,铁芯就不可能吸住衔铁,断路器也就无法闭合。若在正常工作时电压突然降低或消失,衔铁便在释放弹簧的作用下脱离铁芯,并带动拉杆推动脱扣轴,将撞击机构释放。于是,撞击机构便推动自由脱扣机构,最终使断路器分断。调节调整螺母,可以改变释放弹簧的作用力,从而调整释放电压。欠电压脱扣器也分为瞬时动作和延时动作两种类型。带延时的欠电压脱扣器用于防止弱电网中因短时电压降低造成脱扣器误动作而使断路器不适当地断开,这种脱扣器的延时时间一般为1s、3s、5s三挡,通常由电容器单元实现。欠电压脱扣器的动作电压范围是,当电源电压下降到欠电压脱扣器额定电压的35%~70%时,欠电压脱扣器能使断路器脱扣;当电源电压低于欠电压脱扣器额定电压的35%时,欠电压脱扣器能保证断路器不闭合;当电源电压达到欠电压脱扣器额定电压的85%以上时,欠电压脱扣器能保证断路器正常工作。因此,当受保护电路中电源电压发生一定的电压降时,欠电压脱扣器能自动断开断路器,切断电源,使该断路器以下的负载电器或电气设备免受损坏。

(3)分励脱扣器。分励脱扣器也是一种电磁式脱扣器,它可以按照操作人员的指令或根据继电保护信号使其线圈通电,衔铁动作,从而使断路器分断。分励脱扣器是一种可实现远距离操作的断路器附件。正常工作时,分励脱扣器的线圈是不通电的,而当外施电压为分励脱扣器额定控制电压的70%~110%时,就能可靠地分断断路器。因此,分励脱扣器一般用于应急状态下对断路器进行远距离断开操作或作为漏电继电器等保护电器的执行元件,目前广泛用于配电柜开门断电保护电路中。

(4)半导体脱扣器。半导体脱扣器又称电子脱扣器,通常由信号检测、过电流保护、欠电压延时、触发、执行元件和电源等组成。电流电压变换器负责信号检测,将一次侧的大电流变换成低电压供其他环节使用。信号取出后,经桥式整流电路变成直流电压,经电阻分压,输入信号比较环节,一般用硅稳压管或单结晶体管(双基极单极半导体管)实现。当信号电压超过稳压管的击穿电压或单结晶体管的峰点电压时,它们就会导通,并有信号输出。再经瞬时触发、长延时触发和短延时触发等过电流保护环节,然后到触发环节。当触发器导通后,将使电磁式脱扣器等执行元件动作,最终使断路器分断。

(5)复式脱扣器。同时具有电磁脱扣器(过电流脱扣器)和热脱扣器的开关,称为复式脱扣器。其中,电磁脱扣器具有瞬时特性,可保护短路;热脱扣器具有延时特性,可保护过载。也就是说,复式脱扣器具有两段保护特性。

4)灭弧装置

断路器灭弧装置的主要作用是用于熄灭触头在切断电路时所产生的电弧。断路器采取的灭弧方式有四种:

(1)将电弧拉长,使电源电压不足以维持电弧燃烧,从而使电弧熄灭。

(2)有足够的冷却表面,使电弧能与整个冷却表面接触迅速冷却。

(3)将电弧分成多段,使长弧分割成为短弧,每段短弧有一定的电压降,这样电弧上总的电压降增加,而电源电压不足以维持电弧燃烧,使电弧熄灭。

(4)限制电弧火花喷出的距离。

断路器灭弧装置的结构因种类不同,采用的灭弧方式也不相同。一般断路器的灭弧装置常采用狭缝式灭弧装置和去离子灭弧装置。图2-16为万能式断路器所用的一种灭弧罩,它主要由陶土夹板、灭弧栅片和灭焰栅片组成。其原理是,当触头分断时产生电弧,被拉长后即被交叉放置的长短不同的钢质栅片吸引过去,并被栅片分割为多段,在栅片的强烈冷却作用和短弧效应作用下迅速熄灭。灭焰栅片装设在灭弧室的出口处,其作用在于限制电弧和弧焰外喷。这种结构的灭弧装置适用于大电流断路器。塑料外壳式断路器的工作电流一般较小,它所采用的灭弧装置一般用红钢纸板(反白纸板)嵌上栅片制成。

5)外壳

使用聚酰胺(尼龙)玻璃丝增强压塑料(小型断路器)和聚酯玻璃丝增强压塑料压塑而成,用来装其他零部件(导电件、保护元件、操动机构、灭弧装置等),有绝缘和机械强度要求。它应保证断路器操作时,不发生任何危险。

6)接线端子

大多数是用铜或黄铜材料制成(为了防腐蚀和提高电导率,降低温升,通常它们是镀银或镀锡的),用来做进出线的连接。

2. 工作原理

低压断路器的主触点是靠手动操作或电动合闸的。主触点闭合后,自由脱扣机构将主触点锁在合闸位置上。过电流脱扣器的线圈和热脱扣器的热元件与主电路串联,欠电压脱扣器的线圈和电源并联。当电路发生短路或严重过载时,过电流脱扣器的衔铁吸合,使自由脱扣机构动作,主触点断开主电路。当电路过载时,热脱扣器的热元件发热使双金属片上弯曲,推动自由脱扣机构动作。当电路欠电压时,欠电压脱扣器的衔铁释放。也使自由脱扣机构动作。分励脱扣器则作为远距离控制用,在正常工作时,其线圈是断电的,在需要距离控制时,按下启动按钮,使线圈通电,衔铁带动自由脱扣机构动作,使主触点断开。低压断路器工作原理图如图2-17所示。

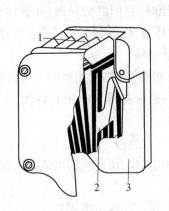

图 2-16 万能式断路器的灭弧罩
1—灭焰栅片;2—灭弧栅片;3—陶土夹板。

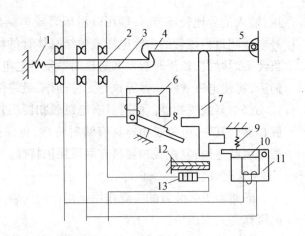

图 2-17 低压断路器工作原理图
1,9—弹簧;2—主触头;3—锁键;4—钩子;5—轴;
6—电磁脱扣器;7—杠杆;8,10—衔铁;11—欠电压脱扣器;
12—热脱扣器双金属片;13—热脱扣器的热元件。

工作原理:当断路器闭合后,三个主触头由锁键钩住钩子,克服弹簧的拉力,保持闭合状态。而当电磁脱扣器吸合或热脱扣器的双金属片受热弯曲或欠电压脱扣器释放,这三者中的任何一个动作发生,就可将杠杆顶起,使钩子和锁键脱开,于是主触头分断电路。

当电路正常工作时,电磁脱扣器的线圈产生的电磁力不能将衔铁吸合,而当电路发生短路,出现很大过电流时,线圈产生的电磁力增大,足以将衔铁吸合,使主触头断开,切断主电路;若电路发生过载,但又达不到电磁脱扣器动作的电流时,而流过热脱扣器的发热元件的过载电流,会使双金属片受热弯曲,顶起杠杆,导致触头分开来断开电路,起到过载保护作用;若电源电压下降较多或失去电压时,欠电压脱扣器的电磁力减小,使衔铁释放,同样导致触头断开而切断电路,起到欠电压或失电压保护作用。

3. 保护特性

断路器的保护特性主要是指断路器对电流的保护特性,一般用各种过电流情况与断路器动作时间的关系曲线来表示,如图 2-18 所示。图中出现的转折点,将三条特性曲线分别分成了两段或三段,这就是通常所称的两段保护特性和三段保护特性。其中,曲线上的 ab 段为过载长延时部分,具有过载电流越大、动作时间越短的反时限特性;ce 段为短路短延时部分,它属于定时限动作,即当过电流达到一定值时,经过一定时间的延时后再动作;df 段为瞬时动作部分,即当故障电流达到规定值时,脱扣器立即动作,切断故障电路。综上所述,abdf 段为过载长延时、短路瞬动两段保护特性;abce 段为过载长延时、短路短延时两段保护特性;abcghf 段为过载长延时、短路短延时、严重短路瞬动三段保护特性。需要说明的是,为使断路器起到良好的保护作用,断路器的保护特性应与被保护对象的允许发热特性相匹配,即断路器的保护特性曲线要位于被保护对象的发热特性曲线的内侧。另外,为实现断路器具有良好的选择性保护,防止越级跳闸等现象的发生,要求上一级断路器的脱扣电流一般要比下一级高两档,且上一级最好装有带延时动作的脱扣器,以确保动作的可靠性。

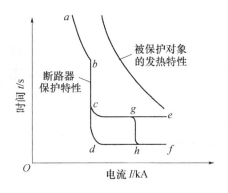

图 2 – 18　断路器保护特性曲线

2.3.2　常用低压断路器类型

断路器,我国在 20 世纪六七十年代也称自动开关、空气开关和空气断路器。低压断路器是一种不仅可以接通和分断正常负载电流和过负载电流,还可以接通和分断短路电流的开关电器。低压断路器在电路中除了起控制作用外,还具有一定的保护功能,如过负载、短路、欠压及漏电保护等。低压断路器,从它的结构、用途和所具备的功能来分有两类:一类是万能式(又称框架式,国际上通称 Air Circuit Breaker,ACB),参见图 2 – 12;另一类是塑料外壳式断路器(我国旧称装置式),国际上通称 Moulded Case Circuit Breaker,MCCB,或称无熔丝断路器 No Fuse Breaker,NFB,小型塑壳式断路器,Miniature (Micro) Circuit Breaker,MCB,参见图 2 – 19。还有一些特殊用途的断路器,如灭磁断路器、爆炸式断路器、真空断路器等,如图 2 – 21 ~ 图 2 – 22 所示。

根据保护对象的不同,断路器分为四个类型:

(1)配电保护型。保护电源和电气线路(电线、电缆和设备)。

(2)电动机保护型。专作电动机的不频繁启动、运行中分断,以及在电动机发生过载、短路、欠电压时的保护,一般它所保护电动机的功率多数为小于 200kW。

(3)家用和类似用途保护型。以前称导线保护断路器,属于电路末端的照明、家用电器等的保护。

(4)剩余电流(漏电)保护型。有不带过电流和带过电流保护两种,前者主要用作漏电(触电)保护,后者除漏电保护外,兼有一般断路器的过载、短路和欠电压的保护功能。

其具体分类如下:

① 按使用类别分为选择型(保护装置参数可调)和非选择型(保护装置参数不可调)。

② 按结构型式分为万能式(又称框架式)和塑壳式。

③ 按灭弧介质分为空气式和真空式(目前国产多为空气式)。

④ 按操作方式分为手动操作、电动操作及弹簧储能机械操作。

⑤ 按极数分为单极、二极、三极及四极式。

⑥ 按动作速度分为一般型和快速型两种。快速型断路器又有交流快速型和直流快速型两种。交流快速型断路器,通常称为限流断路器,其分断时间短到足以使短路电流在达到预期峰值前即被分断;直流快速型断路器也可使分断时间短到足以使短路电流达到最大值之前即被分断。

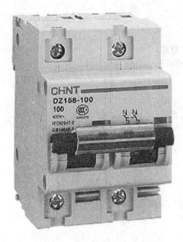

图 2 - 19　DZ158 - 125 系列小型塑壳式断路器　　　　图 2 - 20　GXW2M 系列自动灭磁断路器

图 2 - 21　ZN115 - 12 户内高压　　　　　　图 2 - 22　户外高压真空断路器(ZW8 - 12)
　　　　　　交流真空断路器

⑦ 按安装方式分为固定式、插入式、抽屉式及嵌入式等。

⑧ 按用途分为配电断路器、电动机保护用断路器、灭磁断路器和漏电断路器等几种。

2.3.3　低压断路器的选型

（1）要看所选断路器的极限短路分断能力和运行短路分断能力，国际电工委员会 IEC 947 - 2 和我国等效采用 IEC 的 GB 4048.2《低压开关设备和控制设备低压断路器》标准，对断路器极限短路分断能力和运行短路分断能力作了明确规定。

（2）要看所选断路器的电气间隙与爬电距离，确定电器产品的电气间隙，必须依据低压系统的绝缘配合，而绝缘配合时，瞬时过电压被限制在规定的冲击耐受电压，而系统中的电器或设备产生的瞬时过电压也必须低于电源系统规定的冲击电压。①电器的额定绝缘电压应大于或等于电源系统的额定电压。②电器的额定冲击耐受电压应大于等于电源系统的额定冲击耐受电压。③电器产生的瞬态过电压应小于等于电源系统的额定冲击耐受电压。

目前，断路器被广泛用于低压电网中作过载、短路保护。如果选用不当，可能会发生误动作或不动作,失去保护作用,甚至产生安全隐患。因此,应根据具体使用条件、与相邻电器的配合以及断路器的结构特点等因素,选择最合适的断路器类型。

1. 交流断路器的选择

应根据电路的额定电流、保护要求和断路器的结构特点来选择断路器的类型。例如,对于额定电流 600A 以下,短路电流不大的场合,一般选用塑料外壳式断路器;若额定电流比较大,则应选用万能式断路器;若短路电流相当大,则应选用限流式断路器;在有漏电保护要求时,还应选用漏电保护式断路器。例如:塑料外壳式断路器的额定电流等级在不断地提高,现已出现了不少大容量塑料外壳式断路器;而对于万能式断路器则由于新技术、新材料的应用,体积、重量也在不断减小。从目前情况来看,如果选用时注重选择性,应选用万能式断路器。而如果注重体积小、要求价格便宜,则应选用塑料外壳式断路器。

1) 电气参数的确定

断路器的结构选定后,接着需选择断路器的电气参数。电气参数的确定主要是指除断路器的额定电压、额定电流和通断能力外,一个重要的问题就是怎样选择断路器过电流脱扣器的整定电流和保护特性以及配合等,以便达到比较理想的协调动作。

（1）一般选用原则。指选用任何断路器都必须遵守的原则。

① 断路器的额定工作电压不小于线路额定电压。

② 断路器的额定电流不小于线路计算负载电流。

③ 断路器的额定短路通断能力不小于线路中可能出现的最大短路电流(按有效值计算)。

④ 线路末端单相对地短路电流不小于 1.25 倍断路器瞬时(或短延时)脱扣器整定电流。

⑤ 断路器脱扣器的额定电流不小于线路计算电流。

⑥ 断路器欠电压脱扣器额定电压 = 线路额定电压。并非所有断路器都需要带欠电压脱扣器,是否需要应根据使用要求而定。在某些供电质量较差的系统,选用带欠电压保护的断路器,反而会因电压波动而经常造成不希望的断电。在这种场合,若必须带欠电压脱扣器,则应考虑有适当的延时。

⑦ 断路器分励脱扣器的额定电压等于控制电源电压。

⑧ 电动传动机构的额定工作电压等于控制电源电压。

⑨ 断路器的类型应符合安装条件、保护功能及操作方式的要求。

⑩ 一般情况下,保护变压器及配电线路可选用万能式断路器,保护电动机可选塑料外壳式断路器。

⑪ 校核断路器的接线方向,如果断路器技术文件或端子上表明只能上进线,则安装时不可采用下进线,母线开关一定要选用可下进线的断路器。

除一般选用原则外,应注意到断路器的用途。配电用断路器和电动机保护用断路器以及照明、生活用导线保护断路器,应根据使用特点予以选用。

（2）配电用断路器的选用。配电用断路器是指在低压电网中专门用于分配电能的断路器,包括电源总开关和负载支路开关。在选用这类断路器时,除应遵循一般选用原则外,还应把限制系统故障范围和防止电路故障的扩大作为考虑的重点。因此需要增加下列选用原则:

① 断路器的长延时动作电流整定值不大于导线容许载流量。对于采用电线电缆配电时，可取电线电缆容许载流量的80%。

② 3倍长延时动作电流整定值的可返回时间不小于线路中最大启动电流的电动机启动时间。

③ 短延时动作电流整定值不小于$1.1(I_{jx}+1.35kI_n)$，式中：I_{jx}为线路计算负载电流；k为电动机的启动电流倍数；I_n为电动机额定电流。

④ 瞬时电流整定值不小于$1.1(I_{jx}+k_1kI_{nm})$，式中：k_1为电动机启动电流的冲击系数，一般取$k_1=1.7\sim2$；I_{nm}为最大的一台电动机的额定电流。

⑤ 短延时的时间阶梯，按配电系统的分断而定。一般时间阶梯为2级~3级。每级之间的短延时时差为0.1s~0.2s，视断路器延时机构的动作精度而定，其可返回时间应保证各级的选择性动作。短延时阶梯选定后，最好再对被保护对象的热稳定性加以校核。

（3）电动机保护用断路器的选用。选择断路器保护电动机时，应注意到电动机的两个特点：①它具有一定的过载能力；②它的启动电流通常是额定电流的几倍到十几倍。因此，电动机保护用断路器分为两类：一类只作保护而不负担正常操作；另一类，兼作保护和不频繁操作之用。电动机保护用断路器的选用原则：

① 长延时电流整定值等于电动机额定电流。

② 瞬时整定电流。对于保护鼠笼式电动机的断路器，瞬时整定电流为8倍~15倍电动机额定电流，其值的大小取决于被保护电动机的型号、容量和启动条件。对于保护绕线转子电动机的断路器，瞬时整定电流为电动机额定电流的3倍~6倍，其值的大小取决于绕线转子电动机的型号、容量和启动条件。

③ 6倍长延时电流整定值的可返回时间不小于电动机实际启动时间。按启动时负载的轻重，可选用可返回时间为1s、3s、5s、8s、15s中的某一挡。

（4）导线保护断路器的选用。照明、生活用导线保护断路器，是指在生活建筑中用来保护配电系统的断路器。由于被保护的线路容量一般都不大，故多采用塑料外壳式断路器。其选用原则：

① 长延时整定值不大于线路计算负载电流。

② 瞬时动作整定值 = (6~20)倍线路计算负载电流。

③ 断路器与上下级电器保护特性的配合在配电系统中，并非只有断路器，还存在许多别的电器，因此，需要考虑断路器与上下级保护电器特性的配合。最好的办法是将各个电器的保护特性绘制在坐标上，以比较其特性的配合情况。其配合一般应满足下列条件：

a. 断路器的长延时特性低于被保护对象（如电线、电缆、电动机、变压器等）的允许过载特性。

b. 低压侧主开关短延时脱扣器与高压侧过电流保护继电器的配合级差为0.4s~0.7s，视高压侧保护继电器的形式而定。

c. 低压侧主开关过电流脱扣器保护特性低于高压熔断器的熔化特性。

d. 断路器与熔断器配合时，一般熔断器作后备保护。应选择交接电流I_B小于断路器的短路通断能力的80%，当短路电流小于I_B时，应由熔断器动作。

e. 上级断路器延时整定电流不小于1.2倍下级断路器短延时或瞬时（若下级无短延时）整定电流。

f. 上级断路器的保护特性和下级断路器的保护特性不能交叉。在级联保护方式时,可以交叉,但交点短路电流应为下级断路器的80%。

g. 在具有短延时和瞬时动作的情况下,1.1倍下级断路器进线处的短路电流不大于上级断路器瞬时整定电流。

2. 直流断路器的选择

在选用直流断路器时,应首先考虑应用场所的要求。对动作速度要求不高的场所,应优先考虑选用一般的直流断路器,如交流断路器派生的产品。在电动机—发电机组、蓄电池电源情况下,可采用一般的直流断路器。在汞弧整流器、可控整流器作为电源的情况下,通常由于这些装置的过载能力极低,则必须采用快速断路器。

快速断路器有极性问题:无极性的直流断路器可用于馈电开关、母线联络开关和正极保护开关。正向有极性断路器可用作馈电开关、正极开关、负极开关以及逆变开关。逆向有极性断路器用作逆功率保护。

直流断路器的选用条件:

(1) 额定工作电压大于直流线路的电压。考虑到反接制动和逆变条件,应大于2倍电路电压。

(2) 额定电流不小于直流线路的负载电流;对于短时周期负载,可按其等效发热电流考虑。

(3) 过电流动作整定值不小于电路正常工作电流最大值,对于启动直流电动机,应避过电动机的启动电流。

(4) 逆流动作整定值小于被保护对象允许的逆流数值。

(5) 额定短路通断能力大于电路可能出现的最大短路电流。对于快速断路器初始电流上升陡度初始 $\frac{di}{dt}$ > 电路可能出现最大短路电流的初始上升陡度。

(6) 快速断路器分断的 I_2t 小于与其配合的快速熔断器的 I_2t。

2.4 接 触 器

接触器是一种适用于在低压配电系统中远距离控制,频繁操作交、直流主电路及大容量控制电路的自动控制开关电器,主要应用于自动控制交、直流电动机,电热设备,电容器组等设备。接触器具有强大的执行机构,大容量的主触头及迅速熄灭电弧的能力。当系统发生故障时,它能根据故障检测元件所给出的动作信号,迅速、可靠地切断电源,并有低压释放功能,与保护电器组合可构成各种电磁启动器,用于电动机的控制及保护。

接触器的分类有几种不同的方式。若按操作方式分,有电磁接触器、气动接触器和电磁气动接触器;按灭弧介质分,有空气电磁式接触器、油浸式接触器和真空接触器等;按主触头控制的电流种类分,又有交流接触器、直流接触器、切换电容接触器等,另外还有建筑用接触器、机械连锁(可逆)接触器和智能化接触器等。建筑用接触器的外形结构与模数式小型断路器类似,可与模数式小型断路器一起安装在标准导轨上。其中,应用最广泛的是空气电磁式交流接触器和空气电磁式直流接触器,习惯上简称为直流接触器和交流接触器,如图2-23和图2-24所示。

图 2 - 23　CZO - 1000/10 直流接触器实物图　　　图 2 - 24　CJT1 系列交流接触器实物图

2.4.1　接触器的结构与工作原理

1. 交流接触器的结构

在电磁机构方面,交流接触器为了减小因涡流和磁滞损耗造成的能量损失和温升,铁芯和衔铁用硅钢片叠成。线圈绕在骨架上做成扁而厚的形状,与铁芯隔离,有利于铁芯和线圈的散热。而直流接触器由于铁芯中不会产生涡流和磁滞损耗,因此不会发热。铁芯和衔铁用整块电工软钢做成,为使线圈散热良好,通常将线圈绕制成高而薄的圆筒状,且不设线圈骨架,使线圈和铁芯直接接触以利于散热。对于大容量的直流接触器,往往采用串联双绕组线圈,一个为启动线圈,另一个为保持线圈。接触器本身的一个常闭辅助触头与保持线圈并联连接。在电路刚接通的瞬间,保持线圈被常闭触头短接,可使启动线圈获得较大的电流和吸力。当接触器动作后,常闭触头断开,两线圈串联通电。由于电源电压不变,因此电流减小,但仍可保持衔铁吸合,因而可以减少能量损耗,延长电磁线圈的使用寿命。中、小容量的交、直流接触器的电磁机构一般都采用直动式结构,大容量的接触器采用转动式结构。

接触器由触头系统、电磁系统、灭弧系统、释放弹簧机构、辅助触头及基座等几部分组成,如图 2 - 25 所示。接触器是利用电磁系统控制衔铁的运动来带动触头,使电路接通或断开。

当把按钮向下按时,接触器中的电磁线圈就从按钮得到一个信号,即通过按钮当中常开触头的闭合动作,电磁线圈就经过按钮和熔断器接通到电源上。当线圈通电后,产生一个磁场将静铁芯磁化,吸引动铁芯,使它向着静铁芯运动,并最终吸合在一起。接触器触头系统中的动触头是同动铁芯机械地固定在一起的,当动铁芯被静铁芯吸引向下运动时,动触头也随之向下运动,并与静触头闭合。这样,电动机便经接触器的触头系统和熔断器接通电源,

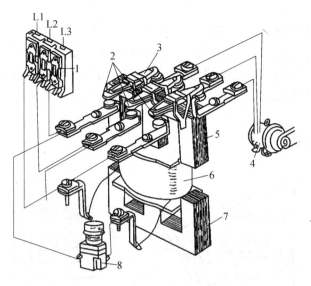

图 2 - 25　交流接触器的结构示意图

1—主触点;2—静触点;3—动触点;4—静止线圈;5—辅助触头;6—吸合线圈;7—电磁系统;8—字合按钮的触点。

开始启动运转。一旦电源电压消失或明显降低,以致电磁线圈没有励磁或励磁不足,动铁芯就会因电磁吸力消失或过小而在释放弹簧的反作用力作用下释放,脱离静铁芯。与此同时,和动铁芯固定安装在一起的动触头也与静触头脱离,使电动机与电源脱开,停止运转,即失压保护。

1）触头系统

接触器的触头用来接通和断开电路,根据用途的不同,触头分为主触头和辅助触头两种,其中,主触头是用于通断电流较大的主电路,且一般由接触面较大的常开触头组成。辅助触头用以通断小电流控制电路,它由常开触头和常闭触头成对组成。当接触器未工作时处于断开状态的触头称为常开(或动合)触头;当接触器未工作时处于接通状态的触头称为常闭（或动断）触头。

接触器按其接触情况可分为点接触式、线接触式和面接触式三种,如图 2 - 26(a)、(b)、(c)所示。按其结构形式分,有桥式触头和指形触头两种,如图 2 - 26(d)、(e)所示。交流接触器一般采用双断点桥式触点,它们中两个触头串在同一电路中,同时接通或断开。指形触头开闭时动触头能沿静触头滚动并带一点滑动。

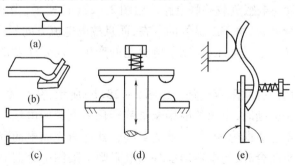

图 2 - 26　交流接触器触头接触形式结构图

（a）点接触;（b）线接触;（c）面接触;（d）桥式;（e）指形式。

2）电磁系统

它是用来操纵触头闭合和断开的,它由静铁芯、线圈和动铁芯三部分组成。根据动铁芯的运动方式的不同,交流接触器的电磁系统有两种基本类型,即动铁芯绕轴转动的拍合式电磁系统和动铁芯作直线运动的电磁系统,如图2-27所示。为减少铁芯中的涡流损耗和磁滞损耗,防止铁芯过热,铁芯一般用硅钢片叠起来铆成;线圈做成短而粗的圆筒形状。为了避免线圈断电后粘连,E形铁芯的中柱较短,铁芯闭合时上下中柱间形成0.1mm～0.2mm的空气隙,以减少剩磁。

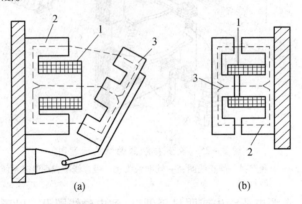

图2-27 交流接触器电磁系统结构图

(a)动铁芯绕轴转动的拍合式电磁系统;(b)动铁芯作直线运动的电磁系统。

1—线圈;2—静铁芯;3—动铁芯。

3）灭火花电路和灭弧装置

当开关电器在负载情况下分断时,动静触头的间隙中会产生电火花或电弧,这不仅会使触头产生电磨损而缩短其使用寿命,严重时还会影响对电路的可靠分断,甚至发生事故。因此,只有选择有效的灭电火花电路或灭弧装置,才能使触头系统正常分断,从而保证整个电路安全可靠工作。

（1）灭火花电路。由于继电器控制的主要是接触器或各种控制电器的电磁线圈,而且其长期工作电流一般都很小,通常不超过5A,触头压力也比较小。而当这些具有电感负载性质控制电器的触头被切断时,电流由某一稳定值突然降为零,即电流的变化率很大,从而会在触头间产生较高的过电压,出现火花放电现象。常用的灭火花电路有三种,如图2-22所示。

① 半导体二极管与电感负载并联电路。由图2-28(a)所示,当触头闭合时,电流不流过二极管;而当触头分断时,由于二极管的存在,而且放电电流方向相反,使电流不是从某一稳定值逐渐降为零,减小了过电压,抑制了电火花的产生。需要注意的是,二极管的极性不能接错。

② 与触头(或负载)并联阻容电路。由图2-28(b)所示,在开关(或负载)上并联电阻和电容。这样,当触头分断时,电感的磁场能量就转化为电容的电场能量,即表现为对电容器充电,电感的电流不会立即降为零,而是随着电容器逐渐充满电而降为零,从而抑制了过电压的产生;而当触头闭合时,与电容器串联的电阻则会限制电容器对触头的放电,防止烧毁。电容器的容量一般为0.5μF～2μF,电阻则为电感阻值的5倍～10倍。总之,不论采用哪一种灭火花电路,都有助于抑制电火花和电弧的产生,保证触头系统安全正常工作。对

92

于交流电器,由于存在自然过零现象,一般不采用灭火花电路。

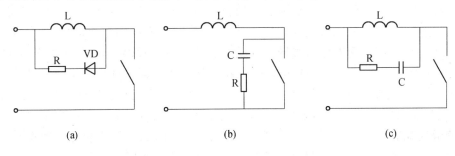

图 2-28 灭火花电路

（2）灭弧装置。对于低压断路器、接触器等通断大电流的低压电器,产生电弧的问题突出,一般要配置灭弧装置,常用的有以下四种:

① 电动力灭弧装置,电动力灭弧装置如图 2-29 所示,它是一种桥式结构双断口触头系统,双断口就是在一个回路中有两个产生和断开电弧的间隙。当触头打开时,在断口中产生电弧。电弧电流在两电弧之间就会产生图中表示的磁场,根据左手定则,电弧电流要受到一个指向外侧的力 F 的作用,使电弧向外运动并拉长,同时迅速穿越冷却介质,加快电弧冷却以致电弧很快熄灭。这种灭弧装置的效果一般,故多用于小容量的低压电器。

② 磁吹灭弧装置。这种灭弧装置的结构如图 2-30 所示,其特点是在触头电路中串入了磁吹线圈,当电流通过磁吹线圈时,它产生的磁场就会由导磁夹板引向触头周围,根据右手定则可知,磁通由导磁夹板引向触头周围,其方向如图中"×"符号所示。触头间电弧所产生的磁场,在上下两侧的磁通方向如图中所示。这两个磁场在电弧下侧方向相同,即是相加的;而在弧柱上侧方向相反,是彼此消减的。所以,弧柱下侧的磁场强于上侧的磁场,这就产生了一个向上运动的作用力 F,电弧在 F 的作用下被吹离触头,经引弧角进入灭弧罩,电弧因被拉长和冷却而很快熄灭。

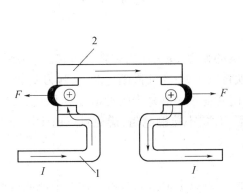

图 2-29 电动力灭弧装置
1—静触头;2—动触头。

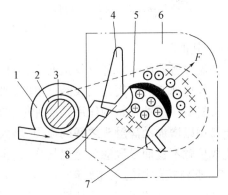

图 2-30 磁吹灭弧装置
1—磁吹线圈;2—绝缘套;3—铁芯;4—引弧角;
5—导磁夹板;6—灭弧罩;7—动触头;8—静触头。

磁吹灭弧装置由于是利用电弧电流本身灭弧,因而电弧电流越大,吹弧能力越强,因而被广泛用于直流接触器等灭弧装置中。其缺点是不适用于小容量低压电器的灭弧系统。

③ 栅片灭弧装置。栅片灭弧装置的结构如图2-31所示,它的主要部件是灭弧栅片。灭弧栅一般用薄铜片或石棉绝缘板制成,它们安装在触头上方的灭弧室内,彼此间相互绝缘。当触头分断时,产生的电弧进入栅片后,被分割成数段串联的短弧,而每个栅片又成了这些短弧的电极。这样,每对由灭弧栅片组成的电极间都有150V~250V的绝缘强度,使整个灭弧栅的绝缘强度大大增加。这样以来,电路电压加到每段短弧上的电压就达不到燃弧电压,同时栅片还能吸收电弧热量,致使电弧迅速熄灭。由于交流电具有过零特性,因此,栅片灭弧装置的灭弧效果在交流时要比直流强很多,故交流电器多采用栅片灭弧。

④ 窄缝灭弧装置。为限制弧区扩展并加速电弧冷却,磁吹灭弧装置一般都带有灭弧罩,灭弧罩通常采用陶土或耐弧塑料制成。窄缝灭弧装置的原理如图2-32所示,当电弧进入宽度比电弧直径小的纵缝中时,电弧弧柱直径被压缩,使之与缝壁紧密接触,冷却和消游离作用加强,燃弧很容易被熄灭。同时也增大了电弧运动的阻力,使其运动速度下降,缝壁温度上升,在壁面产生表面放电,因此,窄缝的宽度必须合理选择。常用的窄缝灭弧装置有单纵缝、多纵缝和纵向曲缝等多种形式。以上介绍了四种灭弧装置,实际中为加强灭弧效果,通常不只是采用单一的灭弧装置,而往往同时采用两种或多种灭弧方法。

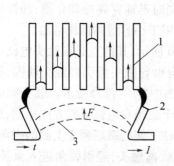

图2-31 栅片灭弧装置
1—灭弧栅片;2—触头;3—电弧。

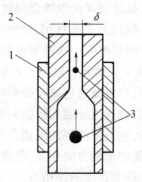

图2-32 窄缝灭弧装置
1—钢板;2—介质;3—电弧。

4)其他部分

交流接触器的其他部分是指底座、复位弹簧、缓冲弹簧、触头压力弹簧、传动机构和接线柱等。复位弹簧的作用是当线圈通电时,吸引衔铁将它压缩;当线圈断电时,其弹力使衔铁、动触头复位。缓冲弹簧的作用是缓冲衔铁在吸合时对静铁芯和外壳的冲击碰撞力。触点压力弹簧用以增加动静触头之间的压力,增大接触面积,减小接触电阻,避免触点由于压力不足造成接触不良而导致触头过热灼伤,甚至烧损。

2. 交流接触器的工作原理

交流接触器的工作原理如图,如图2-33所示。当线圈通电后,线圈中因有电流通过而产生磁场,静铁芯在电磁力的作用下,克服弹簧的反作用力,将动铁芯吸合,从而使动、静触头接触,主电路接通;而当线圈断电时,静铁芯的电磁吸力消失,动铁芯在弹簧的反作用力下复位,从而使动触头与静触头分离,切断主电路。

3. 直流接触器的结构和工作原理

1)直流接触器的结构

直流接触器主要由触头系统、电磁系统和灭弧装置部分组成,结构如图2-34所示。

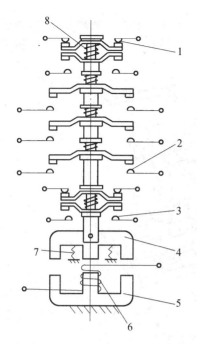

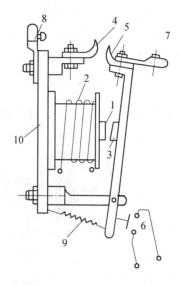

图 2-33 交流接触器的结构原理图
1—辅助动断触头;2—主触头;3—辅助动合触头;
4—衔铁;(动铁芯);5—静铁芯;6—线圈;7,8—弹簧。

图 2-34 直流接触器的结构原理图
1—静铁芯;2—线圈;3—动铁芯;4—静触头;5—动触头;
6—辅助触头;7,8—接线柱;9—弹簧;10—底板。

（1）触头系统。直流接触器有主触头和辅助触头,主触头一般做成单极或双极、由于触头闭合或断开的电流较大,所以采用滚动接触的指形触头。辅助触头的通断电流较小,一般采用点接触的双断点桥式触头。

（2）电磁系统。直流接触器电磁系统由静铁芯、线圈和动铁芯等组成。因线圈中流过的是直流电,铁芯中不会产生涡流,所以铁芯可用整块铸铁或铸钢制成,也不需要装短路环。铁芯不发热,没有铁损耗。线圈的匝数较多,电阻相对较大,电流流过时会发热。为了使线圈散热良好,一般将线圈绕制成长而薄的圆筒状。

（3）灭弧装置。直流接触器的主触头在断开较大电流的直流电路时,往往会产生强烈的电弧,容易烧伤触头和延时断电。为了迅速灭弧,直流接触器常采用磁吹式灭弧装置。

2）直流接触器的工作原理

直流接触器的和工作原理与交流接触器基本相同。当接触器线圈通电后,线圈电流产生磁场,使静铁芯产生电磁吸力吸引动铁芯,并带动触点动作:常闭触点断开,常开触点闭合,两者是联动的。当线圈断电时,电磁吸力消失,衔铁在释放弹簧的作用下释放,使触点复原:常开触点断开,常闭触点闭合。

直流接触器与交流接触器的区别:直流接触器,主回路的电流是直流的,一般很少用,主要用在精密机床上的直流电动机控制中。交流接触器,主回路的电流是交流的,应用非常广泛,大部分用电都是交流的。

2.4.2 常用接触器类型

1. 空气电磁式交流接触器

在接触器中,空气电磁式交流接触器应用最为广泛,产品系列、品种最多,其结构和工作原理基本相同;且各种系列产品在功能、性能和技术含量等方面各有独到之处,可根据需要择优选择。其典型产品有 CJ20、CJ21、CJ26、CJ29、CJ35、CJ40、NC、B、LCI－D、3TB 和 3TF 系列交流接触器等,如图 2－35 所示。

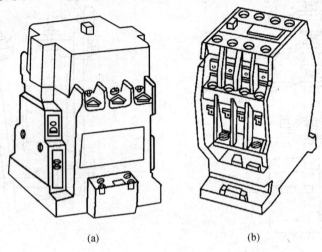

图 2-35　交流接触器外形图

(a) CJ20－40 型;(b) 3TB、3TH 系列。

2. 机械连锁(可逆)交流接触器

机械连锁(可逆)交流接触器实际上是由两个相同规格的交流接触器再加上机械连锁机构和电气连锁机构所组成的,可以保证在任何情况下(如机械振动或错误操作而发出的指令)都不能使两台交流接触器同时吸合;只能当一台接触器断开后,另一台接触器才能闭合,这样可有效地防止电动机正、反向转换时出现相间短路,比仅在电器控制回路中加接连锁电路的方式更安全可靠。机械连锁接触器主要用于电动机的可逆控制、双路电源的自动切换,也可用于需要频繁地进行可逆换接的电器设备上。生产厂通常将机械连锁机构和电气连锁机构以附件的形式提供。

常用的机械连锁(可逆)接触器有 LC2－D 系列(国内型号为 CJX4－N)、3TD 系列、B 系列等。3TD 系列可逆交流接触器主要适用于额定电流为 63A 的交流电动机的启动、停止及正、反转的控制。

3. 切换电容器接触器

切换电容器接触器是专用于低压无功补偿设备中的投入或切除并联电容器组,以调整用电系统的功率因数。切换电容器接触器带有抑制浪涌装置,能有效地抑制接通电容器组时出现的合闸涌流对电容的冲击和开断时的过电压。其灭弧系统采用封闭式自然灭弧。接触器的安装既可采用螺钉安装,又可采用标准卡轨安装。

常用产品有 CJ16、CJ19、CJ41、CJX4、CJX2A、LC1－D 系列等。

4. 真空交流接触器

真空交流接触器是以真空为灭弧介质,其主触头密封在真空开关管内。真空开关管(又称真空灭弧室)以真空作为绝缘和灭弧介质,位于真空中的触头一旦分离,触头间将产生由金属蒸气和其他带电粒子组成的真空电弧。真空电弧依靠触头上蒸发出来的金属蒸气来维持,因真空介质具有很高的绝缘强度且介质恢复速度很快,真空电弧的等离子体很快向四周扩散,在第一次过零时真空电弧就能熄灭(燃弧时间一般小于10 ms)。由于熄弧过程是在密封的真空容器中完成的,电弧和炽热的气体不会向外界喷溅,因此其开断性能稳定可靠,不会污染环境,特别适用于在矿山、冶金、建材、化工石油及重工业部门等许多重任务场合和较为恶劣的环境下使用。真空开关管是真空开关的核心元件,其主要技术参数决定真空开关的主要性能。

常用的真空接触器有 CKJ 和 EVS 系列等。

5. 直流接触器

直流接触器应用于直流电力线路中,可提供远距离接通与分断电路,以及直流电动机的频繁启动、停止、反转或反接制动控制等。

直流接触器有立体布置和平面布置两种结构。电磁系统多采用绕棱角转动的转动式结构,主触头采用双断点桥式结构或单断点转动式结构。由于有的产品是在交流接触器的基础上派生的,因此直流接触器的工作原理基本上与交流接触器相同。

常用的直流接触器有 CZ18、CZ21、CZ22 和 CZ0 系列等。

2.4.3 接触器的选型

1. 接触器的选择原则

由于接触器的安装场所与控制的负载不同,其操作条件与工作的繁重程度也不同。因此,须对控制负载的工作情况以及接触器本身的性能有一个较全面的了解,力求经济合理地选用接触器。也就是说,在选用接触器时,不仅考虑接触器的铭牌数据,因铭牌上只规定了某一条件下的电流、电压、控制功率等参数,而具体的条件又是多种多样的,因此,在选择接触器时应注意以下几点:

(1)选择接触器的类型。接触器的类型应根据电路中负载电流的种类来选择。也就是说,交流负载应使用交流接触器,直流负载应使用直流接触器。若整个控制系统中主要是交流负载,而直流负载的容量较小,也可全部使用交流接触器,但触头的额定电流应适当大些。

(2)选择接触器主触头的额定电流。接触器的额定工作电流应不小于被控电路的最大工作电流。

(3)选择接触器主触头的额定电压。接触器的额定工作电压应不小于被控电路的最大工作电压。

(4)接触器的额定通断能力应大于通断时电路中的实际电流值;耐受过载电流能力应大于电路中最大工作过载电流值。

(5)应根据系统控制要求确定主触头和辅助触头的数量和类型,同时要注意其通断能力和其他额定参数。

(6)如果接触器用来控制电动机的频繁启动、正反转或反接制动时,应将接触器的主触头额定电流降低使用,通常可降低一个电流等级。

2. 接触器的技术数据与选用依据

要想正确地选用接触器,就必须了解接触器的主要技术数据,其主要技术数据如下:

(1)电源种类有交流和直流;

(2)主触头额定电压、额定电流;

(3)辅助触头的种类、数量及触头的额定电压;

(4)电磁线圈的电源种类、频率和额定电流;

（5）额定操作频率，即允许每小时接通的最多次数。

（6）选用时，一般交流负载用交流接触器，直流负载用直流接触器。当用交流接触器控制直流负载时，必须降额使用，因为直流灭弧比交流灭弧困难。频繁动作的负载，考虑到操作线圈的温升，宜选用直流励磁操作接触器。

接触器的选择主要依据以下几方面：

（1）根据负载性质选择接触器的类型；

（2）额定电压应大于或等于主电路工作电压；

（3）额定电流应大于或等于被控电路的额定电流；

（4）吸引线圈的额定电压和频率要与所在控制电路的选用电压和频率相一致。

接触器的额定电压、电流是指主触头的额定电压、电流。当控制电动机负载时，一般根据电动机容量 P_d 计算接触器的主触头电流 I_c，即

$$I_c \geqslant \frac{P_d \times 10^3}{KU_{mon}} \qquad (2-4)$$

式中：K 为经验常数，一般取 $1 \sim 1.4$；P_d 为电动机功率（kW）；U_{mon} 为电动机额定线电压（V）；I_c 为接触器主触头电流（A）。

2.4.4 接触器常见故障及排除故障的方法

接触器的常见故障现象，故障原因的分析以及相应的排除故障的方法，见表 2-14。

表 2-14　接触器的常见故障、故障原因以及排除故障的方法

故障现象	故障原因	排除方法
触头熔焊	① 操作频率过高，电流过大，断开容量不够； ② 长期过载使用； ③ 触点表面有金属颗粒异物； ④ 触头压力过小； ⑤ 负载侧短路	① 更换容量大的接触器； ② 清理触头表面； ③ 更换接触器； ④ 调高触头弹簧压力； ⑤ 排除短路故障
触头不能复位	① 复位弹簧损坏； ② 内部机械卡阻； ③ 铁芯安装歪斜	① 更换弹簧； ② 排除机械故障； ③ 重新安装铁芯
不释放或释放缓慢	① 触头熔焊； ② 触头弹簧压力过小； ③ 机械可动部分被卡有生锈现象； ④ 反力弹簧损坏； ⑤ 铁芯接触面有油污或尘埃粘着； ⑥ E 形铁芯磨损过大	① 更换触头； ② 调整触头参数； ③ 排除卡住现象； ④ 更换反力弹簧； ⑤ 清理铁芯接触面； ⑥ 更换 E 形铁芯
吸不上或吸不足	① 电路实际电压低于线圈额定电压，或有波动； ② 触头弹簧压力过大； ③ 配线错误； ④ 触头接触不良	① 检查电源或更换合适的接触器； ② 调整触头参数； ③ 改正配线； ④ 更换触头或清除氧化层和污垢

故障现象	故 障 原 因	排 除 方 法
衔铁振动和噪声	① 电路实际电压低于线圈额定电压； ② 触头弹簧压力过大； ③ 铁芯短路环断裂； ④ 铁芯接触面有油污或尘埃粘着； ⑤ 磁系统歪斜或机械上卡住,使铁芯不能吸平； ⑥ 铁芯接触面过度磨损而不平	① 检查电源或更换合适的接触器； ② 调整触头参数； ③ 更换铁芯或接触器； ④ 清理铁芯接触面； ⑤ 重新安装磁系统排除机械故障； ⑥ 更换铁芯或接触器
线圈过热或烧损	① 电路实际电压高于线圈额定电压； ② 线圈匝间短路	① 检查电源或更换合适的接触器； ② 更换线圈或接触器

2.5　继 电 器

　　继电器是一种根据某种输入信号的变化,接通或断开控制电路实现控制目的的电器。输入信号可以是电压、电流等电量,也可以是温度、速度、压力等非电量。继电器的种类很多,按输入信号的性质分为电压继电器、电流继电器、时间继电器、速度继电器、压力继电器等。按工作原理可分为电磁式继电器、电动式继电器、热继电器和电子式继电器等。

　　继电器的结构及工作原理与接触器类似,主要区别在于:继电器可对多种输入量的变化做出反应,而接触器只有在电压信号下动作;继电器是用于切断小电流的控制电路和保护电路,而接触器是用于控制大电流电路;继电器没有灭弧装置,也无主副触头之分。所有继电器均具有如图 2 - 36 所示的跳跃式的继电特性(又称输入—输出特性)。

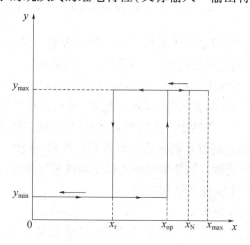

图 2 - 36　继电特性

　　从图 2 - 36 中可以看出,当输入量 x 从零开始增加时,在 $x < x_{op}$ 的整个过程中,输出量 y 一直等于最小值 y_{min};当 x 增加到 x_{op} 时,y 突然由最小值 y_{min} 跃变到最大值 y_{max}。当 x 逐渐减小时,在 $x > x_r$ 的整个过程中,y 一直等于 y_{max};当 x 减小到 x_r 时,y 由 y_{max} 跃变至 y_{min},再进一步减小 x,仍有 $y = y_{min}$。图中 x_{op} 称为继电器的动作值,x_r 称为继电器的释放值,x_N 称为继电器的输入额定值,x_{max} 称为继电器的最大输入值。它们之间的关系为 $x_r < x_{op} \leqslant x_N < x_{max}$。因

此,也可以用继电特性来定义继电器,即具有继电特性的电器称为继电器。

2.5.1 电磁继电器

由于电磁式继电器具有工作可靠、结构简单、制造方便、寿命长等一系列优点,故在电气控制系统中应用最为广泛。电磁式继电器按吸引线圈电流的种类不同,有直流继电器和交流继电器两种。按输入信号的性质,电磁式继电器可分为电压继电器和电流继电器。

1. 电磁继电器的结构

电磁式继电器的结构如图2-37所示。电流继电器与电压继电器的区别主要是线圈参数的不同,前者为了检测负载电流,一般线圈要与之串联,因而匝数少而线径粗,以减少产生的压降;后者要检测负载电压,故线圈要与之并联,需要电抗大,故线圈匝数多而线径细。

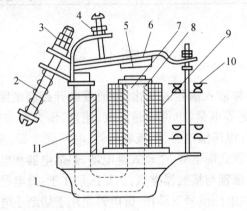

图2-37 电磁式继电器的结构示意图
1—底座;2—反力弹簧;3,4—调节螺钉;5—非磁性垫片;6—动铁芯;
7—静铁芯;8—极靴;9—电磁线圈;10—触头系统;11—铜套。

电磁式继电器是电气控制设备中用得最多的一种继电器。其结构有两种类型:一种电磁系统是直动式,它与小容量的接触器相似;另一种电磁系统是拍合式。继电器的电磁系统由U形静铁芯、板状动铁芯和电磁线圈等组成。U形静铁芯是用整根的棒状圆钢弯成的,它使铁芯柱和铁轭成为一体,从而减小了装配气隙,降低了磁阻,有利于提高继电器的灵敏度。动铁芯装在静铁芯上方,并能绕棱形支点转动。在线圈未通电前,动铁芯借反力弹簧的反力保持在释放位置上。为防止在线圈断电时发生剩磁粘住动铁芯的现象,在衔铁上通常加有非磁性垫片(一般为0.1mm~0.5mm厚的铜片),非磁性垫片位于动铁芯与静铁芯柱之间。

2. 电磁式继电器的工作原理及结构特点

1) 电磁式继电器的工作原理

在图2-37中,线圈的作用是从电源获取能量、建立磁场。铁芯(铁芯柱和铁轭)作用是加强工作气隙内的磁场,使磁通大部分沿铁芯柱、铁轭、动铁芯和工作气隙闭合。动铁芯的主要作用是实现电磁能与机械能的转换。极靴(极帽)的作用是增大工作气隙的磁导。反力弹簧用来提供反力。当线圈接通电源以后,线圈的励磁电流就产生磁场,因而产生力图使工作气隙减小的电磁吸力吸引动铁芯。一旦电磁吸力大于反力,动铁芯就开始运动,带动与之连接的动触头向下移动,使动触头与上面的动断(常闭)静触头分开,而与下面的动合(常开)静触头接触。最后,动铁芯被吸持在最终位置上,即与极靴相接触的位置上。若在动铁芯处于最终位置时切断线圈的电源,磁场便逐渐消失。于是,动铁芯在反力的作用下脱离极靴,并带动动触头返回起始位置。

在电磁式继电器中装设不同的线圈后,可分别制成电流继电器、电压继电器和中间继电器。这种继电器的线圈有交流的和直流的两种,直流的继电器再加装铜套(见图 2 - 37 中的 11),可以构成电磁式时间继电器。

通用继电器是一种电磁式继电器,由于它可以作为电压继电器、欠电流继电器、时间继电器和中间继电器,因此称其为通用继电器。

2)电磁式继电器的结构特点

直流电磁式通用继电器的基本结构如图 2 - 38 和图 2 - 29 所示,它与直流接触器相类似。这种通用型继电器,在其电磁系统中装上不同的线圈或阻尼圈(套)后可制成电压继电器、中间继电器和时间继电器。

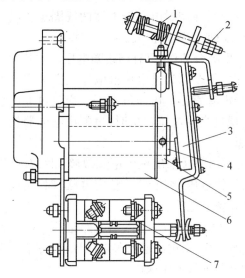

图 2 - 38　电磁式通用继电器结构图
1—反力弹簧;2—调节螺钉;3—动铁芯;
4—静铁芯;5—极靴;6—线圈;7—触头。

图 2 - 39　JQX - 13F - LY2C 电磁继电器实物图

交流通用继电器结构与直流通用继电器相似,只是为了防止动铁芯抖动而设有分磁环(又称短路环),而且触头系统位于衔铁上方。给通用继电器的铁芯装上并励的电压线圈,它就成为电压继电器,而且电压继电器也可兼作中间继电器。给通用继电器的铁芯装上串励的电流线圈,它就成为电流继电器。这种继电器的线圈的导线粗、匝数少,串联在主电路中。当线圈电流高于整定值时动作的继电器称为过电流继电器,低于整定值时动作的称为欠电流继电器。调节反力弹簧(释放弹簧)或调整非磁性垫片的厚度,均能改变动作电流。例如,增大非磁性垫片厚度,吸合电流和释放电流均将增大。过电流继电器在正常工作时电磁力不足克服反力弹簧的力,动铁芯处于释放状态。而欠电流继电器是当线圈电流降到低于某一整定值时释放的继电直流通用继电器用作时间继电器时,是在其铁芯柱上套一阻尼圈(套),利用它在继电器释放过程中的电磁阻尼作用,即利用磁系统中磁通缓慢衰减的原理制成,并且只能获得释放延时。延时的长短由磁通衰减速度决定,它取决于阻尼圈的时间常数 L、R。

为了获得较大的延时,总是设法使阻尼圈的电感尽可能大,电阻尽可能小。所以,对要求延时达 3s 的继电器,采用在铁芯上套铝管的方法;对要求延时达 5s 的继电器,则采用在铁芯上套铜管的办法。为了扩大延时范围,还可采用释放时将线圈短接的方法。此时,为了防止电源短路,应在线圈回路中串一只电阻,由于工作线圈也参加阻尼作用,故其延时可进一步加长,但这种方法仅被用作扩大延时范围的一种辅助措施,而不被直接用于获得延时。另外,改变安装在动铁芯上的非磁性垫片的厚度及反力弹簧的松紧程度,也可以调节延时的长短。

3. 电压继电器

根据线圈两端电压大小而接通或断开电路的继电器称为电压继电器,即触头的动作与线圈的动作电压大小有关的继电器称为电压继电器。电压继电器按线圈电流的种类可分为交流电压继电器和直流电压继电器,按用途可分为过电压继电器、欠电压继电器(或零电压继电器)。

电压继电器用于电力拖动系统的电压保护和控制,使用时电压继电器的线圈与负载并联,为不影响电路的工作情况,其线圈的匝数多、导线细、线圈阻抗大。

过电压继电器线圈在额定电压时,动铁芯不产生吸合动作,只有当线圈电压高于其额定电压的某一值(整定值)时,动铁芯才产生吸合动作,所以称为过电压继电器。因为直流电路不会产生波动较大的过电压现象,所以在产品中没有直流过电压继电器。交流过电压继电器在电路中起电压保护作用。当电路一旦出现过高的电压现象时,过电压继电器就马上动作,从而控制接触器及时分断电气设备的电源。

与过电压继电器比较,欠电压继电器在电路正常工作(未出现欠电压故障)时,其衔铁处于吸合状态。如果电路出现电压降低至线圈的释放电压(继电器的整定电压)时,则衔铁释放,使触头动作,从而控制接触器及时断开电气设备的电源。

一般来说,过电压继电器在电压升至 $1.1 \sim 1.2$ 额定电压时动作,对电路进行过电压保护;欠电压继电器在电压降至 $0.4 \sim 0.7$ 额定电压时动作,对电路进行欠电压保护;零电压继电器在电压降至 $0.05 \sim 0.25$ 额定电压时动作,对电路进行零压保护。

4. 电流继电器

根据线圈中(输入)电流大小而接通或断开电路的继电器称为电流继电器,即触头的动作与否与线圈动作电流大小有关的继电器称为电流继电器。电流继电器按线圈电流的种类可分为交流电流继电器和直流电流继电器,按用途可分为过电流继电器和欠电流继电器。

电流继电器的线圈与被测量电路串联,以反映电路电流的变化,为不影响电路的工作情况,其线圈的匝数少、导线粗、线圈阻抗小。

过电流继电器的任务:当电路发生短路或严重过载时,必须立即将电路切断。因此,当电路在正常工作时,即当过电流继电器线圈通过的电流低于整定值时,继电器不动作,只要超过整定值时,继电器才动作。瞬动型过电流继电器常用于电动机的短路保护;延时动作型常用于过载兼具短路保护。过电流继电器复位分自动和手动两种。

欠电流继电器的任务是,当电路电流过低时,必须立即将电路切断。因此,当电路正常工作时,即欠电流继电器线圈通过的电流为额定电流(或低于额定电流一定值)时,继电器是吸合的。只有当电流低于某一整定值时,继电器释放,才输出信号。欠电流继电器常用于直流电动机和电磁吸盘的失磁保护。

2.5.2 时间继电器

从得到输入信号(线圈的通电或断电)开始,经过一定的延时后才输出信号(触头的闭合或断开)的继电器,称为时间继电器。时间继电器被广泛应用于电动机的启动控制和各种自动控制系统。时间继电器的种类很多,按动作原理分类主要有电磁式、同步电动机式、空气阻尼式、晶体管式(又称电子式)等。其主要特点如下:

(1)电磁式时间继电器结构简单、价格低廉,但延时较短(如 JT3 型延时时间只有0.3s~5.5s),且只能用于直流断电延时。

(2)同步电动机式时间继电器(又称电动机式或电动式时间继电器)的延时精确度高、延时范围大(有的可达几十小时),但价格较昂贵。

(3)空气阻尼式时间继电器又称气囊式时间继电器,其结构简单、价格低廉,延时范围较大(0.4s~180s),有通电延时和断电延时两种,但延时准确度较低。

(4)晶体管式时间继电器又称电子式时间继电器,其体积小、精度高、可靠性好。晶体管式时间继电器的延时可达几分钟到几十分钟,比空气阻尼式长,比电动机式短;延时精确度比空气阻尼式高,比同步电动机式略低。随着电子技术的发展,其应用越来越广泛。

常用时间继电器的外形如图 2-40 所示。

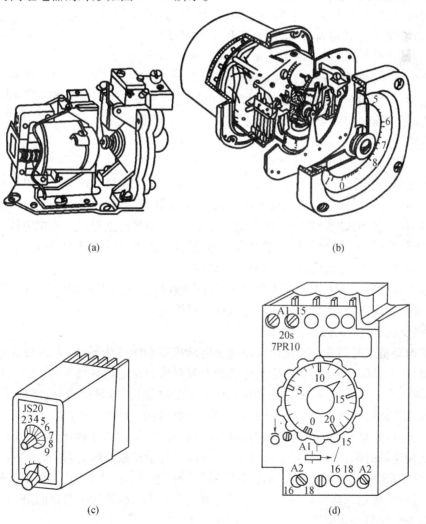

图 2-40　常用时间继电器的外形

(a)JS7 系列空气阻尼式;(b)JS11 系列电动机式;(c)JS20 系列晶体管式;(d)7PR 系列电动机式。

1. 电磁式时间继电器

电磁式继电器是应用得最早、最多的一种形式。其结构及工作原理与接触器大体相同。由电磁系统、触点系统和释放弹簧等组成。由于继电器用于控制电路,流过触点的电流比较小(一般为5A以下),故不需要灭弧装置。电磁式继电器是以电磁吸合力为驱动动力源的继电器。电磁式继电器所配装的电磁线圈有交流和直流两种,各自构成直流电磁式继电器和交流电磁式继电器。

1)直流电磁式时间继电器

输入电路中的控制电流为直流的电磁继电器称为直流电磁继电器。在直流电磁式电压继电器的铁芯上增加一个阻尼铜套,即可构成时间继电器,其结构示意图如图2-41所示。它是利用电磁阻尼原理产生延时的,由电磁感应定律可知,在继电器线圈通断电过程中铜套内将产生感应电势,并流过感应电流,此电流产生的磁通总是与原磁通变化趋势相反。

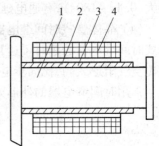

图2-41 带有阻尼铜套的
铁芯示意图
1—铁芯;2—阻尼铜套;
3—绝缘层;4—线圈。

电器通电时,由于衔铁处于释放位置,气隙大,磁阻大,磁通小,铜套阻尼作用相对也小,因此衔铁吸合时延时不显著(一般忽略不计)。而当继电器断电时,磁通变化量大,铜套阻尼作用也大,使衔铁延时释放而起到延时作用。因此,这种继电器仅用作断电延时。这种时间继电器延时较短,JT3系列最长不超过5s,而且准确度较低,一般只用于要求不高的场合。

2)交直流电磁式时间继电器

输入电路中的控制电流为交流的电磁继电器称为交流电磁继电器。电磁式时间继电器的交流规格继电器内部装有桥式整流器,将交流电源整流后供给电磁机构,每台电磁式时间继电器具有两副瞬时转换触点,一副滑动延时触点,一副延时主触点。当加电压于线圈两端时,铁芯克服塔形弹簧的反作用力被吸入,瞬时转换触点进行瞬时转换,同时延时机构启动,经过一定的延时,然后闭合滑动延时触点和延时主触点。

主触点接触后由于上挡限制机构的转动,机构停止,从而得到所需延时。当线圈断电时,在塔形弹簧的作用下,使铁芯和延时机构返回原位。

2. 同步电动机式时间继电器

同步电动机式时间继电器是由微型同步电动机驱动减速齿轮组,并由特殊的电磁机构加以控制以获得延时的继电器。它也分为通电延时型和断电延时型两种。

7PR4040、7PR4140型时间继电器由永磁式同步电动机、电磁离合器、减速齿轮组、断电记忆杠杆及带动延时触头动作的延时滑板、带动瞬时触头动作的瞬时滑板、凸轮等组成。当断电时,由断电记忆杠杆将已走过的时间记忆;当电压恢复时,时间继电器能自动恢复延时,直至达到规定的时间;若不需要继续延时,也可以通过手动复位钮将其回复到原始位置。继电器由永磁同步电动机带动一组回转式齿轮减速箱,通过连接齿轮、离合器带动延时指针动作,同时通过电磁离合器带动瞬时滑板、延时滑板分别带动瞬动触头与延时触头动作。

时间继电器的选用原则:

(1)时间继电器延时方式有通电延时型和断电延时型两种,因此选用时应确定采用哪种延时方式更方便组成控制线路。

104

（2）凡对延时精度要求不高的场合，一般宜采用价格较低的电磁阻尼式（电磁式）或空气阻尼式（气囊式）时间继电器；若242 常用低压电器应用手册对延时精度要求很高，则宜采用电动机式或晶体管式时间继电器。

（3）注意电源参数变化的影响。例如，在电源电压波动大的场合，采用空气阻尼式或电动机式比采用晶体管式好；而在电源频率波动大的场合，则不宜采用电动机式时间继电器。

（4）应注意环境温度变化的影响。通常在环境温度变化较大处，不宜采用空气阻尼式和晶体管式时间继电器。

（5）对操作频率也要加以注意。因为操作频率过高不仅会影响电气寿命，还可能导致延时误动作。

3. 空气阻尼式时间继电器

1）空气阻尼式时间继电器的结构

空气阻尼式时间继电器主要由电磁系统、延时机构和触头系统等三部分组成。它是利用空气的阻尼作用进行延时的。图2－42 为 JS7－A 系列空气阻尼式时间继电器的结构图。其电磁系统为直动式双 E 型，触头系统是借用微动开关，延时机构采用气囊式阻尼器。

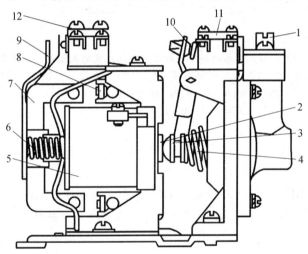

图2－42　JS7－A 系列空气阻尼式时间继电器结构图
1—调节螺钉；2—推板；3—推杆；4—宝塔弹簧；5—线圈；6—反力弹簧；
7—衔铁；8—铁芯；9—弹簧片；10—杠杆；11—延时触头；12—瞬时触头。

2）空气阻尼式时间继电器的工作原理

空气阻尼式时间继电器的电磁机构有交流、直流两种。延时方式有通电延时型和断电延时型。当动铁芯（衔铁）位于静铁芯和延时机构之间位置时为通电延时型；当静铁芯位于动铁芯和延时机构之间位置时为断电延时型。

现以通电延时型（图2－43）为例说明其工作原理。当线圈1 得电后，动铁芯3 克服反力弹簧4 的阻力与静铁芯立即吸合，活塞杆6 在塔形弹簧8 的作用下向上移动，使与活塞12 相连的橡皮膜10 也向上移动，但受到进气孔14 进气速度的限制，这时橡皮膜下面形成空气稀薄的空间，与橡皮膜上面的空气形成压力差，对活塞的移动产生阻尼作用。空气由进气孔进入气囊（空气室），经过一段时间，活塞才能完成全部行程而通过杠杆7 压动微动开关15，使其触头动作，起到通电延时作用。从线圈得电到微动开关15 动作的一段时间即为时间继

105

电器的延时时间,其延时时间可以通过调节螺钉 13 调节进气孔气隙大小来改变,进气越快,延时越短。

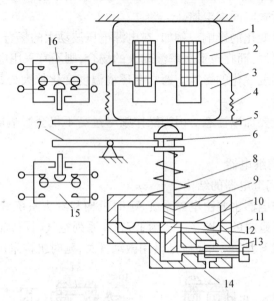

图 2-43 JS7-A 系列通电延时型空气阻尼式时间继电器工作原理图
1—线圈;2—静铁芯;3—动铁芯;4—反力弹簧;5—推板;6—活塞杆;7—杠杆;
8—塔形弹簧;9—弱弹簧;10—橡皮膜;11—空气室壁;12—活塞;
13—调节螺钉;14—进气孔;15,16—微动开关;17—推杆。

当线圈 1 断电时,动铁芯 3 在弹簧 4 的作用下,通过活塞杆 6 将活塞 12 推向下端,这时橡皮膜 10 下方气室内的空气通过橡皮膜、弱弹簧 9 和活塞的局部所形成的单向阀迅速从橡皮膜上方气室缝隙中排掉,使活塞杆 6、杠杆 7 和微动开关 15 等迅速复位。使得微动开关 15 的动断(常闭)触头瞬时闭合,动合(常开)触头瞬时断开。在线圈通电和断电时,微动开关 16 在推板 5 的作用下都能瞬时动作,其触头即为时间继电器的瞬动触头。

图 2-44 为断电延时型的时间继电器(可将通电延时型的电磁铁翻转 180° 安装而成)。当线圈 1 通电时,动铁芯 3 被吸合,带动推板 5 压合微动开关 16,使其动断(常闭)触头瞬时断开,动合(常开)触头瞬时闭合。与此同时,动铁芯 3 压动推杆 17,使活塞杆 6 克服塔形弹簧 8 的阻力向下移动,通过杠杆 7 使微动开关 15 也瞬时动作,其动断(常闭)触头断开,动合(常开)触头闭合,没有延时作用。当线圈 1 断电时,动铁芯 3 在反力弹簧 4 的作用下瞬时释放,通过推板 5 使微动开关 16 的触头瞬时复位。与此同时,活塞杆 6 在塔形弹簧 8 及气室各部分元件作用下延时复位,使微动开关 15 各触头延时动作。

4. 晶体管时间继电器

晶体管时间继电器也称为半导体式时间继电器或电子式时间继电器。晶体管时间继电器由电子元件组成,没有机械零件,因而具有寿命和精度较高、体积小、延时范围宽、控制功率小等优点。

1)晶体管时间继电器的分类

晶体管时间继电器按构成原理可分为阻容式和数字式两类。晶体管时间继电器按延时的方式可分为通电延时型、断电延时型、带瞬动触头的通电延时型等。

106

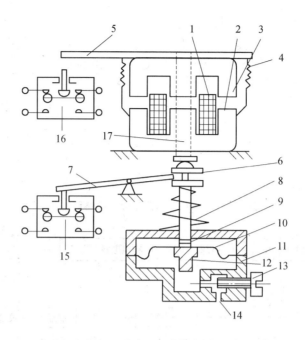

图 2-44 JS7-A 系列断电延时型空气阻尼式时间继电器工作原理图

1—线圈;2—静铁芯;3—动铁芯;4—反力弹簧;5—推板;

6—活塞杆;7—杠杆;8—塔形弹簧;9—弱弹簧;10—橡皮膜;11—空气室壁;

12—活塞;13—调节螺钉;14—进气孔;15,16—微动开关;17—推杆。

2）晶体管时间继电器的结构与工作原理

下面以具有代表性的 JS20 系列为例,介绍晶体管时间继电器的结构与工作原理。

（1）JS20 系列晶体管时间继电器的结构。该时间继电器采用插座式结构,所有元件装在印制电路板上,然后用螺钉使之与插座紧固,再装入塑料罩壳,组成本体部分。在罩壳顶面装有铭牌和整定电位器的旋钮。铭牌上有该时间继电器最大延时时间的 10 等分刻度。使用时旋动旋钮即可调整延时时间。并有指示灯,当继电器吸合后指示灯亮。外接式的整定电位器不装在继电器的本体内,而用导线引接到所需的控制板上。

安装方式有两种:装置式备有带接线端子的胶木底座,它与继电器本体部分采用接插连接,并用扣攀锁紧,以防松动;面板式可直接把时间继电器安装在控制台的面板上,它与装置式的结构大体一样,只是采用通用大 8 脚插座代替装置式的胶木底座。

（2）JS20 系列晶体管时间继电器的工作原理。该时间继电器所采用的电路分为两类:一类是单结晶体管电路;另一类是场效应晶体管电路。JS20 系列晶体管时间继电器有通电延时型、断电延时型、带瞬动触头的通电延时型三种形式。

① 单结晶体管通电延时电路。单结晶体管通电延时电路如图 2-45 所示。全部电路由延时环节、鉴幅器、输出电路、电源和指示灯等五部分组成。图 2-46 为其原理框图。电源的稳压部分由电阻 R_1 和稳压管 VS 构成,只供给延时环节和鉴幅器,输出电路中的晶闸管 VT 和继电器 K 则由整流电路直接供电。电容 C_2 的充电回路有两条,一条是通过 RP_1 和 R_2 电阻,另一条是通过由 RP_2、R_4、R_5 低阻值电阻组成的分压器经二极管 VD_2 向电容 C_2 提供预充电电路。

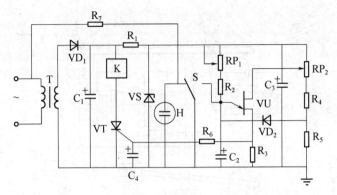

图 2-45 JS20 单结晶体管时间继电器电路

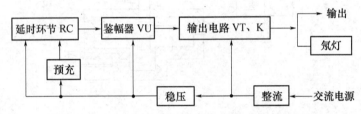

图 2-46 JS20 单结晶体管时间继电器原理框图

电路的工作原理:当接通电源后,经二极管 VD_1 整流、电容 C_1 滤波以及稳压管 VS 稳压的直流电压,即通过 RP_2、R_4、VD_2 向电容 C_2 以极小的时间常数快速充电。与此同时,也通过 RP_1 和 R_2 向电容 C_2 充电。电容 C_2 电压在相当于 UR_5 预充电电压的基础上按指数规律逐渐升高。当此电压大于单结晶体管 VU 的峰点电压 U_p 时,VU 导通,输出电压脉冲触发小型晶闸管 VT。VT 导通后使继电器 K 吸合。其触头除用来接通或分断外电路外,还利用其另一副动合(常开)触头将 C_2 短路,使之迅速放电,为下次使用做准备。与此同时,氖指示灯泡 H 启辉。当切断电源时,K 释放,电路恢复原始状态,等待下次动作。只要调节 RP_1 和 RP_2 就可调整延时时间。

② 带瞬动触头的通电延时电路。JS20 系列时间继电器带瞬动触头的通电延时电路采用结型场效应晶体管。其电路原理与不带瞬动触头的电路基本相同,只是增加了一个瞬时动作的继电器 K_2。由于增加了继电器,体积增大了很多,采用了电阻压降法取代原来的电源变压器,以缩小体积。其电路图如图 2-47 所示。

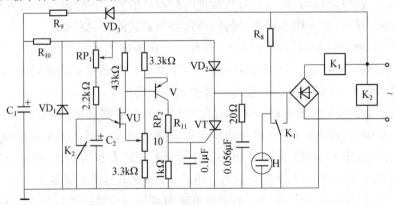

图 2-47 JS20 带瞬动触头的时间继电器电路图

③ 断电延时电路。JS20 系列断电延时继电器采用的方案是用有两个电磁机构的继电器。一个是带有机械锁扣的瞬动继电器 K_D。当接通电源后，K_D 立即吸合并机械自锁。当电源切断后，它自己不能释放。释放是依靠另一个电磁机构 K_S。K(控制电路中的控制线圈)在断电以后经过预定的延时时间短时地吸合，打开 K_D 的机械锁扣，于是 K_D 延时释放。JS20 断电延时继电器电路如图 2 − 48 所示。

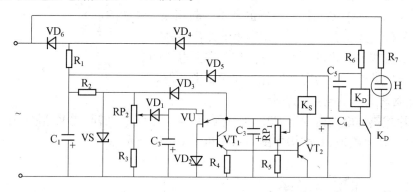

图 2 − 48 JS20 断电延时继电器电路图

当感受部分接受外界信号后，经过设定的延时时间才使执行部分动作的继电器称为时间继电器。按延时的方式分为通电延时型、断电延时型和带瞬动触点的通电(或断电)延时型继电器等，对应的输入/输出时序关系如图 2 − 49 所示。其中，通电延时型时间继电器是指接收输入信号后延迟一定的时间，输出信号才发生变化；当输入信号消失后，输出瞬时复原。断电延时型时间继电器是指接收输入信号时，瞬时产生相应的输出信号；当输入信号消失后，延迟一定时间，输出才复原。

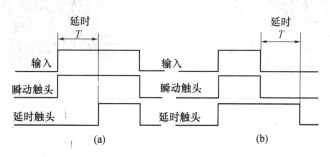

图 2 − 49 时间继电器的时序关系

(a) 通电延时型；(b) 断电延时型。

2.5.3 热继电器

热继电器是依靠电流流过发热元件时产生的热，使双金属片发生弯曲而推动执行机构动作的一种电器，热继电器是热过载继电器的简称，具有结构简单、体积小、价格低和保护性能好等优点。是一种利用电流的热效应来切断电路的保护电器，常与接触器配合使用，主要用于电动机的过载保护、断相及电流不平衡运行的保护及其他电气设备发热状态的控制。

热继电器按动作方式可分为三种：双金属片式、热敏电阻式、易熔合金式。其中，双金属片式热继电器是利用双金属片(用两种膨胀系数不同的金属，通常为锰镍、铜板轧制成)，受热弯曲去推动执行机构动作。热敏电阻式热继电器是利用电阻值随温度变化而变化的特性制成的热继电器。易熔合金式热继电器利用过载电流发热使易熔合金达到某一温度时,合金熔化而使继电器动作。上述三种热继电器中,双金属片式由于结构简单、体积较小、成本较低,同时选择适当的热元件可以得到良好的反时限特性,所以应用最广泛。

1. 双金属片式热继电器的分类

(1) 按极数(或称相数)可分为单极(单相)、双极(两相)和三极(三相)三种。其中三极(三相)的又包括带有断相保护装置的和不带断相保护装置的。

(2) 按复位方式可分为自动复位和手动复位两种。

(3) 按电流调节方式可分为有电流调节和无电流调节。

(4) 按温度补偿可分为有温度补偿和无温度补偿。

2. 双金属片式热继电器的结构

双金属片式热继电器由双金属片、加热元件、触头系统及推杆、弹簧、整定值(电流)调节旋钮、复位按钮等组成,其结构如图 2-50 和图 2-51 所示。

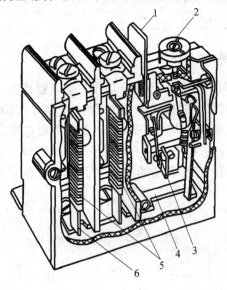

图 2-50 双金属片式热继电器的结构示意图
1—复位按钮;2—电流调节按钮;3—触头;
4—推杆;5—加热元件;6—双金属片。

图 2-51 JR36 系列热继电器实物图

1) 双金属片

双金属片是热继电器中最关键的一个部件,它将两种不同线膨胀系数的金属片,以机械辗压方式使之形成一体。通常在室温下(即受热前),这个整体呈平板状,如图 2-52(a)所示。当温度升高时,线膨胀系数大的金属片 1(称主动层)力图向外作较大的延伸,而线膨胀系数小的金属片 2(称为从动层)只能作较小的延伸,由于两层材料紧密贴合不能自由延伸,双金属片就从平板状态转变为弯曲状态,如图 2-52(b)所示,以便主动层多延伸一点,从动层少延伸一点。这就是双金属片在受热后之所以能够产生弯曲形变的原因。

2) 加热方式

双金属片被加热的方式有直接加热式、间接加热式、复合加热式和电流互感器加热式四种,如图 2-53 所示。

110

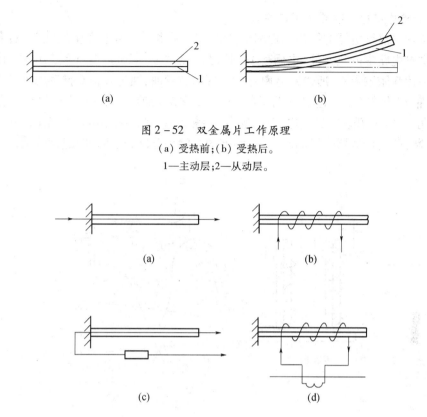

图 2 - 52 双金属片工作原理

（a）受热前；（b）受热后。

1—主动层；2—从动层。

图 2 - 53 加热方式

（a）直接加热式；（b）间接加热式；（c）复合加热式；（d）电流互感器加热式。

（1）直接加热式。直接加热就是把双金属片当作热元件,让电流直接通过它。因为双金属片本身具有一定的电阻,所以当电流流过时,它也能产生热量。由于双金属片兼作感测元件和加热元件,因此,这种加热方式具有结构简单、体积小、节省材料、发热时间常数小和反映温度变化比较迅速等特点。

（2）间接加热式。间接加热是通过在电的方面与双金属片无联系的加热元件产生热量。加热元件为丝状或带状,环绕在双金属片的四周。由于加热元件产生的热量要经过空气传给双金属片,因而发热时间常数大,反映温度变化也比较慢。

（3）复合加热式。复合加热实际上是直接加热与间接加热两种形式的结合,复合加热的发热时间常数介于以上两种形式之间,其电阻值可依靠并联或串联不同电阻而很方便地进行调整,且又兼具直接加热和间接加热的长处,所以获得广泛应用。

（4）电流互感器加热式。电流互感器加热主要用于大容量的热继电器以及重载启动的热继电器。

3）控制触头和动作系统

控制触头和动作系统也称为动作机构,大多采用弓簧式、压簧式或拉簧式跳跃机构。动作系统常设有温度补偿装置,保证在一定的温度范围内,热继电器的动作特性基本不变。

4）复位机构

复位机构有手动复位和自动复位两种复位形式,可根据使用要求自由调整(见工作原理部分的介绍)。

3. 双金属片式热继电器的工作原理

双金属片式热继电器的结构原理图如图2-54所示。当负载发生过载时,过载电流通过串联在供电电路中的热元件(电阻丝)4,使之发热过量,双金属片5受热膨胀,因双金属片的左边一片膨胀系数大,所以双金属片的下端向右弯曲,通过导板6推动温度补偿双金属片7,使推杆10绕轴转动,这又推动了杠杆15使它绕转轴14转动,于是热继电器的动断(常闭)静触头16断开。在控制电路中,常闭静触头16串在接触器的线圈回路中,当常闭静触头16断开时,接触器的线圈断电,接触器的主触头分断,从而切断过载线路。

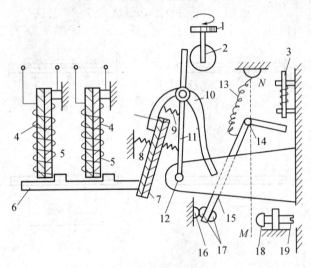

图2-54 双金属片式热继电器的结构原理图

1—调节按钮;2—偏心轮;3—复位按钮就;4—热元件;5—双金属片;6—导板;
7—温度补偿金属片;8,9—弹簧;10—推杆;11—支撑杆;12—支点;13—弹簧;
14—转轴;15—杠杆;16—常闭静触头;17—动触头;18—常开静触头;19—复位调节螺钉。

热继电器动作后的复位,有手动和自动两种复位方式。

1)手动复位

当推杆10推动杠杆15绕轴转动,使杠杆15上的动触头17与动合(常开)静触头18闭合,此时,杠杆15向右超过NM轴线,在弹簧13的拉力作用下,常闭静触头16无法再自动闭合,必须手动按下复位按钮3,使杠杆15向左转过NM轴线后,在弹簧13的拉力作用下,使动触头17与常闭静触头16重新闭合,这就称为手动复位。

2)自动复位

如要自动复位,可旋动复位调节螺钉19,使它向左超过NM轴线,当双金属片5冷却复原后,在弹簧9的作用下,温度补偿双金属片连同推杆10复原,杠杆15在弹簧13的作用下,使动触头17与常闭静触头16重新闭合,实现自动复位,接触器的线圈又恢复通电。热继电器的整定电流是指热继电器长期不动作的最大电流,超过此值即动作。热继电器的调节旋钮1上刻有整定电流值的标尺,旋动旋钮时,偏心轮2压迫支撑杆11绕支点12左右移动,支撑杆11向左移动时,推杆10与杠杆15的间隙增大,其动作电流就增大,反之,动作电流减小。

上述的热继电器均为两个发热元件(两相结构)。此外,还有装有三个发热元件的三相结构,其外形及原理与两相结构类似。

4. 热继电器的基本性能

1) 安秒特性

即电流—时间特性,是表示热继电器的动作时间与通过电流之间关系的特性,常具有反时限特性。热继电器所保护的电动机,在正常工作中常会出现短时过载,只要过载电流导致的温升不超过电动机绕组绝缘的允许温升或短时接近允许温升都是允许的,但不能使电动机在接近允许最高温升条件下长期地过载工作,特别是超过允许温升的过载会使电动机的绝缘迅速老化或损坏,从而缩短电动机的寿命。即一般电动机在保证绕组正常使用寿命的条件下,具有反时限容许过载特性。

因此,作为电动机过载保护装置的热继电器,也应具有一条相似的反时限保护特性,其位置应居于电动机的容许过载特性之下。常用热继电器的安—秒特性如图2-55所示。

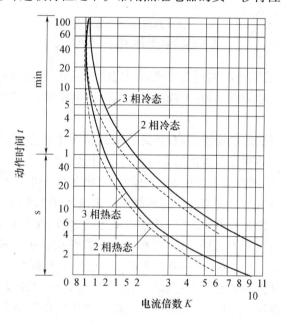

图 2-55　JR20 系列热继电器的安—秒特性

2) 温度补偿

热继电器的温度补偿如图2-56(a)所示,当介质温度为t_1时,带动触头的双金属片导电杆1与带静触头的导电杆2之间的距离为S_1。若介质温度升高到t_2,则双金属片1的起始位置就向右偏移,以致使它与导电杆2的间距由S_1缩短为S_2,如图2-56(b)所示。这样,在相同的过载电流下,热继电器将提前动作,即热继电器的动作有了误差。

为了消除这种误差,应使静触头所在导电杆也采用与导电杆1相同的材料和结构参数,如图2-56(c)所示。这样,当介质温度变化时(如由t_1升高到t_3),由于导电杆1、3同时产生相同程度的弯曲,使间距$S_3 = S_1$,避免了由于介质温度而引起的误差。

5. 热继电器的选用

热继电器的选用要注意以下几个方面:

(1) 长期工作制下按电动机的额定电流来确定热继电器的型号与规格。热继电器元件的额定电流I_{RT}接近或略大于电动机的额定电流I_{nom},即

$$I_{RT} = (0.95 \sim 1.05)I_{nom} \tag{2-5}$$

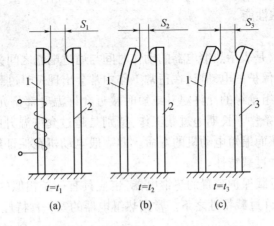

图 2-56 热继电器的温度补偿
1,3—双金属片导电杆;2—导电杆。

使用时,热继电器的整定旋钮应调到电动机的额定电流值处,否则将不起保护作用。

（2）对于星形接法电动机,因其相绕组电流与线电流相等,选用两相或三相普通的热继电器即可。

（3）对于三角形接法的电动机,当在接近满载的情况下运行时,如果发生断相,最严重一相绕组中的相电流可达额定电流值的 2.5 倍左右,而流过热继电器的线电流也达额定电流值的 2 倍以上,此时普通热继电器的动作时间已能满足保护电动机的要求。当负载率为 58% 时,若发生断相,则流过承受全电压的相绕组的电流等于 1.15 倍额定相电流,但此时未断相的线电流正好等于额定线电流,所以热继电器不会动作,最终电动机会损坏。因此,三角形接法的电动机在有可能不满载工作时,必须选用带断相保护功能的热继电器。当负载小于 50% 额定功率时,由于电流小,一相断线时也不会损坏电动机。

（4）对频繁正反转及频繁通断工作和短时工作的电动机,不宜采用热继电器来保护。

（5）如遇到下列情况,选择热继电器的整定电流要比电动机额定电流高一些:

① 电动机负载惯性转矩非常大,启动时间长;

② 电动机所带动的设备不允许任意停电;

③ 电动机拖动的负载为冲击性负载,如冲床、剪床等设备。

2.5.4 速度继电器

速度继电器是当转速达到规定值时动作的继电器。它常被用于电动机反接制动的控制电路中,当反接制动的转速下降到接近零时,它能自动地及时切断电源。

1. 速度继电器的结构

速度继电器由转子、定子和触头三部分组成。转子是一个圆柱形永久磁铁。定子是一个鼠笼式空心圆环,由硅钢片叠压而成,并装有鼠笼式绕组,如图 2-57 和图 2-58 所示。速度继电器的转轴 10 与电动机轴相连接,当电动机转动时,继电器的转子 11 随着一起转动,使永久磁钢的磁场变成旋转磁场。定子 9 内的鼠笼式导体 8 因切割磁力线而产生感应电动势并产生感应电流。载流导体与旋转磁场相互作用产生电磁转矩,于是定子跟着转子相应偏转。转子转速越高,定子导体内产生的电流就越大,电磁转矩也就越大。当定子偏转到一定角度时,带动杠杆 7 推动触头,使常闭触头断开,常开触头闭合。在杠杆 7 推动触头的同时,也压缩反力弹簧2,其反作用力阻止了定子继续偏转。当电动机转速下降时,速度继电器转子的转速也随之下降,定子导体内产生的电流也相应减小,因而电磁转矩也相应减小。当速度继电器转子的速度下降到一定数值时,电磁转矩小于反力弹簧的反作用力矩,定子便返回到原来的位置,使对应的触头恢复到原来状态。调节螺钉1可以调节反力弹簧的反作用力的大小,从而可以调节触头动作时所需转子的转速。

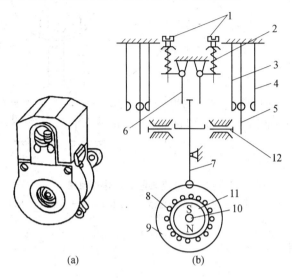

图 2-57　JFZ0 系列速度继电器的外形及结构图

（a）外形；（b）结构。

1—螺钉;2—反力弹簧;3—常闭触头;4—常开触头;5—静触头;6—返回杠杆;
7—杠杆;8—定子导体;9—定子;10—转轴;11—转子;12—推杆。

图 2-58　JY-1 速度继电器实物图

2. 速度继电器的工作原理

速度继电器常用于电动机的反接制动电路中,原理如图 2-59 所示。2 为转子,由永久磁铁做成,随电动机轴转动;3 为定子,其上有短路绕组4;5 为定子柄,可绕定轴摆动;按图中规定的转动方向,6、7、8 为正向触点,9、10、11 为反向触点。当转子转动时,永久磁铁的磁场切割定子上的短路导体,并使其产生感应电流,永久磁铁与这个电流互相作用,将使定子向着轴的转动方向摆动,并通过定子柄拨动动触点。当轴的转速接近零时(大约为 100r/min),定子柄在恢复力的作用下恢复到原来的位置。

速度继电器的主要参数是额定工作转速,要根据电动机的额定转速进行选择。

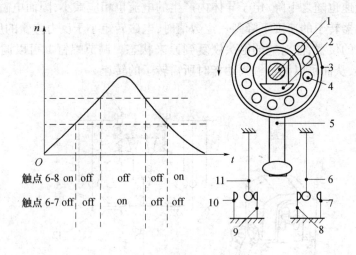

图 2-59 速度继电器动作原理图
1—转轴;2—转子;3—定子;4—定子短路绕组;5—定子柄;6,11—动触点;7,8,9,10—静触点。

2.5.5 其他继电器

1. 中间继电器

能够将一个输入信号变成多个输出信号或将信号放大(增大触头容量)的继电器称为中间继电器。中间继电器实质上是电压继电器的一种,但它的触点数多(多至 6 对或更多),触点电流容量大(额定电流 5A～10A),动作灵敏(动作时间不大于 0.05s)。用途是当其他继电器的触点数或触点容量不够时,可借助中间继电器来扩大触点数或触点容量,起到中间转换作用。选用继电器须综合考虑继电器的通用性、功能特点、使用环境、额定工作电压及电流,同时还要考虑触点的数量、种类,以满足控制电路的要求。

中间继电器是用来转换控制信号的中间元件,其输入信号为线圈的通电或断电信号,输出信号为触头的动作。它的触头数量较多,触头容量较大,各触头的额定电流相同。中间继电器的主要用途为:当其他继电器的触头数量或触头容量不够时,可借助中间继电器来扩大它们的触头数或增大触头容量,起到中间转换(传递、放大、翻转、分路和记忆等)作用。中间继电器的触头额定电流比其线圈电流大得多,所以可以用来放大信号。将多个中间继电器组合起来,还能构成各种逻辑运算与计数功能的线路。从本质上来看,中间继电器也是电压继电器,仅触头数量较多、触头容量较大而已。中间继电器种类很多,而且除专门的中间继电器外,额定电流较小的接触器(5A)也常被用作中间继电器。中间继电器采用电磁结构,与小容量直动式交流接触器相似,也是由电磁系统和触头系统组成,结构如图 2-60所示。

2. 压力继电器

压力继电器广泛用于各种液压和气压控制系统中,它能根据管路中液体或气体压力的情况,决定触头的断开与闭合,从而对系统提供某种保护或控制。压力继电器由缓冲器、橡皮薄膜、顶杆、压缩弹簧、调节螺母和微动开关等组成,如图 2-61所示。微动开关和顶杆的距离一般大于 0.2mm。

116

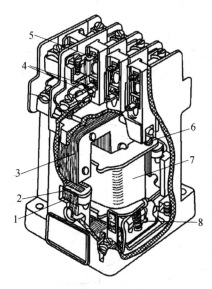

图 2-60 JZ7 系列中间继电器结构示意图
1—静铁芯;2—短路环;3—动铁芯;4—动合(常开)触头;
5—动断(常闭)触头;6—复位弹簧;7—线圈;8—反作用弹簧。

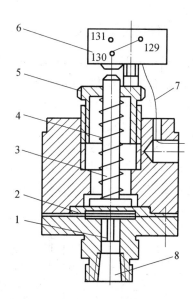

图 2-61 压力继电器的结构示意图
1—缓冲器;2—橡皮薄膜;3—顶杆;4—压缩弹簧;
5—调节螺母;6—微动开关;7—电线;8—液体或气体入口。

压力继电器装在油路(或气路、水路)的分支管路中。当管路压力超过整定值时,通过缓冲器和橡皮薄膜顶起顶杆,压合微动开关,使微动开关动作,发出控制信号(常闭触头 129 和 130 断开,常开触头 129 和 131 闭合)。若管路中压力低于整定值时,顶杆脱离微动开关,而使微动开关的触头复位。压力继电器的调整非常方便,只需放松或拧紧调节螺母,即可改变动作压力的大小,以适应控制系统的需要。

3. 频率继电器

频率继电器主要用于监控绕线转子异步电动机的转子电压频率,进行电动机启动、稳定低速运行、反接制动、超速保护、停车保护和防止起重机误上升、误下降等控制。

JP1 系列频率继电器的外壳由 ABS 塑料制成,安装孔在外壳底部,对称分布在两侧。继电器中的两块印制电路板通过两个钢制支板固定在上盖的内侧。继电器外壳与上盖之间也通过该两个支板用螺钉连接成一个整体。上盖上设有供用户调整的动作值整定电位器旋钮,并贴有整定值刻度盘。动作值整定电位器旋钮设置有防松装置,以防振动后变值。继电器上盖设置有发光二极管,可便于检查继电器动作是否正常。JP1 系列频率继电器的原理框图,如图 2-62 所示。

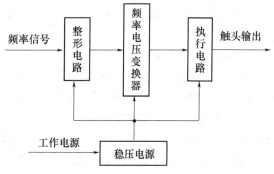

图 2-62 JP1 系列频率继电器的原理框图

2.5.6 继电器的选型

由于继电器是组成各种控制系统的基础元件,因此选用时须考虑继电器的适用性、功能特点、使用环境、工作制、额定工作电压及额定工作电流诸因素。做到选用恰当、使用合理,才能保证系统正常而可靠地工作。

1. 类型和系列的选用

首先,按被控制或被保护对象的工作要求来选择继电器的种类,然后根据灵敏度或精度要求来选择恰当的系列。在选择系列时也要注意继电器与系统的匹配性。例如,电流继电器的特性如图2-63所示的四种,可按不同的要求选取。

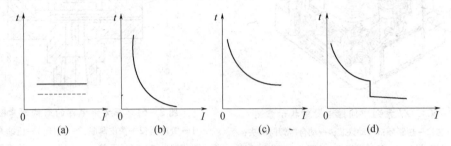

图2-63 各种继电器的工作特性

(a) 瞬时动作(虚线)和定时限动作(实线)特性;(b),(c) 反时限动作特性;(d) 反时限与瞬时动作特性。

(1)选用电压继电器时,首先要注意线圈电流的种类和电压等级应与控制电路一致。然后根据其在控制电路中的作用(是过电压还是欠电压)选型。最后,要按控制电路的要求选择触头的类型(是动合还是动断)和数量。

(2)选用电流继电器时,首先要注意线圈电流的种类和等级应与负载电路一致。然后根据其对负载的保护作用(是过电流还是欠电流)来选择电流继电器的类型。最后,要根据控制电路的要求选择触头的类型(是动合还是动断)和数量。

(3)选用中间继电器时,首先要注意线圈电流的种类(是交流还是直流),其线圈的电压或电流应满足电路的要求。另外,触头的数量与容量(额定电压和额定电流)应满足控制电路的要求,也应注意电源是交流还是直流。

(4)选用时间继电器时,应根据系统要求(如精度、延时范围、操作电源等)综合协调选用。

2. 使用类别的选用

继电器的典型用途是控制交、直流电磁铁,如用于控制交、直流接触器的线圈等。由于使用类别决定了继电器所控制的负载性质及通断条件,因此是选用继电器的主要依据。

3. 额定工作电压、电流的选用

继电器在相应使用类别下触头的额定工作电压和额定工作电流,表征该继电器触头所能切换电路的能力。选用时,继电器的最高工作电压可为该继电器的额定绝缘电压,继电器的最高工作电流一般应小于该继电器的额定发热电流。通常一个继电器规定了几个额定工作电压,同时列出了相应的额定工作电流(也可列出控制功率)。值得注意的是,有的产品样本或铭牌上,说明的往往是该继电器的额定发热电流,而不是额定工作电流,这在选用时应加以区别,否则会影响继电器的使用寿命,甚至烧坏触头。过电流继电器多用作电动机的短路保护,其选择参数主要是额定电流和动作电流两项。过电流继电器的额定电流应大于或等于被保护电动机的额定电流,其动作电流可根据电动机的工作情况,按其启动电流的1.1倍~1.3倍整定。如无给定数据,绕线转子异步电动机的启动电流一般按其额定电流的2.5倍考虑,鼠笼式异步电动机的启动电流一般可按其额定电流的5倍~7倍考虑。

4. 使用环境的选用

继电器一般为普通型,选用时须考虑继电器安装地点的周围环境温度、海拔、相对湿度、污染等级及冲击、振动等条件,以便确定继电器的结构特征和防护类型。如用于尘埃较多的场所时,应选用带罩壳的全封闭式继电器;如用于湿热带地区时,应选用湿热带型继电器,才能保证继电器正常而可靠地工作。

5. 工作制的选用

工作制不同对继电器的过载能力要求也不同。例如,当交流电压(或中间)继电器用于反复短时工作制时,由于吸合时有较大的启动电流,因此它的负担反比长期工作制时重,选用时应充分考虑这一点。继电器用于反复短时工作制的额定操作频率通常在产品样本中有所说明,使用中实际操作频率应低于额定操作频率。

2.5.7 继电器常见故障及排除故障的方法

1. 时间继电器(气囊式)

时间继电器的常见故障现象,故障原因的分析以及相应的排除故障的方法,见表2-15。

表 2-15 时间继电器的常见故障、故障原因以及排除故障的方法

故障现象	故障原因	排除方法
延时时间缩短	① 气室装配不严,漏气; ② 橡皮膜损坏	① 修理后调试气塞; ② 更换橡皮膜
延时时间变长	排气孔堵塞	排除阻塞故障
延时触点不动作	① 电路实际电压低于线圈额定电压; ② 线圈损坏; ③ 接线松脱; ④ 传动机构卡住或损坏	① 检查电源或更换合适的接触器; ② 更换线圈; ③ 紧固接线; ④ 排除卡住故障或更换部件

2. 速度继电器

速度继电器的常见故障现象,故障原因的分析以及相应的排除故障的方法,见表2-16。

表 2-16 速度继电器的常见故障、故障原因以及排除故障的方法

故障现象	故障原因	排除方法
电动机断电后不能迅速制动	① 触头处导线松脱; ② 摆杆卡住或损坏	① 拧紧松脱导线; ② 排除卡住故障或更换摆杆
电动机反向制动后继续往反方向转动	触点粘连未及时断开	修理或更换触点

3. 热继电器

热继电器的常见故障现象、故障原因的分析以及相应的排除故障的方法,见表2-17。

表 2－17　热继电器的常见故障、故障原因以及排除故障的方法

故障现象	故障原因	排除方法
热元件烧断	① 负载侧短路,电流过大; ② 操作频率过高	① 排除短路故障,更换热继电器; ② 合理选用热继电器
热继电器动作太快	① 整定电流值偏小; ② 电动机启动时间太长; ③ 连接导线太细; ④ 操作频率太高或点动控制; ⑤ 环境温差太大	① 合理调整整定电流值,相差太大则换新品; ② 选择合适的热继电器或在启动时热继电器短接; ③ 按要求选用导线; ④ 改用过流继电器; ⑤ 改善环境
主电路不通	① 热元件烧毁; ② 接线松脱	① 更换热继电器; ② 拧紧松脱导线
控制电路不通	① 触头烧坏; ② 控制电路侧导线松脱	① 修理触头; ② 拧紧松脱导线
热继电器不动作,电机烧坏	① 热继电器的额定电流值与电动机的额定电流值不符; ② 整定电流值偏大; ③ 触头接触不良; ④ 导板脱出或动作机构卡住	① 按电机的容量选用热继电器; ② 根据负载合理调整整定电流; ③ 清除触头表面灰尘和氧化物; ④ 重新放置导板并试验动作的灵活程度或排除卡住故障

2.6　主令电器

主令电器是一种在电气自动控制系统中用于发送或转换控制指令的电器,是一种专门发布命令、直接或通过电磁式电器间接作用于控制电路的电器。常用来控制系统中电动机的启动、停车、调速及制动等。常用的主令电器有控制按钮、行程开关、接近开关、万能转换开关、主令控制器及其他主令电器如脚踏开关、倒顺开关、紧急开关、钮子开关等。

2.6.1　控制按钮

控制按钮是一种结构简单、应用广泛的主令电器。主要用于远距离控制接触器、电磁启动器、继电器线圈及其他控制线路,也可用于电气连锁线路等。

1. 控制按钮分类和用途

（1）开启式按钮:一般用于开关柜、控制台、控制柜的面板上。

（2）保护式按钮:带有保护外壳,可防止内部的零件受机械损伤或操作者触及带电部分。

（3）防水式按钮:带有密封外壳,防止雨水浸入,户外使用。

（4）防爆式按钮:适用于煤矿等有爆炸性气体和尘埃的环境使用。

（5）防腐式按钮:适用于有化工腐蚀性气体的环境使用。

（6）紧急式按钮:有红色大蘑菇头凸出于按钮螺帽之外,供需要紧急切断电源时使用。

（7）钥匙式按钮:只有用钥匙插入按钮才可操作,防止误动作。

（8）旋转式按钮:用手把旋转操作触头,接通或分断电路。

（9）带灯按钮:带有指示灯的按钮,尚可兼做指示灯。

（10）自持按钮:按钮内装有自持装置,一般为面板操作。

（11）双速按钮：触头机构的操作可以通过接触器对具有两个绕组的双速电机进行无间歇的转换，保证电机及其他起重机在转速变换时的力学性能。

2．按钮的外形及结构

按钮的外形及结构如图2-64和图2-65所示，它主要由按钮帽、复位弹簧、触头、接线柱和外壳等组成。按钮的工作原理：当用手按下按钮帽时，动断触头断开，动合触头接通；而当手松开后，复位弹簧便将按钮的触头恢复原位，从而实现对电路的控制。

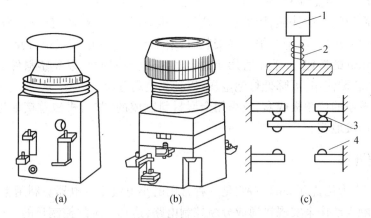

图2-64　按钮的外形及结构示意图
1—按钮帽；2—复位弹簧；3—动断触头；4—动合触头。

图2-65　控制按钮实物图

3．按钮的选择、使用和维修

1）按钮的选择

（1）应根据使用场合和具体用途选择按钮的类型。例如，控制台柜面板上的按钮一般可用开启式；若需显示工作状态，则用带指示灯式；在重要场所，为防止无关人员误操作，一般用钥匙式；在有腐蚀的场所一般用防腐式。

（2）应根据工作状态指示和工作情况的要求选择按钮和指示灯的颜色。如停止或分断用红色；启动或接通用绿色；应急或干预用黄色。

（3）应根据控制回路的需要选择按钮的数量。例如，需要作"正（向前）"、"反（向后）"及"停"三种控制处，可用三只按钮，并装在同一按钮盒内；只需作"启动"及"停止"控制时，则用两只按钮，并装在同一按钮盒内。

2）按钮的使用和维修

（1）按钮应安装牢固，接线正确。通常红色按钮作停止用，绿色或黑色表示启动或通电。

（2）应经常检查按钮，及时清除它上面的尘垢，必要时采取密封措施。

（3）若发现按钮接触不良，应查明原因；若发现触头表面有损伤或尘垢，应及时修复或清除。

（4）用于高温场合的铵钮，因塑料受热易老化变形，而导致按钮松动，为防止因接线螺钉相碰而发生短路故障，应根据情况在安装时，增设紧固圈或给接线螺钉套上绝缘管。

（5）带指示灯的按钮，一般不宜用于通电时间较长的场合，以免塑料件受热变形，造成更换灯泡困难，若欲使用，可降低灯泡电压，以延长使用寿命。

（6）安装按钮的按钮板或盒，应采用金属材料制成的，并与机械总接地母线相连，悬挂式按钮应有专用接地线。

2.6.2 行程开关

行程开关，作为位置开关的一种，是一种常用的小电流主令电器。利用生产机械运动部件的碰撞使其触头动作来实现接通或分断控制电路，达到一定的控制目的。通常，这类开关被用来限制机械运动的位置或行程，使运动机械按一定位置或行程自动停止、反向运动、变速运动或自动往返运动等。

1. 行程开关的分类和用途

行程开关按用途不同可分为两类：一类是一般用途行程开关（常用的行程开关），它主要用于机床、自动生产线及其他生产机械的限位和程序控制；另一类是起重设备用行程开关，它主要用于限制起重机及各种冶金辅助设备的行程。常用的行程开关有 JLXK1 和 LX19 等系列。

在实际生产中，将行程开关安装在预先安排的位置，当装于生产机械运动部件上的模块撞击行程开关时，行程开关的触点动作，实现电路的切换。因此，行程开关是一种根据运动部件的行程位置而切换电路的电器，它的作用原理与按钮类似。

行程开关广泛用于各类机床和起重机械，用以控制其行程、进行终端限位保护。在电梯的控制电路中，还利用行程开关来控制开关轿门的速度、自动开关门的限位，轿厢的上、下限位保护。行程开关可以安装在相对静止的物体（如固定架、门框等，简称静物）上或者运动的物体（如行车、门等，简称动物）上。当动物接近静物时，开关的连杆驱动开关的接点引起闭合的接点分断或者断开的接点闭合。由开关接点开、合状态的改变去控制电路和机构的动作。

2. 行程开关的结构及工作原理

常用行程开关的外形如图 2-66 和图 2-67 所示，JLXK1 系列行程开关结构原理如图 2-68 所示，主要由滚轮、杠杆、转轴、凸轮、撞块、调节螺钉、微动开关和复位弹簧等部件组成。

行程开关的工作原理：当运动机械的挡铁撞到行程开关的滚轮上时，行程开关的杠杆连同转轴一起转动，使凸轮推动撞块，当撞块被压到一定位置时，便推动微动开关快速动作，使其动断触头（常闭触头）断开，动合触头（常开触头）闭合；当滚轮上的挡铁移开后，复位弹簧就使行程开关的各部件恢复到原始位置，这种单轮旋转式行程开关能自动复位，在生产机械的自动控制中被广泛应用。

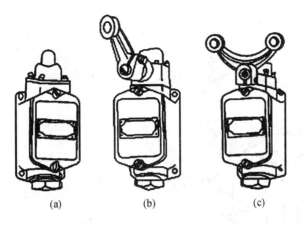

图 2 - 66　行程开关外形图

(a) 按钮式;(b) 单轮旋转式;(c) 双轮旋转式。

SN6104　　SN6107　　SN6108　　SN6111　　SN6112

SN6105　　SN6166　　SN6169　　SN6100　　SN6114　　SN6118

图 2 - 67　SN6 系列行程开关实物图

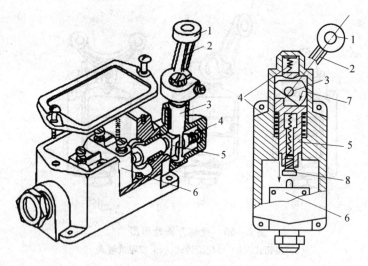

图 2-68　JLXK1 系列行程开关结构图

1—滚轮;2—杠杆;3—转轴;4—复位弹簧;5—撞块;6—微动开关;7—凸轮;8—调节螺钉。

3. 行程开关的选择、使用和维修

1) 行程开关的选择

(1) 根据使用场合和控制对象来确定行程开关的种类。当生产机械运动速度不是太快时,通常选用一般用途的行程开关;而当生产机械行程通过的路径不宜装设直动式行程开关时,应选用凸轮轴转动式的行程开关;而在工作效率很高、对可靠性及精度要求也很高时,应选用接近开关。

(2) 根据使用环境条件,选择开启式或保护式等防护形式。

(3) 根据控制电路的电压和电流选择系列。

(4) 根据生产机械的运动特征,选择行程开关的结构形式(操作方式)。

2) 行程开关的使用和维修

(1) 行程开关安装时,应注意滚轮的方向,不能接反。与挡铁碰撞的位置应符合控制电路的要求,并确保能与挡铁可靠碰撞。

(2) 应经常检查行程开关的动作是否灵活或可靠,螺钉有无松动现象,发现故障要及时排除。

(3) 应定期清理行程开关的触头,清除油垢或尘垢,及时更换磨损的零部件,以免发生误动作而引起事故的发生。

2.6.3 接近开关

1. 接近开关的分类和用途

接近开关按工作原理可分以下几种类型:

(1) 高频振荡型:用以检测各种金属体。

(2) 电容型:用以检测各种导电或不导电的液体或固体。

(3) 光电型:用以检测所有不透光物质。

(4) 超声波型:用以检测不透过超声波的物质。

接近开关又称无触头接近开关,是理想的电子开关量传感器。当金属检测体接近开关的区域时,开关就能无接触、无压力、无火花、迅速发出电气命令,准确反应出运动机构的位置和行程,若用于一般的行程控制,其定位精度、操作频率、使用寿命、安装调整的方便性和对恶劣环境的适用能力,是一般机械式行程开关所不能相比的。接近开关还可用于高速计数、检测金属体的存在、测速、液压控制、检测零件尺寸以及用作无触头式按钮等。

2. 接近开关的结构和工作原理

接近开关的种类很多,其中以高频振荡型最为常用,它占全部接近开关产量的80%以上。高频振荡型接近开关主要由传感器(感应头)、振荡器、开关电路、输出电路以及稳压电源等组成。

接近开关结构原理方框图如图2-69所示。其工作原理:当装在生产机械上的金属检测体(铁磁件)接近感应头时,由于感应作用,处于高频振荡器线圈磁场中的金属检测体内部产生涡流损耗(如果是铁磁金属物体,还有磁滞损耗),这时,振荡器的回路电阻增大,能量损耗增加,以致振荡减弱,直至终止。因此,接在振荡电路后面的开关动作,发出相应的信号,即能检测出金属检测体的存在。当金属检测体离开感应头后,振荡器即恢复振荡,开关恢复为原始状态。

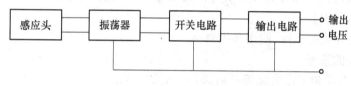

图2-69 接近开关的结构原理方框图

2.6.4 万能转换开关

1. 万能转换开关的分类和用途

万能转换开关的分类:

(1) 按手柄形式分,有旋钮、普通手柄、带定位可取出钥匙的和带信号灯指示的等。

(2) 按定位形式分,有复位式和定位式。

(3) 按接触系统挡数分,有2挡、3挡、4挡和5挡。

万能转换开关简称转换开关,主要用于各种控制线路的转换,电气测量仪表的转换,以及配电设备(高压油断路器、低压空气断路器等)的远距离控制,也可用于控制小容量电动机的启动、制动、正反转换向及双速电动机的调速控制。由于它触头挡数多、换接的线路多、且用途广泛,所以常称为"万能"转换开关。

2. 万能转换开关的结构和工作原理

转换开关是由多组相同结构的触头组件叠装而成的,它由操作机构、定位装置和触头等三部分组成。LW5系列转换开关的结构如图2-70所示。

触头为双断点桥式结构,动触头设计成自动调整式以保证通断时的同步性。静触头装在触头座内。每个由胶木压制的触头座内可安装2对~3对触头,而且每组触头上均装有隔弧装置。定位装置采用滚轮卡棘轮辐射形结构。操作时滚轮与棘轮之间的摩擦为滚动摩擦,故所需操作力小、定位可靠、寿命长。另外,这种机构还起一定的速动作用,既有利于提高分断能力,又能加强触头系统动作的同步性。触头的通断由凸轮控制。由于凸轮与触头支架之间为塑料与塑料或塑料与金属滚动摩擦副,所以有助于减小摩擦力和提高使用寿命。

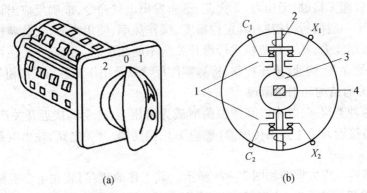

(a)　　　　　　　　　　(b)

图 2-70　LW 5 系列转换开关

(a) 外形图;(b) 结构原理图。

1—触头;2—触头弹簧;3—凸轮;4—转轴。

转换开关的工作原理:在操作转换开关时,手柄带动转轴和凸轮一起旋转。当手柄在不同的操作位置,利用凸轮顶开和靠弹簧力恢复动触头,控制它与静触头的分与合,从而达到对电路断开和接通的目的。

3. 万能转换开关的选择、使用和维修

1) 转换开关的选择

(1) 按额定电压和工作电流等参数选择合适的系列。

(2) 按操作需要选择手柄形式和定位特征。

(3) 选择面板形式及标志。

(4) 按控制要求,确定触头数量和接线图编号。

(5) 因转换开关本身不带任何保护,所以,必须与其他保护电器配合使用。

2) 转换开关的安装和维修

(1) 转换开关一般应水平安装在屏板上,但也可倾斜或垂直安装。应尽量使手柄保持水平旋转位置。

(2) 转换开关的面板从屏板正面插入,并旋紧在面板双头螺栓上的螺母,使面板紧固在屏板上,安装转换开关要先拆下手柄,安装好后再装上手柄。

2.6.5　主令控制器

主令控制器(又称主令开关)是用来频繁地转换复杂的多个控制电路的主令电器。用它在控制系统中发出命令,通过接触器来实现控制电动机的启动、调速、制动和反转。

1. 主令控制器的分类和用途

主令控制器按结构型式可分为以下两类:

1) 凸轮调整式主令控制器

凸轮片上开有孔和槽,凸轮片的位置能按给定的分合表进行调整。它能直接通过减速器与操纵机械连接。在控制电路数较多时,为缩短开关长度,采用两组凸轮轴,两轴直接连接或通过减速器连接。

2) 凸轮非调整式主令控制器

凸轮不能调整,只能按触头分合表作适当的排列组合。此种主令控制器适用于组成联动控制台,实现多点多位控制。若应用万向轴承,手柄可将在纵横倾斜的任意方向转动,能得到数十个位置,以达到控制起重机等负载作上下、左右、前后等方向运转的目的。

主令控制器主要用于电力传动装置中,按一定顺序分合触头,以达到发布命令或与其他控制线路连锁、转换的目的。

2. 主令控制器的结构和工作原理

主令控制器由触头系统、操作机构、转轴、齿轮减速机构、凸轮、外壳等部件组成,如图 2-71和图 2-72 所示。由于主令控制器的控制对象是二次电路,所以其触头工作电流不大。主令控制器按凸轮能否调节分为凸轮调整式和凸轮非调整式。前者的凸轮片上开有小孔和槽,使之能根据规定的触头关合图进行调整;后者的凸轮只能根据规定的触头关合图进行适当的排列与组合。

主令控制器的工作原理:其动作原理与万能转换开关相同,都是靠凸轮来控制触头系统的关合。

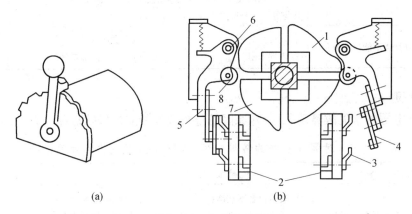

(a)   (b)

图 2-71　主令控制器

(a) 外形图;(b) 结构原理图。

1,7—凸轮块;2—接线柱;3—静触头;4—动触头;5—支杆;6—转动轴;8—小轮。

图 2-72　LK17 系列主令控制器实物图

2.6.6　常见故障及排除故障的方法

1. 按钮

按钮的常见故障现象、故障原因的分析以及相应的排除故障的方法,见表 2-18。

表2-18 时间继电器的常见故障、故障原因以及排除故障的方法

故 障 现 象	故 障 原 因	排 除 方 法
按下停止按钮被控电器未断电	① 接线错误; ② 线头松动搭接在一起; ③ 杂物或油污在触头间形成通路; ④ 胶木壳烧焦后形成短路	① 校对改正错误线路; ② 检查按钮连接线; ③ 清扫按钮开关内部; ④ 更换新品
按下启动按钮被控电器不动作	① 被控电器有故障; ② 按钮触头接触不良,或接线松脱	① 检查被控电器; ② 清扫按钮触头或拧紧接线
触摸按钮时有触电的感觉	① 按钮开关外壳的金属部分与连接导线接触; ② 按钮帽的缝隙间有导电杂物,使其与导电部分形成通电	① 检查连接导线; ② 清扫按钮内部
松开按钮,但触点不能自动复位	① 复位弹簧弹力不够; ② 内部卡阻	① 更换弹簧; ② 清扫内部杂物

2. 行程开关

时间继电器的常见故障现象,故障原因的分析以及相应的排除故障的方法,见表2-19。

表2-19 时间继电器的常见故障、故障原因以及排除故障的方法

故 障 现 象	故 障 原 因	排 除 方 法
挡铁碰撞行程开关后触头不动作	① 安装位置不准确; ② 触头接触不良或接线松动; ③ 触头弹簧失效	① 调整安装位置; ② 清刷触头或紧固接线; ③ 更换弹簧
无外界机械力作用,但触头不复位	① 复位弹簧失效; ② 内部撞块卡阻; ③ 调节螺钉太长,顶住开关按钮	① 更换弹簧; ② 清扫内部杂物; ③ 检查调节螺钉

2.7 自动空气开关的故障检修实训

一、实训要求

(1)根据单台三相异步电动机的技术参数合理选择自动空气开关的规格型号。

(2)能对自动空气开关进行正确的安装、接线。

(3)能根据自动空气开关具体的故障现象准确分析故障原因并加以修复。

二、实训仪器

(1)三相异步电动机一台,功率在 3kW ~ 4kW(可根据实际条件选取)。

(2)木制配电板一块。

(3)自动空气开关(DZ5 系列)。

(4)导线若干;木螺钉若干;电工常用工具一套。

(5)万用表一只。

三、实训步骤和要求

(1) 根据三相异步电动机铭牌上标注的主要技术参数计算所用自动空气开关的规格参数,对照教材中 DZ5 系列自动空气开关的技术参数列表,选取正确的开关型号,并将各技术参数填写在实训记录中。

(2) 将选好的自动空气开关安装在配电板上,并接好电源线及电机线。

(3) 通电实验,并将实验情况记录在实训记录中。

(4) 由教师设置故障,学生根据故障现象分析故障可能产生的原因,并根据分析的原因采用正确的修理方法进行修复。将故障排除情况记入实训记录中。

(5) 根据实训的整体过程填写实训报告。

四、实训记录(实训表 2 – 1)

实训表 2 – 1　实训记录

三相异步电动机主要技术参数		通电实验情况		
型号	额定功率			
额定电压	额定电流			
		故障排除情况		
自动空气开关主要技术参数		故障1	故障2	故障3
型号	极数	故障现象	故障现象	故障现象
额定电压	额定电流	故障原因	故障原因	故障原因
脱扣器类别		修理方法	修理方法	修理方法

习　题　二

2 – 1　如何选用开启式负荷开关?

2 – 2　熔断器主要由哪几部分组成? 各部分的作用是什么?

2 – 3　如何正确选用按钮?

2 – 4　交流接触器主要由哪几部分组成?

2 – 5　中间继电器与交流接触器有什么区别? 什么情况下可用中间继电器代替交流接触器使用?

2 – 6　热继电器能否作短路保护? 为什么?

2 – 7　某机床主轴电动机的型号为 Y132S – 4,额定功率为 5.5kW,电压为 380V,电流为 11.6A,定子绕组采用 △ 接法,启动电流为额定电流的 6.5 倍。若用组合开关作电源开关,用按钮、接触器控制电动机的运行,并需要有短路、过载保护。试选择所用的组合开关、按钮、接触器、熔断器及热继电器的型号和规格。

2 – 8　什么是低压电器?

2-9 组合开关能否用来分断故障电流?

2-10 自动空气开关有哪些保护功能? 分别有哪些部件完成?

2-11 什么是熔体的额定电流? 它与熔断器的额定电流是否相同?

2-12 熔断器为什么一般不能用作过载保护?

2-13 行程开关的触头动作方式有哪几种? 各有什么特点?

2-14 什么是接近开关? 它有什么特点?

2-15 交流接触器在动作时,常开触头和常闭触头的动作顺序是怎样的?

2-16 气囊式时间继电器有何优缺点?

2-17 什么是固态继电器? 它有哪些优点?

2-18 什么是电弧? 电弧生成的条件主要有哪些? 电弧的危害主要有哪几个方面?

2-19 简要说明在低压控制电器中常用的灭弧方法? 举例简述灭弧的原理?

习 题 解 答

2-1 答:开启式负荷开关的选用:

(1) 用于照明或电热负载时,负荷开关的额定电流等于或大于被控制电路中各负载额定电流之和。

(2) 用于电动机负载时,开启时负荷开关的额定电流一般为电动机额定电流的 3 倍。而且要将开启式负荷开关接熔丝处用铜导线连接,并在开关出线座后面装设单独的熔断器作为电动机的短路保护。

2-2 答:熔断器主要由熔体、安装熔体的熔管和熔座三部分组成。熔体是熔断器的主要部分,起短路保护作用。常做成丝状或片状。在小电流电路中,常用铅锡合金和锌等低熔点金属做成圆截面熔丝;在大电流电路中则用银、铜等较高熔点的金属做成薄片,便于灭弧。熔管是保护熔体的外壳,用耐热绝缘材料制成,在熔体熔断时兼有灭弧作用。熔座是熔断器的底座,作用是固定熔管和外接引线。

2-3 答:按钮的选用主要根据以下方面:

(1) 根据使用场合,选择按钮的型号和类型。

(2) 按工作状态指示和工作情况的要求,选择按钮和指示灯的颜色。

(3) 按控制回路的需要,确定按钮的触点形式和触点的组数。

(4) 按钮用于高温场合时,易使塑料变形老化而导致松动,引起接线螺钉间相碰短路,可在接线螺钉处加套绝缘塑料管来防止短路。

(5) 带指示灯的按钮因灯泡发热,长期使用易使塑料灯罩变形,应降低灯泡电压,延长使用寿命。

2-4 答:交流接触器由以下四部分组成:

(1) 电磁系统。用来操作触头闭合与分断。它包括静铁芯、吸引线圈、动铁芯(衔铁)。铁芯用硅钢片叠成,以减少铁芯中的铁损耗,在铁芯端部极面上装有短路环,其作用是消除交流电磁铁在吸合时产生的振动和噪声。

(2) 触点系统。起着接通和分断电路的作用。它包括主触点和辅助触点。通常主触点用于通断电流较大的主电路,辅助触点用于通断小电流的控制电路。

（3）灭弧装置。起着熄灭电弧的作用。

（4）其他部件。主要包括恢复弹簧、缓冲弹簧、触点压力弹簧、传动机构及外壳等。

2-5 答：中间继电器与交流接触器的区别有以下几点：

（1）功能不同。交流接触器可直接用来接通和切断带有负载的交流电路；中间接触器主要用来反映控制信号。

（2）结构不同。交流接触器一般带有灭弧装置，中间继电器则没有。

（3）触头不同。交流接触器的触头有主、辅之分，而中间继电器的触头没有主、辅之分，且数量较多。

中间继电器与交流接触器的原理相同，但触头容量较小，一般不超过5A；对于电动机额定电流不超过5A的电气控制系统，可以代替交流接触器使用。

2-6 答：热继电器不能作短路保护。因为热继电器主双金属片受热膨胀的热惯性及操作机构传递信号的惰性原因，使热继电器从过载开始到触头动作需要一定的时间，也就是说，即使电动机严重过载甚至短路，热继电器也不会瞬时动作，因此热继电器不能用作短路保护。

2-7 答：组合开关的选择：$I_N = (1.5 \sim 2.5) \times 11.6 = 17.4 \sim 29(A)$。故选用 HZ10 - 25 型。

接触器的选择：$I_C = \dfrac{P_N \times 10^3}{K U_N} = 14.47A, I_C = 15A$。故选用 CJ10 - 20 型或 CJ20 - 25 型。

按钮的选择：选用 LA19 - 11 型，红、绿各一只。

熔断器的选择：查询熔断器内熔体工作参数额定值表，选取熔体额定电流为：$I_r = 16A$，选用 RL1 - 60/25 型熔断器。

热继电器的选择：选用 JR16 - 20/3D 或 JR16B - 20/3D。

2-8 答：电器在实际电路中的工作电压有高低之分，工作于不同电压下的电器可分为高压电器和低压电器两大类，凡工作在交流电压1200V及以下，或直流电压1500V及以下电路中的电器称为低压电器。

2-9 答：由于组合开关的通断能力较低，且没有专门的灭弧机构，故不能分断故障电流。用于控制异步电动机的正反转时，必须在电动机完全停止转动后才能反向启动，且每小时的接通次数不能超过15次~20次。

2-10 答：自动空气开关又称自动开关或自动空气断路器。它既是控制电器，同时又具有保护电器的功能。当电路中发生短路、过载、失压等故障时，能自动切断电路。

自动空气开关的短路、欠压及过载保护分别由过流脱扣器、欠压脱扣器和热脱扣器完成。在正常情况下，过流脱扣器的衔铁是释放着的，一旦发生严重过载或短路故障时，与主电路相串的线圈将产生较强的电磁吸力吸引衔铁，而推动杠杆顶开锁钩，使主触点断开。欠压脱扣器的工作恰恰相反，在电压正常时，吸住衔铁，才不影响主触点的闭合，一旦电压严重下降或断电时，电磁吸力不足或消失，衔铁被释放而推动杠杆，使主触点断开。当电路发生一般性过载时，过载电流虽不能使过流脱扣器动作，但能使热元件产生一定的热量，促使双金属片受热向上弯曲，推动杠杆使搭钩与锁钩脱开，将主触点分开。

2-11 答：熔体的额定电流是指在规定的工作条件下，长时间通过熔体而熔体不熔断的最大电流值，它与熔断器的额定电流是两个不同的概念。熔断器的额定电流是指保证熔断器能长期正常工作的电流，是由熔断器各部分长期工作的允许温升决定的。通常，一个额定电流等级的熔断器可以配用若干个额定电流等级的熔体,但熔体的额定电流不能大于熔断器的额定电流。

2-12 答:熔断器使用时串联在被保护的电路中,当电路发生故障,通过熔断器的电流达到或超过某一规定值时,以其自身产生的热量使熔体熔断,从而分断电路,起到保护作用。熔体的熔断时间随着电流的增大而减小,即熔体通过的电流越大,其熔断时间越短。熔体对过载反应是很不灵敏的,当电器设备发生轻度过载时,熔体将持续很长时间才熔断,有时甚至不熔断。因此,除在照明电路中外,熔断器一般不宜作为过载保护,主要用作短路保护。

2-13 答:行程开关的触头动作方式有蠕动型和瞬动型两种。

蠕动型的触头结构与按钮相似,这种行程开关的结构简单,价格便宜,但触头的分合速度取决于生产机械挡铁的移动速度,易产生电弧灼伤触头,减少触头的使用寿命,也影响动作的可靠性及行程的控制精度。

瞬动型触头具有快速换接动作机构,触头的动作速度与挡铁的移动速度无关,性能优于蠕动型。

2-14 答:接近开关又称无触点位置开关,是一种与运动部件无机械接触而能操作的位置开关。当运动的物体靠近开关到一定位置时,开关发出信号,达到行程控制、计数及自动控制的作用。

与行程开关相比,接近开关具有定位精度高、工作可靠、寿命长、操作频率高以及能适应恶劣工作环境等优点。但接近开关在使用时,一般需要有触点继电器作为输出器。

2-15 答:对于交流接触器的触头系统而言,"常开"、"常闭"是指电磁系统未通电时触头的状态。二者是联动的,当线圈通电时,常闭触头先断开,常开触头后闭合;线圈断电时,常开触头先断开,常闭触头后闭合。这个先后顺序不能搞错。

2-16 答:气囊式时间继电器的优点是:延时范围较大(0.4s~180s),且不受电压和频率波动的影响;可以做成通电和断电两种延时形式;结构简单、寿命长、价格低。其缺点是:延时误差大,难以精确的整定延时时间,且延时值易受周围环境温度、灰尘的影响。因此,对延时精度要求较高的场合不宜使用。

2-17 答:固态继电器又称半导体继电器,是由半导体器件组成的继电器。它是一种无触点电子开关,利用分立元器件、集成电路及微电子技术实现了控制回路(输入端)与负载回路(输出端)之间的电隔离及信号耦合,没有任何可动作部件和触点,具有相当于电磁继电器的功能。与电磁继电器相比,固态继电器具有工作可靠、寿命长、抗干扰能力强、开关速度快、对外干扰小、使用方便等一系列优点,从而得到越来越广泛的应用,在自动控制装置中正逐步取代电磁式继电器。

2-18 答:电弧是电气设备在运行中在产生的一种物理现象,是气体自持放电的形式之一,是电在空气中流动引发气体放电而产生的一种发光放热的物理现象。在电磁机构系统中,电弧是动、静触点在闭合或者断开的初始阶段在其间隙内产生的一种放电现象。

电弧生成的条件:如果电路中的电压为10V~20V、电流为80mA~100mA,动、静触点在即将接触或者动、静触点由闭合状态向断开状态转换的初始过程中,就会发生弧光放电,也就是电弧。

电弧的危害如下:

(1) 其很高的温度会在很短的时间内烧蚀触点而降低电器使用寿命和电器工作的可靠性。在触点闭合时的瞬间若烧蚀严重,动、静触点将产生熔焊现象,不能断开。

（2）其密度很大的电流极易造成相邻触点间的相间电弧短路而危害到供电网络。

（3）其间隙中的气体放电将使触点的闭合时间提前或者断开的时间延长。

（4）其很高的温度和与其同时产生的电火花可引起其周围可燃物体的燃烧或者引起可燃气体、粉尘的燃烧、爆炸。

2-19 答：(1)电动力灭弧；(2)灭弧栅灭弧；(3)灭弧罩灭弧；(4)纵缝灭弧；(5)磁吹式灭弧装置。

举例：电动力灭弧的原理。

当触点在闭合或断开时，在桥式结构两触点各自的弧隙中产生两个彼此串连的电弧，在电动力的作用下，分别向两外侧运动并拉长。使电弧的热量在电弧被拉长的过程中由于受到周围环境空气的冷却而快速熄灭。

举例：灭弧栅灭弧原理。

当电弧产生时，在电弧的周围会产生相应的磁场，灭弧栅中镀铜的可导磁的钢片在导磁的同时也将电弧吸入栅隔中。当电弧在通过这些由若干个栅片所组成的若干个电极时，就将产生多次的阳极压降和阴极压降降压。同时，由于栅片的本身是由薄钢片制成，故也可以导出吸收电弧的热量，实现灭弧。

第3章 基本电气控制线路

3.1 电气控制系统图的有关知识

电气图中的图形和文字符号用于表达组成电气系统的各种电气元件,国家电气图用符号标准 GB 4728 规定了图形符号的画法,并且规定的图形符号基本与国际电工委员会(IEC)发布的有关标准相同。

电气元件的图形符号由符号要素、限定符号、一般符号以及常用的非电操作控制的动作符号(如机械控制符号等)根据不同的电气元件的特点组合构成。国家标准除给出各类电气元件的符号要素、限定符号和一般符号以外,还给出了部分常用图形符号及组合图形符号示例。

3.1.1 常用电气图的图形符号和文字符号

1. 电气图常用图形符号

图形符号通常用于电气图或其他文件,以表示一个设备或概念的图形。它是构成电气图的基本单元,是电气文件中的"象形文字",是电气工程语言。因此,正确地、熟练地理解、绘制和识别各种电气图形常用符号是识读电气图的基本知识。

1)基本图形符号

基本图形符号一般不代表独立的器件和设备,而是标注在器件和设备符号之旁(或之中),以说明某些特征或绕组接线方式等,如"交流电"、"正极性"、"星形接法"等。

2)一般图形符号

一般图形符号是用于代表某一大类设备和元件。新国家标准 GB/T 4728—1996～2000 与旧国家标准 GB 312～314—1964 所规定的电气简图用图形符号见表 3－1。

表 3－1 电气简图用图形符号表

图 形 符 号	说明	图 形 符 号	说明
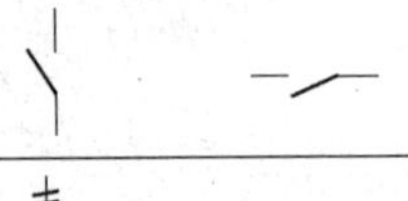	开关(机械式)	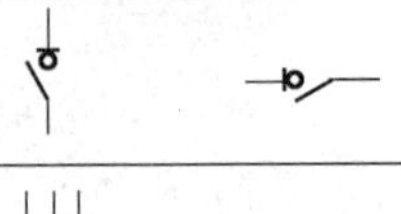	负荷开关(负荷隔离开关)
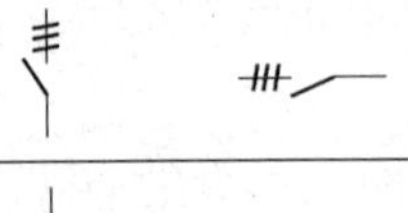	多级开关	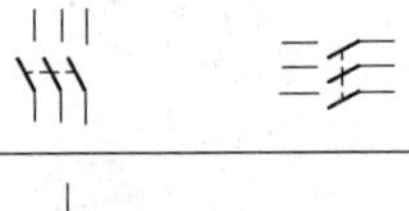	多级开关
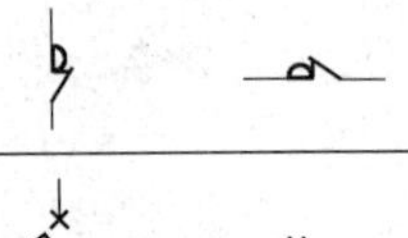	接触器(常闭触点)	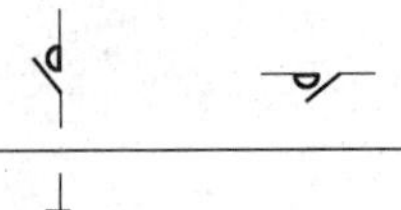	接触器(常开触点)
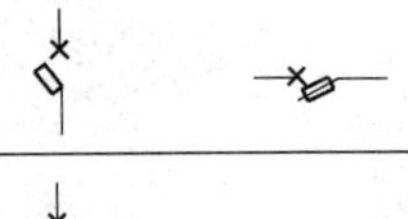	熔断器式断路器	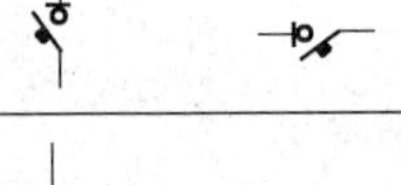	自动释放负荷开关
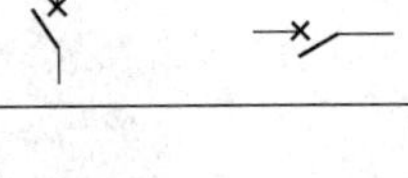	断路器	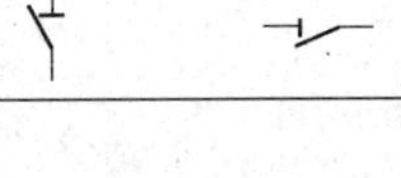	隔离开关

图 形 符 号	说明	图 形 符 号	说明
	熔断器		延时闭合和断开的触点
	跌落式熔断器		熔断器式隔离开关
	熔断器式开关		熔断器式负荷开关
	当操作器件被吸合时延时闭合的动合触点		器件被释放延时闭合的动断触点
	器件被释放时延时闭合的动合触点		器件被吸合时延时闭合的动断触点
	按钮开关(不闭锁)		旋钮开关(闭锁)
	位置开关动合触点,限制开关动合触点		位置开关动断触点,限制开关动断触点
	热敏开关动合触点		热敏开关动断触点
	动合(常开)触点		动断(常闭)触点
	先断后合的转换触点		荧光灯启动器
	接通的连接片		换接片
	双绕组变压器		三绕组变压器
	自耦变压器		电抗器,扼流图

图形符号		说明	图形符号		说明
		电流互感器,脉冲变压器			两个铁芯和两个二次绕组的电流互感器
		三相变压器,Y-△连接			一个铁芯上和两个二次绕组的电流互感器
		热继电器			电阻器
		可调电阻器			滑动触点电位器
		电容器			可变电容器
		原电池			联同调可变电容器
		原电池组			带抽头的原电池组
		接地			接机壳或接底板
		无噪声接地			保护接地
		等电位			电缆终端头
		电铃			扬声器
		拉拔控制			旋转控制
		手轮操作			推动操作
		脚踏操作			杠杆操作

图 形 符 号	说明	图 形 符 号	说明
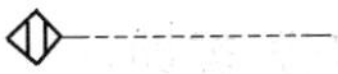	接近效应操作		曲柄操作
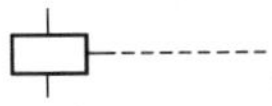	电磁执行器操作		热执行器操作
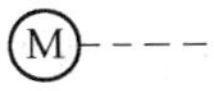 Ⓜ	电动机操作	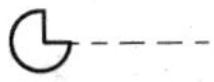	凸轮操作
∅	可拆卸端子	◑	端子
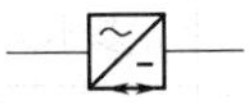	整流器/逆变器		桥式全波整流器
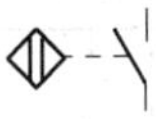	接近开关动合触点	●	连接点
⊗	灯具	◐	支路编号
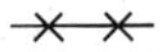 ×—×—	避雷线	●	避雷针

2. 电气图常用文字符号

GB 7159—1987《电气技术中的文字符号制定通则》规定了电气图中电气元件的文字符号，文字符号分为基本文字符号和辅助文字符号。

基本文字符号为单字母符号和双字母符号，单字母符号表示电气设备或电气元件的大类，例如，K 为继电器类元件这一大类，双字母符号由一个表示大类的单字母与另一表示器件某些特性的字母组成，例如，KA 即表示继电器类器件中的中间继电器（或电流继电器），KM 表示继电器类元件中控制电动机的接触器。辅助文字符号用来进一步表示电气设备、装置和元器件的功能、状态和特征，需要时，辅助符号与基本符号组合使用。

电气图中的文字符号不仅表示具体的器件种类，当图形符号表达的是部件、组件、功能单元等组合电气设备时，则将组合电气设备作为一个"项目"，使用称为项目代号的文字符号（特定代码）表达。项目代号由如下四部分组成，并分别采用不同的前缀符号区别。

（1）高层代号：前缀符号为"＝"，用于表明项目的层次。

（2）位置代号：前缀符号为"＋"，用于表明项目所在位置。

（3）种类代号：前缀符号为"－"，用于表明项目种类。

（4）端子代号：前缀符号为"："，用于表明项目向外引出连接的端子标号。

标注项目代号按①②③④顺序排列，为避免图面过于拥挤，通常图形符号附近的项目代号可适当简化，例如，电气元件图形符号旁标注的文字符号为项目代号中的第3部分种类代号，并在无识别混淆的情况下省略前缀符号"－"（交流接触器文字符号"－KM"，简化为"KM"）。

GB/T 6988《电气技术用文件的编制》还规定了电气技术用文件的编制规则，电气技术文件包含电气简图（电路图、逻辑图等）、电气接线表、电气技术文件及文件编制管理等，在绘制电气图的过程中,需要遵守这些规定。

1)常用文字符号

电路图中的实际标注符号,用来说明电气原理图和电气接线图中的设备、装置、元器件以及电路的名称、性能、作用、位置和安装方式。它由数字序号、基本符号、辅助符号和附加符号四部分组成。这四部分可以在一个文字符号的组合中同时出现,亦可以只有基本符号,省略其他符号。

(1)数字序号。数字序号用于区别图纸上许多相同电气设备、元件或电路的顺序编号。

(2)基本符号。基本符号代表电气设备、元件及电路的基本名称。例如,"K"代表继电器或接触器,"M"代表电动机等。电气设备常用文字符号见表3-2。

表3-2 电气设备常用文字符号

设备与元器件	中文名称	英文名称	基本文字符号	
			单字母	双字母
信号器件	指示灯	Indicator lamp		HL
继电器 接触器	接触器	Contactor		KM
	延时有或无继电器	Time-delay all-or-nothing relay		KT
电抗器	电抗器(并联和串联)	Induction coil Line trap Reactors(shunt and series)	L	
开关器件	断路器	Circuit-breaker		QF
	隔离开关	Disconnector(isolator)		QS
电容器	电容器	Capacitor	C	
电阻器	电阻器	Resistor	R	
信号开关	控制开关	Control switch		SA
	选择开关	Selector switch	S	SA
	按钮开关	Push-button		SB
电磁装置	气阀	Pneumatic valve		
	电磁铁	Electromagnet		YA
	电磁制动器	Electromagnetically operated brake		YB
	电磁离合器	Electromagnetically operated clutch	Y	YC
	电磁吸盘	Magnetic chuck		YH
	气动阀	Motor operated valve		YM
	电磁阀	Electromagnetically operated valve		YV
端子 插头 插座	连接片	Link		XB
	测试插孔	Test jack		XJ
	插头	Plug	X	XP
	插座	Socket		XS
	端子板	Terminal board		XT
传感器	位置传感器	Position sensor(including proximity-sensor)		SQ

138

设备与元器件	中文名称	英文名称	基本文字符号	
			单字母	双字母
互感器	电压互感器	Voltage transformer		TV
	电流互感器	Current transformer		TA
变压器	控制电路电源用变压器	Transformer for control circuit supply		TC
	电力变压器	Power transformer	T	TM
	磁稳压器	Magnetic stabilizer		TS
	电压互感器	Voltage transformer		TV
发电机	同步发电机	Synchronous generator		GS
	异步发电机	Asynchronous generator	G	GA
热继电器	热继电器	Thermal relay		FR
熔断器	熔断器	Fuse		FU
电动机	电动机	Motor	M	
	同步电动机	Synchronous motor		MS

2）常用辅助文字符号

电气设备、装置和元件的种类名称用基本文字符号表示，而它们的功能、状态和特征用辅助文字符号来表示。通常用表示功能、状态和特征的英文单词的前一、二位字母构成，也可采用常用缩略语或约定俗成的习惯用法构成。一般不能超过三位字母。例如，表示"异步"，采用"Asynchronizing"的前三位字母"Asy"作为辅助文字符号。

辅助文字符号也可放在表示种类的单字母符号后面，组合成双字母符号，此时的辅助文字符号一般采用表示功能、状态和特征的英文单词的第一个字母。某些辅助文字符号本身具有独立的确切的意义，也可单独使用。例如，"ON"表示闭合，"OFF"表示断开等。常用辅助文字符号见表3－3。

表3－3　常用辅助文字符号

辅助文字符号	名称	辅助文字符号	名称	辅助文字符号	名称
A	电流	F	快速	PU	不接地保护
A	模拟	FB	反馈	R	记录
AC	交流	FW	正,向前	R	右
AAUT	自动	GN	绿	R	反
ACC	加速	H	高	RD	红色
ADD	附加	IN	输入	RRST	复位
ADJ	可调	INC	增	RES	备用
AUX	辅助	IND	感应	RUN	运转
ASY	异步	L	左	S	信号
BBRK	制动	L	限制	ST	启动
BK	黑	L	低	SSET	置位、定位
BL	蓝	LA	闭锁	SAT	饱和

辅助文字符号	名 称	辅助文字符号	名 称	辅助文字符号	名 称
BW	向后	M	主	STE	步进
C	控制	M	中	STP	停止
CW	顺时针	M	中间线	SYN	同步
CCW	逆时针	MMAN	手动	T	温度
D	延时（延迟）	N	中性线	T	时间
D	差动	OFF	断开	TE	无噪音接地
D	数字	ON	接通（闭合）	V	真空
D	降	OUT	输出	V	速度
DC	直流	P	压力	V	电压
DEC	减	P	保护	WH	白
E	接地	PE	保护接地	YE	黄
EM	紧急	PEN	保护接地与中性线共用		

3.1.2 常用电气线路图

1. 三相异步电动机单向启动、停止控制线路

三相异步电动机单方向启动、停止控制线路应用广泛，也是最基本的控制线路。用接触器和按钮实现对三相异步电动机单向启动、停止的控制线路如图 3-1 所示。该线路能实现对电动机启动、停止的自动控制，远距离控制、频繁操作等，并具有必要的保护，如短路、过载、失电压等保护。

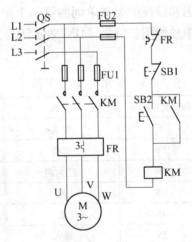

图 3-1 三相异步电动机单向启动、停止控制线路

2. 三相异步电动机正反向运行控制线路

许多生产机械常常要求具有上下、左右、前后等相反方向的运动，这就要求电动机可以正反转控制。对于三相异步电动机，可借助正、反转接触器将接至电动机的三相电源进线中的任意两相对调，达到反转的目的。而正反转控制时需要一种连锁关系，否则，当误操作同时使正、反转接触器线圈得电时，将会造成短路故障。常用的电动机正反转控制有三种线

路:运用接触器连锁的正反转控制线路,运用按钮、接触器复合连锁的正反转控制线路,运用转换开关控制的正反转控制线路。

1）运用接触器连锁的正反转控制线路

运用接触器辅助触头作连锁(又称互锁)保护的正反转控制线路如图3-2所示,采用两个接触器,当正转接触器 KM1 的三副主触头闭合时,三相电源用接触器连锁的正反转控制线路的相序按 L1、L2、L3 接入电动机的 U、V、W,而当反转接触器 KM2 的三副主触头闭合时,三相电源的相序按 L3、L2、L1 接入电动机的 U、V、W,电动机即反转。这种控制线路的缺点是操作不方便,因为要改变电动机的转向时,必须先按停止按钮。

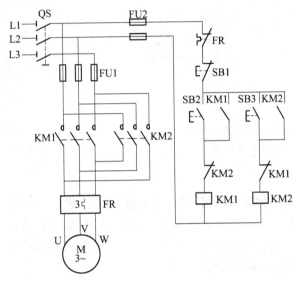

图3-2　接触器连锁的正反转控制线路图

2）运用按钮、接触器复合连锁的正反转控制线路

运用按钮和接触器作复合连锁保护的正反转控制线路,如图3-3所示。其动作原理与上述正反转控制线路基本相似。这种控制线路的优点是操作方便,而且安全可靠。

3）运用转换开关控制的正反转控制线路

除采用按钮外,还可采用转换开关或主令控制器等实现正反转控制。运用转换开关(又称倒顺开关等)控制的正反转控制线路,如图3-4所示。这种控制线路的优点是所用电器少、简单;缺点是在频繁换向时,操作人员劳累、不方便,且没有欠电压和失电压保护。

3. 三相异步电动机点动与连续运行控制线路

某些生产机械常常要求既能够连续运行,又能够实现点动控制运行,以满足一些特殊工艺的要求。点动与连续运行的主要区别在于是否接入自锁触头,点动控制加入自锁后就可以连续运行。

图3-5是采用中间继电器连锁的点动与连续运行控制线路。由于采用了中间继电器进行连锁,该控制线路能可靠地实现点动控制。按 SB2 时可实现连续运行,只按 SB3 可实现点动运行。

4. 电动机的多地点操作控制线路

在实际生活和生产现场中,通常需要在两地或两地以上的地点进行操作控制。因为用

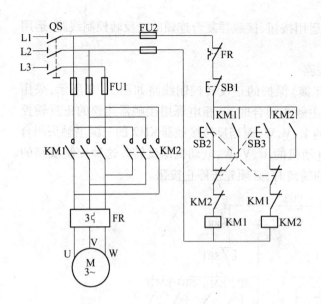

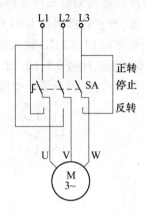

图 3-3　按钮和接触器作复合连锁
保护的正反转控制线路图

图 3-4　转换开关控制的
正反转控制线路图

一组按钮可以在一处进行控制。所以,要在多地进行控制,就应该采用多组按钮。其多组按钮的接线原则是在接触器 KM 的线圈回路中,将所有启动按钮的动合(常开)触头并联,而将各停止按钮的动断(常闭)触头串联。图 3-6 是实现两地操作的控制线路。根据上述接线原则,可以推广于多地点操作的控制线路。

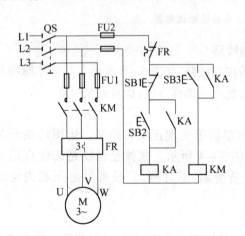

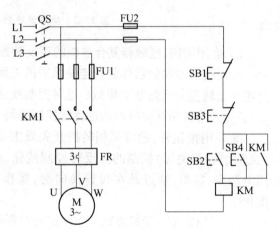

图 3-5　中间继电器连锁的点动
与连续运行控制线路图

图 3-6　两地操作的控制线路图

5. 两台电动机互锁控制线路

当拖动生产机械的两台电动机同时工作会造成事故时,应采用互锁控制线路,如图3-7所示。将接触器 KM1 的动断(常闭)辅助触头串接在接触器 KM2 的线圈回路中,而将接触器 KM2 的动断(常闭)辅助触头串接在接触器 KM1 的线圈回路中即可。

142

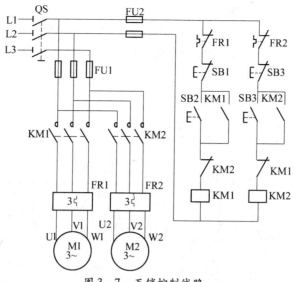

图 3-7　互锁控制线路

6. 多台电动机的顺序控制线路

在装有多台电动机的生产机械上,各电动机所起的作用不同,有时需要按一定的顺序启动才能保证操作过程的合理和工作的安全可靠。例如,机械加工车床要求油泵先给齿轮箱供油润滑,即要求油泵电动机必须先启动,待主轴润滑正常后,主轴电动机才允许启动。这种顺序关系反映在控制线路上,称为顺序控制。

两台电动机 M1 和 M2 的顺序控制线路图,如图 3-8 所示。图 3-8(a)中所示控制线路的特点是,将接触器 KM1 的一对动合(常开)辅助触头串联在接触器 KM2 线圈的控制线路中,这就保证了只有当接触器 KM1 接通,电动机 M1 启动后,电动机 M2 才能启动。图 3-8(b)中所示控制线路的特点是,电动机 M2 的控制线路是接在接触器 KM1 的动合(常开)辅助触头之后,其顺序控制作用与图(a)相同,但可以节省一对动合(常开)辅助触头。

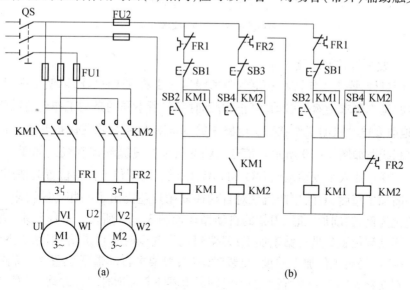

(a)　　　　　　　　　　　　(b)

图 3-8　两台电动机 M1 和 M2 的顺序控制线路图
(a)主电路;(b)控制电路。

7. 行程控制线路

行程控制就是用运动部件上的挡铁碰撞行程开关而使其触头动作,以接通或断开电路来控制机械行程。行程控制或限位保护在摇臂钻床、桥式起重机及各种其他生产机械中经常采用。图3-9为小车行程控制电路。

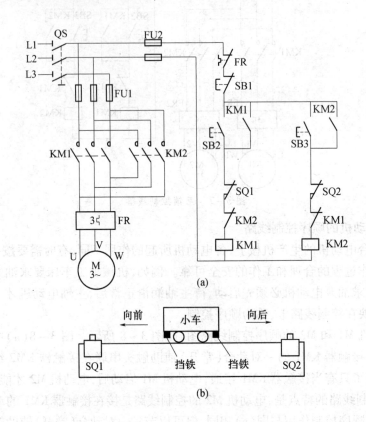

(a)

(b)

图3-9 行程控制线路图

(a) 控制线路;(b) 工作台运动示意图。

8. 自动往复循环控制线路

某些生产机械,要求工作台在一定的距离能自动往复,不断循环,以使工件能连续加工。其对电动机的基本要求仍然是启动、停止和反向控制,所不同的是当工作台运动到一定位置时,能自动地改变电动机的工作状态。电路中的 SQ3 和 SQ4 为限位保护开关。常用的自动往复循环控制线路如图 3-10 所示。带有点动的自动往复循环控制线路如图 3-11 所示。它是在图 3-10 中加入了点动按钮 SB4 和 SB5,以供点动调整工作台位置时使用。

为了提高加工精度,有的生产机械对自动往复循环还提出了一些特殊要求。以钻孔加工过程自动化为例,钻削加工时,刀架的自动循环如图 3-12 所示。具体要求:刀架能自动地由位置1移动到位置2进行钻削加工;刀架到达位置2时不再进给,但钻头继续旋转,进行无进给切削,以提高工件加工精度,短暂时间后,刀架再自动退回位置1。无进给切削的自动循环控制线路如图 3-13 所示,图中时间继电器 KT 带延时闭合的动合(常开)触头,用于控制无进给切削时间。

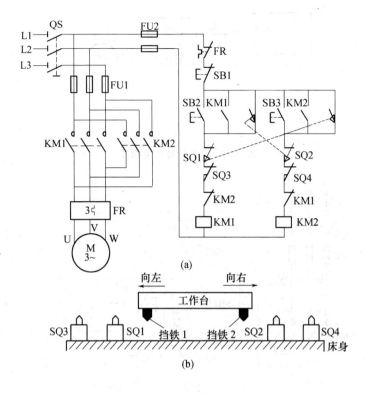

图 3 - 10 自动往复循环控制线路图

(a) 控制线路;(b) 工作台运动示意图。

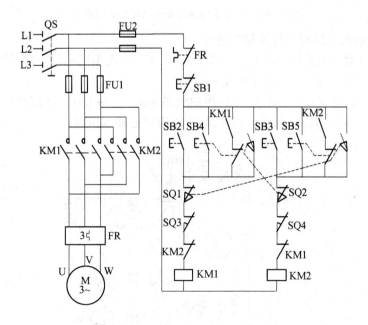

图 3 - 11 带有点动的自动往复循环控制线路图

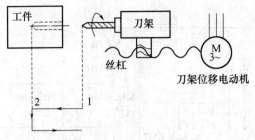

图 3-12　刀架的自动循环

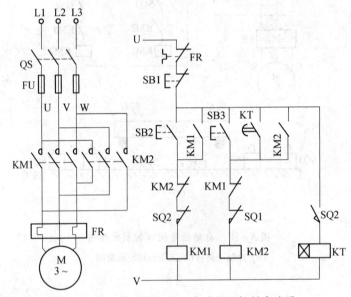

图 3-13　无进给切削的自动循环控制线路图

9. 直流电动机正反向运行控制线路

改变直流电动机的旋转方向有以下两种方法:①改变电枢电流的方向;②改变励磁电流的方向。但是不能同时改变这两个电流的方向。

并励直流电动机正反向(可逆)运行控制线路如图 3-14 所示,其控制部分与交流异步电动机正反向(可逆)运行控制线路相同,故工作原理也基本相同。

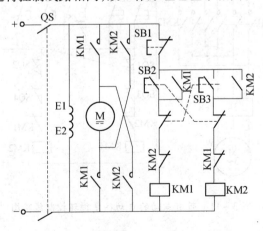

图 3-14　并励直流电动机正反向运行控制线路图

146

串励直流电动机一般情况下多采用改变励磁绕组中电流的方向来改变电动机的旋转方向。图 3 – 15 是串励直流电动机正反向运行控制线路,其控制部分与图 3 – 14 完全相同,故工作原理也基本相同。

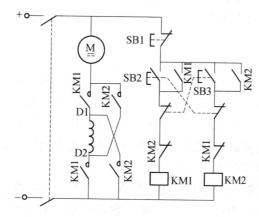

图 3 – 15　串励直流电动机正反向运行控制线路图

3.1.3　电气控制系统图的读图方法

电气图是电工领域中最主要的提供信息的方式,它提供的内容可以是功能、位置、设置、设备制造及接线等。它是根据电气工作原理、安装、配线等电力工程的要求,按电源、各电气设备和负载之间的关系而绘制的图纸。

1. 电气图的分类

电气图可分为概略性电气图和详细类电气图两大类。

1) 概略性电气图

概略性电气图是体现设计人员对一个电气技术项目的最初构思,是表示理论或理想的电气图纸,它不涉及实现方式。它包括系统图与框图、功能图、功能表图、逻辑图、等效电路图等。

（1）系统图与框图。系统图与框图用于概略表示系统、分系统、成套装置、设备等基本组成部分的主要特征及其功能关系。系统图与框图由图形符号和带注释的框构成,框内的注释可采用符号、文字,也可同时采用符号与文字,系统图、框图用符号与文字注释示例,如图 3 –16 所示。

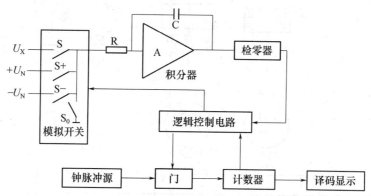

图 3 –16　双积分型数字电压表原理方框图

147

（2）功能图、功能表图、等效电路图、逻辑图等是概略功能说明文件，是概略说明的简图。

2）详细类电气图

详细类电气图是将概略图进行具体化，是将设计思想变为可实现和便于实施的文件。它包括电气原理图、电气安装接线图、电气布置图等。详细类电气图是维修电工和常用电机修理工正常维修电路和安装电气设备的重要文件。主要有电气原理图、电器布置图、电气安装接线图等。

（1）电气原理图。电气原理图是根据控制线图工作原理绘制的，用来表明设备的工作原理及各电器元件间的作用，一般由主电路、控制执行电路、检测与保护电路、配电电路等几大部分组成。直接体现了电子电路与电气结构以及其相互间的逻辑关系，所以一般用在设计、分析电路中。分析电路时，通过识别图纸上所画各种电路元件符号，以及它们之间的连接方式，就可以了解电路实际工作时的情况。

电气原理图具有结构简单、层次分明的特点，电气原理图的目的在于说明电路的工作原理，绘制时要求清晰和易于看懂，而不考虑电气设备和电器元件的实际结构和安装情况。目前常用的原理图多采用电器元件展开图的形式，例如，C6140 型车床电气原理图如图 3 – 17所示。主电路是电气控制线路中大电流通过的部分，包括从电源到电机之间相连的电器元件；一般由组合开关、主熔断器、接触器主触点、热继电器的热元件和电动机等组成。辅助电路是控制线路中除主电路以外的电路，其流过的电流比较小。辅助电路包括控制电路、照明电路、信号电路和保护电路。其中控制电路是由按钮、接触器和继电器的线圈及辅助触点、热继电器触点、保护电器触点等组成。

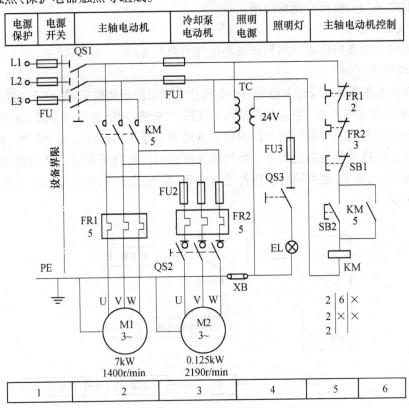

图 3 –17　C6140 型车床电气原理图

绘制电气原理图应遵循的主要原则如下：

① 电气原理图一般分主电路和辅助电路两部分。

② 图中所有元件都应采用国家标准中统一规定的图形符号和文字符号。

③ 布局。

④ 文字符号标注。

⑤ 图形符号表示要点：未通电或无外力状态。

⑥ 线条交叉及图形方向。

⑦ 图区和索引。

（2）方框图（框图）。方框图是一种用方框和连线来表示电路工作原理和构成概况的电路图。从某种程度上说，它也是一种原理图，不过在这种图纸中，除了方框和连线，几乎就没有别的符号了，参见图3－16。它和上面的原理图主要的区别就在于原理图上具体地绘制了电路的全部元器件和它们的连接方式，而方框图只是简朴地将电路按照功能划分为几个部分，将每一个部分描绘成一个方框，在方框中加上简朴的文字说明，在方框间用连线（有时用带箭头的连线）说明各个方框之间的关系。所以方框图只能用来体现电路的大致工作原理，而原理图除了具体地表明电路的工作原理之外，还可以用来作为采集元件、制作电路的依据。

（3）电气布置图。电气布置图是为了进行电路装配而采用的一种图纸，图上的符号往往是电路元件的实物的形状图，这种电路图一般是供原理和实物对照时使用的。由于元器件实物的形状和原理图中的表示图形大不一样，除了要考虑所有元件的分布和连接是否合理，还要考虑元件体积、散热、抗干扰、抗耦合等诸多因素，综合这些因素设计出来的电气布置安装图，从外观看很难和原理图完全一致，如图3－18所示。

电气布置图主要用来表明各种电气设备在机械设备上和电气控制柜中的实际安装位置，为机械电气在控制设备的制造、安装、维护、维修提供必要的资料。

绘制电器元器件布置图应遵循以下原则：

① 必须遵循相关国家标准设计和绘制电器元件布置图。

② 相同类型的电器元件布置时，应把体积较大和较重的安装在控制柜或面板的下方。

③ 发热的元器件应该安装在控制柜或面板的上方或后方，但热继电器一般安装在接触器的下面，以方便与电机和接触器的连接。

④ 需要经常维护、整定和检修的电器元件、操作开关、监视仪器仪表，其安装位置应高低适宜，以便工作人员操作。

⑤ 强电、弱电应该分开走线，注意屏蔽层的连接，防止干扰的窜入。

⑥ 电器元器件的布置应考虑安装间隙，并尽可能做到整齐、美观。

（4）电气安装接线图。电气安装接线图是为了进行装置、设备或成套装置的布线提供各个安装接线图项目之间电气连接的详细信息，包括连接关系，线缆种类和敷设线路，如图3－18所示。

绘制电气安装图应遵循的主要原则如下：

① 必须遵循相关国家标准绘制电气安装接线图。

② 各电器元器件的位置、文字符号必须和电气原理图中的标注一致，同一个电器元件的各部件（如同一个接触器的触点、线圈等）必须画在一起，各电器元件的位置应与实际安装位置一致。

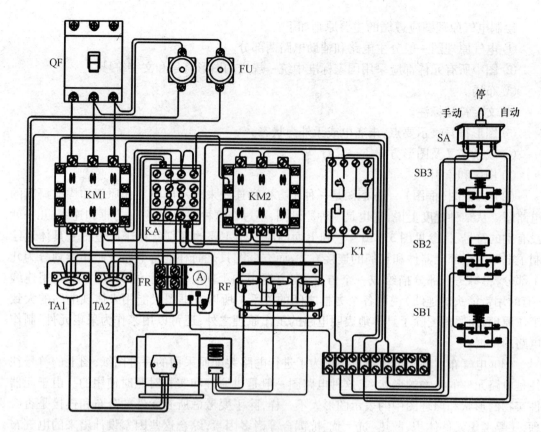

图 3-18　电气布置安装与接线图

③ 不在同一安装板或电气柜上的电器元件或信号的电气连接一般应通过端子排连接，并按照电气原理图中的接线编号连接。

④ 走向相同、功能相同的多根导线可用单线或线束表示。画连接线时，应标明导线的规格、型号、颜色、根数和穿线管的尺寸。

2. 常用的读图方法与步骤

看电气控制电路图一般方法是先看主电路，再看辅助电路，并用辅助电路的回路去研究主电路的控制程序。

1) 看主电路的步骤

（1）看清主电路中用电设备。用电设备指消耗电能的用电器具或电气设备，看图首先要看清楚有几个用电器，它们的类别、用途、接线方式及一些不同要求等。

（2）要弄清楚用电设备是用什么电器元件控制的。控制电气设备的方法很多，有的直接用开关控制，有的用各种启动器控制，有的用接触器控制。

（3）了解主电路中所用的控制电器及保护电器。前者是指除常规接触器以外的其他控制元件，如电源开关（转换开关及空气断路器）、万能转换开关。后者是指短路保护器件及过载保护器件，如空气断路器中电磁脱扣器及热过载脱扣器的规格、熔断器、热继电器及过电流继电器等元件的用途及规格。一般来说，对主电路作如上内容的分析以后，即可分析辅助电路。

（4）看电源。要了解电源电压等级，是 380V 还是 220V，是从母线汇流排供电或配电屏供电，还是从发电机组接出来的。

150

2）看辅助电路的步骤

辅助电路包含控制电路、信号电路和照明电路。

分析控制电路。根据主电路中各电动机和执行电器的控制要求，逐一找出控制电路中的其他控制环节，将控制线路"化整为零"，按功能不同划分成若干个局部控制线路来进行分析。如果控制线路较复杂，则可先排除照明、显示等与控制关系不密切的电路，以便集中精力进行分析。`

（1）看电源。首先看清电源的种类.是交流还是直流。其次，要看清辅助电路的电源是从什么地方接来的，及其电压等级。电源一般是从主电路的两条相线上接来，其电压为380V。也有从主电路的一条相线和一零线上接来，电压为单相220V；此外，也可以从专用隔离电源变压器接来，电压有 140V、127V、36V、6.3V 等。辅助电路为直流时，直流电源可从整流器、发电机组或放大器上接来，其电压一般为 24V、12V、6V、4.5V、3V 等。辅助电路中的一切电器元件的线圈额定电压必须与辅助电路电源电压一致。否则，电压低时电路元件不动作；电压高时，则会把电器元件线圈烧坏。

（2）了解控制电路中所采用的各种继电器、接触器的用途，如采用了一些特殊结构的继电器，还应了解他们的动作原理。

（3）根据辅助电路来研究主电路的动作情况。

分析了上面这些内容再结合主电路中的要求，就可以分析辅助电路的动作过程。控制电路总是按动作顺序画在两条水平电源线或两条垂直电源线之间的。因此，也就可从左到右或从上到下来进行分析。对复杂的辅助电路，在电路中整个辅助电路构成一条大回路，在这条大回路中又分成几条独立的小回路，每条小回路控制一个用电器或一个动作。当某条小回路形成闭合回路有电流流过时，在回路中的电器元件（接触器或继电器）则动作，把用电设备接人或切除电源。在辅助电路中一般是靠按钮或转换开关把电路接通的。对于控制电路的分析必须随时结合主电路的动作要求来进行，只有全面了解主电路对控制电路的要求以后，才能真正掌握控制电路的动作原理，不可孤立地看待各部分的动作原理，而应注意各个动作之间是否有互相制约的关系，如电动机正、反转之间应设有连锁等。

（4）研究电器元件之间的相互关系。电路中的一切电器元件都不是孤立存在的而是相互联系、相互制约的。这种互相控制的关系有时表现在一条回路中，有时表现在几条回路中。

（5）研究其他电气设备和电器元件，如整流设备、照明灯等。

3.2　三相鼠笼式异步电动机的直接启动控制线路

在许多工矿企业中，鼠笼式异步电动机的数量占电力拖动设备总数的85%左右。在变压器容量允许的情况下，鼠笼式异步电动机应该尽可能采用全电压直接启动，既可以提高控制线路的可靠性，又可以减少电器的维修工作量。

电动机单向启动控制线路常用于只需要单方向运转的小功率电动机的控制，如小型通风机、水泵以及皮带运输机等机械设备。图 3－19 是电动机单向启动控制线路的电气原理图。这是一种最常用、最简单的控制线路，能实现对电动机的启动、停止的自动控制、远距离控制、频繁操作等。在图中，主电路由隔离开关 QS、熔断器 FU、接触器 KM 的常开主触点，热继电器 FR 的热元件和电动机 M 组成。控制电路由启动按钮 SB2、停止按钮 SB1、接触器

KM 线圈和常开辅助触点、热继电器 FR 的常闭触头构成。

1. 控制线路工作原理

1) 启动电动机

合上三相隔离开关 QS,按启动按钮 SB2,接触器 KM 的吸引线圈得电,3 对常开主触点闭合,将电动机 M 接入电源,电动机开始启动。同时,与 SB2 并联的 KM 的常开辅助触点闭合,即使松手断开 SB2,吸引线圈 KM 通过其辅助触点可以继续保持通电,维持吸合状态。凡是接触器(或继电器)利用自己的辅助触点来保持其线圈带电的,称为自锁(自保)。这个触点称为自锁(自保)触点。由于 KM 的自锁作用,当松开 SB2 后,电动机 M 仍能继续启动,最后达到稳定运转。

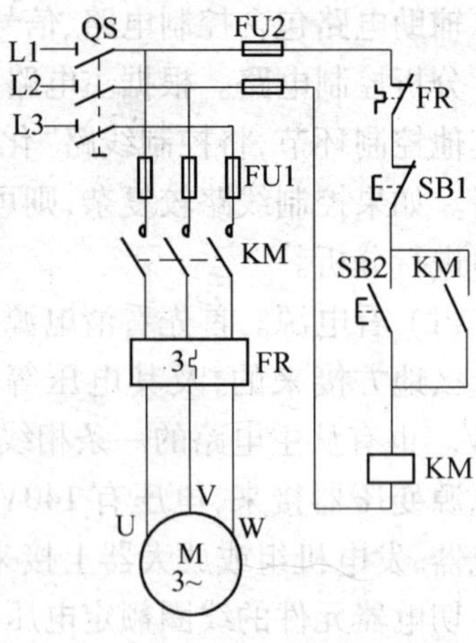

2) 停止电动机

按停止按钮 SB1 控制工程网版权所有,接触器 KM 的线圈失电,其主触点和辅助触点均断开,电动机脱离电源,停止运转。这时即使松开停止按钮,由于自锁触点断开,接触器 KM 线圈不会再通电,电动机不会自行启动。只有再次按下启动按钮 SB2 时,电动机方能再次启动运转。

2. 动作过程

(1) 合上开关 QS;

(2) 启动→KM 主触点闭点→电动机 M 得电启动、运行;

(3) 按下 SB2→KM 线圈得电→KM 常开辅助触点闭合→实现自保;

(4) 停车→KM 主触点复位→电动机 M 断电停车;

(5) 按下 SB1→KM 线圈失电→KM 常开辅助触点复位→自保解除。

3. 线路保护环节

1) 短路保护

短路时通过熔断器 FU 的熔体熔断切开主电路。

2) 过载保护

通过热继电器 FR 实现。由于热继电器的热惯性比较大,即使热元件上流过几倍额定电流的电流,热继电器也不会立即动作。因此在电动机启动时间不太长的情况下,热继电器经得起电动机启动电流的冲击而不会动作。只有在电动机长期过载下 FR 才动作,断开控制电路,接触器 KM 失电,切断电动机主电路,电动机停转,实现过载保护。

3) 欠压和失压保护

当电动机正在运行时,如果电源电压由于某种原因消失,那么在电源电压恢复时,电动机就将自行启动,这就可能造成生产设备的损坏,甚至造成人身事故。对电网来说,同时有许多电动机及其他用电设备自行启动也会引起不允许的过电流及瞬间网络电压下降。为了防止电压恢复时电动机自行启动的保护叫失压保护或零压保护。

当电动机正常运转时,电源电压过分地降低将引起一些电器释放,造成控制线路不正常工作,可能产生事故;电源电压过分地降低也会引起电动机转速下降甚至停转。因此需要在电源电压降到一定允许值以下时将电源切断,这就是欠电压保护。

欠压和失压保护是通过接触器 KM 的自锁触点来实现的。在电动机正常运行中,由于

图 3-19 单向运行电气控制线路

152

某种原因使电网电压消失或降低,当电压低于接触器线圈的释放电压时,接触器释放,自锁触点断开,同时主触点断开,切断电动机电源,电动机停转。如果电源电压恢复正常,由于自锁解除,电动机不会自行启动,避免了意外事故发生。只有操作人员再次按下 SB2 后,电动机才能启动。控制线路具备了欠压和失压的保护能力以后,有如下三个方面优点:

(1)防止电压严重下降时电动机在重负载情况下的低压运行;

(2)避免电动机同时启动而造成电压的严重下降;

(3)防止电源电压恢复时,电动机突然启动运转,造成设备和人身事故。

3.3　三相鼠笼式异步电动机的降压启动控制线路

3.3.1　鼠笼式异步电动机的降压启动控制线路

1. 串电阻降压启动控制

串联电阻(或电抗器)降压启动是在电动机定子绕组电路中串入电阻(或电抗器),启动时,利用串入的电阻(或电抗器)起降压限流作用,待电动机的转速升到一定值时,将电阻(或电抗器)切除,使电动机在额定电压下稳定运行。由于在定子绕组电路中串入的电阻要消耗电能,所以大、中型电动机常采用串电抗器的启动方法,它们的控制线路是一样的。定子绕组串电阻(或电抗器)降压启动控制线路有手动接触器控制及时间继电器自动控制等几种形式。

1)手动控制

手动接触器控制的串电阻降压启动控制线路如图 3 – 20 所示。由控制线路可以看出,接触器 KM1 和 KM2 是按顺序工作的。该控制线路的缺点是,从启动到全电压运行需人工操作,所以启动时要按两次按钮,很不方便,故一般采用时间继电器控制的自动控制线路。

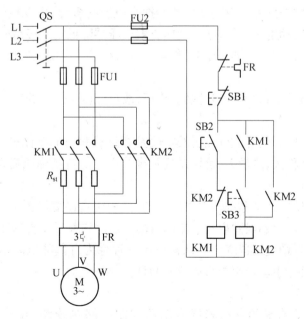

图 3 – 20　三相异步电动机定子绕组串电阻降压启动控制线路(手动控制)

153

2）自动控制

时间继电器控制的串电阻降压启动控制线路如图 3－21 所示。它用时间继电器 KT 代替按钮 SB3,启动时只需按一次启动按钮,从启动到全电压运行由时间继电器自动完成。

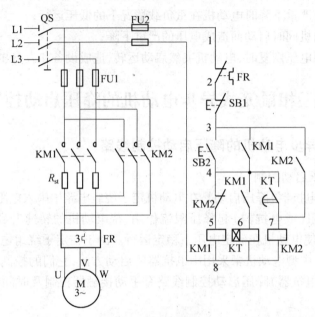

图 3－21　三相异步电动机定子绕组串电阻降压启动控制线路(自动控制)

2. 自耦变压器启动控制

自耦降压启动器由自耦变压器、接触器、操作机构、保护装置和箱体等部分组成。箱体是由薄钢板制成的防护外壳。自耦变压器的抽头电压有多种,可以根据电动机启动时的负载大小选择不同的启动电压。启动时,利用自耦变压器降低定子绕组的端电压;当电动机的转速接近额定转速时,切除自耦变压器,将电动机直接接入电源全电压正常运行。自耦降压启动器的优点:

（1）由于自耦降压启动器有多种抽头降压,故可适应不同负载启动的需要,又能得到比 Y－△启动更大的启动转矩。

（2）因设有热继电器和低电压脱扣器,故具有过载和失电压保护功能。自耦降压启动器的主要缺点是,体积大、质量大、价格昂贵及维修不便。自耦降压启动器按操作方式可分为手动和自动两种。

自耦变压器降压启动又称补偿器降压启动,是利用自耦变压器来降低启动时加在电动机定子绕组上的电压,达到限制启动电流的目的。启动结束后将自耦变压器切除,使电动机在全电压下运行。自耦变压器降压启动常采用一种称为自耦降压启动器（又称补偿器）的控制设备来实现,可分手动控制与自动控制两种。

1）手动控制

图 3－22 所示为常见的自耦降压启动器控制线路接线图,自耦变压器的抽头可以根据电动机启动时负载的大小来选择,利用自耦变压器降低电动机启动电压的控制电器。

154

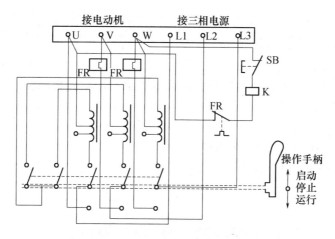

图 3-22 自耦降压启动器控制线路接线图(手动控制)

2) 自动控制

图 3-23 所示为时间继电器控制的自耦变压器降压启动控制线路。时间继电器 KT 用于控制启动时间。

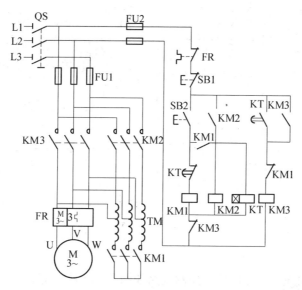

图 3-23 时间继电器控制的自耦变压器降压启动控制线路(自动控制)

自耦变压器降压启动与定子绕组串电阻降压启动相比较,在同样的启动转矩时,不仅对电网的电流冲击小,同时功率损耗也小。缺点是自耦变压器比电阻器结构复杂、价格较高。因此,自耦变压器降压启动主要用于启动较大容量的电动机,以减小启动电流对电网的影响。

3. Y-△降压启动控制

对于正常运行时定子绕组为三角形连接的鼠笼式三相异步电动机,若启动时将定子绕组接成星形,待启动完毕后再接成三角形,就可以降低启动电流,减轻电动机对电网的冲击。这样的启动方式称为 Y-△降压启动,或简称为 Y-△启动。

Y-△启动器是改变三相异步电动机定子绕组的接线方式,使启动时电动机接成星形连接,启动完毕后接成三角形连接,从而达到降压启动目的的启动器。Y-△启动只能用于正常运行时定子绕组为三角形连接(其定子绕组的相电压等于电动机的额定电压)的三相异步电动机,而且定子绕组应有 6 个接线端子。启动时将定子绕组接成星形(其定子绕组的相电压降为电动机额定电压的 $1/\sqrt{3}$),待电动机的转速升到一定值时,再改接成三角形,使电动机正常运行。Y-△启动按操作方式可分为手动控制和自动控制两种。Y-△启动方式的主要优点有:

(1)启动电流小,对电网的冲击小;

(2)Y-△启动器结构简单,价格便宜;

(3)当负载较轻时,可以让电动机就在星形连接下运行,从而实现额定转矩与负载间的匹配,提高电动机的运行效率。

1)手动控制

按钮切换的 Y-△降压启动手动控制线路如图 3-24 所示。

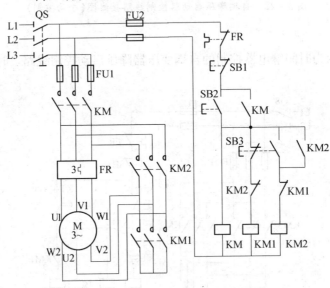

图 3-24　Y-Δ降压启动控制线路(手动控制)

2)自动控制

时间继电器控制 Y-△降压启动控制线路如图 3-25 所示。

启动的优点是 Y 启动时启动电流只是原来三角形连接时的 1/3,启动电流较小,而且结构简单、价格便宜。其缺点是星形启动时启动转矩也相应下降为原来三角形接法时的 1/3,启动转矩较小,因而 Y-△启动只适用于空载或轻载启动的场合。

4. △-△降压启动控制

延边三角形启动方式是一种兼有星形连接启动电流小和三角形连接启动转矩大两种优点的启动方式。延边三角形启动器既保持了 Y-△启动器结构简单、价格低廉的特点,又具有启动转矩大却无需自耦变压器的优点,故能获得启动电流小、启动转矩高的效果。

1)定子绕组的连接方式

图 3-26 为采用延边三角形启动方式时,电动机定子绕组在启动时的连接。由图3-26中可以看到,电动机的定子绕组要有九个出线端,即每相绕组都有一个中间抽头,例如,a0、0、c0 就是 a、b、c 三相绕组的中间抽头。在启动时,分别将定子绕组的出线端 4 与 8、5 与 9、

156

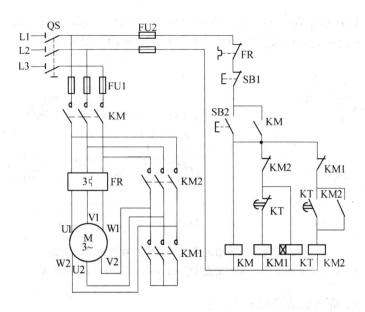

图 3 – 25　Y – △ 降压启动控制线路（自动控制）

6 与 7 连接,而将出线端 1、2、3 接入三相电源。此时,整个三相绕组的连接好似星形连接,但 a、b、c 三相绕组的一半却在内部接成了一个三角形,使绕组的另一半好像是三角形各边的延长,所以这种启动方式被称为延边三角形启动方式。启动完毕后,再将三相定子绕组转换为三角形连接。

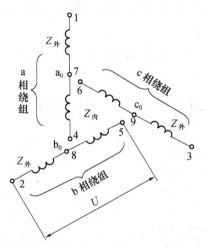

图 3 – 26　延边三角形启动时定子绕组的连接

延边三角形启动方式仅适用于正常运行时定子绕组为三角形连接的鼠笼式三相异步电动机。这种启动方式的实质,就是在启动时将电动机的定子绕组的一部分接成星形,将另一部分接成三角形,而在启动完毕后,再转换为三角形连接。如果改变电动机绕组的抽头比,就能获得不同的启动转矩。当延边三角形启动中的三角形成分缩减到零,即抽头比 $Z_{外}$：$Z_{内} = 2:0$ 时,就变成了 Y – △ 启动方式;而当三角形成分为最大、延边部分为零时,则变成了三角形启动,即全压直接启动。所以说,改变抽头比实质上就是调整启动线路中绕组所含三角形的成分。

延边三角形降压启动仅适用于定子绕组为特殊设计的三相异步电动机,它的定子绕组有 9 根引出线,如图 3-27 所示,其中 U3、V3、W3 分别为三相绕组的抽头。

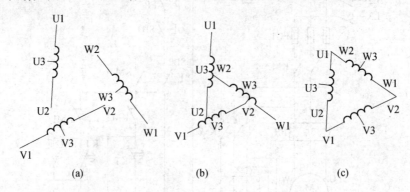

图 3-27　延边三角形连接电动机定子绕组的连接方法

(a) 原始状态;(b) 启动时的连接状态;(c) 正常运行时的连接状态。

2) 延边三角形降压启动控制工作原理

延边三角形降压启动控制线路如图 3-28 所示,其工作原理如下:启动时,把定子绕组的一部分接成三角形,而另一部分接成星形,使整个绕组接成如图 3-27b 所示电路,由于该电路像一个三角形的三边延长以后的图形,所以称为延边三角形启动。待电动机启动结束以后,再将绕组换接成三角形连接,如图 3-27c 所示,使电动机在额定电压下正常运行。延边三角形降压启动的特点:启动电流和启动转矩比直接启动时小,但比 Y - △ 启动时高,而且可以采用不同的星形部分匝数和三角形部分匝数之比来适应不同的使用要求。该启动方法的缺点是定子绕组比较复杂。

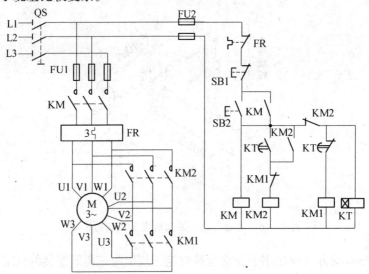

图 3-28　延边三角形降压启动控制线路

3.3.2　绕线式异步电动机的降压启动控制线路

三相绕线式异步电动机的转子中有三相绕组,可以通过滑环串接外接电阻或频敏变阻器,实现降压启动。按照启动过程中转子串接装置的不同,分为串电阻启动和串频敏变阻器启动两种启动方式。

1. 绕线式异步电动机串电阻降压启动控制线路

绕线转子三相异步电动机的特点是可以在转子回路中串入启动电阻,串接在转子绕组中的启动电阻,一般都接成星形。在开始启动时,启动电阻全部接入,以减小启动电流,保持较高的启动转矩。随着启动过程的进行,启动电阻应逐段短接(切除);启动完毕时,启动电阻全部被切除,电动机在额定转速下运行。实现这种切换的方法有采用时间继电器控制和采用电流继电器控制两种。

1)电流原则控制绕线式异步电动机转子串电阻启动控制线路

该电路是采用电流继电器控制的绕线转子的三相异步电动机转子回路串电阻启动控制线路。该控制线路是根据电动机在启动过程中转子回路里电流的大小来逐级切除启动电阻的。图 3-29 所示电路是基于电流原则的启动控制线路。

其图 3-29 中,KM1 为线路接触器;KM2～KM4 为加速接触器;KA1～KA3 为电流继电器;KA4 为中间继电器。在电动机的转子绕组中串接 KA1、KA2、KA3 这三个具欠电流继电器的线圈,它们具有相同的吸合电流和不同的释放电流,其中 KA1 的释放电流最大,KA2 次之,KA3 最小。在启动瞬间,转子转速为零,转子电流最大,KA1～KA3 都吸合。随着转子转速的逐渐提高,转子电流逐渐减小,KA1、KA2、KA3 依次释放,其常闭触点依次复位,使相应的接触器线圈依次通电,通过它们的主触点的闭合,去完成逐段切除启动电阻的工作。

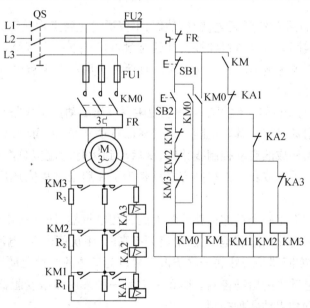

图 3-29 电流原则控制绕线式异步电动机转子串电阻启动控制线路

2)时间原则控制绕线式异步电动机转子串电阻启动控制线路

为了减小电动机的启动电流,在电动机的转子回路中,串联有三级启动电阻 R1、R2 和 R3。图 3-30 所示电路是基于时间原则的启动控制线路,按时间原则来控制电阻切除。KT1、KT2、KT3 为通电延时时间继电器,其延时时间与启动过程所需时间相对应。

图 3-30 中,KM 为线路接触器;KM1 为第一级加速接触器;KM2 为第二级加速接触器;R1、R2、R3 为转子外接电阻。启动后随着启动时间的增加,转子回路三段启动电阻的短接是靠三个时间继电器 KT1、KT2、KT3 与三个接触器 KM1、KM2、KM3 相互配合来完成的。

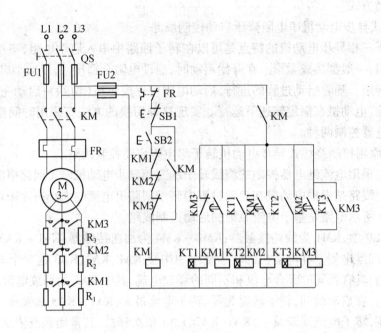

图 3-30　时间原则控制绕线式异步电动机转子串电阻启动控制线路

工作原理：由接触器的线圈通电，触点动作，不仅通过主触点短接部分启动电阻，而且使对应时间继电器的线圈通电，经过延时后，其延时触点接通下一个接触器线圈，接触器的主触点又短接另一部分启动电阻……依次类推，直至转子启动电阻被全部短接，启动过程结束，电动机进入全压运行。

2. 绕线式异步电动机转子绕组串接频敏变阻器降压启动控制线路

串频敏变阻器启动过程中其阻抗随转速升高而自动减小，因而可以实现平滑无级的启动。串接频敏变阻器构成的启动控制线路中，从启动到运行的过程是由频敏变阻器自身的特性而平滑完成的。手动或自动的控制方式只是为了在启动过程完成后，完全切除转子绕组中的频敏变阻器。

频敏变阻器实质上是一个铁芯损耗非常大的三相电抗器，通常采用星形连接。它的阻抗值随着电流频率的变化而显著地变化，电流频率高时，阻抗值也高，电流频率越低，阻抗值也越低。所以，频敏变阻器是绕线转子异步电动机较为理想的一种启动设备，常用于较大容量的绕线转子异步电动机的启动控制。图 3-31 为一种采用频敏变阻器启动的控制线路，该线路可以实现自动和手动两种控制。

1）频敏变阻器的工作原理：

频敏变阻器实际上是一个特殊的三相铁芯电抗器，它有一个三柱铁芯，每个柱上有一个绕组，三相绕组一般接成星形。频敏变阻器的阻抗随着电流频率的变化而有明显的变化电流频率高时，阻抗值也高，电流频率低时，阻抗值也低。频敏变阻器的这一频率特性非常适合于控制异步电动机的启动过程。启动时，转子电流频率 f_2 最大。R_f 与 X_d 最大，电动机可以获得较大启动转矩。启动后，随着转速的提高转子电流频率逐渐降低，R_f 和 X_f 都自动减小，所以电动机可以近似地得到恒转矩特性，实现了电动机的无级启动。启动完毕后，频敏变阻器应短路切除。

160

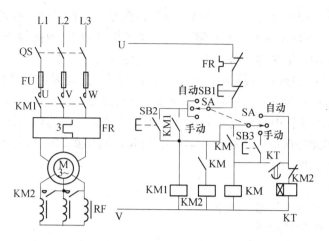

图 3-31　转子回路串频敏变阻器降压启动的控制线路

2）启动控制过程

启动过程可分为自动控制和手动控制。由转换开关 SA 完成,如图 3-32 所示。

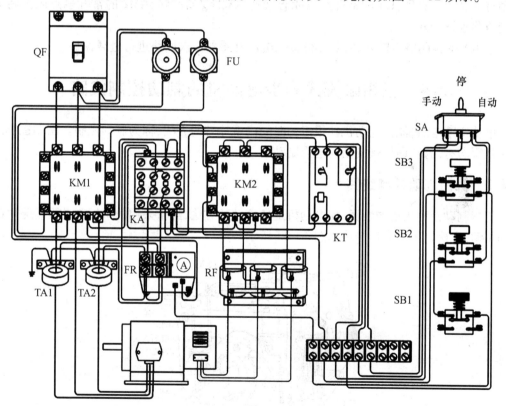

图 3-32　绕线式电动机转子回路串频敏变阻器启动接线示意图

（1）自动控制:

① 合上空气开关 QF 接通三相电源。

② 将 SA 板向自动位置,按 SB2 交流接触器 KM1 线圈得电并自锁,主触头闭合,动机定子接入三相电源开始启动(此时频敏变阻器串入转子回路)。

③ 此时时间继电器 KT 也通电并开始计时,达到整定时间后 KT 的延时闭合的常开接点闭合,接通了中间继电器 KA 线圈回路,KA 其常开接点闭合,使接触器 KM2 线圈回路得电,KM2 的常开触点闭合,将频敏变阻器短路切除,启动过程结束。

④ 线路过载保护的热继电器接在电流互感器二次侧,这是因为电动机容量大。为了提高热继电器的灵敏度和可靠性,故接入电流互感器的二次侧。

⑤ 另外在启动期间,中间继电器 KA 的常闭接点将继电器的热元件短接,是为了防止启动电流大引起热元件误动作。在进入运行期间 KA 常闭触点断开,热元件接入电流互感器二次回路进行过载保护。

(2)手动控制:

① 合上空气开关 QF 接通三相电源。

② 将 SA 搬至手动位置。

③ 按下启动按钮 SB2,接触器 KM1 线圈得电,吸合并自锁,主触头闭合电动机带频敏变阻器启动。

④ 待转速接近额定转速或观察电流表接近额定电流时,按下按钮 SB3 中间继电器 KA 线圈得电吸合并自锁,KA 的常开触点闭合接通 KM2 线圈回路,KM2 的常开触点闭合将频敏变阻器短路切除。

⑤ KA 的常闭触点断开,将热元件接入电流互感器二次回路进行过载保护。

3.4 三相鼠笼式异步电动机的制动控制线路

电动机断电后,能使电动机在很短的时间内就停转的方法,称为制动控制。制动控制的方法常用的有两类,即机械制动与电力制动。

3.4.1 机械制动控制线路

机械制动是利用机械装置,使电动机迅速停转的方法,经常采用的机械制动设备是电磁抱闸制动,电磁抱闸的外形结构如图 3 - 33 所示。

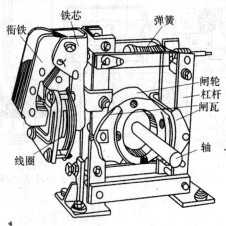

图 3 - 33 电磁制动器

电磁抱闸制动电路主要由两部分构成:制动电磁铁和闸瓦制动器。制动电磁铁由铁芯和线圈组成;线圈有的采用三相电源,有的采用单相电源;闸瓦制动器包括闸瓦、闸轮、杠杆和弹簧等。闸轮与电动机装在同一根转轴上,制动强度可通过调整弹簧力来改变。

1. 闸瓦式电磁抱闸制动控制线路

闸瓦式电磁抱闸制动控制线路如图 3-34 所示。

电磁抱闸制动控制线路的工作原理:接通电源开关 QS 后,按启动按钮 SB2,接触器 KM 线圈得电工作并自锁。电磁抱闸 YB 线圈得电,吸引衔铁(动铁芯),使动、静铁芯吸合,动铁芯克服弹簧拉力,迫使制动杠杆向上移动,从而使制动器的闸瓦与闸轮分开,取消对电动机的制动;与此同时,电动机得电启动至正常运转。当需要停车时,按停止按钮 SB1,接触器 KM 断电释放,电动机的电源被切断的同时,电磁抱闸的线圈也失电,衔铁被释放,在弹簧拉力的作用下,使闸瓦紧紧抱住闸轮,电动机被制动,迅速停止转动。

闸瓦式电磁抱闸制动,在起重机械上被广泛应用。当重物吊到一定高度,如果线路突然发生故障或停电时,电动机断电,电磁抱闸线圈也断电,闸瓦立即抱住闸轮使电动机迅速制动停转,从而防止了重物突然落下而发生事故。

2. 电磁铁式电磁抱闸制动控制线路

采用闸瓦式电磁抱闸制动控制线路,有时会因制动电磁铁的延时释放,造成制动失灵。

造成制动电磁铁延时的主要原因:制动电磁铁线圈并接在电动机引出线上。电动机电源切断后,电动机不会立即停止转动,它要因惯性而继续转动。由于转子剩磁的存在,使电动机处于发电运行状态,定子绕组的感应电势加在电磁抱闸 YB 线圈上。所以当电动机主回路电源被切断后,YB 线圈不会立即断电释放,而是在 YB 线圈的供电电流小到不能使动、静铁芯维持吸合时,才开始释放。

解决上述问题的简单方法是:在线圈 YB 的供电回路中串入接触器 KM 的常开触头。如果辅助常开触头容量不够时,可选用具有五个主触头的接触器。或者另外增加一个接触器,将后增加接触器的线圈与原接触器线圈并联连接。将其主触头串入 YB 的线圈回路中。这样可使电磁抱闸 YB 的线圈与电动机主回路同时断电,消除了 YB 的延时释放。

防止电磁抱闸延时的制动控制线路如图 3-35 所示。

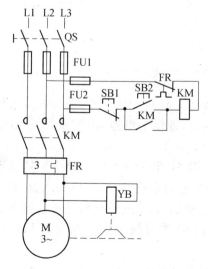

图 3-34 闸瓦式电磁抱闸制动控制线路图

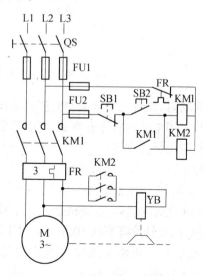

图 3-35 防止电磁抱闸延时的制动控制线路

3.4.2 反接制动控制线路

1. 交流电动机反接制动控制电路

反接制动是将运行中的电动机的电源反接(将任意两根电源线的接法交换)以改变电动机定子绕组中的电源相序,从而使定子绕组的旋转磁场反向,使转子受到与原旋转方向相反的制动转矩而迅速停止。在制动过程中,当电动机的转速接近于零时,应及时切断三相电源,防止电动机反向启动。

三相异步电动机单向(不可逆)启动、反接制动控制线路,如图3-36所示。该控制线路可以实现单向启动与运行,以及反接制动。三相异步电动机双向(可逆)启动、反接制动控制线路,如图3-37所示。该控制线路可以实现可逆启动与运行,以及反接制动。

反接制动的优点是制动转矩大、制动快。缺点是制动过程中冲击强烈。所以,反接制动一般只适用于系统惯性较大,制动要求迅速且不频繁的场合。

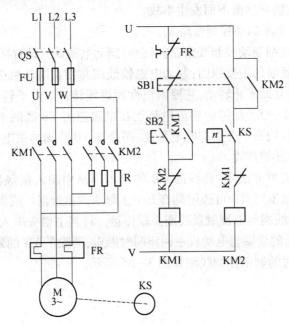

图3-36 三相异步电动机单向运转反接制动控制线路

启动时,闭合电源开关QS,按启动按钮SB2,接触器KM1得电闭合并自锁,电动机M启动运转。当电动机转速升高到一定值时(如100m/min),速度继电器KS的常开触头闭合,为反接制动做好准备。

停止时,按停止按钮SB1(一定要按到底),按钮SB1常闭触头断开,接触器KM1失电释放,而按钮SB1的常开触头闭合,使接触器KM2得电吸合并自锁,KM2主触头闭合,串入电阻RB进行反接制动,电动机产生一个反向电磁转矩,即制动转矩,迫使电动机转速迅速下降;当电动机转速降至约100r/min以下时,速度继电器KS常开触头断开,接触器KM2线圈断电释放,电动机断电,防止了反向启动。

由于反接制动时,转子与定子旋转磁场的相对速度接近两倍的同步转速,故反接制动时,转子的感应电流很大,定子绕组的电流也随之很大,相当于全压直接启动时电流的两倍。为此,一般在4.5kW以上的电动机采用反接制动时,应在主电路中串接一定的电阻器,以限

164

制反接制动电流,这个电阻称为反接制动电阻,用 RB 表示,反接制动电阻器,有三相对称和两相不对称两种连接方法,图 3 - 37 为对称接法,如某一相不串电阻器,则为二相不对称接法。

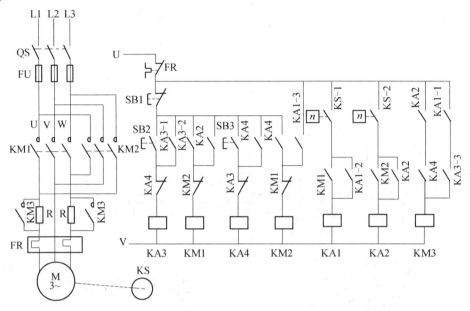

图 3 - 37 三相异步电动机可逆运转反接制动控制线路

图 3 - 37 中,KS - 1 和 KS - 2 分别为速度继电器正反两个方向的两副常开触头,当按下 SB2 时,电动机正转,速度继电器的常开触头 KS - 2 闭合,为反接制动做准备,当按下 SB3 时,电动机反转,速度继电器 KS - 1 闭合,为反接制动做准备。中间继电器 KA 的作用是:为了防止当操作人员因工作需要而用手转动工件和主轴时,电动机带动速度继电器 KS 也旋转;当转速达到一定值时,速度继电器的常开触头闭合,电动机获得反向电源而反向冲动,造成工伤事故。

实例说明:

运用单一中间继电器的可逆启动与反接制动控制线路与接线图如图 3 - 38 所示。控制线路的工作原理:

闭合电源开关 QS 后按 SB2,接触器 KM1 得电闭合并通过其自锁触头自锁,电动机 M 正转启动,当电动机转速高于 120r/min 时,KS - 2 闭合,为反接制动做准备。

当需要正转停止时,按 SB1,接触器 KM1 断电释放而中间继电器 KA 得电吸合并自锁;KA 的常开触头断开,切断 KM2 自锁触头的供电回路,使其不能自锁;KA 的常开触头接通 KM2 的线圈回路,使 KM2 得电吸合,此时反接制动开始,当电动机的转速降至约 100r/min 时,速度继电器 KS - 2 断开,使 KM2 断电释放,在中间继电器自锁回路中的常开触头 KM2 断开,使中间继电器 KA 也失电释放。

运用中间继电器的可逆启动与反接制动控制线路图如图 3 - 39 所示。图 3 - 39 中控制线路主要组成有三个接触器 KM1、KM2、KM3,四个中间继电器 KA1、KA2、KA3、KA4,速度继电器 KS,反接制动电阻 RB,正转按钮 SB2,反转按钮 SB3 及停止按钮 SB1,电源开关 QS,熔断器 FU1 与 FU2,热继电器 FR 等。

工作原理简述如下:

165

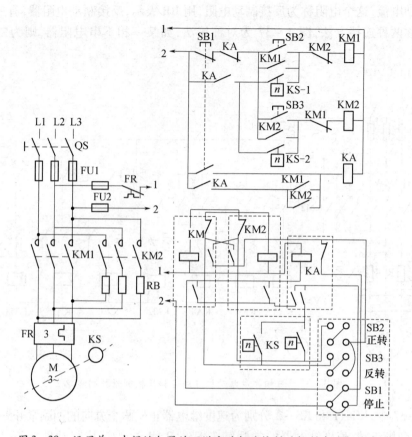

图 3-38　运用单一中间继电器的可逆启动与反接制动控制线路与接线图

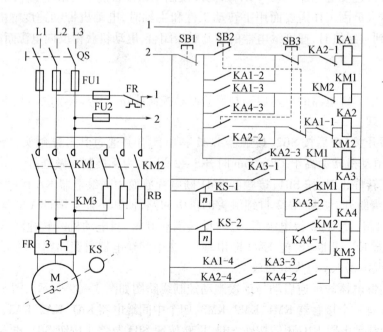

图 3-39　运用多个中间继电器的可逆启动与反接制动控制线路图

先合上电源开关 QS,按正转按钮 SB2,KA1 得电吸合并通过 KA1 - 2 闭合自锁,KA1 - 1 断开,闭锁了 KA2;KA1 - 4 闭合为 KM3 线圈得电做准备;KA1 - 3 闭合使 KM1 得电吸合,KM1 常闭触头断开,闭锁了 KM2;KM1 常开触头闭合为 KA3 得电做准备;KM1 主触头闭合,电动机串电阻 RB 降压启动,当电动机转速上升到使 KS - 1 闭合后,KA3 得电吸合,KA3 - 1 闭合为 KM2 线圈得电做准备;自锁触头 KA3 - 2 闭合自锁;KA3 - 3 闭合使 KM3 得电吸合,KM3 主触头闭合短接了电阻 RB,电动机获全压正常运转。

需停止时按下停止按钮 SB1,KA1 线圈失电释放,KA1 - 1 及 KA1 - 2 均恢复原始状态;KA1 - 4 断开使 KM3 断电释放,电阻 RB 解除短接,串入主回路;KA1 - 3 断开使 KM1 断电释放,使电动机失电作惯性转动;同时 KM1 常闭触头恢复闭合,使 KM2 得电吸合,其主触头闭合,电动机反接制动(串电阻 RB),当电动机转速降低到约 100r/min 时,KS - 1 断开使 KA3 断电释放,其触头均恢复原始状态,其中 KA3 - 1 断开后使 KM2 断电释放,电动机反接制动过程结束。

相反方向的启动和制动的原理与上述相似。

综上,图 3 - 39 中由于主回路串接了电阻 RB,限制了反接制动电流,又能限制启动电流,所以该线路可以用在电动机功率较大的场所。该线路所用电器较多,造价较高,但其运行安全可靠,操作也非常方便,电动机在运转时,如需换向运行,只要按动相应的启动按钮,电路便自动完成电动机的断电→串电阻反接制动→电动机转速近于零→串电阻限流换向启动→换向正常运行的全部过程,而不必先按停止按钮,这样即简化了操作手续,又提高了电路的反应速度,且制动力很强,所以是一个比较完善的电路。该线路也有一些缺点,例如所用电器较多,相应线路较复杂,且造价较高,在制动过程中冲击较大,因此,该线路适用于制动要求迅速、系统惯性较大而且制动不太频繁的场所。

2. 直流电动机反接制动控制电路

直流电动机反接制动的原理是在制动时保持励磁电流的方向不变,把正在运转的直流电动机的电枢绕组两端突然反接到电网上,此时电枢电流将改变方向,电磁转矩也因之反向,但是电动机因惯性仍按原方向旋转,于是电磁转矩与转向相反而成为制动转矩,故使转速迅速下降。

图 3 - 40 是他励直流电动机反接制动控制线路中主电路部分的原理图。图中虚线箭头表示直流电动机处于正常运行状态时(制动以前)的电枢电流 I_a 和电磁转矩 T_{em} 的方向。

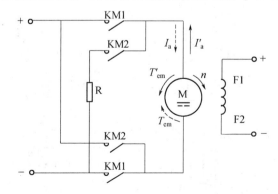

图 3 - 40　他励直流电动机反接制动原理图

直流电动机反接制动时应注意以下几点:

167

（1）对于他励或并励直流电动机,制动时应保持励磁电流的大小和方向不变。将电枢绕组电源反接时,应在电枢回路中串入限流电阻。

（2）对于串励直流电动机,制动时一般只将电枢绕组反接,并且串入限流电阻。如果直接将电源极性反接,则由于电枢电流和励磁电流同时反向,因而由它们建立的电磁转矩 T_{em} 的方向却不改变,不能实现反接制动。

（3）当电动机的转速下降到零时,必须及时断开电源,否则电动机将反转。

3.4.3 能耗制动控制线路

三相鼠笼式异电动机的能耗制动,就是把转子储存的机械能转变成电能,又消耗在转子上,使之转化为制动力矩的一种方法。将正在运转的电动机从电源上切除,向定子绕组通入直流电流,便产生静止的磁场,转子绕组因惯性在静止磁场中旋转,切割磁力线,感应出电动势,产生转子电流,该电流与静止磁场相互作用,产生制动力矩,使电动机转子迅速减速、停转。

这种制动所消耗的能量较小,制动准确率较高,制动转距平滑,但制动力较弱,制动力矩与转速成正比地减小,还需另设直流电源,费用较高。能耗制动适用于要求制动平稳、停位准确的场所,如铣床、龙门刨床及组合机床的主轴定位等。

1. 交流电动机能耗制动控制电路

能耗制动,就是在电动机脱离三相电源后,立即在定子绕组中加入一个直流电源,以产生一个恒定磁,惯性运动的转子绕组切割恒定磁场产生制动转矩,使电动机迅速停转。根据直流电源的整流方式,能耗制动分为半波整流能耗制动和全波整流能耗制动。根据能耗制动时间控制的原则,又可分为时间继电器控制和速度继电器控制两种。其半波整流能耗制动控制线路与全波整流能耗制动线路除整流电路不同外,其他部分基本相同。

图 3-41 所示为一种按时间原则控制的全波整流单向能耗制动控制线路,它仅可用于单向(不可逆)运行的三相异步电动机。图 3-42 所示为一种按时间原则控制的全波整流可逆能耗制动控制线路,它可用于双向(可逆)运行的三相异步电动机。

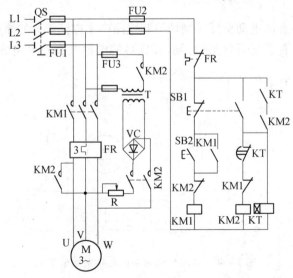

图 3-41 按时间原则控制的全波整流单向能耗制动控制线路

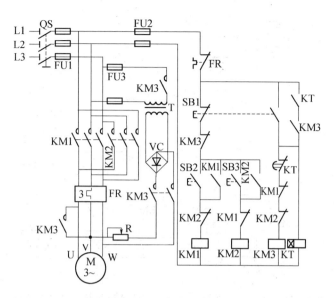

图 3-42　按时间原则控制的全波整流可逆能耗制动控制线路

图 3-43 所示为一种按速度原则控制的全波整流单向能耗制动控制线路,它仅可用于单向(不可逆)运行的三相异步电动机。图 3-44 所示为一种按速度原则控制的全波整流可逆能耗制动控制线路,它可用于双向(可逆)运行的三相异步电动机。

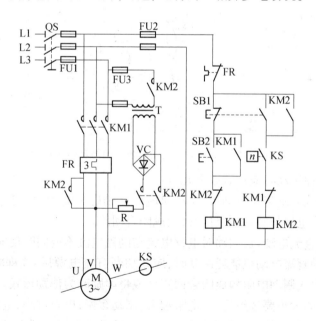

图 3-43　按速度原则控制的全波整流单向能耗制动控制线路

2. 直流电动机能耗制动控制电路

直流电动机能耗制动是在制动时保持励磁电流的方向不变,把正在运转的直流电动机的电枢绕组从电源上断开,并立即将它接到一个制动电阻 R 上,组成闭合回路。这时电动机内仍有主磁场,电枢(转子)因有惯性而继续旋转,电动机变成直流发电机运行,由于发电机的电磁转矩为制动转矩,其方向与转子转向相反,故使转速迅速下降。

169

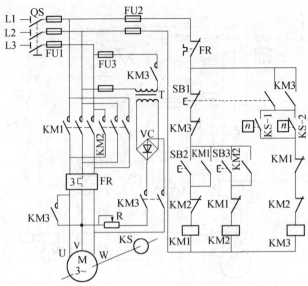

图 3-44　按速度原则控制的全波整流可逆能耗制动控制线路

图 3-45 是他励直流电动机能耗制动控制线路中主电路部分的原理图。图中虚线箭头表示直流电动机正常运行时(制动以前)的电枢电流 I_a 和电磁转矩 T_{em} 的方向。

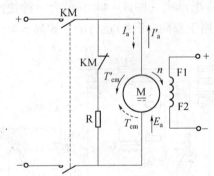

图 3-45　他励直流电动机能耗制动控制线路

直流电动机能耗制动时应注意以下几点:

(1) 对于他励或并励直流电动机,制动时应保持励磁电流的大小和方向不变。切断电枢电源后,应立即将电枢与制动电阻接通,构成闭合回路。

(2) 对于串励直流电动机,制动时电枢电流与励磁电流不能同时反向,否则无法产生制动转矩。所以,串励直流电动机能耗制动时,应在切断直流电源后,立即将励磁绕组与电枢绕组反向串联,再串入制动电阻构成闭合回路。或将串励改为他励形式。

(3) 制动电阻的大小要选择适当,电阻过大,制动缓慢;电阻过小,电枢中的电流将超过电枢电流允许值。一般可按最大制动电流不大于 2 倍额定电枢电流 I_{an} 来计算。

(4) 能耗制动操作简便,但是当转速较低时制动转矩将变得很小,停转较慢。为加快停转,可加上机械制动器。

3.4.4　短接制动控制线路

短接制动是在电动机定子绕组上的供电电源断开的同时,将定子绕组自行短接,这时电动机转子因惯性仍在旋转。由于转子存在剩磁,形成了转子旋转磁场,此磁场切割定子绕组,在定子绕组中产生感应电动势。因定子绕组此时已被 KM2(或 KM1 常闭触头)短接,所以在定子绕组中产生感应电流,该电流与旋转磁场相互作用,产生制动转距,迫使电动机停转。

1. 短接制动控制线路

运用交流接触器的常闭辅助触头 KM1 短接制动控制线路如图 3-46 所示。

在制动过程中,由于定子绕组短接,所以绕组端电压为零。在短接的瞬间会产生瞬间短路电流,其大小取决于剩磁电动势和短路回路的阻抗。虽然瞬间短路电流很大,但电流呈感性,对转子剩磁起去磁作用,使剩磁电势迅速下降,所以短路电流持续时间很短。另外,瞬时短路电流的有功分量很小,故制动作用不太强。所以,这种制动方法只限于小容量的高速异步电动机以及制动要求不高的场所。

当电动机的容量较小时,可采用图中虚线所示电路,即用 KM1 的常闭辅助触头取代接触器 KM2,此时的控制线路改用图 3-46 中的控制线路。

2. 短接制动控制线路

运用交流接触器的常闭辅助触头 KM2 短接制动控制线路如图 3-47 所示。

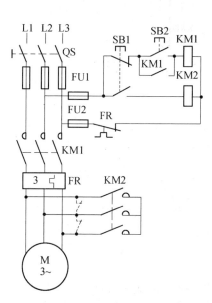

图 3-46 运用交流接触器的常闭辅助
触头 KM1 短接制动控制线路图

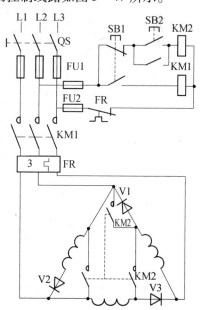

图 3-47 运用交流接触器的常闭辅助
触头 KM2 短接制动控制线路图

图 3-47 所示的控制线路适用于正常运行为三角形接法的电动机。在电动机三相定子绕组中每相串接一个整流二极管。电动机正常运行时,接触器 KM1、KM2 都获电吸合,KM2 触头短接二极管。当需要停车时,按停止按钮 SB1、KM1 和 KM2 均断电释放,二极管串入绕组工作。电动机转子有剩磁,且在惯性作用下继续旋转,转子剩磁磁场切割定子绕组,产生定向的感应电流。定子感应电流与转子的旋转磁场相互作用,产生制动力矩,迫使电动机停转。

短接制动的优点是简单易行,无需特殊的控制设备。制动时,定子的感应电流比电动机空载启动时的电流要小。短接制动的缺点是:制动作用不强,定位不准确,且仅适用于小容量的高速电动机。

3.4.5 电容制动控制线路

电容制动是将工作着的异步电动机在切断电源后,立即在定子绕组的端线上,接入电容器而实现制动的一种方法,电容制动控制线路如图 3 - 48 所示。三组电容器可以接成星形或三角形,与电动机定子出线端形成闭合回路。当运行的电动机断开电源时,转子内的剩磁切割定子绕组产生感应电动势,并向电容充电,其充电电流在定子绕组中形成励磁电流,建立一个磁场,这个磁场与转子剩磁相互作用,产生一个与旋转方向相反的制动力矩,使电动机迅速停转,完成制动。

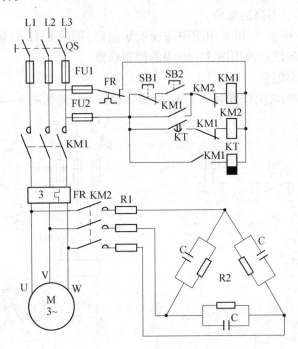

图 3 - 48　电容制动控制线路图

电容制动控制线路的工作原理如下:

启动过程,闭合电源开关 QS 并按下启动按钮 SB2,接触器 KM1 得电吸合并经 KM1 - 1 常开触头自锁,KM1 - 2 常闭触头断开,闭锁了 KM2;接触器 KM1 的主触头闭合,电动机得电运转;KM1 - 3 闭合使时间继电器 KT 得电吸合,KT 的延时断开常开触头瞬间闭合,为 KM2 得电做准备。需要停车时,按下停止按钮 SB1 使接触器 KM1 断电释放,KM1 主触头、常开触头 KM1 - 1 KM1 - 3、常闭触头 KM1 - 2 均恢复至原始状态。其中 KM1 - 2 连锁触头恢复闭合时,接触器 KM2 得电吸合,KM2 主触头闭合,将三相制动电容器及电阻 R1、R2 接入定子绕组,电动机被制动,直至停转;同时,KM1 - 3 的断开使时间继电器 KT 失电释放,其延时断开常开触头延时至电动机停止后,自动断开,切断接触器 KM2 线圈回路,使接触器 KM2 失电释放。至此,全部电器均恢复至原始状态。

控制线路中的电阻 R1 是调节电阻,用以调节制动力矩的大小,电阻 R2 为放电电阻。对于 380V、50Hz 的鼠笼式异步电动机,根据经验,每千瓦每相大约需 $150\mu F$ 的制动电容,电容的工作电压应不小于电动机的额定电压。

172

电容制动的方法对高速、低速运转的电动机均能迅速制动,能量损耗小,设备简单,一般用于 10kW 以下的小容量电动机,并且可用于制动较频繁的场所。

3.4.6　发电制动控制线路

发电制动又称为再生制动或回馈制动。

在电动机工作过程中,由于外力的作用,如起重机在高处下降重物时,可使电动机的旋转速度 n_2 超过定子绕组旋转磁场的同步转速 n_1。现假定旋转磁场不动,则转子导体将以 n_2 减 n_1 的转速切割磁力线,使电动机转变成发电机运行,将重物的位能转变为电能反馈给电网,所以这种制动方法称为发电制动。

发电制动的经济效益好,可将负载的机械能量变换成电能反送到电网上,发电制动的不足之处是应用范围窄,仅当电动机实际转速大于同步转速时才能实现制动。发电制动常用于起重机械和多速异步电动机。如使电动机转速由二级变为四级时,定子旋转磁场的同步转速由 3000r/min,变为 1500r/min,而转子由于惯性,仍以原来的大约 2900r/min 的速度旋转,此时 n 大于 n_1,电动机产生发电制动作用。

3.5　三相鼠笼式异步电动机的正反转控制线路

3.5.1　鼠笼式异步电机正反转控制的手动控制线路

许多生产机械常常要求具有上下、左右、前后等相反方向的运动,这就要求电动机可以正反转控制。对于三相异步电动机,可借助正、反转接触器将接至电动机的三相电源进线中的任意两相对调,达到反转的目的。而正反转控制时需要一种连锁关系,否则,当误操作同时使正、反转接触器线圈得电时,将会造成短路故障。

1. 运用接触器连锁的正反转控制线路

图 3-49 是运用接触器辅助触头作连锁(又称互锁)保护的正反转控制线路。图中采用两个接触器,当正转接触器 KM1 的三副主触头闭合时,三相电源的相序按 L1、L2、L3 接入电动机的 U、V、W,而当反转接触器 KM2 的三副主触头闭合时,三相电源的相序按 L3、L2、L1 接入电动机的 U、V、W,电动机即反转。这种控制线路的缺点是操作不方便,因为要改变电动机的转向时,必须先按停止按钮。

2. 运用按钮、接触器复合连锁的正反转控制线路

图 3-50 是运用按钮和接触器作复合连锁保护的正反转控制线路,其动作原理与上述正反转控制线路基本相似。这种控制线路的优点是操作方便,而且安全可靠。

3. 运用转换开关控制的正反转控制线路

除采用按钮外,还可采用转换开关或主令控制器等实现正反转控制。图 3-51 是用转换开关(又称倒顺开关等)控制的正反转控制线路。这种控制线路的优点是所用电器少、简单;缺点是在频繁换向时,操作人员劳累、不方便,且没有欠电压和失电压保护。因此,在被控电动机的容量小于 5.5kW 的场合,有时才采用这种控制方式。

除上述几种正反转控制线路外,工程上通常还采用机械互锁,进一步保证正反转接触器不能同时吸合,以提高可靠性。

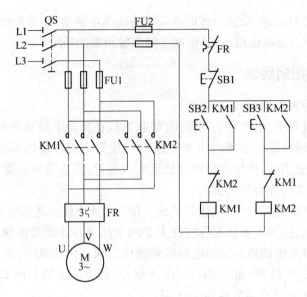

图 3-49 运用接触器连锁的正反转控制线路图

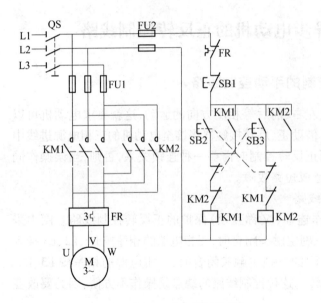

图 3-50 运用按钮和接触器作复合
连锁保护的正反转控制线路图

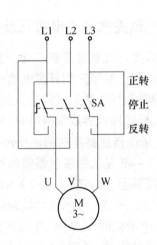

图 3-51 用转换开关控制的
正反转控制线路

3.5.2 鼠笼式异步电机正反转控制的自动控制线路

图 3-52 中采用了两个接触器,即正转用的接触器 ZC 和反转用的接触器 FC,由于接触器的主触点接线的相序不同,所以当两个接触器分别单独工作时,电动机的旋转方向相反。线路要求接触器线圈不能同时通电。为此,在正转与反转控制电路中线圈分别交叉串联了 FC 和 ZC 的常闭触点,以保证 ZC 和 FC 不会同时通电。该触点称互锁触点,或连锁触点。

工作原理如下:合上电源开关 QS,按下启动按钮 SB2,接触器 KM1 线圈通电,其常开主触点和自锁触点闭合,电动机开始正转,带动工作台向左移动。当工作台移动到一定位置,挡铁 1 压下行程开关 SQ2,使其常闭触点断开,接触器 KM1 断电释放,电动机正转停止。同时,SQ2 常开触点闭合,接触器 KM2 线圈通电,其常开主触点和自锁触点闭合,电动机开始反转,带动工作台向右移动。当工作台移动到一定位置,挡铁 2 压下行程开关 SQ1,使其常闭触点断开,接触器 KM2 断电释放,电动机反转停止。同时,SQ2 常开触点闭合,接触器 KM1 线圈通电,其常开主触点和自锁触点闭合,电动机又开始正转,又带动工作台向左移动。这样周而复始,工作台不断自动往返移动。工作台的行程是通过改变撞块的位置来实现的。需要停车时,则可按下停止按钮 SB,接触器 KM1 或 KM2 断电释放。

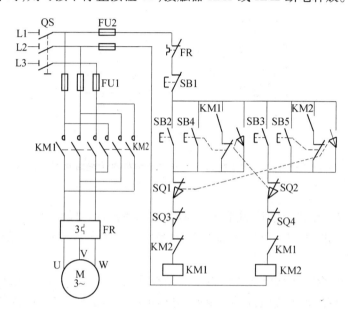

图 3-52　异步电机正反转自动控制的自动控制线路图

3.6　三相鼠笼式异步电动机的调速控制线路

3.6.1　变更极对数的调速控制线路

鼠笼式三相异步电动机变极调速一般有两种,一种是单绕组双速(或多速)异步电动机,另一种是双绕组双速(或多速)异步电动机。其中,单绕组双速异步电动机是变极调速中最常用的一种形式。

图 3-53 是一台 4/2 极的单绕组双速异步电动机定子绕组接线示意图。欲使电动机在低速运行时,只需将电动机定子绕组的 U1、V1、W1 三个出线端接三相交流电源,而将 U2、V2、W2 三个出线端悬空,此时电动机定子绕组为△连接,如图 3-53(a)所示,磁极为 4 极,同步转速为 1500r/min。

欲使电动机高速运行时,只需将电动机定子绕组的 U2、V2、W2 三个出线端接三相交流电源,而将 U1、V1、W1 三个出线端连接在一起,此时电动机定子绕组为双星形(2△)连接,如图 3-53(b)所示,磁极为 2 极,同步转速为 3000r/min。

必须注意,从一种接法改为另一种接法时,应保证电动机的转向不改变。对于一般的倍极比单绕组双速异步电动机,应在变极时把接至电动机的 3 根电源线对调其中任意两根。

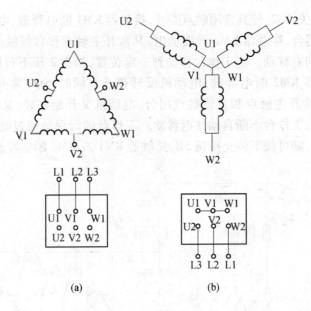

(a)   (b)

图 3-53　4/2 极的单绕组双速异步电动机定子绕组接线示意图

(a) △连接；(b) Y 连接。

单绕组双速异步电动机的控制线路，一般有以下两种：用接触器控制单绕组双速异步电动机的控制线路，如图 3-54 所示；用时间继电器控制单绕组双速异步电动机的控制线路，如图 3-55 所示。

工作原理如下：合上电源开关 QS，按下启动按钮 SB2，接触器 KM1 线圈通电，其常开主触点和自锁触点闭合，定子绕组接成三角形，电动机以低速运行；按下启动按钮 SB3，接触器 KM1 断电释放，接触器 KM2、KM3 线圈通电，其常开主触点和自锁触点闭合，定子绕组接成双星形，电动机以高速运行。因电源相序已改变，电动机转向相同。若按下停止按钮 SB1，接触器断电释放，电动机停转。

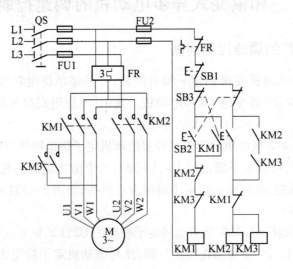

图 3-54　接触器控制单绕组双速异步电动机的控制线路图

176

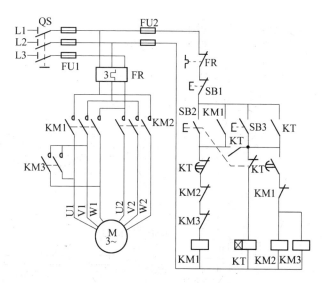

图 3 −55　时间继电器控制单绕组双速异步电动机的控制线路图

3.6.2　变更转子外加电阻的调速控制线路

　　绕线转子三相异步电动机的调速可以采用改变转子电路中电阻的调速方法。随着转子回路中串联电阻的增大,则电动机的转速降低,所以串联在转子回路中的电阻也称为调速电阻。绕线转子三相异步电动机转子回路串电阻调速的控制线路如图 3 −56 所示。它也可以用作转子回路串电阻启动,所不同的是,一般启动用的电阻都是短时工作的,而调速用的电阻应为长期工作的。

　　绕线转子三相异步电动机转子回路串电阻调速的最大缺点是,如果把转速调得越低,就需要在转子回路串入的电阻越大,随之转子铜耗就越大,电动机的效率也就越低,故很不经济。但是,由于这种调速方法简单、便于操作,所以目前在起重机等短时工作的生产机械上仍被普遍采用。

　　工作原理如下:对于绕线式异步电动机,当电网电压及频率不变时,在转子回路中串入电阻后,可以改善电动机的启动转矩,在绕线式电动机转子中串接启动电阻,减小启动电流,实现调速过程。图 3 −56 线路采用按钮手动控制的绕线转子三相异步电动机转子回路串电阻启动控制,该控制线路是根据电动机在运行过程中转子回路里电流的大小来逐级切除调速电阻的。其中:R1、R2、R3 为转子外接电阻,KM1 为主电路交流接触器;KM2 ~ KM4 − 控制电流大小的分级接触器。在电动机的转子绕组中串接 KM2、KM3、KM4 这三个接电器的线圈,通过手动控制按钮 BS3、SB4、SB5 逐级控制 KM2、KM3、KM4 主触点对分级电阻 R1、R2、R3 切除,完成控制线路的调速过程。

　　主令控制器手柄置于提升 1 位置时,转子回路串入电阻较大,提升速度较慢;而置于提升 6 位置时,转子回路串入电阻最小,提升速度最高。若要提升负载,如果主令控制器手柄置于提升侧 1、2 或 3 位置均不能提升,那么应将手柄置于 4、5 或 6 位置,使电动机转矩大于负载转矩,才能提升负载。若提升负载上升到顶部,将使行程开关 SQ 压下,正转接触器 KM2 线圈断电而释放,电动机脱离电源。同时,制动接触器 KM3 也断电释放,电磁抱闸将电动机轴抱住使电动机迅速停转。

177

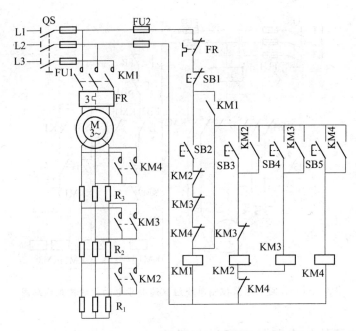

图 3-56　绕线转子三相异步电动机转子回路串电阻调速的控制线路图

当下放重物时,主令控制器手柄下放侧有六个位置。前三个位置(C、1、2)因主令控制器触点 3 和 5 的闭合,使正转接触器 KM2 通电吸合,电动机接通正序电源;后三个位置(3、4、5)因触点 2 和 4 的闭合,使反转接触器 KM1 通电吸合,电动机接通负序电源。当手柄置于下放 1、2 位置时,正转接触器 KM2 通电吸合,同时因主令控制器触点 6 闭合,制动接触器 KM3 也通电吸合,制动电磁铁 YA 通电而松开电磁抱闸,电动机可自由旋转。如果负载较轻,仍能被向上提起,电机运行于正向电动状态;如果负载较重,因为此时转子串入的电阻较多,电机运行于倒拉反转制动状态,即低速下放重物。当手柄置于下放 C 位置时,正转接触器 KM2 通电吸合,电动机接通正序电源,但主令控制器触点 6 断开,制动接触器 KM3 没有被接通,电磁抱闸使电动机不能转动。这一挡称为下放的准备挡。此时因为电动机通电而不能转动,虽转子回路串有电阻,但电机电流仍较大,故手柄置于这个位置时间不能太长,以免损坏电机。

当手柄置于下放 3、4 和 5 位置时,反转接触器 KM1 通电吸合,主令控制器触点 6 闭合,制动接触器 KM3 也通电吸合,制动电磁铁 YA 通电而松开电磁抱闸,电动机反向旋转而获得强迫下降的作用,若负载较轻,例如下放空钩,对电动机仍有阻转矩,这时电动机运行在反向电动状态。手柄置于下放 3、4 和 5 位置时,接触器 KM5～KM9 相继通电,依次短接转子电阻 R1～R2、R1～R3 和 R1～R6。对于运行在反向电动状态下,位置 5 的下放速度最快。若重物较重,下放速度将超过同步速,则电动机将进入反向回馈状态。

3.6.3　电磁调速异步电动机控制线路

电磁调速异步电动机又称转差电动机,它由三相异步电动机、电磁转差离合器和控制装置三部分组成。

1. 电磁转差离合器的结构

电磁转差离合器与一般机械离合器不论从结构上还是原理上看,都不相同。电磁转差离合器(又称滑差离合器)实质上就是一台感应电动机,它由电枢与磁极两个旋转部分组成,如图3-57所示。电枢是由铸钢材料制成的圆筒形,它可以看成无数多根鼠笼条的并联(也可以装鼠笼绕组),直接与异步电动机相连接,与电动机一起转动或停止。磁极是由铁磁材料制成的铁芯,并装有励磁线圈和爪形磁极。爪形磁极的轴(输出轴)与被拖动的工作机械(负载)相连接,爪形磁极的励磁线圈经集电环流入直流电流,用来励磁。电磁转差离合器的主动部分(电枢)和从动部分(磁极)两者间无机械联系,电动机工作时才有电磁联系。

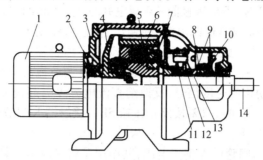

图3-57 电磁离合器结构图

1—电动机;2—主动轴;3—法兰断面;4—电枢;5—工作气隙;6—励磁绕组;

7—磁极;8—测速机定子;9—测速机磁极;10—永久磁铁;11—输出轴;12—刷架;13—集电环;14—电刷。

2. 电磁转差离合器的工作原理

电磁转差离合器的电枢部分在异步电动机运行时,随电动机的轴同速旋转,转速为 n,转向设为顺时针,如图3-58所示。若励磁绕组通入的直流励磁电流 $I_L = 0$,则电枢与磁极之间既无电联系也无磁联系,这时磁极与被拖动的负载不转动。这相当于负载被"离开"。若励磁电流 I_L 不为零,则磁极有了磁性,磁极与电枢之间就有了磁联系。由于电枢与磁极之间有相对运动,电枢鼠笼导条要感应电动势,并产生感应电流,由右手定则判定,对着磁极 N 极的电枢导条的电流,流出纸面($\odot$)对着 S 极的则流入纸面($\oplus$),这些电枢导条中的感应电流又形成新的磁场,根据右手定则可判定如图3-58中的 N、S 极。这种电枢上的磁极与爪形磁极 N、S 相互作用,使爪形磁极受到与电枢转向 n 同方向的作用力,进而形成与 n 同方向的电磁转距 M,使爪形磁极与电枢同方向运转,转速为 n_2,此时负载相当于被"合上"。爪形磁极的转速 n_2 必然小于电动机的转速 n,只有它们之间存在着转速差才能产生感应电流和转矩,所以称为电磁转差离合器。从这一点看,转差离合器的原理与鼠笼式异步

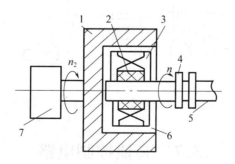

图3-58 电磁转差离合器的工作原理图

1—电枢;2—励磁绕组;3—爪形磁极;4—集电环;5—输出轴;6—气隙;7—异步电动机。

电动机很相似,其区别仅在于异步电动机的旋转磁场是由三相交流电所产生的,而转差离合器的"旋转磁场"则是由直流电流产生的,由电枢的转动而起到旋转磁场的作用。

3. 电磁调速异步电动机控制线路

电磁调速异步电动机的控制线路如图 3-59 所示。图中晶闸管控制器 VC 的作用是将单相交流电变换成可调的直流电,作为转差离合器 DC 的直流电源。

该控制线路的工作原理如下:

闭合 QS 并按启动按钮 SB2,接触器 KM 得电并自锁。KM 的主触头闭合,电动机得电启动,同时也接通晶闸管控制器 VC 的电源,并输出直流电流,使电磁转差离合器的爪形磁极的励磁线圈获得励磁电流。此时爪形磁极随电动机和离合器电枢同向转动。调节电位器 RP,可改变转差离合器磁极(从动部分)的转速,从而可调节拖动负载的转速,图中 TC 为测速发电机,由它取出电动机的速度信号,反馈给直流电源 VC,起速度负反馈作用,用来调整和稳定电动机转速。需停止时,只要按停止按钮 SB1,接触器 KM1 失电释放,电动机 M 和电磁离合器 DC 同时断电停止。

图 3-59 中 VC 是晶闸管可控整流电源,其作用是将交流电变换成直流电,供给电磁转差离合器的直流励磁电流,电流的大小可通过变阻器 RV 进行调节。由于电磁转差离合器是依靠电枢中的感应电流而工作的,感应电流会引起电枢发热,在一定负载转矩下,转速越低,则转差率就越大,感应电流也就越大,电枢发热也就越严重。因此,电磁调速异步电动机不宜长期低速运行。

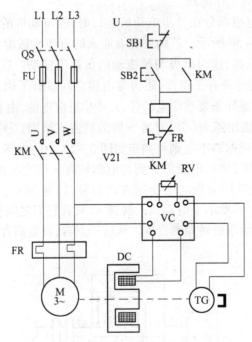

图 3-59 电磁调速异步电动机控制线路图

3.7 其他控制电路

1. 多地点控制

在实际生活和生产现场中,通常需要在两地或两地以上的地点进行操作控制。因为用

180

一组按钮可以在一处进行控制,所以,要在多地进行控制,就应该采用多组按钮。其多组按钮的接线原则是在接触器 KM 的线圈回路中,将所有启动按钮的动合(常开)触头并联,而将各停止按钮的动断(常闭)触头串联。图 3 – 60 是实现两地操作的控制线路。根据上述接线原则,可以推广于多地点操作的控制线路。

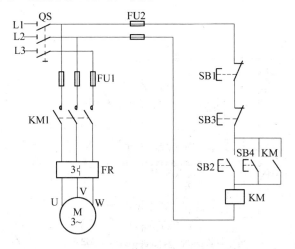

图 3 – 60　两地控制电路图

2. 顺序控制

图 3 – 61 所示是两台电动机 M1 和 M2 的顺序控制线路。图 3 – 61(a)中所示控制线路的特点是,将接触器 KM1 的动合(常开)辅助触头串联在接触器 KM2 线圈的控制线路中,这就保证了只有当接触器 KM1 接通,电动机 M1 启动后,电动机 M2 才能启动。图 3 – 61(b)中所示控制线路的特点是,电动机 M2 的控制线路是接在接触器 KM1 的动合(常开)辅助触头之后,其顺序控制作用与图 3 – 61(a)相同,但可以节省一副动合(常开)辅助触头。

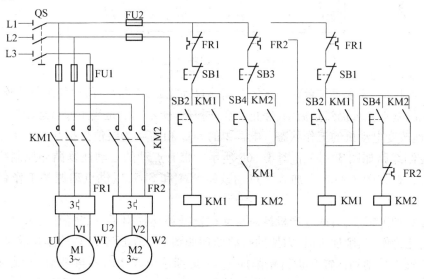

图 3 – 61　两台电动机 M1 和 M2 的顺序控制线路图
(a) 将 KM1 的动合触头串联在 KM2 线圈回路中;(b) 将 KM2 的控制线路接在 KM1 的动合触头后。

181

3. 行程控制

行程控制就是用运动部件上的挡铁碰撞行程开关而使其触头动作，以接通或断开电路来控制机械行程。行程控制或限位保护在摇臂钻床、桥式起重机及各种其他生产机械中经常被采用。图3-62和图3-63所示为小车限位控制线路，它是行程控制的一个典型实例。

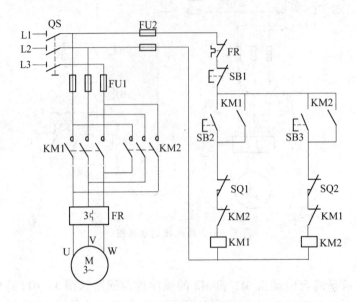

图3-62　小车行程限位控制线路图

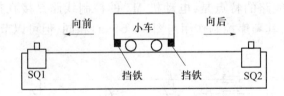

图3-63　小车行程限位运动图

某些生产机械，要求工作台在一定的距离能自动往复，不断循环，以使工件能连续加工。其对电动机的基本要求仍然是启动、停止和反向控制，所不同的是当工作台运动到一定位置时，能自动地改变电动机的工作状态。电路中的SQ3和SQ4为限位保护开关。常用的自动往复循环控制线路如图3-64和图3-65所示。带有点动的自动往复循环控制线路如图3-66所示，它是在图3-64中加入了点动按钮SB4和SB5，以供点动调整工作台位置时使用。

为了提高加工精度，有的生产机械对自动往复循环还提出了一些特殊要求。以钻孔加工过程自动化为例，钻削加工时，刀架的自动循环如图3-67所示。其具体要求是：刀架能自动地由位置1移动到位置2进行钻削加工；刀架到达位置2时不再进给，但钻头继续旋转，进行无进给切削，以提高工件加工精度，短暂时间后，刀架再自动退回位置1。无进给切削的自动循环控制线路如图3-68所示，图中时间继电器KT带延时闭合的动合（常开）触头，用于控制无进给切削时间。

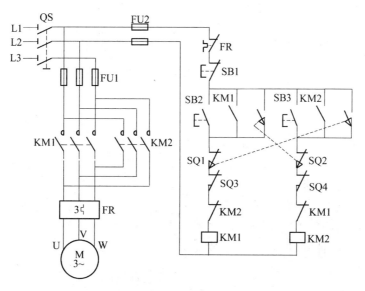

图 3-64 自动往复循环控制线路图

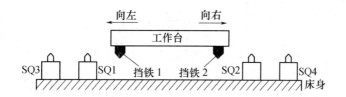

图 3-65 机床工作台运动示意图

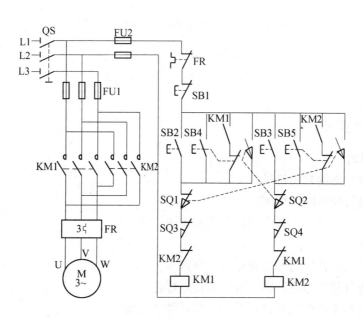

图 3-66 带有点动自动往复循环控制线路图

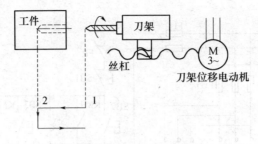

图 3-67　刀架运动示意图

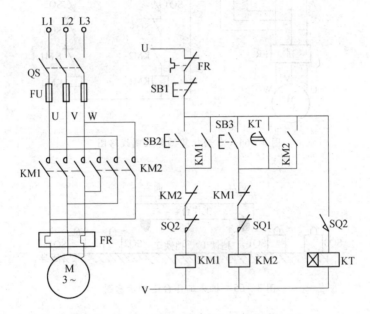

图 3-68　无进给切削的自动循环控制线路图

3.8　控制电路实训

3.8.1　元器件实训

一、实训目的

(1) 熟悉电气图的常用符号。

(2) 了解电气原理图的组成。

(3) 了解电气图中三个图之间的关系及绘图原则。

二、实训要求

(1) 熟记电气图常用的图形符号与文字符号。

(2) 能对电气原理图进行图面分区和接点标记。

(3) 能根据给定的电气原理图绘制电器元件布置图。

三、实训内容

1. 电气图的图形符号与文字符号

(1) 在实训表 3-1 中画出两种时间继电器的线圈与两种触点的图形符号。

实训表 3-1 时间继电器的线圈与触点的图形符号

时间继电器	线圈	瞬时触点	延时触点	文字符号
通电延时	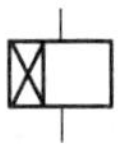	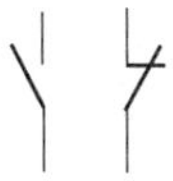	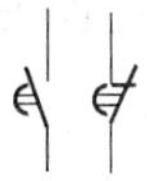	KT
断电延时	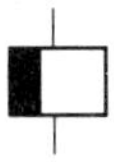	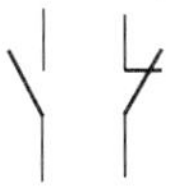	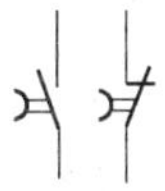	

（2）在实训表 3-2 中画出电流继电器线圈与触点的图形符号。

实训表 3-2 电流继电器的线圈与触点的图形符号

电流继电器	线圈	触点	文字符号
过电流继电器	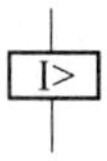 I>	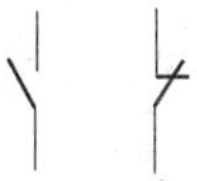	KI
欠电流继电器	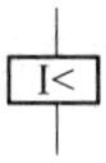 I<	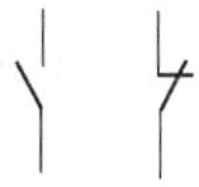	

（3）在实训表 3-3 中画出交流接触器线圈与触点的图形符号。

实训表 3-3 交流接触器的线圈与触点的图形符号

	线圈	主触点	辅助触点	文字符号
接触器	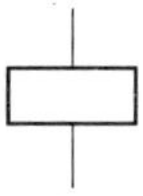	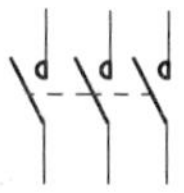	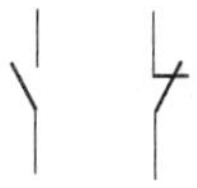	KM

（4）在实训表 3-4 中画出按钮和行程开关的图形符号,正确区分两种器件。

实训表 3-4 按钮和行程开关的图形符号

	常开触点	常闭触点	复合触点	文字符号
按钮	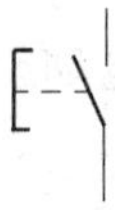		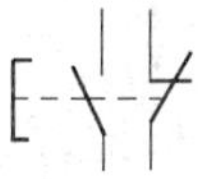	SB
行程开关			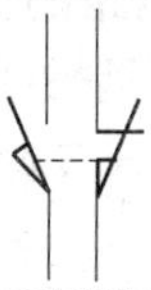	SQ

备注 按钮和行程开关的区别在于:按钮是靠手指按下时触点动作,松开手指后触点复位。而行程开关工作原理与其相似,只是其触头的动作不是靠手指按压的手动操作,而是利用生产机械某些运动部件上的挡块碰撞或碰压使触头动作,以此来实现接通或分断某些电路,使之达到一定的控制要求。

185

2. 如实训图 3-1 为某机床的电气原理图,要求:

(1) 试对该图进行图面分区和接线标记。

(2) 绘制出电气元件位置图。

(3) 列出元器件清单。

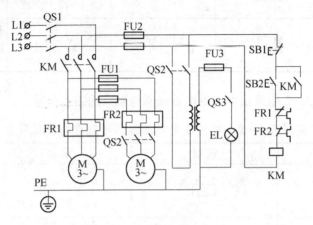

实训图 3-1　某机床的电气原理图

实训内容:

1) 对该图进行图面分区和接线标记

(1) 图区划分。为了便于阅读查找,在图纸的下方(或上方)沿横坐标方向划分,并用数字 1,2,3,…标明图区,再图区编号的上方表明该区的功能,如 1 图区所对应的是"电源开关",使读者清楚地知道某个元件或某部分电路的功能,以便于理解整个电路的工作原理。

(2) 接线标记。为了便于电路分析及绘制接线图,电路图中各元件接线端子用字母、数字、符号标记。

① 电动机绕组的标记。有多台电动机时 M1 电动机绕组用 U_1、$V1$、W_1;M_2 电动机绕组用 U_2、V_2、W_2;M_3 电动机绕组用 $U3$、$V3$、$W3$;……标记。

② 主电路的标记。一般三相交流电源引入线用 L_1、L_2、L_3、N 标记,接地线用 PE 标记;三相交流电动机所在的主电路用 U、V、W 标志,凡是被器件、触点间隔的接线端子按双下标数字顺序标志,M_1 电动机所在的主电路,用 U_{11}、V_{11}、W_{11},U_{12}、V_{12}、W_{12}、…标记,M_2 电动机所在的主电路,用 U_{21}、V_{21}、W_{21},U_{22}、V_{22}、W_{22}、…标记,M_3 电动机所在的主电路,用 U_{31}、V_{31}、W_{31},U_{32}、V_{32}、W_{32}、…标记,以此类推。

③ 控制电路和辅助电路的标记。控制电路和辅助电路各线号采用数字标志,其顺序一般从左到右、从上到下,凡是被线圈、触点等元件所间隔的接线端点,都应标以不同的线号。

现场实际应用中有时为了便于区分,辅助电路也可采用双数字下标,视具体情况而定,如实训图 3-2 所示。

2) 绘制电气元件位置图

电气元件位置图需详细绘制电气设备零件的安装位置,如实训图 3-3 所示。图中各电气元件代号应与有关电路图和清单上所有元器件代号相同,图中往往留有一定的备用面积及导线槽(管)的位置,以供改进设计时用,图中不需标注尺寸。如图为上述机床的电气元件位置图,图中 FU1、FU2 为熔断器,KM 为接触器,FR1、FR2 为热继电器,TC 为照明变压器,XT 为接线端子板。

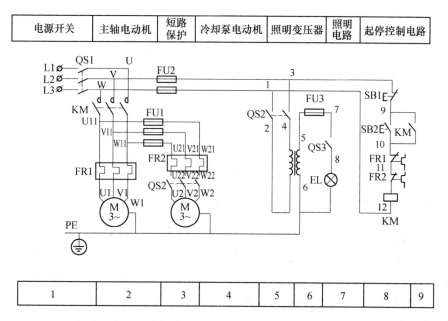

电源开关	主轴电动机	短路保护	冷却泵电动机	照明变压器	照明电路	起停控制电路

| 1 | 2 | 3 | 4 | 5 | 6 | 7 | 8 | 9 |

实训图 3-2 某机床的电气原理图的图面分区和接线标记

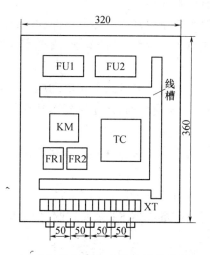

实训图 3-3 电气元件位置图

3）列元器件清单（实训表 1-1）

实训表 1-1

代号	名　称	型号	规　格	数量
M1	主轴电动机	JO2-42-4	5.5kW,1410r/min	1台
M2	冷却泵电动机	JCB-22型	0.125kW,2790r/min	1台
KM	交流接触器	CJO-20型	380V,20A	1个
FR1	热继电器	JRO-40型	11.3A	1个
FR2	热继电器	JRO-10型	3.5A	1个
QS1	三极开关	HZ1-10	380V,10A	1个

代号	名　称	型号	规　格	数量
QS2	三极开关	HZ1 – 10	380V,10A	1 个
QS3	单极开关	HZ1 – 10	220V,6A	1 个
SB1	按钮	LA2 型	1 组常闭触点	1 个
SB2	按钮	LA2 型	1 组常开触点	1 个
FU1	熔断器	RL1 型	15A	1 个
FU2	熔断器	RL1 型	6A	1 个
FU3	熔断器	RL1 型	2A	1 个
TC	照明变压器	BK – 50	50VA,380V/36V	1 个
EL	照明灯		40W,36V	1 个

3.8.2　降压启动控制实训

一、实训目的

（1）进一步明确三相异步电动机降压启动的目的。

（2）熟悉三相异步电动机 Y – △降压启动控制电路的构成。

（3）了解 Y – △降压启动的工作原理。

二、实训要求

（1）能正确选择相关低压电器元件。

（2）能正确分析给定的两个降压启动电气控制线路,并按要求正确连接电路。

（3）调试连接好的电路,能自行处理出现的问题,直至完成控制要求。

三、实训内容

正常运行是定子绕组接成三角形的鼠笼式异步电动机。可采用 Y – △降压启动的方式达到限制启动电流的目的,在电动机启动时,定子绕组接成星形,至启动即将完成时再接成三角形运行。

（1）用两个接触器构成电动机定子绕组 Y – △连接的降压启动,由时间继电器完成从启动到运行的过渡过程。

当 KM1 线圈得电时,定子绕组接成星形,当 KM2 线圈得电时,定子绕组接成三角形,由星形转为三角形是靠通电延时时间继电器 KT 来实现的,如实训图 3 – 4 所示。

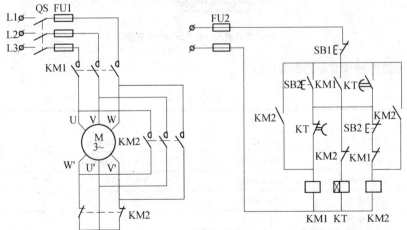

实训图 3 – 4　两个接触器控制的 Y – △降压启动的控制线路

（2）用三个接触器构成电动机定子绕组 Y - △ 连接的降压启动，由时间继电器完成从启动到运行的过渡过程。

当 KM1、KM3 线圈得电时，定子绕组接成星形，当 KM1、KM2 线圈得电时，定子绕组接成三角形，由星形转为三角形是靠通电延时时间继电器 KT 来实现的，如实训图 3 - 5 所示。

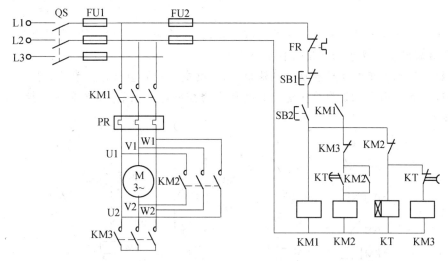

实训图 3 - 5　三个接触器控制的 Y - △ 降压启动的控制线路

（3）分析比较两个电路的不同之处。

① 实训图 3 - 4 中，KM2 的辅助常闭触点将电动机定子绕组的尾端共接一点，所以当按下 SB2 按钮时，其常闭触点断开 KM2 线圈所在的回路，保证启动时 KM2 线圈不能得电，而 KM1 线圈得电时，由 KM1 的辅助常闭触点封锁 KM2 线圈所在的回路，使电动机定子绕组接成星形，实现降压启动。

② 实训图 3 - 4 中，KM1 与 KM2 换接过程有一间隙，出现短时断电，但由于机械惯性，在换接成三角形连接时，电动机电流并不大，对电网没有多大的影响。

③ 实训图 3 - 5 中，KM2 常闭触点断开，使 KM3、KT 在电动机三角形连接运行时处于断电状态，使电路的耗能减少，同时能够更为可靠地工作。

④ 实训图 3 - 4 中用了两个接触器，来完成电动机的星形和三角形连接，但要用 KM2 的 8 组触点（包括 3 组主触点）。而实训图 3 - 5 中用三个接触器来完成电动机的星形和三角形连接，虽然比实训图 3 - 4 多用了一个接触器，但是 KM2 只用了 5 组触点（包括 3 组主触点），而且使控制电路更加简明和清晰。

习 题 三

3 - 1　电气图中为什么要规定统一的文字符号和图形符号？

3 - 2　电气图分为哪几类？各有什么用途？

3 - 3　阅读电气原理图中的控制电路部分时，应当注意什么问题？

3 - 5　简述电气原理图分析的一般步骤。

3 - 6　绘制电气原理图时，各部分电路在图中的位置如何安排？

3-7 在电气原理图中,各电器元件的触点如何绘制?

3-8 电气原理图、电器元件布置图、电气安装接线图这三种图各有什么作用? 三者之间有什么关系?

3-9 什么是电动机的直接启动? 在什么情况下允许直接启动? 直接启动的缺点是什么?

3-10 既然在电动机主电路中装有熔断器,为何还要装热继电器? 而装有热继电器是否可以不装熔断器? 两者的作用有什么不同?

3-11 三相异步电动机启动时电流很大,热继电器是否会动作? 为什么?

3-12 如题图3-12为单向运行的电动机的控制电路,试分析如果按图接线,会产生什么现象?

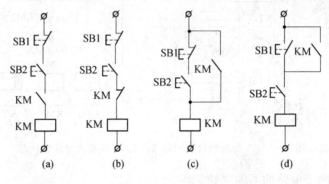

题图 3-12

3-13 为什么说接触器自锁控制电路具有欠压和失压保护作用?

3-14 如题图3-14所示的电动机双向运行的主电路和控制电路,试分析电路是否存在问题?

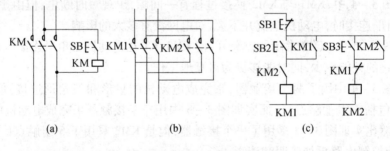

题图 3-14

3-15 三相鼠笼式异步电动机主要有哪几种降压启动方法? 各有什么特点?

3-16 三相绕线式异步电动机和三相鼠笼式异步电动机启动方法有什么不同?

3-17 电动机在什么情况下应采用降压启动方法?

3-18 定子绕组为星形接法的三相鼠笼式异步电动机能否用 Y-△ 启动方法? 为什么?

3-19 某设备因过载而自动停车后,当立即减少负荷并按启动按钮重新启动,但不能开动,试说明可能的原因。

3-20 在正反转控制线路中,为什么必须加入互锁触点?

3-21 什么是反接制动？有什么特点？适用在什么场合？

3-22 什么是能耗制动？有什么特点？适用在什么场合？

3-23 为什么异步电动机脱离电源后,在定子绕组中通入直流电,能够使电动机迅速停止？

习题解答

3-1 答:为了便于设计人员的绘图与现场技术人员、维修人员的识读,必须按照我国已颁布实施的有关国家标准,用统一的文字符号、图形符号及画法来绘制电气图,并且要随时关注最新国家标准中有关电器元件的文字符号与图形符号的更新,以便及时调整。

3-2 答:将电气控制系统中各电气元件及连接关系用一定的图样反映出来,在图样上用规定的图形符号表示各电气元件,并用文字符号说明各电气元件,这样的图样叫做电气图,也称电气控制系统图。图中必须根据国家标准,用统一的文字符号、图形符号及画法,以便于设计人员的绘图与现场技术人员、维修人员的识读。

常用的电气图包括电气原理图、电器元件布置图、电气安装接线图。

用图形符号、文字符号、项目代号等表示电路各个电气元件之间的关系和工作原理的图称为电气原理图。电气原理图结构简单、层次分明,适用于研究和分析电路工作原理,并可为寻找故障提供帮助,同时也是编制电气安装接线图的依据,因此在设计部门和生产现场得到广泛应用。

根据电器元件的外形,并标出各电器元件的间距尺寸所绘制的图称为电器元件布置图。电器元件布置图主要是表明电气设备上所有电器元件的实际位置,为电气设备的安装及维修提供必要的资料,它不表达各电器的具体结构、作用、接线情况及工作原理。

根据电路图及电器元件位置图绘制表示出各电气设备、电器元件之间的实际接线情况的图称为电器安装接线图。电气安装接线图主要用于电气设备的安装配线、线路检查、线路维修和故障处理,并在图中要标注出外部接线所需的数据。

3-3 阅读电气原理图中的控制电路部分时,应当注意什么问题？

答:控制电路由各种电器组成,主要用来控制主电路工作的。在阅读控制电路时,一般先根据主电路接触器主触点的文字符号,到控制电路中去找与之相应的吸引线圈,进一步弄清楚电机的控制方式。这样可将整个电气原理图划分为若干部分,每一部分控制一台电动机。另外控制电路依照生产工艺要求,按动作的先后顺序,自上而下、从左到右并联排列。因此读图时也应当自上而下、从左到右,一个环节、一个环节地进行分析。

3-4 答:概括地说,阅读电气原理图的方法可以归纳为:从机到电、先"主"后"控"、化整为零、连成系统这十六个字。也就是说,对机、电、液配合得比较紧密的生产机械,必须进一步了解有关机械传动和液压传动的情况,有时还要借助于工作循环图和动作顺序表,配合电器动作来分析电路中的各种连锁关系,以便掌握其全部控制过程。

还应当了解主电路有哪些用电设备(如电动机、电炉等),以及这些设备的用途和工作特点。并根据工艺过程,了解各用电设备之间的相互联系、采用的保护方式等,如各电动机是否有启动、反转、调速、制动等控制要求,需要哪些连锁保护,各电动机之间是否有启动和停止顺序方面的要求,了解主电路的这些工作特点后,根据这些特点再去阅读控制电路。

控制电路由各种电器组成,可将整个控制电路划分为若干部分,每一部分控制一台电动机,读图时自上而下、从左到右,一个环节一个环节地进行分析。

最后再阅读照明、信号指示、监测、保护等各辅助电路环节,掌握整个设备的工作情况。

对于比较复杂的控制电路,可按照先简后繁,先易后难的原则,逐步解决。因为无论怎样复杂的控制线路,总是由许多简单的基本环节所组成。阅读时可将他们分解开来,先逐个分析各个基本环节,然后再综合起来全面加以解决。

3-5 答:结合典型线路分析电路,即按功能的不同分成若干局部电路。如果电路比较复杂,则可将与控制系统关系不大的照明电路、显示电路、保护电路等辅助电路暂时放在一边,先分析主要功能,再集零为整。

结合基础理论分析电路,任何电气控制系统无不建立在所学的基础理论上,如电机的正反转、调速等是同电机学相联系的;交直流电源、电气元件以及电子线路部分又是和所学的电路理论及电子技术相联系的。应当应用所学的基础理论分析电路及控制线路中元件的工作原理。

具体地说,电气原理图分析的一般步骤如下:

(1) 看电路图中的说明和备注,有助于了解该电路的具体作用。

(2) 划分电气原理图中的主电路、控制电路、辅助电路、交流电路和直流电路。

(3) 从主电路着手,根据每台电动机和执行器件的控制要求去分析控制功能。分析主电路时,采用从下往上看,即从用电设备开始,经控制元件,依次往电源看;分析控制电路时,采用从上往下、从左往右的原则,将电路化整为零分析局部功能。

(4) 再分析辅助控制电路、连锁保护环节等。

(5) 将各部分归纳起来全面掌握。

3-6 答:电气原理图是为了便于阅读和分析控制线路工作原理而绘制的,主电路、控制电路和辅助电路应分开绘制,一般来说,主电路用垂直线绘制在图的左侧,控制电路用垂直线绘制在图的右侧,控制电路中的耗能元件画在电路的最下端。

3-7 答:通常绘制电气原理图时,所有电器元件的触点均按未通电、没有受外力作用时的状态、没有发生机械动作时的位置而绘制,如继电器、接触器的触点按线圈未通电时的状态绘制;按钮、行程开关的触点按不受外力作用时的状态绘制。使触点动作的外力方向必须是:当图形垂直放置时为从左到右,即垂线左侧的触点为常开触点,垂线右侧的触点为常闭触点;当图形水平放置时为从下到上,即水平线下方的触点为常开触点,水平线上方的触点为常闭触点。

3-8 答:电气原理图是为了便于阅读和分析控制线路工作原理而绘制的,电路结构简单、层次分明,适用于研究和分析控制系统的组成及工作原理,可为寻找故障提供帮助;电器元件布置图表明了电气设备上所有电器元件的实际位置,为电气设备的安装及维修提供必要的资料;电气安装接线图主要用于安装接线、线路检查、线路维修和故障处理,是为安装电气设备和电气元件进行配线或检修电气故障服务的。电气原理图和电器元件布置图是绘制电气安装接线图的依据,电气安装接线图便于设备的接线与调试;查找故障时,通常由电气原理图分析电路原理、判断故障,由电气接线图确定故障部位。

3-9 答:将额定电压直接加到电动机定子绕组上,使电动机启动,称为直接启动或全压启动。

直接启动的电动机受容量的限制,一般可根据启动次数、电动机容量、供电变压器容量

和机械设备是否允许来分析,也可由下面的经验公式来确定:

$$\frac{I_{st}}{I_N} \leqslant \frac{3}{4} + \frac{S}{4P_N}$$

式中:I_{st} 为电动机启动电流(A);I_N 为电动机额定电流(A);S 为电源容量(kVA);PN 为电动机额定功率(kW)。

满足此条件可采用直接启动,通常电动机容量不超过电源变压器容量的15%~20%时或电动机容量较小时(10kW以下),允许直接启动。

直接启动时,启动电流很大,可达电动机额定电流的4倍~7倍,过大的启动电流会使电网电压显著降低,直接影响在同一电网工作的其他设备的稳定运行,甚至使其他电动机停转或无法启动。

3-10 答:熔断器和热继电器的作用各不相同,在电动机为负载的电路中,熔断器是一种广泛应用的最简单有效的短路保护电器,它串联在电路中,当通过的电流大于规定值时,使熔体熔化而自动分断电路,它分断的电流大,要求它作用的时间短,以保护负载。

而热继电器是一种利用流过继电器的电流所产生的热效应而反时限动作的过载保护电器,在电动机为负载的电路中,热继电器用来对连续运行的电动机进行过载保护,以防止电动机过热而造成绝缘破坏或烧毁电动机。

据此,使熔断器作用的电流很大,过载电流不足以使其作用,所以它不能代替热继电器实施过载保护。而由于热惯性,虽然短路电流很大,但也不能使热继电器瞬间动作,因此它不能代替熔断器用作短路保护。

在电动机主电路中既要装熔断器,实现短路保护,也要装热继电器,实现过载保护。

3-11 答:三相异步电动机启动时电流虽然很大,但启动时间很短,由于热继电器的动作有热惯性,当热元件感受到的电流大于额定值时,未动作到位,电动机的启动已经结束。所以电动机启动时的大电流,不会使热继电器误动作。

3-12 答:图(a)中将接触器的常开触点串接在接触器线圈中,按下启动按钮SB2时,接触器线圈无法得电。

图(b)中将接触器的常闭触点串接在接触器线圈中,按下启动按钮SB2时,接触器线圈得电,常闭触点断开,接触器线圈马上失电,常闭触点接着闭合,接触器线圈又重新得电……,只要不松开按钮SB2,那么接触器线圈将不停地得失电,常闭触点不停地断开闭合,电路无法正常工作。

图(c)中,按下启动按钮SB2时,接触器线圈得电,自锁触点闭合,由于自锁触点与启动按钮SB2和停止按钮SB1并联,所以松开启动按钮SB2后,接触器线圈持续得电,停止按钮SB1也将不起作用,即电动机启动后,无法停止。

图(d)中,接触器的自锁触点只与停止按钮SB1并联,因此按下启动按钮SB2时,接触器线圈得电,松开SB2后,接触器线圈失电,使电动机只能实现点动,停止按钮SB1失去作用。

3-13 答:当电源电压由于某种原因严重欠压或失压时,接触器的电磁吸力急剧下降或消失,衔铁释放,主触点与自锁触点断开,电动机停止运转。而当电源电压恢复正常时,电动机不会自行启动运转,避免事故的发生,因此说接触器自锁控制电路具有欠压和失压保护作用。

3-14 答:图(a)中按下启动按钮SB时,接触器线圈能够得电,松手后线圈失电,但是接触器的线圈接入了主电路,不正常。

图(b)中两个接触器的主触点交换了三根相线,接到电动机上的电源没有改变相序,电动机只能在一个方向上运行。

图(c)中,按下启动按钮 SB3 时,接触器 KM2 线圈得电,自锁触点闭合,所以松开启动按钮 SB3 后,接触器线圈持续得电。但是接触器 KM1 线圈上串接了接触器 KM2 的常开触点,所以按下 SB2,接触器 KM1 线圈无法得电,电动机只能在一个方向上运行。

3 – 15 答:三相鼠笼式异步电动机降压启动方式有以下四种:定子绕组串接电阻(或电抗器)降压启动、Y – △ 连接降压启动、自耦变压器降压启动、延边三角形降压启动等启动方法。

定子绕组串接电阻(或电抗器)降压启动的方法,特点是它具有启动平稳、运行可靠、构造简单等优点,但是由于启动电压的降低,将使启动转矩减小,所以这种方式仅适用于空载启动或轻载启动的场合。

Y – △ 连接降压启动的方法,特点是正常运行时定子绕组做三角形连接的异步电动机均能采用这种降压启动方式,但是它启动时的启动转矩仅为 33% 的全压启动转矩,所以这种降压启动方式,只适用于轻载或空载下的启动。

自耦变压器降压启动的方法,特点是这种降压启动方法具有适用范围广、启动转矩大并可调整等优点,是一种实用的三相鼠笼式异步电动机降压启动方法,但是自耦变压器价格较贵,而且这种启动方法不允许频繁启动。

延边三角形降压启动的方法,特点是这种方法具有启动转矩大、允许频繁启动,以及启动转矩可以在一定范围内选择等优点。但是,使用这种启动方法的电动机,不但应在定子绕组备有 9 个出线端,而且还应备有一定数量的抽头,其制造工艺复杂,对电动机的制造增加了困难;同时控制系统的安装与接线提高了技术要求,增加了难度。因此,延边三角形降压启动尚未被广泛应用。

3 – 16 答:三相鼠笼式异步电动机的启动方法,除了直接启动外,通常是在定子绕组部分采取降压措施,而三相绕线式异步电动机启动时通常在转子绕组部分采取措施。

3 – 17 答:满足公式:$\dfrac{I_{st}}{I_N} \leqslant \dfrac{3}{4} + \dfrac{S}{4P_N}$ 时,可全压启动,通常电动机容量不超过电源变压器容量的 15% ～ 20% 时或电动机容量较小时(10kW 以下),允许全压启动。

当电动机容量在 10kW 以上或不满足上述公式或电网上有电流限制的特殊要求时,应采用降压启动。有时为了减小和限制启动时对机械设备的冲击,即使允许采用全压启动的电机,也往往采用降压启动。

3 – 18 答:定子绕组为星形接法的三相鼠笼式异步电动机不能采用 Y – △ 启动方法。因为定子绕组为星形接法的三相鼠笼式异步电动机,意味着额定运行时电动机的定子绕组承受电源的相电压,如果也采用 Y – △ 启动方法,那么启动时接入电源的相电压,启动结束进入运行后,定子绕组将承受电源的线电压,这样非但没有实现降压启动,而且运行时定子绕组三角形接法接入电源线电压将使绕组过压而烧毁。

3 – 19 答:时间间隔太短,热继电器的热元件尚未复位,常闭触点没有闭合,使控制回路没有复原,启动按钮未能重新接通回路。

3 – 20 答:在电动机正反转控制中,只要改变电动机三相电源相序,也就是交换电源进线中的任意两根相线,就能改变电动机的转向。为此可以在控制线路中用两个接触器的主触点来对调电动机定子绕组电源的任意两根接线,实现电动机的正反转。

但是,如果两个接触器同时工作,那么将由两根电源线通过接触器的主触点而将电源短路了。所以对正反转控制线路最根本的要求是:必须保证两个接触器不能同时工作。因此在两个接触器线圈的回路中串接对方的常闭触点,即互锁触点,这样在同一时间里只允许两个接触器中的一个接触器工作,实现互锁。

3-21 答:反接制动就是利用改变电动机定子电路的电源相序,产生反向转矩,使电动机迅速停机,在切断电动机三相电源的同时,接入反相序电源,即交换电动机定子绕组任意两相电源线的接线顺序,使旋转磁场方向与电动机原来的旋转方向相反,从而产生与转子旋转方向相反的制动转矩,使转子转速很快下降为零。

反接制动的特点是方法简单,无需直接电源,制动快、制动转矩大,但是也有制动过程冲击强烈、易损坏传动零件,能量消耗也较大。此种制动方法适用于 10kW 以下的小容量电动机,特别是一些中小型普通车床、铣床中的主轴电动机的制动,常采用这种反接制动。

3-22 答:能耗制动,就是在正常运行的电动机脱离三相电源之后,给定子绕组及时接通直流电源,以产生静止磁场,利用转子感应电流和静止磁场相互作用所产生的并和转子惯性转动方向相反的电磁转矩对电动机进行制动的方法,由于这种制动方法是消耗转子的动能来制动的,所以称为能耗制动。

能耗制动比反接制动所消耗的能量小,其制动电流比反接制动时要小得多,而且制动过程平稳,无冲击,但能耗制动需要专用的直流电源。通常此种制动方法适用于电动机容量较大、要求制动平稳与制动频繁的场合。

3-23 答:正常运行的电动机脱离三相电源并在定子绕组中通入直流电后,可以在电动机内产生恒定磁场,此时电动机的转子由于惯性仍继续旋转,转子导体将切割恒定磁场产生感应电流。载流导体在恒定磁场作用下产生的电磁转矩,与转子惯性转动方向相反,成为制动转矩,使电动机迅速停止。

第4章 典型机电设备的电气控制系统

4.1 电气图的识图方法和步骤

4.1.1 电气图的识图方法

1. 结合电工基础知识识图

在实际生产的各个领域中,所有电路如输变配电、电力拖动和照明等,都是建立在电工基础理论之上的。因此,要想准确、迅速地看懂电气图,必须具备一定的电工基础知识。如三相鼠笼式异步电动机的正转和反转控制,就是利用三相鼠笼式异步电动机的旋转方向是由电动机三相电源的相序来决定的原理,用倒顺开关或两个接触器进行切换,改变输入电动机的电源相序,以改变电动机的旋转方向。

2. 结合电器元件的结构和工作原理识图

电路中有各种电器元件,如配电电路中的负荷开关、自动空气开关、熔断器、互感器、仪表等;电力拖动电路中常用的各种继电器、接触器和各种控制开关等;电子电路中,常用的各种二极管、晶体管、晶闸管、电容器、电感器以及各种集成电路等。因此,在识读电气图时,首先应了解这些元器件的性能、结构、工作原理、相互控制关系以及在整个电路中的地位和作用。

3. 结合典型电路识图

典型电路就是常见的基本电路,如电动机的启动、制动、正反转控制、过载保护电路,时间控制、顺序控制、行程控制电路,晶体管整流电路,振荡和放大电路,晶闸管触发电路等。不管多么复杂的电路,几乎都是由若干基本电路所组成。因此,熟悉各种典型电路,在识图时就能迅速地分清主次环节,抓住主要矛盾,从而看懂较复杂的电路图。

4. 结合有关图纸说明识图

凭借所学知识阅读图纸说明,有助于了解电路的大体情况,便于抓住看图的重点,达到顺利识图的目的。

5. 结合电气图的制图要求识图

电气图的绘制有一些基本规则和要求,这些规则和要求是为了加强图纸的规范性、通用性和示意性而提出的。

4.1.2 识图基本步骤

1. 看图纸说明

图纸说明包括图纸目录、技术说明、元器件明细表和施工说明等。识图时,首先要看图纸说明,搞清设计的内容和施工要求,这样就能了解图纸的大体情况,抓住识图的重点。

2. 看主标题栏

在看图纸说明的基础上,接着看主标题栏,了解电气图的名称及标题栏中有关内容。借助相关的电路基础知识,对该电气图的类型、性质、作用等有明确的认识,同时大致了解电气图的内容。

3. 看电路图

看电路图时,先要分清主电路和控制电路、交流电路和直流电路,其次按照先看主电路,再看控制电路的顺序读图。看主电路时,通常从下往上看,即从用电设备开始,经控制元件,顺次往电源看。看控制电路时,应自上而下,从左向右看,即先看电源,再顺次看各条回路,分析各回路元器件的工作情况及其对主电路的控制。通过看主电路,要搞清用电设备是怎样从电源取电的、电源经过哪些元件到达负载等。通过看控制电路,要搞清它的回路构成、各元件间的联系(如顺序、互锁等)、控制关系和在什么条件下回路构成通路或断路,以理解工作情况等。

4. 看接线图

接线图是以电路图为依据绘制的,因此要对照电路图来看接线图。看的时候,也要先看主电路,再看控制电路。看主电路时,从电源输入端开始,顺次经控制元件和线路到用电设备,与看电路图有所不同。看控制电路时,要从电源的一端到电源的另一端,按元件的顺序对每个回路进行分析。接线图中的线号是电器元件间导线连接的标记,线号相同的导线原则上都可以接在一起。因接线图多采用单线表示,所以对导线的走向应加以辨别,还要搞清端子板内外电路的连接。

5. 看平面布置图和剖面图

看平面布置图有利于搞清设备的空间位置分布,有时可结合剖面图进行分析,这对安装接线的整体规划和具体施工是十分必要的。

4.1.3 电气控制线路的故障分析和检修方法

1. 电气控制线路的故障分析

按故障的性质、产生的原因等对数控机床的故障做如下分类。

1)系统性故障和随机故障

根据故障出现的必然性和偶然性可将数控磨床的故障分为系统性故障和随机故障。其中,系统性故障是指只要满足一定的条件,机床或者数控系统就必然出现的故障。例如电网电压过高或过低,系统就会产生电压过高报警或电压过低报警;工件、主轴冷却系统压力不够,就会产生冷却压力不足报警;数控系统电池电压低就会产生电池报警;切削量安排得过大,就会产生过载报警。

随机故障是指偶然条件下出现的故障。要想人为地再现同样的故障是不容易的,有时很长时间也难再遇到一次,因此这类故障诊断起来是很困难的。一般来说,这类故障往往与机械结构的局部松动、错位,数控系统中部分元件工作特性的漂移、机床电气元件可靠性下降有关。因此诊断排除这类故障要经过反复试验,然后进行综合判断、检查,最终找到引起故障的根本原因。

2)破坏性故障和非破坏性故障

以故障发生时有无破坏性将数控机床故障分为破坏性故障和非破坏性故障。其中,破坏性故障是指会对机床或者操作者造成侵害,导致机床损坏或人身伤害,如飞车、超程、短路烧熔丝、部件碰撞等。有些破坏性故障是人为造成的,是由于操作不当引起的,例如机床通电后不返回参考点就手动快进,不注意滑台位置,就容易撞车;另外在调试加工程序时,有时程序中的坐标轴数值设置过大,在运行时容易超行程。破坏性故障发生后,维修人员在检查机床故障时,不允许简单地再现故障。如果能够采取一些防范措施,保证不会再出现破坏性的结果,可以再现故障;如果不能保证再发生破坏性的结果,不可再现故障。

在诊断这类故障时,要根据现场操作人员的介绍,经过仔细的分析、检查来确定故障原因。这类故障的排除技术难度较大且有一定风险,所以维修人员应该慎重处理这类故障。

数控机床的大多数故障属于非破坏性故障,维修人员应该重视这类故障。诊断这类故障可以通过再现故障,观察分析故障现象,通过对故障现象和机床的工作原理进行分析,从而确定故障点并排除故障。

3)软件故障和硬件故障

(1)软件故障。指没有硬件损坏,不需要更换或者维修硬件,只需调整数据或者修改程序即可排除。软件故障又有以下几类。

① 加工程序编制错误造成的软件故障。这类故障数控系统一般都有报警显示,可以根据报警信息,检查、修改加工程序即可排除故障。

② 机床数据、参数设置不正确造成的软件故障。现在的数控系统都有很多机床数据需要设置,有时因为备用电池电量不足、电磁干扰、人为误操作等原因使机床数据发生改变,或者机床使用一段时间后,一些数据需要调整,但没有进行调整,这时机床就会出现故障。这类故障只要将相应的数据改正后,故障即可排除。

③ 操作不正确出现的软件故障。这类故障在机床刚投入使用初期或者机床新换操作人员时,由于操作人员对机床不熟悉而操作失误引起的。

(2)硬件故障。指必须更换或者维修已损坏的器件才能排除的故障。现在数控系统的可靠性越来越高,所以硬件故障的故障率越来越低,比较常见的是 PLC 输入、输出接口损坏。PLC 输入接口出现问题,系统得不到反馈信息;PLC 输出接口出现问题,功放元件得不到指令信号而丧失功能。解决方法通常有如下两种。

① 修改 PLC 程序。如果有备用接口,较容易解决的方法为修改 PLC 程序,将损坏的接口用备用接口替代。

② 更换备件。这种方法简单易行,但费用较高。

4)控制系统故障和机床侧故障

按照故障发生部位又可以将数控机床的故障分为控制系统故障和机床侧故障。控制系统故障指由于数控系统、伺服系统、PLC 等控制系统的软、硬件出现问题而引起的机床故障。由于现在的控制系统的可靠性越来越高,所以这类故障越来越少,但是这类故障诊断难度比较大,必须掌握各个系统的工作原理。机床侧故障是指在机床上出现的非控制系统的故障,包括机械问题、检测开关问题、强电问题、液压问题等。机床侧故障还可以分为主机故障和辅助装置故障。机床侧故障是数控机床的常见故障,对这类故障的诊断、维修要熟练掌握PLC 系统的应用和系统诊断功能。

5)机床运动品质下降的故障

机床运动品质下降的故障是由于运动品质特性下降引起的故障,此时机床照常运行,也不会有任何报警显示,但加工的工件不合格。如机床定位精度超差、滚珠丝杠反向间隙过大、圆弧加工不合格、磨削的工件表面粗糙度太高、机床起停或者运行时有振动等。针对这类故障,必须在检测仪器配合下,通过对机械部件、控制系统、伺服系统等进行调整来解决。

2. 电气控制线路的故障检修方法

在进行检修过程中,常用的有经验法、检测法和一些其他方法。

1）经验法

常用的经验法较多,可归纳如下:

（1）弹压活动部件法。主要用于活动部件,如接触器的衔铁;行程开关的滑轮臂、按钮、开关等。通过反复弹压活动部件,使活动部件动作灵活,同时也使一些接触不良的触头得到摩擦,达到接触导通的目的。

例如,对于长期没有启用的控制系统,在启用前,应采用弹压活动部件法全部动作一次,以消除动作卡滞与触头氧化现象。对于因环境条件污物较多或潮气较大而造成的故障,也应使用这一方法。但必须注意,弹压活动部件法可用于故障范围的确定,而不常用于故障的排除,因为仅采用这一种方法,故障的排除常常是不彻底的,要彻底排除故障还需采用另外的措施。

（2）电路敲击法。电路敲击法基本同弹压活动部件法,二者的区别主要是前者带电检查,而后者是在断电的过程中进行的。电路敲击法可用一只小的橡皮锤,轻轻敲击工作中的元件。如果电路故障突然排除,或者故障突然出现,都说明被敲击元件附近或者是被敲击元件本身存在接触不良现象。对正常电气设备,一般能经住一定幅度的冲击,即使工作没有异常现象,如果在一定程度的敲击下,发生了异常现象,也说明该电路存在着故障隐患,应及时查找并予以排除。

（3）黑暗观察法。电路存在接触不良故障时,在电源电压的作用下,常产生火花并伴随着一定的声响。因为火花和声音一般比较微弱,在环境光线较为明亮、噪声稍大的场所,常不容易察觉,因此应在比较黑暗和安静的情况下,观察电路有无火花产生,聆听是否有放电时的"嘶嘶"声或"噼啪"声。如果有火花产生,则可以肯定,产生火花的地方存在着接触不良或放电击穿的故障。但如果没有火花产生,则不一定就接触良好。因此,黑暗观察法只是一个辅助手段,对故障点的确定有一定帮助。

（4）元件替换法。对可疑元件,可采用替换的方法进行验证。如果故障依旧,说明故障点怀疑不准,可能该元件没有问题。但如果故障排除,则与该元件相关的电路部分存在故障,应加以确认。

（5）交换法。当有两台或两台以上的电气控制系统时,可把系统分成几个部分,将各系统的部件进行交换。当换到某一部分时,电路恢复正常工作,而将故障部分换到其他设备上时,其他设备也出现了相同的故障,说明故障就在该部分。

当只有一台设备,而控制电路内部又存在相同元件时,可以将相同元件调换位置,检查相应元件对应的功能是否得到恢复,故障是否又转到另外的部分。如果故障转到另外的部分,则说明调换元件存在故障;如果故障没有变化,则说明故障与调换元件没有关系。通过调换元件,可以不借用其他仪器来检查元件的好坏,因此可在检测条件不具备时采用。

（6）对比法。如果电路有两个或两个以上的相同部分时,可以对两部分的工作情况做出对比。因为两个部分同时发生相同故障的可能性很小,因此通过比较,可以方便地测出各种情况下的参数差异,通过合理分析,可以方便地确定故障范围和故障情况。例如,根据相同元件的发热情况、振动情况、电流、电压、电阻及其他数据,可以确定该元件是否过荷、电磁部分是否损坏、线圈绕组是否有匝间短路、电源部分是否正常等。使用这一方法时应特别注意,两电路部分工作状况必须完全相同时才能互相参照,否则不能比较,至少是不能完全比较。

(7) 分割法。首先将电路分成几个相互较为独立的部分,弄清其间的联系方式,再对各部分电路进行检测,从而确定故障的大致范围。然后再将电路存在故障的部分细分,对每一小部分进行检测,再确定故障的范围,继续细分至每个支路,最后将故障点查找出来。

以上所述的经验法还有很多。但经验法一般只能作为故障查找时的辅助手段,最终确定故障点时,仍需使用检测法进行确认。

2) 检测法

检测法是指采用仪器仪表作为辅助工具对电气线路进行故障判断的检修方法。由于仪器仪表种类很多,且有日新月异之势,故检测法发展很快,准确率大大提高,手段也日益增多。

例如目前市场上出现的电路板测试仪,在不知道电路原理的情况下,可以由仪器对线路板进行检测,据厂方数据,故障查找准确率在90%以上。但比较常用、比较实用的方法仍为利用欧姆表、电压表和电流表对电路进行测试。

(1) 测量电压法。如图4-1所示电路,故障现象是行程开关 SQ 和中间继电器 KA 的常开触点闭合时,按启动按钮 SB1,接触器 KM1 不吸合。

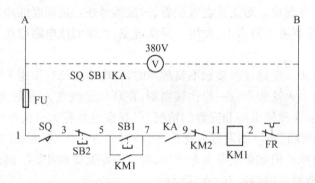

图4-1　测量电压(电阻)法

用万用表测量电压的方法查找故障,若 U_{AB} = 380V,上述故障现象说明电路有断路之处,可用万用表测相邻两点间电压,如电路正常,除接触器线圈(1 点与 2 点之间)电压等于电源电压 380 V 外,其他相邻两点间的电压都应为 0;如有相邻两点间的电压等于 380 V,说明该两点间的触点或导线接触不良或断路,例如 3 于 5 两点间的电压为 380V,说明停止按钮 SB2 接触不良,当各点间的电压均正常,只有接触器线圈 11 与 2 两点之间电压为 380 V,但不吸合,说明线圈断路或机械部分卡住。

测量电压法适合多种电气线路判断故障,这是一种简单、实用的方法。

(2) 测量电阻法。

电阻测量的原理为在被测线路两端加一特定电源,则在被测线路中有一电流流过。被测线路的电阻越大,流过的电流就越小;反之,被测电阻越小,流过的电流就越大。这样在测量回路中,串接一个电流表,就可根据电流表电流的指示换算出电阻的大小。由于换算中,电流和电阻是一一对应关系,故可直接在电流表的刻度盘上标出电阻的大小。

测量电阻法是不加电源电压,比较安全。但要注意对并联支路要先断开后再测量;测量数值较大的电阻时,应注意换挡,以防仪表误差。

3）其他方法

（1）非接触测温法。温度异常时，元件性能常发生改变，同时，元件温度异常也反应了元件本身的工作情况，如过负荷、内部短路等。因此可以用测温法判断电路的工作情况。按常规的方法，元件的温度测量不是一件容易的事情，但随着测温技术的发展，非接触测量温度已经不是一件难事，这就为温度测量法的实施提供了条件。例如，最简单的可采用感温贴片，复杂一点的可采用红外幅射测温计。感温贴片是一种温致变色的薄膜，具有一定的变色温度点，超过这一温度，感温贴片就会改变颜色（如鲜红色）。将具有不同变色温度点的感温贴片贴在一起，通过颜色的变化情况，就可以直接读出温度值。目前生产的感温贴片通常是每5℃一个等级，因此用感温贴片可读出±5℃的温度值。

红外测温仪是一种典型的非接触式测温仪，有的还带有激光瞄准系统。其测温点较小，基本上可以实现对远距离"点"的测温，测温区域直径与测温距离之比可达1:150。温度显示反应快，精度高，但仪表售价较高。

（2）加热法。当电气故障与开机时间呈一定的对应关系时，可采用加热法促使故障更加明显。因为随着开机时间的增加，电气线路内部的温度上升。在温度的作用下，电气线路中的故障元件或侵入污物使电气性能不断改变，从而引发故障。因此可采用加热法，加速电路温度的上升，起到诱发故障的作用。具体做法是，使用电吹风或其他加热方式，对怀疑元件进行局部加热，如果诱发故障，说明被怀疑元件存在故障；如果没有诱发故障，则说明被怀疑元件可能没有故障，从而起到确定故障点的作用。

使用这一方法时应注意安全，加热面不要太大，温度不能过高，以达到电路正常工作时所能达到的最高温度为限，否则可能会造成绝缘材料及其他元件的损坏。

（3）短接法。在各类故障中出现较多的是断路，包括导线断路、虚连、松动、触点接触不良、虚焊、假焊、熔断器熔断等。短接法就是用一根绝缘良好的导线，将所怀疑的短路部位短接起来，若电路工作恢复正常，说明该部位断路。此法要注意安全，勿触电；且本方法只适用于电压降极小的导线和电流不大的触点（5A以下），否则容易出事故。

4.2 M7120 型平面磨床

磨床主要用砂轮旋转研磨工件以使其达到要求的平整度，根据工作台形状可分为矩形工作台和圆形工作台两种。矩形工作台平面磨床的主参数为工作台宽度及长度，圆台平面磨床的主参数为工作台面直径。根据轴类的不同，可分为卧轴磨床及立轴磨床，具体分类有卧轴矩台、立轴圆台、卧轴圆台、立轴矩台和各种专用平面磨床。

（1）卧轴矩台平面磨床。工件由矩形电磁工作台吸住或夹持在工作台上，并作纵向往复运动。砂轮架可沿滑座的燕尾导轨作横向间歇进给运动，滑座可沿立柱的导轨作垂直间歇进给运动，用砂轮周边磨削工件，磨削精度较高。

（2）立轴圆台平面磨床。竖直安置的砂轮主轴以砂轮端面磨削工件，砂轮架可沿立柱的导轨作间歇的垂直进给运动。工件装在旋转的圆工作台上可连续磨削，生产效率较高。为了便于装卸工件，圆工作台还能沿床身导轨纵向移动。

（3）卧轴圆台平面磨床。适用于磨削圆形薄片工件，并可利用工作台倾斜磨出厚薄不等的环形工件。

（4）立轴矩台平面磨床。由于砂轮直径大于工作台宽度，磨削面积较大，适用于高效磨削。

（5）双端面磨床。利用两个磨头的砂轮端面同时磨削工件的两个平行平面,有卧轴和立轴两种形式。工件由直线式或旋转式等送料装置引导通过砂轮。这种磨床效率很高,适用于大批量生产轴承环和活塞环等零件。此外,还有专用于磨削机床导轨面的导轨磨床、磨削透平叶片型面的专用磨床等。

4.2.1　M7120 型平面磨床的电气控制线路

1. M7120 型平面磨床的结构

M7120 平面磨床主要由床身、工作台、电磁吸盘、砂轮箱、滑座和立柱等几部分组成,其外形结构如图 4-2 和图 4-3 所示。

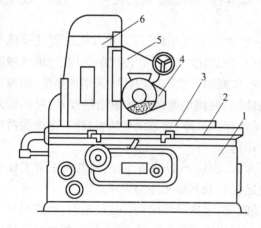

图 4-2　M7120 平面磨床结构图
1—床身;2—工作台;3—电磁吸盘;
4—砂轮箱;5—滑座;6—立柱。

图 4-3　M7120 平面磨床实物图

2. M7120 型平面磨床的技术参数

工作台工作宽度:180mm。

工作台工作面长度:460mm。

工作台 T 形槽数及宽:1mm,14mm。

工作台纵向行程:480mm。

工作台横向行程:210mm。

磨头垂向行程:460mm。

工作台最大承载重:123kg。

主轴中心至工作台面距离:70mm～530mm。

主轴转速:2850r/min。

主电机功率:1.5kW。

砂轮尺寸:200mm×20mm×32mm。

冷却泵功率:90W。

机床净重:1100kg。

机床外形尺寸(长×宽×高):1355mm×1235mm×1870mm。

3. M7120 型平面磨床的主要运动形式和控制要求

1）运动形式

（1）主运动：砂轮的高速旋转。

（2）进给运动：

① 工作台的往复运动；

② 砂轮架的横向（前后）进给；

③ 砂轮架的升降运动（垂直进给）。

（3）辅助运动：

① 工件的夹紧；

② 工作台的快速移动；

③ 工件的放松；

④ 工件的冷却。

2）控制要求

（1）主运动：

① 为保证磨削加工质量，要求砂轮有较高的转速，通常采用两极鼠笼式异步电动机。

② 为提高主轴的刚度，简化机械结构，采用装入式电动机，将砂轮直接撞到电动机轴上。

③ 砂轮电动机只要求单向旋转，可直接启动，无调速和制动要求。

（2）进给运动：

① 液压传动，因液压传动换向平稳，易于实现无极调速。液压泵电动机 M3 拖动液压泵，工作台在液压作用下纵向运动。

② 由装在工作台前侧的换相挡铁碰撞床身上的液压换向开关控制工作台进给方向。

③ 在磨削的过程中，工作台换向时，砂轮架就横向进给一次。

④ 在修正砂轮或者调整砂轮的前后位置时，可连续横向移动。

⑤ 砂轮架的横向进给运动可由液压传动，也可用手轮来操作。

⑥ 滑座沿立柱的导轨垂直上下移动，以调整砂轮架的上下位置，或使砂轮磨入工件，以控制磨削平面时工件的尺寸。

⑦ 垂直进给运动是通过操作手轮由机械传动装置实现的。

（3）辅助运动：

① 工件可以用螺钉和压板直接固定在工作台上。

② 在工作台上也可以装电磁吸盘，将工件吸附在电磁吸盘上，要求有充磁和退磁控制环节。

③ 工作台能在纵向、横向和垂直三个方向快速移动，由液压传动机构实现。

④ 由人工操作。

⑤ 冷却泵电动机 M2 拖动冷却泵旋转供给冷却液，要求砂轮电动机 M1 和冷却泵电动机要实现顺序控制。

4. M7120 型平面磨床的电气控制线路

M7120 型平面磨床电气控制电路图如图 4 - 4 所示，其电气设备安装在床身后部的壁龛盒内，控制按钮安装在床身前部的电气操纵盒上。M7120 型平面磨床的主要的电气设备一览表见表 4 - 1。

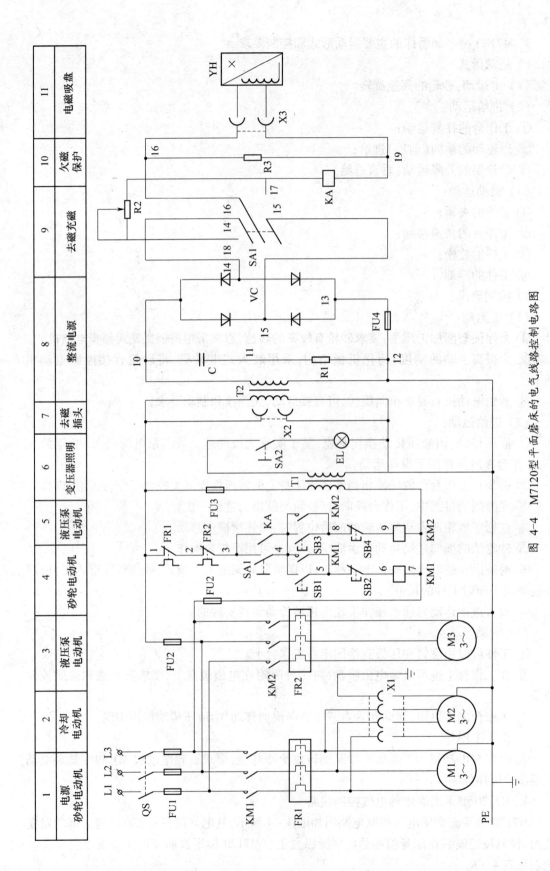

1	2	3	4	5	6	7	8	9	10	11
电源 砂轮电动机	冷却 电动机	液压泵 电动机	砂轮电动机	液压泵 电动机	变压器照明	去磁 插头	整流电源	去磁充磁	欠磁 保护	电磁吸盘

图 4-4 M7120型平面磨床的电气线路控制电路图

表 4 – 1　M7120 型平面磨床的主要的电气设备一览表

符号	元件名称	型　号	规　格	件数	作　用
M1	砂轮电动机	JO2 – 31 – 2	3KW,2860r/min	1	砂轮传动
M2	冷却泵电动机	PB – 25A	0.12kW	1	供给冷却液
M3	液压泵电动机	JO2 – 21 – 4	1.1kW,1410r/min	1	液压泵传动
KM1	交流接触器	CJ0 – 10A	127V,10A	1	控制 M1、M2
KM2	交流接触器	CJ0 – 10A	127V,10A	1	控制 M3
SB1	按钮	LA2 型	500V,5A	1	砂轮启动
SB2	按钮	LA2 型	500V,5A	1	砂轮停止
SB3	按钮	LA2 型	500V,5A	1	液压泵启动
SB4	按钮	LA2 型	500V,5A	1	液压泵停止
FR1	热继电器	JR10 – 10	6.71A	1	M1 过载保护
FR2	热继电器	JR10 – 10	2.71A	1	M3 过载保护
T	变压器	BK – 200	380/127、36、6.3V	1	降压整流
YH	电磁吸盘	HDXP	110V,1.45A	1	吸持工件
VD	硅整流器	4×2CZ11C	600V,5μF	1	整流
KA	欠电流继电器	GF 型	50W,500Ω	1	欠电流保护
C	电容	CY0 – 36 型	60/25A	1	放电保护
R	电阻	CY0 – 36 型	15/2A	1	放电保护
X1	插头插座	CY0 – 36 型	15/2A	1	连接 M2
X2	插头插座	RL1	15/2A	1	交流去磁
X3	插头插座	RL1	36V,40W	1	连接电磁吸盘
FU1	熔断器	RL1		3	总线路短路保护
FU4	熔断器	RL1		1	降压整流保护
FU2	熔断器	HZ		2	控制电路短路保护
FU3	熔断器			1	照明电路短路保护
R2	电位器			1	限制去磁电流
R3	电阻			1	放电保护
SA1	转换开关			1	控制充磁去磁
SA2	照明开关			1	低压照明开关
EL	工作台照明			1	加工时照明用

1）主电路分析

在主电路中,M1 为砂轮电动机,拖动砂轮的旋转;M2 为冷却泵电动机,拖动冷却泵供给磨削加工时需要的冷却液;M3 为液压泵电动机,拖动油泵,供出压力油,经液压传动机构来完成工作台往复运动并实现砂轮的横向自动进给,并承担工作台的润滑。

主电路的控制要求是:M1、M2、M3 只需进行单方向的旋转,且磨削加工无调速要求;在砂轮电动机 M1 启动后才开动冷却泵电动机 M2;三台电动机共用 FU1 作短路保护,分别用FR1、FR2 作过载保护。

在主电路中 M1、M2 由接触器 KM1 控制,由于冷却泵箱和床身是分开安装的,所以冷却泵电动机 M2 经插头插座 X1 和电源连接,当需要冷却液时,将插头插入插座。M3 由接触器 KM2 控制。

2) 控制电路分析

在控制电路中,SB1、SB2 为砂轮电动机 M1 和冷却泵电动机 M2 的启动和停止按钮,SB3、SB4 为液压泵电动机 M3 的启动和停止按钮。只有在转换开关 SA1 扳到退磁位置,其常开触点 SA1(3－4)闭合,或者欠电流继电器 KA 的常开触点 KA(3－4)闭合时,控制电路才起作用。按下 SB1,接触器 KM1 的线圈通电,其常开触点 KM1(4－5)闭合进行自锁,其主触点闭合砂轮电动机 M1 及冷却泵电动机 M2 启动运行。按下 SB2,KM1 线圈断电,M1、M2 停止。按下 SB3,接触器 KM2 线圈通电,其常开触点 KM2(4－8)闭合进行自锁,其主触点闭合液压泵电动机 M3 启动运行。按下 SB4,KM2 线圈断电,M3 停止。

3) 电磁吸盘(YH)控制电路的分析

电磁吸盘是用来吸持工件进行磨削加工的。整个电磁吸盘是钢制的箱体,在它中部凸起的芯体上绕有电磁线圈,如图 4－5 所示,电磁吸盘的线圈通以直流电,使芯体被磁化,磁力线经钢制吸盘体、钢制盖板、工件、钢制盖板、钢制吸盘体闭合,将工件牢牢吸住。电磁吸盘的线圈不能用交流电,因为通过交流电会使工件产生振动并且使铁芯发热。钢制盖板由非导磁材料构成的隔磁层分成许多条,其作用是使磁力线通过工件后再闭合,不直接通过钢制盖板闭合。电磁吸盘与机械夹紧装置相比,它的优点是不损伤工件,操作快速简便,

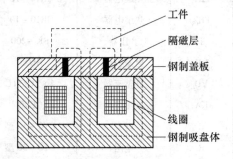

图 4－5 电磁吸盘的工作原理

磨削中工件发热可自由伸缩、不会变形;缺点是只能对导磁性材料的工件(如钢、铁)才能吸持,对非导磁性材料的工件(如铜、铝)没有吸力。

电磁吸盘控制电路由降压整流电路、转换开关和欠电流保护电路组成。降压整流电路由变压器 T2 和桥式全波整流装置 VC 组成。变压器 T2 将交流电压 220V 降为 127V,经过桥式整流装置 VC 变为 110V 的直流电压,供给电磁吸盘的线圈。电阻 R1 和电容 C 是用来限制过电压的,防止交流电网的瞬时过电压和直流回路的通断在 T2 的二次侧产生过电压对桥式整流装置 VC 产生危害。

电磁吸盘由转换开关 SA1 控制,SA1 有"励磁"、"断电"和"退磁"三个位置。将 SA1 扳到"励磁"位置时,SA1(14－16)和 SA1(15－17)闭合,电磁吸盘 YH 加上 110V 的直流电压,进行励磁,当通过 YH 线圈的电流足够大时,可将工件牢牢吸住,同时欠电流继电器 KA 吸合,其触点 KA(3－4)闭合,这时可以操作控制电路的按钮 SB1 和 SB3,启动电动机对工件进行磨削加工,停止加工时,按下 SB2 和 SB4,电动机停转。在加工完毕后,为了从电磁吸盘上取下工件,将 SA1 扳到"退磁"位置,这时 SA1(14－18)、SA1(15－16)、SA1(4－3)接通,电磁吸盘中通过反方向的电流,并用可变电阻 R2 限制反向去磁电流的大小,达到既能退磁又不致反向磁化目的。退磁结束后,将 SA1 扳至"断电"位置,SA1 的所有触点都断开,电磁吸盘断电,取下工件。若工件的去磁要求较高时,则应将取下的工件,再在磨床的附件交流退磁器上进一步去磁。使用时,将交流去磁器的插头插在床身的插座 X2 上,将工件放在去磁器上即可去磁。当转换开关 SA1 扳到励磁位置时,SA1 的触点 SA1(3－4)断开,KA(3－4)接通,若电磁吸盘的线圈断电或电流太小吸不住工件,则欠电流继电器 KA 释放,其常开

触点 KA(3 –4)断开,M1、M2、M3 因控制回路断电而停止。这样就避免了工件因吸不牢而被高速旋转的砂轮碰击飞出的事故。

如果不需要启动电磁吸盘,则应将 X3 上的插头拔掉,同时将转换开关 SA1 扳到退磁位置,这时 SA1(3 –4)接通,M1、M2、M3 可以正常启动。因为电磁吸盘是一个大电感,在电磁吸盘从工作位置转换到放松位置的瞬间,线圈产生很高的过电压,易将线圈的绝缘损坏,也将在转换开关 SA1 上产生电弧,使开关的触点损坏。因此与电磁吸盘并联的电阻 R3 为放电电阻,为电磁吸盘断电瞬间提供通路,吸收线圈断电瞬间释放的磁场能量。

4)照明电路分析

照明变压器 T1 将 380V 的交流电压降为 36V 的安全电压供给照明电路。EL 为照明灯,一端接地,另一端由开关 SA2 控制,FU3 为照明电路的短路保护。

4.2.2　M7120 型平面磨床电气控制线路的故障分析及检修

1. 磨床中的电动机都不能启动

磨床中的电动机都不能启动的原因如下:

(1)欠电流继电器 KA 的触点 KA(3 –4)接触不良,接线松动脱落或有油垢,导致电动机的控制线路中的接触器不能通电吸合,电动机不能启动。将转换开关 SA1 扳到励磁位置,检查继电器触点 KA(3 –4)是否接通,不通则修理或更换触点,可排除故障。

(2)转换开关 SA1(3 –4)接触不良、接线松动脱落或有油垢,控制电路断开,各电动机无法启动。将转换开关 SA1 扳到退磁位置,拔掉电磁吸盘的插头,检查触点 SA1(3 –4)是否接通,不通则修理或更换转换开关。

2. 砂轮电动机的热继电器 FR1 脱扣

(1)砂轮电动机的前轴瓦磨损,电动机发生堵转,产生很大的堵转电流,使得热继电器脱扣,应修理或更换轴瓦。

(2)砂轮进刀量太大,电动机堵转,产生很大的堵转电流,使得热继电器动作,因此需要选择合适的进刀量。

(3)更换后的热继电器的规格和原来的不符或未调整,应根据砂轮电动机的额定电流选择和调整热继电器。

3. 电磁吸盘没有吸力

(1)检查熔断器 FU1、FU2 或 FU4 熔丝是否熔断,若熔断应更换熔丝。

(2)检查插头插座 X3 接触是否良好,若接触不良应进行修理。

(3)检查电磁吸盘电路。检查欠电流继电器的线圈是否断开、电磁吸盘的线圈是否断开,若断开应进行修理。

(4)检查桥式整流装置。若桥式整流装置相邻的二极管都烧成短路,短路的管子和整流变压器的温度都较高,则输出电压为零,致使电磁吸盘吸力很小甚至没有吸力;若整流装置两个相邻的二极管发生断路,则输出电压也为零,则电磁吸盘没有吸力。此时应更换整流二极管。

4. 电磁吸盘吸力不足

(1)交流电源电压低,导致整流后的直流电压相应下降,致使电磁吸盘吸力不足。

(2)桥式整流装置故障。桥式整流桥的一个二极管发生断路,使直流输出电压为正常值的 1/2,断路的二极管和相对臂的二极管温度比其他两臂的二极管温度低。

（3）电磁吸盘的线圈局部短路，空载时整流电压较高而接电磁吸盘时电压下降很多（低于110V），这是由于电磁吸盘没有密封好，冷却液流入，引起绝缘损坏。应更换电磁吸盘线圈。

5．电磁吸盘退磁效果差，退磁后工件难以取下

（1）退磁电路电压过高，此时应调整 R2，使退磁电压为 5V ~ 10V。

（2）退磁回路断开，使工件没有退磁，此时应检查转换开关 SA1 接触是否良好，电阻 R2 有无损坏。

（3）退磁时间掌握不好，不同材料的工件，所需退磁时间不同，应掌握好退磁时间。

4.2.3　M7120 型平面磨床电气线路的安装与调试

1．安装与调试

（1）制作 15mm×400mm×600mm 和 15mm×300mm×400mm 的木制模拟板。

（2）按照编号原则在电气线路图上给主电路、控制电路、照明和指示电路及电磁吸盘电路编号。

（3）按电气元件明细表配齐元件，并对元件进行检测。

（4）给各电气元件和元件的接线端上做好与电气线路图上相应的文字和号码标志。

（5）将接触器、熔断器、整流降压变压器 T1、T2、硅整流器、欠电流继电器 KA、热继电器、插头插座 X2、X3、电容、电阻和接线板安装在大模拟板上。将按钮、工作台照明灯和开关、指示灯、X1 和接线板安装在小模拟板上。大小模拟板相距 0.5m，连接线用软管保护。大模拟板至各电动机和电磁吸盘（可用 110V、100W 的白炽灯代替）的连接线用软管保护。

（6）选配合适的导线，并在线头两端做好与电路图中的编号相同的号码，然后接线。在模拟板内部采用 BVR 塑铜线，电源开关至大模拟板的接线及接到电动机的接线用四芯橡皮套绝缘的电缆线，接到电磁吸盘及小模拟板的连接线采用 BVR 塑铜线并应穿在导线通道内加以保护。

（7）在大模拟板附近安装电动机并接线。

（8）布线时，在大模拟板内采用走线槽的敷线方法，接到电动机或小模拟板的导线必须经过接线端子板。在按原理图接线的同时，应在导线的线头上套有与原理图一致的线号的编码套管。

（9）安装结束后清理场地。按照电气图逐线进行检查。检查布线的正确性和接点的可靠性，同时进行绝缘电阻测量和接地通道是否连续的试验。

（10）试车。试车时要密切注视各电动机和电气元件有无异常现象。发现异常现象应立即断开电源开关，进行检查处理，找出原因排除故障后再通电试车。

2．注意事项

（1）安装时必须认真细致地作好线号地安置工作，不得产生差错。

（2）如果通道内导线根数较多时，应按规定放好备用导线，并将导线通道牢固地支撑住。

（3）通电前检查布线是否正确，按顺序进行，以防止由于漏检而产生通电不成功。

（4）安装整流电路时，不可将整流二极管的极性接错和漏装散热器，否则会发生二极管和控制变压器因短路和二极管过热而被烧毁。

4.2.4　M7120 型平面磨床实训

1. 训练目的

（1）进一步熟悉 M7120 型磨床的主要电气设备及工作原理。

（2）学会根据电气控制线路图分析各部分电路的工作过程。

（3）掌握电气线路故障分析的方法。

（4）学会排除电磁吸盘中出现的故障。

2. 训练准备

（1）看懂 M7120 型磨床的电气原理图,了解电动机 M1、M2、M3 的启动条件和它们之间的连锁关系,熟悉 SA1 转换开关的操作位置和触点通断情况,清楚电吸盘励磁和退磁的工作过程和原理。

（2）清楚 M7120 型磨床中电气元件的具体部位。

（3）准备所用电工常用工具、万用表或试灯,并在使用前认真检查。

3. 训练内容

（1）能根据具体的故障现象,按该机床电气原理图进行分析,指出可能产生故障的原因和存在的区域,并做针对性检查。

（2）以正确的步骤检查排除故障,即故障调查→电路分析→断电检查→通电检查。如对故障原因有一定把握,亦可直接进行断电和通电检查。

（3）正确使用测试工具和仪表。特别是万用表,应按要求和注意事项使用。

（4）排除 M7120 平面磨床主电路或控制电路中人为设置的两个电气自然故障点。

4. 训练步骤

1）故障调查

了解故障的特点,询问故障出现时机床所产生的特殊现象。这有助于进行第二步,即依据电气原理图和所了解的故障情况,对故障产生的可能原因和所涉及的部位做出初步的分析和判断,并在电气原理图上标出最小故障范围。如机床的故障现象为电动机 M3 不能启动。产生这一故障的原因会是多种的,所涉及的电路范围也会是多处。而了解清楚故障出现时机床的运行情况,可有助于缩小故障的检查范围,直达故障区。如果操作者介绍说是由于工件过长,工作台行程较大,往返工作几次后出现这一情况,并且吸盘无吸力,则可进行电路分析。

2）电路分析

根据以上故障现象和操作者所介绍的情况依据电气原理图,对故障可能产生的原因和所涉及的电路部分进行分析并做出初步判断。

对电动机 M3 不动作故障,从原理图上看,故障可能出现的范围会涉及到电路的以下几部分:一是电动机及其 M3 控制回路(包括 M3 本身故障,FU1、FU2 及接触器 KM2 的故障及线路连接问题);二是电磁吸盘和整流电路部分。而根据操作者的介绍,可以初步断定故障范围极大可能在电磁吸盘和整流电路部分。很可能是由于行程过长,造成吸盘接线接触不好或断裂。为准确地对故障原因做出判断,可根据以上分析结果对电路进行检查。

3）检查线路

检查分两种:断电检查和通电检查。

首先做断电检查:用万用表对电磁吸盘及其引出线和插头插座进行检查,看有否断线和接触不良,有断线和接触不良应解决处理。若处理好后,试车故障仍然存在,同时发现吸盘仍无吸力,就要进行通电检查,看整流电路有无输出。

其次作通电检查:接通电源,用万用表测 16 号线与 19 号线间电压,无输出;再测 16 号线和 17 号线间电压,有电压为直流 110V。据此可以断定,问题存在于 16 号线、17 号线、19 号线范围内,需要断电检查。经检查,17 号线至 19 号线间不通。进一步检查发现电流继电器 KA 的线圈坏了。更换电流继电器后,故障排除,机床正常工作。

4.3　CA6140 型普通车床

CA6140 型卧式车床(Lathe Machine)在实际生产中应用十分广泛,是最常见的车床之一。CA6140 车床可车削外圆、内圆、端面、螺纹、螺杆以及车削定型表面,并可用钻头、绞刀等刀具进行钻孔、镗孔、倒角、割槽及切断等加工工作。车床的种类很多,主要分为以下几类。

(1)卧式车床。卧式车床的万能性好,加工范围广,是基本的和应用最广的车床。

(2)立式车床。立式车床的主轴竖直安置,工作台面处于水平位置。主要用于加工径向尺寸大、轴向尺寸较小的大型、重型盘套类、壳体类工件。

(3)转塔车床。转塔车床有一个可装多把刀具的转塔刀架,根据工件加工要求,预先将刀具在转塔刀架上安装调整好;加工时,通过刀架转位,这些刀具依次轮流工作,转塔刀架的工作行程由可调行程挡块控制。转塔车床适于在成批生产中加工内外圆有同轴度要求的较复杂的工件。

(4)自动车床和半自动车床。自动车床调整好后能自动完成预定的工作循环,并能自动重复。半自动车床虽具有自动工作循环,但装卸工件和重新开动机床仍需由人工操作。自动和半自动车床适于在大批量生产中加工形状不太复杂的小型零件。

(5)仿形车床。仿形车床能按照样板或样件的轮廓自动车削出形状和尺寸相同的工件。仿形车床适于在大批量生产中加工圆锥形、阶梯形及成形回转面工件。

(6)专门化车床。专门化车床是为某类特定零件的加工而专门设计制造的,如凸轮轴车床、曲轴车床、车轮车床等。

4.3.1　CA6140 型普通车床的电气控制线路

1. CA6140 型车床的结构

CA6140 车床主要组成部件有主轴箱、交换齿轮箱、进给箱、溜板箱、刀架、尾架、光杠、丝杠、床身、床脚和冷却装置,如图 4 - 6 和图 4 - 7 所示。

主轴箱:又称床头箱,它的主要任务是将主电机传来的旋转运动经过一系列的变速机构使主轴得到所需的正反两种转向的不同转速,同时主轴箱分出部分动力将运动传给进给箱。主轴箱中等主轴是车床的关键零件。主轴在轴承上运转的平稳性直接影响工件的加工质量,一旦主轴的旋转精度降低,则机床的使用价值就会降低。

进给箱:又称走刀箱,进给箱中装有进给运动的变速机构,调整其变速机构,可得到所需的进给量或螺距,通过光杠或丝杠将运动传至刀架以进行切削。

丝杠与光杠:用以连接进给箱与溜板箱,并把进给箱的运动和动力传给溜板箱,使溜板箱获得纵向直线运动。丝杠是专门用来车削各种螺纹而设置的,在进行工件的其他表面车

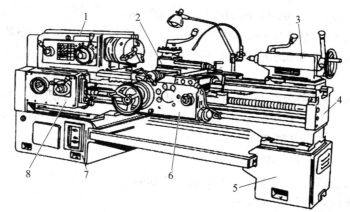

图 4 - 6　CA6140 型车床结构图

1—主轴箱；2—刀架；3—尾座；4—床身；5,7—床腿；6—溜板箱；8—进给箱。

图 4 - 7　CA6140 型车床实物图

削时,只用光杠,不用丝杠。

溜板箱:是车床进给运动的操纵箱,内装有将光杠和丝杠的旋转运动变成刀架直线运动的机构,通过光杠传动实现刀架的纵向进给运动、横向进给运动和快速移动,通过丝杠带动刀架作纵向直线运动,以便车削螺纹。

刀架:由两层滑板(中、小滑板)、床鞍与刀架体共同组成,用于安装车刀并带动车刀作纵向、横向或斜向运动。

尾架:安装在床身导轨上,并沿此导轨纵向移动,以调整其工作位置。尾架主要用来安装后顶尖,以支撑较长工件,也可安装钻头、铰刀等进行孔加工。

床身:是车床带有精度要求很高的导轨(山形导轨和平导轨)的一个大型基础部件,用于支撑和连接车床的各个部件,并保证各部件在工作时有准确的相对位置。

冷却装置:冷却装置主要通过冷却水泵将水箱中的切削液加压后喷射到切削区域,降低切削温度,冲走切屑,润滑加工表面,以提高刀具使用寿命和工件的表面加工质量。

2. CA6140 型车床的技术参数

CA6140 型卧式车床的部分主要技术参数如下:

床身上最大工件回转直径(主参数):400mm。

刀架上最大工件回转直径:210mm。

最大棒料直径:47mm。

最大工件长度(第二主参数):750mm,1000mm,1500mm,2000mm。

最大加工长度:650mm,900mm,1400mm,1900mm。

主轴转速范围:正转 10r/min ～ 1400r/min(24 级);反转 14r/min ～ 1580r/min(12 级)。

进给量范围:纵向 0.028mm/r ～ 6.33mm/r(共 64 级);横向 0.014mm/r ～ 3.16mm/r(共 64 级)。

标准螺纹加工范围:公制 t = 1mm ～ 192mm(44 种);英制 a = 2 牙/in ～ 24 牙/in[①](20 种)。

模数制 m = 0.25mm ～ 48mm(39 种);径节制 DP = 1 牙/in ～ 96 牙/in(37 种)。

床身上最大回转直径:ϕ500mm。

最大车削长度:500mm。最大车削直径:ϕ350mm。

床鞍上最大回转直径:ϕ300mm。

主轴孔内最大棒料直径:ϕ50mm。

卡盘尺寸:ϕ210mm。

主轴转速:65r/min ～ 2200r/min。

主轴电机功率:15kW。

顶尖锥度:莫氏 NO. 5。

套筒直径/行程:ϕ90/100mm。

倾斜角度:45°。

电源:35kVA。

刀具装夹尺寸(车削/镗孔):25 × 25/ϕ40mm。

机床体积(长 × 宽 × 高):2000mm × 1800mm × 1850mm。

机床质量:4000kg。

3. CA6140 型车床的主要运动形式和控制要求

1) CA6140 型车床的主要运动形式

(1) 主运动:机床主要运动是主轴的旋转运动,是由主轴电动机 M1 通过带轮传动到主轴箱再旋转的。

(2) 进给运动:车床的进给运动是刀具的直线运动。快速进给运动是溜板箱带刀架的直线运动,是由快进电动机 M3 传动进给箱,通过光杆传入溜板箱,再通过溜板箱的齿轮与床身上的齿条或下刀架的丝杆、螺母等获得纵、横两个方向的快进给。但常速进给仍由 M1 来传动。

(3) 辅助运动:车床的辅助运动是刀具的快速直线移动。主轴的控制是由床身前面的手柄操纵摩擦离合器来改变主轴的正转、反转及停车制动。

2) CA6140 型车床的控制要求

(1) 主轴电动机一般选用鼠笼式电动机完成车床的主运动和进给运动,CA6140 型卧式车床主轴的正、反转是通过双向片式摩擦离合器来实现的,因此,一般只要求主轴电动机单向旋转。主轴电动机可直接启动,采用机械调速,对电动机无电气调速要求。

(2) 液泵电动机,不断地向工件和刀具输送切削液,进行冷却,只需正向启动。

(3) 刀架快速移动电动机,拖动车床的辅助运动。

(4) 电路中应设置过载保护、短路保护、欠压及失压保护。

---

① 1in = 25.4mm

（5）具有安全的局部照明装置。

4. CA6140 型车床的电气控制线路

CA6140 型卧式车床的电气控制电路由主电路、控制电路、照明电路三部分组成，其电气控制电路如图 4-8 所示。CA6140 普通车床的主要的电气设备一览表，见表 4-2。

表 4-2　CA6140 普通车床的主要的电气设备一览表

符号	元件名称	型号	规格	件数	作用
M1	主轴电动机	Y132M-4-B3	7.5kW,1450r/min	1	工件的旋转和刀具的进给
M2	冷却泵电动机	AOB-25	90W,3000 r/min	1	供给冷却液
M3	快速移动电动机	AOS5634	0.25kW,1360r/min	1	刀架的快速移动
KM1	交流接触器	CJ0-10A	127V,10A	1	控制主轴电动机 M1
KM2	交流接触器	CJ0-10A	127V,10A	1	控制冷却泵电动机 M2
KM3	交流接触器	CJ0-10A	127V,10A	1	快速移动电动机 M3
QF	低压断路器	DZ5-20	380V,20A	1	电源总开关
SB1	按钮	LA2 型	500V,5A	1	主轴启动
SB2	按钮	LA2 型	500V,5A	1	主轴停止
SB3	按钮	LA2 型	500V,5A	1	快速移动电动机 M3 点动
SB4	按钮	HZ2-10/3	10A,三极	1	照明灯开关
SA1	转换开关	HZ2-10/3	10A,三极	1	控制冷却泵电动机
SA2	钥匙式电源开关			1	开关锁
SQ1	行程开关	LX3-11K		1	打开皮带罩时被压下
SQ2	行程开关	LX5-11K		1	电气箱打开时闭合
FR1	热继电器	JR16-20/3D	15.4A	1	M1 过载保护
FR2	热继电器	JR2-1	0.32A	1	M2 过载保护
TC	变压器	BK-200	380/127、36、6.3 V	1	控制与照明用变压器
FU	熔断器	RL1	40A	1	全电路的短路保护
FU1	熔断器	RL1	1A	1	M2 的短路保护
FU2	熔断器	RL1	4A	1	M3 的短路保护
FU3	熔断器	RL1	1A	1	TC 一次侧的短路保护
FU4	熔断器	RL1	1A	1	信号回路的短路保护
FU5	熔断器	RL1	2A	1	照明回路的短路保护
FU6	熔断器	RL1	1A	1	控制回路的短路保护
EL	照明灯	K-1,螺口	40W,36V	1	机床局部照明
HL	指示灯	DX1-0	白色,配 6V0.15A 灯泡	1	电源指示灯

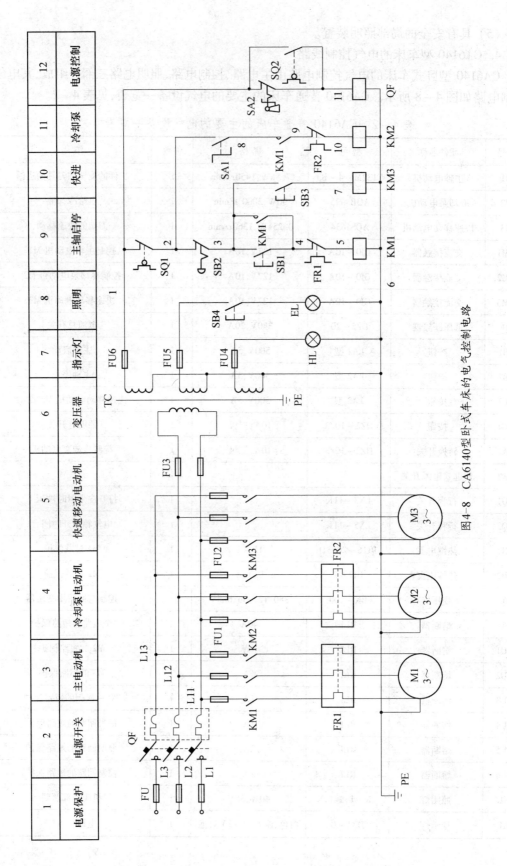

1	2	3	4	5	6	7	8	9	10	11	12
电源保护	电源开关	主电动机	冷却泵电动机	快速移动电动机	变压器	指示灯	照明	主轴启停	快进	冷却泵	电源控制

图4-8 CA6140型卧式车床的电气控制电路

1）主电路分析

电源由转换开关引入。

在主电路中,M1 为主轴电动机,拖动主轴的旋转并通过传动机构实现车刀的进给。主轴电动机 M1 的运转和停止由接触器 KM1 的三个常开主触点的接通和断开来控制,电动机 M1 只需作正转,而主轴的正反转是由摩擦离合器改变传动链来实现的。电动机 M1 的容量小于 10kW,所以采用直接启动。M2 为冷却泵电动机,进行车削加工时,刀具的温度高,需用冷却液来进行冷却。为此,车床备有一台冷却泵电动机拖动冷却泵,喷出冷却液,实现刀具的冷却。冷却泵电动机 M2 由接触器 KM2 的主触点控制。M3 为快速移动电动机,由接触器 KM3 的主触点控制。M2、M3 的容量都很小,分别加装熔断器 FU1 和 FU2 作短路保护。热继电器 FR1 和 FR2 分别作 M1 和 M2 的过载保护,快速移动电动机 M3 是短时工作的,所以不需要过载保护。带钥匙的低压短路器 QF 是电源总开关。

2）控制电路分析

控制电路的供电电压是 127V,通过控制变压器 TC 将 380V 的电压降为 127V 得到。控制变压器的一次侧由 FU3 作短路保护,二次侧由 FU6 作短路保护。

（1）电源开关的控制。电源开关是带有开关锁 SA2 的低压断路器 QF,当要合上电源开关时,首先用开关钥匙将开关锁 SA2 右旋,再扳动断路器 QF 将其合上。若用开关钥匙将开关锁 SA2 左旋,其触点 SA2(1 - 11)闭合,QF 线圈通电,断路器 QF 将自动跳开。若出现误操作,又将 QF 合上,QF 将在 0.1s 内再次自动跳闸。

由于机床的电源开关采用了钥匙开关,接通电源时要先用钥匙打开开关锁,再合断路器,增加了安全性,同时在机床控制配电盘的壁龛门上装有安全行程开关 SQ2,当打开配电盘壁龛门时,行程开关的触点 SQ2(1 - 11)闭合,QF 的线圈通电,QF 自动跳闸,切除机床的电源,以确保人身安全。

（2）主轴电动机 M1 的控制。SB2 是红色蘑菇型的停止按钮,SB1 是绿色的启动按钮。按一下启动按钮 SB1,KM1 线圈通电吸合并自锁,KM1 的主触点闭合,主轴电动机 M1 启动运转。按一下 SB2,接触器 KM1 断电释放,其主触点和自锁触点都断开,电动机 M1 断电停止运行。

（3）冷却泵电动机的控制。当主轴电动机启动后,KM1 的常开触点 KM1(8 - 9)闭合,这时若旋转转换开关 SA1 使其闭合,则 KM2 线圈通电,其主触点闭合,冷却泵电动机 M2 启动,提供冷却液。当主轴电动机 M1 停车时,KM1(8 - 9)断开,冷却泵电动机 M2 随即停止。M1 和 M2 之间存在连锁关系。

（4）快速移动电动机 M3 的控制。快速移动电动机 M3 是由接触器 KM3 进行的点动控制。按下按钮 SB3,接触器 KM3 线圈通电,其主触点闭合,电动机 M3 启动,拖动刀架快速移动;松开 SB3,M3 停止。快速移动的方向通过装在溜板箱上的十字手柄扳到所需要的方向来控制。

（5）SQ1 是机床床头的挂轮架皮带罩处的安全开关。当装好皮带罩时,SQ1(1 - 2)闭合,控制电路才有电,电动机 M1、M2、M3 才能启动。当打开机床床头的皮带罩时,SQ1(1 - 2)断开,使接触器 KM1、KM2、KM3 断电释放,电动机全部停止转动,以确保人身安全。

3）照明和信号电路的分析

照明电路采用 36V 安全交流电压,信号回路采用 6.3V 的交流电压,均由控制变压器二次侧提供。FU5 是照明电路的短路保护,照明灯 EL 的一端必须保护接地。FU4 为指示灯的短路保护,合上电源开关 QF,指示灯 HL 亮,表明控制电路有电。

4.3.2 CA6140 型普通车床电气控制线路的故障分析及检修

1. 主轴电动机不能启动

发生主轴电动机不能启动的故障时,首先检查故障是发生在主电路还是控制电路。若按下启动按钮,接触器 KM1 不吸合,此故障则发生在控制电路,主要应检查 FU6 是否熔断,过载保护 FR1 是否动作,接触器 KM1 的线圈接线端子是否松脱,按钮 SB1、SB2 的触点接触是否良好。若故障发生在主电路,应检查车间配电箱及主电路开关的熔断器的熔丝是否熔断,导线连接处是否有松脱现象,KM1 主触点的接触是否良好。

2. 主轴电动机启动后不能自锁

当按下启动按钮后,主轴电动机能启动运转,但松开启动按钮后,主轴电动机也随之停止。造成这种故障的原因是接触器 KM1 的自锁触点的连接导线松脱或接触不良。

3. 主轴电动机不能停止

造成这种故障的原因多数为 KM1 的主触点发生脱焊或停止按钮击穿所致。

4. 电源总开关合不上

电源总开关合不上的原因有两个:一是电气箱子盖没有盖好,以致 SQ2(1 – 11)行程开关被压下;二是钥匙电源开关 SA2 没有右旋到 SA2 断开的位置。

5. 指示灯亮但各电动机均不能启动

造成这种故障的主要原因是 FU6 的熔体断开,或挂轮架的皮带罩没有罩好,行程开关 SQ1(1 – 2)断开。

6. 行程开关 SQ1、SQ2 故障

CA6140 车床在使用前首先应调整 SQ1、SQ2 的位置,使其动作正确,才能起到安全保护的作用。但是由于长期使用,可能出现开关松动移位,致使打开床头挂轮架的皮带罩时 SQ1 (1 – 2)触头断不开或打开配电盘的壁龛门时 SQ2(1 – 11)不闭合,因而失去人身安全保护的作用。

7. 带钥匙开关 SA2 的断路器 QF 故障

带钥匙开关 SA2 的断路器 QF 的主要故障是开关锁 SA2 失灵,以致失去保护作用,因此在使用时应检验将开关锁 SA2 左旋时断路器 QF 能否自动跳闸,跳开后若又将 QF 合上,经过 0.1s 断路器能否自动跳开。

4.3.3 CA6140 型普通车床电气线路的安装与调试

1. 安装与调试

(1) 按电气元件明细表配齐电气设备和电气元件,并逐个对其校验。

(2) 分别将热继电器 FR1、FR2 的整定电流整定到 15.4A 和 0.32A。

(3) 根据电动机的功率选配主电路的连接导线。

(4) 根据具体情况按照安装规程设计电源开关和电气控制箱的安装尺寸及电线管的走向。

(5) 根据电气控制图给各元件和连接导线作好编号标志,给接线板编号。

(6) 安装控制箱,接线经检查无误后,通入三相电源对其校验。

(7) 将连接导线穿管后,找出各线端并作标记,明敷安装电线管。引入车床的导线应用软管加以保护。

（8）安装按钮、行程开关、转换开关和照明灯、指示灯。

（9）安装电动机并接线。

（10）安装接地线。

（11）测试绝缘电阻。

（12）清理安装场地。

（13）全面检查接线和安装质量。

（14）通电试车并观察电动机的转向是否符合要求。

（15）安装传动装置,试车并全面检查各电气元件、线路、电动机及传动装置的工作情况是否正常,否则应立即切断电源进行检查,待调整或修复后方能再次通电试车。

2. 注意事项

（1）不要漏接接地线,不能用金属软管作为接地的通道。

（2）在控制箱外部进行布线时,导线必须穿在导线通道内或敷设在机床底座内的导线通道里。所有导线不得有接头。

（3）在导线通道内敷设导线进行接线时,必须作到查出一根导线,套一根线号。

（4）在进行快速进给时,注意将运动部件处于行程的中间位置,以防止运动部件与车头或尾架相撞。

4.3.4 CA6140 型普通车床实训

1. 训练目的

（1）进一步熟练掌握车床的电气控制图。

（2）掌握机床检修常用的方法和步骤。

（3）掌握带电检修机床的方法。

2. 训练内容

（1）CA6140 车床主轴电动机控制回路的检修。

（2）CA6140 车床电动机缺相不能运转的检查。

（3）CA6140 车床在运行过程中自动停车的检修。

3. 准备工作

（1）备好常用电工工具、万用表、兆欧表、钳形电流表。

（2）若没有机床实物则提前在模拟板上安装 CA6140 的电气接线。

（3）在机床或模拟板上按训练内容的要求设置好故障。每次只设置一处故障,进行一个内容的训练。

4. 内容与操作步骤

（1）KM1 接触器不吸合,主轴电动机不工作。首先根据故障现象在电气原理图上标出可能的最小故障范围,然后按下面的步骤进行检查,直至找出故障点。

检修步骤如下:

① 接通 QF 电源开关,观察电路中的各元件有无异常,如发热、焦味、异常声响等,如有异常现象的发生,应立即切断电源,重点检查异常部位,并采取相应的措施。

② 用万用表的 AC500V ~ 750V 挡,检查 1 ~ 6 和 1 ~ PE 间的电压应为 127V,判断 FU6 熔断器及变压器 TC 是否有故障。

③ 用万用表的 AC500V ~750V 挡,检查 1 - 2、1 - 3、1 - 4、1 - 5 各点的电压值,判断安全行程开关 SQ1、停止按钮 SB2、热继电器 FR1 的常闭触点以及接触器 KM1 的线圈是否有故障。

④ 切断电源开关 QF,用万用表的 R×1 电阻挡的表笔接到(6 - 3)两点,分别按启动按钮 SB1 及 KM1 的触头架使之闭合,检查 SB1 的触点、KM1 的自锁触点是否有故障。

⑤ 用万用表 R×1 电阻挡测量 1 - 2、1 - 3、4 - 5 点的电阻值,用 R×10 挡测 5 - 6 点之间的电阻值。

(2) CA6140 车床电动机缺相不能运转的检查。首先根据故障现象在电气原理图上标出可能的最小故障范围,然后按下面的步骤进行检查,直至找出故障点。

检修步骤如下:

① 机床启动后,KM1 接触器吸合后 M1 电动机不能运转,听电动机有无"嗡嗡"声,电动机外壳有无微微振动的感觉,如有即为缺相运行应立即停机。

② 用万用表的 AC500V ~750V 挡,测 QF 的进出三相线之间的电压应为 380V ×(1 ± 10%)。

③ 拆除 M1 的接线启动机床。

④ 用万用表的 AC500V ~750V 挡,检查 KM1 交流接触器的进出线三相之间的电压应为 380V ×(1 ± 10%)。

⑤ 若以上无误,切断电源拆开电动机 D 型接线端子,用兆欧表检测电动机的三相绕组。

(3) CA6140 车床在运行中自动停车的检修。首先根据故障现象在电气原理图上标出可能的最小故障范围,然后按下面的步骤进行检查,直至找出故障点。

检修步骤如下:

① 检查 FR1 热继电器是否动作,观察红色复位按钮是否弹出。

② 过几分钟待热继电器的温度降低后,按红色按钮使热继电器复位。

③ 启动机床。

④ 根据 FR1 动作情况将钳形电流表卡在 M1 电动机的三相电源的输入线上,测量其定子平衡电流。

⑤ 根据电流的大小采取相应的解决措施。

4.4 X62W 型万能铣床

X62W 型卧式万能铣床(Milling Machine)是由普通机床发展而来的,其使用数量仅次于车床。铣床的种类有很多,按其结构形式和加工性能的不同,一般可以分为卧式铣床、立式铣床、龙门铣床、仿形铣床以及各种专用铣床,其中 X62W 型卧式万能铣床是实际应用最多的铣床之一。X62W 型卧式万能铣床的特点如下:

(1) 可完成很多普通机床难以加工或者根本不能加工的复杂型面的加工。

(2) 可以提高零件的加工精度,稳定产品的质量。

(3) 与普通机床相比可以提高生产率 2 倍 ~3 倍,对复杂零件的加工,生产率可以提高十几倍甚至几十倍。

(4) 此机床具有柔性,只需要换程序,可以适应不同品种及尺寸规格零件的自动加工。

4.4.1　X62W 型万能铣床的电气控制线路

1. X62W 型万能铣床的结构

X62W 型卧式万能铣床外形结构如图 4-9 和图 4-10 所示,它主要由底座、床身、主轴、悬梁、刀杆支架、工作台、手柄、溜板和升降台等部分组成。床身固定在底座上,其内装有主轴的传动机构和变速操纵机构,床身的顶部安装带有刀杆支架的悬梁,悬梁可沿水平导轨移动,以调整铣刀的位置。

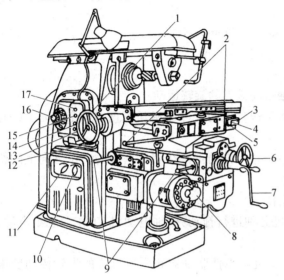

图 4-9　X62W 万能铣床的结构图

图 4-10　X62W 万能铣床的实物图

1,2—纵向工作台进给手动手轮和操纵手柄;3,15—主轴停止按钮;
4,17—主轴启动按钮;5,14—工作台快速移动按钮;6—工作台横向
进给手动手轮;7—工作台升降进给手动摇把;8—自动进给变速手柄;
9—工作台升降、横向进给手柄;10—油泵开关;11—电源开关;
12—主轴瞬时冲动手柄;13—照明开关;16—主轴调速转盘。

床身的前方(右侧面)装有垂直导轨,升降台可沿导轨作上、下垂直移动。在升降台上面的水平导轨上,装有可在平行于主轴线方向(横向或前后)移动的溜板。溜板上面是可以转动的回转台,工作台就装在回转台的导轨上,它可以作垂直于主轴线方向(纵向或左右)的移动。在工作台上有固定工件的 T 形槽。这样,安装在工作台上的工件,可以作上、下、左、右、前和后六个方向的位置调整或工作进给。此外,该机床还可以安装圆形工作台,溜板也可以绕垂直轴线方向左右旋转 45°,便于工作台在倾斜方向进行进给,完成螺旋槽的加工。

2. X62W 型万能铣床的技术参数

主轴孔锥度:7:24ISO50。

主轴中心之工作台距离:0~400mm。

主轴中心至悬梁平面距离:175mm。

主轴转速范围:12 级,60r/min~1800r/min。

工作台面积:1370mm×360mm。

工作台行程:850mm×300mm×400mm。

工作台纵、横向机动进给速度:(8级)30r/min～740(快进1080)r/min。

工作台垂向机动升降速度:590r/min。

工作台 T 形槽的槽数/槽宽/槽距:3/18/80。

悬梁行程:500。

主传动电机:4。

工作台机动进给电机功率:0.75kW。

升降台机动升降电机功率:0.75kW。

机床外形尺寸(长×宽×高):1880mm×1700mm×1700mm。

3. X62W 型万能铣床的主要运动形式和控制要求

1) X62W 型卧式万能铣床的运动形式

(1) 主运动:铣床的主运动是指主轴带动铣刀的旋转运动。

(2) 进给运动:铣床的进给运动是指工作台带动工件在相互垂直的三个方向上的直线运动。

(3) 辅助运动:铣床的辅助运动是指工作台带动工件在相互垂直的三个方向上的快速移动。

2) X62W 型卧式万能铣床的控制要求

X62W 型卧式万能铣床由三台电动机分别进行拖动:主轴电动机、工作台进给电动机、冷却泵电动机。

(1) 主轴电动机。主轴是由主轴电动机经弹性联轴器和变速机构的齿轮传动链来拖动的。

① 铣削加工有顺铣和逆铣两种方式,要求主轴能正、反转,但又不能在加工过程中转换铣削方式,须在加工前选好转向,故采用倒顺开关即正、反转转换开关控制主轴电动机的转向。

② 为使主轴迅速停车,对主轴电动机采用速度继电器测速的串电阻反接制动。

③ 主轴转速要求调速范围广,采用变速孔盘机构选择转速。为使变速箱内齿轮易于啮合,减少齿轮端面的冲击,要求主轴电动机在主轴变速时稍微转动一下,称为变速冲动。这时也利用限流电阻,以限制主轴电动机的启动电流和启动转矩,减小齿轮间的冲击。

因此,主轴电动机有三种控制,即正反转启动、反接制动和变速冲动。

(2) 工作台进给电动机。工作台进给分机动和手动两种方式。手动进给是通过操作手轮或手柄实现的,机动进给是由工作台进给电动机配合有关手柄实现的。

① 工作台在各个方向上能往返,要求工作台进给电动机能正、反转。

② 进给速度的转换,亦采用速度孔盘机构,要求工作台进给电动机也能变速冲动。

③ 为缩短辅助工时,工作台的各个方向上均有快速移动。由工作台进给电动机拖动,用牵引电磁铁使摩擦离合器合上,减少中间传动装置,达到快速移动。

为此,工作台进给电动机有三种控制,即进给、快速移动和变速冲动。

(3) 冷却泵电动机。冷却泵电动机拖动冷却泵提供冷却液,对工件、刀具进行冷却润滑,只需正向旋转。

(4) 两地控制。为了能及时实现控制,机床设置了两套操纵系统,在机床正面及左侧面,都安装了相同的按钮、手柄和手轮,使操作方便。

220

（5）连锁控制。为了保证安全，防止事故，机床有顺序的动作，采用了连锁控制。

① 要求主轴电动机启动后（铣刀旋转），才能进行工作台的进给运动，即工作台进给电动机才能启动，进行铣削加工。而主轴电动机和工作台进给电动机需同时停止，采用接触器连锁。

② 工作台六个方向的进给也需要连锁，即在任何时候工作台只能有一个方向的运动，是采用机械和电气的共同连锁实现的。

③ 如将圆工作台装在工作台上，其传动机构与纵向进给机构耦合，经机械和电气的连锁，在六个方向的进给和快速移动都停止的情况下，可使圆工作台由工作台进给电动机拖动，只能沿一个方向作回转运动。

（6）保护环节。

① 三台电动机均设有过载保护。

② 控制电路设有短路保护。

③ 工作台的六个方向运动，都设有终端保护。当运动到极限位置时，终端撞块碰到相应手柄使其回到中间位置，行程开关复位，工作台进给电动机停转，工作台停止运动。

4. X62W 型卧式万能铣床的电气控制线路

X62W 型卧式万能铣床的电气控制电路如图 4-11 所示，可分为主电路、控制电路、照明电路三个部分。主电路中，M1、M2、M3 均为全压启动。X62W 万能铣床电气原理图中各电气元件符号及功能说明见表 4-3。

表 4-3　X62W 万能铣床电气元件符号及其功能

电气元件符号	名称及用途	电气元件符号	名称及用途
M1	主轴电动机	SQ6	进给变速控制开关
M2	进给电动机	SQ7	主轴变速制动开关
M3	冷却泵电动机	SA1	圆工作台转换开关
KM1	冷却泵电动机起停控制接触器	SA3	冷却泵转换开关
KM2	反接制动控制接触器	SA4	照明灯开关
KM3	主电动机起停控制接触器	SA5	主轴换向开关
KM4、KM5	进给电动机正转、反转控制接触器	QS	电源隔离开关
KM6	快移控制接触器	SB1、SB2	分设在两处的主轴启动按钮
KS	速度继电器	SB3、SB4	分设在两处的主轴停止按钮
YA	快速移动电磁铁线圈	SB5、SB6	工作台快速移动按钮
R	限流电阻	FR1	主轴电动机热继电器
SQ1	工作台向右进给行程开关	FR2	进给电动机热继电器
SQ2	工作台向左进给行程开关	FR3	冷却泵热继电器
SQ3	工作台向前、向上进给行程开关	TC	变压器
SQ4	工作台向后、向下进给行程开关	FU1～FU4	熔断器

221

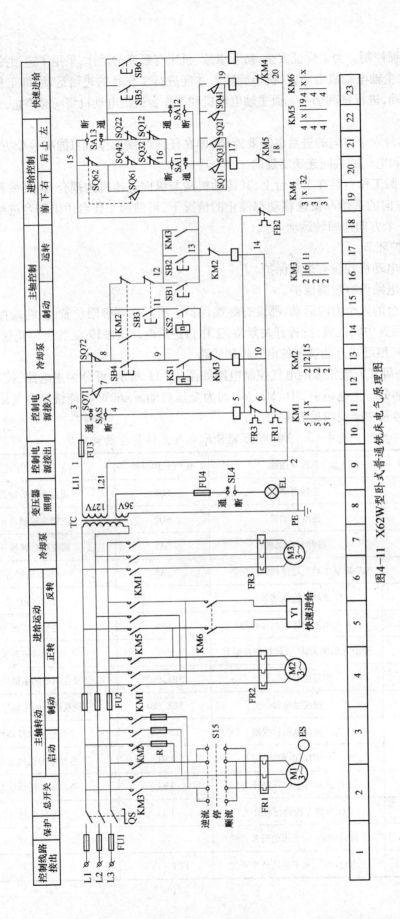

图4-11 X62W型卧式普通铣床电气原理图

1）主电路

（1）三相电源通过 FU1 熔断器,由电源隔离开关 QS 引入 X62W 万能铣床的主电路。在主轴转动区中,FR1 是热继电器的加热元件,起过载保护作用。

（2）主电路有三台电动机。

M1 是主轴电动机,在电气上需要实现启动控制与制动快速停转控制,为了完成顺铣与逆铣,还需要正反转控制,此外还需主轴临时制动以完成变速操作过程。KM3 主触头闭合、KM2 主触头断开时,SA5 组合开关有顺铣、停、逆铣三个转换位置,分别控制 M1 主电动机的正转、停、反转。一旦 KM3 主触头断开,KM2 主触头闭合,则电源电流经 KM2 主触头、两相限流电阻 R 在 KS 速度继电器的配合下实现反接制动。与主电动机同轴安装的 KS 速度继电器检测元件对主电动机进行速度监控,根据主电动机的速度对接在控制线路中的速度继电器触头 KS1、KS2 的闭合与断开进行控制。

M2 是工作台进给电动机,X62W 万能铣床有水平工作台和圆形工作台,其中水平工作台可以实现纵向进给(有左右两个进给方向)、横向进给(有前后两个进给方向)和升降进给(有上下两个进给方向)、圆工作台转动等四个运动,铣床当前只能进行一个进给运动(普通铣床上不能实现两个或以上多个进给运动的联动),通过水平工作台操作手柄、圆工作台转换开关、纵向进给操作手柄、十字复式操作手柄等选定,选定后 M2 的正反转就是所选定进给运动的两个进给方向。

KM4 主触头闭合、KM5 主触头断开时,M2 电动机正转;反之 KM4 主触头断开、KM5 主触头闭合时,则 M2 电动机反转。M2 正反转期间,KM6 主触头处于断开状态时,工作台通过齿轮变速箱中的慢速传动路线与 M2 电动机相连,工作台作慢速自动进给;一旦 KM6 主触头闭合,则 YA 快速进给磁铁通电,工作台通过电磁离合器与齿轮变速箱中的快速运动传动路线与 M2 电动机相连,工作台作快速移动。

YA 是快速牵引电磁铁。当快速牵引电磁铁线圈通电后,牵引电磁铁通过牵引快速离合器中的连接控制部件,使水平工作台与快速离合器连接实现快速移动,当 YA 断电时,水平工作台脱开快速离合器,恢复慢速移动。

M3 是冷却泵电动机,只有在主轴电动机 M1 启动后,冷却泵电动机才能启动。KM1 主触头闭合,M3 冷却泵电动机单向运转;KM1 断开,则 M3 停转。

2）控制电路

控制电路的电源由控制变压器 TC1 将 380V 的三相交流电降为 110V 三相交流电,并由熔断器 FU4 作短路保护。热继电器 FR1、FR2 和 FR3 的动断触点串联在控制电路中,电动机过载时,其动断触点断开,控制电路断电,电动机停止。

（1）主轴电动机控制。

① 主轴电动机全压启动。主轴电动机 M1 采用全压启动方式,启动前由组合开关 SA5 选择电动机转向,控制线路中 SQ71 断开、SQ72 闭合时主轴电动机处在正常工作方式。按下 SB1 或 SB2,通过 3、8、12、SB1(或 SB2)、13、14 支路,KM3 线圈接通,而 16 区的 KM3 常开辅助触头闭合形成自锁。主轴转动电路中因 KM3 主触头闭合,主电动机 M1 按 SA5 所选转向启动。

② 主轴电动机制动控制。按下 SB3 或 SB4 时,KM3 线圈因所在支路断路而断电,导致主轴转动电路中 KM3 主触头断开。由于控制线路的 11 区与 13 区分别接入了两个受 KS 速度继电器控制的触头 KS1(正向触头)、KS2(反向触头)。按下 SB3 或 SB4 的同时,KS1 或

KS2 触头中总有一个触头会因主轴转速较高而处于闭合状态,即正转制动时 KS1 闭合,而反转制动时 KS2 闭合。正转制动时通过 8、SB3、11、9、KM3、10 支路,反转制动时通过 8、SB4、9、KM3、10 支路,都将使 KM2 线圈通电,导致主轴转动电路中 KM2 主触头闭合。

主轴转动电路中 KM3 主触头断开的同时,KM2 主触头闭合,主轴电动机 M1 中接入经过限流的反接制动电流,该电流在 M1 电动机转子中产生制动转矩,抵消 KM3 主触头断开后转子上的惯性转矩使 M1 迅速降速。

当 M1 转速接近零速时,原先保持闭合的 KS1 或 KS2 触头将断开,KM2 线圈会因所在支路断路而断电,从而及时卸除转子中的制动转矩,使主轴电动机 M1 停转。SB1 与 SB3、SB2 与 SB4 两对按钮分别位于 X62W 万能铣床两个操作面板上,实现主轴电动机 M1 的两地操作控制。

③ 主轴变速制动控制。主轴变速时既可在主轴停转时进行,也可在主轴运转时进行。当主轴处于运转状态,拉出变速操作手柄将使变速开关 SQ71、SQ72 触动,即 SQ71 闭合、SQ72 断开。SQ72 率先断开 12 区中的 KM3 线圈所在支路,然后 SQ71 通过 3、7、KM3、10 支路,使 15 区中的 KM2 线圈通电。主轴转动电路中 KM3 主触头率先断开、KM2 主触头随后闭合,主电动机 M1 反接制动,转速迅速降低并停车,保证主轴变速过程顺利进行。

主轴变速完成后,推回变速操作手柄,KM2 主触头率先断合、KM3 主触头随后闭合、主轴电动机 M1 在新转速下重新运转。

(2) 进给电动机 M2 控制。只有 14 区~16 区中的 SB1、SB2、KM3 三个触头中的一个触头保持闭合时,KM3 线圈才能通电,而线圈 KM3 通电之后,进给控制区和快速进给区的控制线路部分才能接入电流,即 X62W 万能铣床的进给运动与刀架快速运动只有在主轴电动机启动运转后才能进行。

① 水平工作台纵向进给控制。水平工作台左右纵向进给前,机床操纵面板上的十字复合手柄扳到“中间”位置,使工作台与横向前后进给机械离合器以及与上下升降进给机械离合器同时脱开;而圆工作台转换开关 SA1 置于“断开”位置,使圆工作台与圆工作台转动机械离合器也处于脱开状态。以上操作完成后,水平工作台左右纵向进给运动就可通过纵向操作手柄与行程开关 SQ1 和 SQ2 组合控制。

纵向操作手柄有左、停、右三个操作位置。当手柄扳到“中间”位置时,纵向机械离合器脱开,行程开关 SQ11(19 区)、SQ12(20 区)、SQ21(21 区)、SQ22(20 区)不受压,KM4 与 KM5 线圈均处于断电状态,主电路中 KM4 与 KM5 主触头断开,电动机 M2 不能转动,工作台处于停止状态。

纵向手柄扳到“右”位时,将合上纵向进给机械离合器,使行程开关 SQ1 压下(SQ11 闭合、SQ12 断开)。因 SA1 置于“断开”位,导致 SA11 闭合,通过 SQ62、SQ42、SQ32、SA11、SQ11、17、18 的支路使 KM4 线圈通电,电动机 M2 正转,工作台右移。

纵向手柄扳到“左”位时,将压下 SQ2 而使 SQ21 闭合、SQ22 断开,通过 SQ62、SQ42、SQ32、SA11、SQ21、19、20 的支路使 KM5 线圈通电,电动机 M2 反转,工作台左移。

② 水平工作台横向进给控制。当纵向手柄扳到“中间”位置、圆形工作台转换开关置于“断开”位置时,SA11、SA13 接通,工作台进给运动就通过十字复合手柄不同工作位置选择以及 SQ3、SQ4 组合确定。

十字复合手柄扳到“前”位时,将合上横向进给机械离合器并压下 SQ3 而使 SQ31 闭合、SQ32 断开,因 SA11、SA13 接通,所以经 15、SA13、SQ22、SQ12、16、SA11、SQ31、17、18 的支路使 KM4 线圈通电,电动机 M2 正转,工作台横向前移。

十字复合手柄扳到"后"位时,将合上横向进给机械离合器并压下 SQ4 而使 SQ41 闭合、SQ42 断开,因 SA11、SA13 接通,所以经 15、SA13、SQ22、SQ12、16、SA11、SQ41、19、20 的支路使 KM5 线圈通电,电动机 M2 反转,工作台横向后移。

③ 水平工作台升降进给控制。十字复合手柄扳到"上"位时,将合上升降进给机械离合器并压下 SQ3 而使 SQ31 闭合、SQ32 断开,因 SA11、SA13 接通,所以经 15、SA13、SQ22、SQ12、16、SA11、SQ31、KM5 常闭辅助触头的支路使 KM4 线圈通电,电动机 M2 正转,工作台上移。

十字复合手柄扳到"后"位时,将合上升降进给机械离合器并压下 SQ4 而使 SQ41 闭合、SQ42 断开,因 SA11、SA13 接通,所以经 15、SA13、SQ22、SQ12、16、SA11、SQ41、KM4 常闭辅助触头的支路使 KM5 线圈通电,电动机 M2 反转,工作台下移。

④ 水平工作台快速点动控制。水平工作台在左右、前后、上下任一个方向移动时,若按下 SB5 或 SB6,KM6 线圈通电,主电路中因 KM6 主触头闭合导致牵引电磁铁线圈 YA 通电,于是水平工作台接上快速离合器而朝所选择的方向快速移动。当 SB5 或 SB6 按钮松开时,快速移动停止并恢复慢速移动状态。

⑤ 水平工作台进给连锁控制。如果每次只对纵向操作手柄(选择左、右进给方向)与十字复合操作手柄(选择前、后、上、下进给方向)中的一个手柄进行操作,必然只能选择一种进给运动方向,而如果同时操作两个手柄,就须通过电气互锁避免水平工作台的运动干涉。

由于受纵向手柄控制的 SQ22、SQ12 常闭触头串接在 20 区的一条支路中,而受十字复合操作手柄控制的 SQ42、SQ32 常闭触头串接在 19 区的一条支路中,假如同时操作纵向操作手柄与十字复合操作手柄,两条支路将同时切断,KM4 与 KM5 线圈均不能通电,工作台驱动电动机 M2 就不能启动运转。

⑥ 水平工作台进给变速控制。变速时向外拉出控制工作台变速的蘑菇形手轮,将触动开关 SQ6 使 SQ62 率先断开,线圈 KM4 或 KM5 断电;随后 SQ61 再闭合,KM4 线圈通过 15、SQ61、17、KM4 线圈、KM5 常闭触头支路通电,导致 M2 瞬时停转,随即正转。若 M2 处于停转状态,则上述操作导致 M2 正转。

蘑菇形手轮转动至所需进给速度后,再将手轮推回原位,这一操作过程中,SQ61 率先断开,SQ62 随后闭合,水平工作台以新的进给速度移动。

⑦ 圆形工作台运动控制。为了扩大 X62W 万能铣床的加工能力,可在水平工作台上安装圆形工作台。使用圆形工作台时,工作台纵向操作手柄与十字复合操作手柄均处于中间位置,圆形工作台转换开关 SA1 则置于"接通"位,此时 SA12 闭合、SA11 和 SA13 断开,通过 15、SQ62、SQ42、SQ32、16、SQ12、SQ22、SA12、17、18 的支路使 KM4 线圈通电,电动机 M2 正转并带动圆形工作台单向回转,其回转速度也可通过变速手轮调节。

由于圆形工作台控制支路中串联了 SQ42、SQ32、SQ12、SQ22 等常闭辅助触头,所以扳动水平工作台任意一个方向的进给操作手柄时,都将使圆形工作台停止回转运动。

(3)冷却泵电动机 M3 控制。SA3 转换开关置于"开"位时,KM1 线圈通电,冷却泵主电路中 KM1 主触头闭合,冷却泵电动机 M3 启动供液。而 SA3 置于"关"位时,M3 停止供液。

3)照明线路与保护环节

机床局部照明由 TC 变压器供给 36V 安全电压,转换开关 SA4 控制照明灯。

当主轴电动机 M1 过载时,FR1 动作断开整个控制线路的电源;进给电动机 M2 过载时,由 FR2 动作断开自身的控制电源;而当冷却泵电动机 M3 过载时,FR3 动作就可断开 M2、M3 的控制电源。

FU1、FU2 实现主电路的短路保护,FU3 实现控制电路的短路保护,而 FU4 则用于实现照明线路的短路保护。

4.4.2　X62W 型万能铣床电气控制线路的故障分析与检修

1．主轴电动机不能启动

（1）控制电路熔断器 FU3 或 FU4 熔丝熔断。

（2）主轴换相开关 SA4 在停止位置。

（3）按钮 SB1、SB2、SB3 或 SB4 的触点接触不良。

（4）主轴变速冲动行程开关 SQ7 的常闭触点接触不良。

（5）热继电器 FR1、FR3 已经动作,没有复位。

2．主轴停车时没有制动

（1）主轴无制动时要首先检查按下停止按钮后反接制动接触器是否吸合,如 KM2 不吸合,则应检查控制电路。检查时先操作主轴变速冲动手柄,若有冲动,说明故障的原因是速度继电器或按钮支路发生故障。

（2）若 KM2 吸合,则首先检查 KM2、R 的制动回路是否有缺两相的故障存在,如果制动回路缺两相则完全没有制动现象;其次检查速度继电器的常开触点是否过早断开,如果速度继电器的常开触点过早断开,则制动效果不明显。

3．主轴停车后产生短时反向旋转

这是由于速度继电器的弹簧调得过松,使触点分断过迟引起的,只要重新调整反力弹簧就可以消除故障。

4．按下停止按钮后主轴不停

（1）若按下停止按钮后,接触器 KM1 不释放,则说明接触器 KM1 主触头脱焊。

（2）若按下停止按钮后,KM1 能释放,KM2 吸合后有"嗡嗡"声,或转速过低,则说明制动接触器 KM2 主触头只有两相接通,电动机不会产生反向转矩,同时在缺相运行。

（3）若按下停止按钮后电动机能反接制动,但放开停止按钮后,电动机又再次启动,则是启动按钮在启动电动机 M1 后绝缘被击穿。

5．主轴不能变速冲动

故障原因是主轴变速行程开关 SQ7 位置移动、撞坏或断线。

6．工作台不能作向上进给

检查时可依次进行快速进给、进给变速冲动或圆工作台向前进给,向左进给和向后进给的控制,若上述操作正常则可缩小故障的范围,然后在逐个检查故障范围内的各个元件和接点,检查接触器 KM3 是否动作,行程开关 SQ4 是否接通,KM4 的常闭连锁触头是否良好,热继电器是否动作,直到检查出故障点。若上述检查都正常,再检查操作手柄的位置是否正确,如果手柄位置正确,则应考虑是否由于机械磨损或位移使操作失灵。

7．工作台左右（纵向）不能进给

应首先检查横向或垂直进给是否正常,如果正常,再检查进给电动机 M2、主电路、接触器 KM3、KM4,SQ1、SQ2 及与纵向进给相关的公共支路,若都正常,此时应检查 SQ6（15 - 16）、SQ4（16 - 17）、SQ3（17 - 18）,只要其中有一对触点接触不良或损坏,工作台就不能向左或向右进给。SQ6 是变速冲动开关,常因变速时手柄操作过猛而损坏。

8. 工作台各个方向都不能进给

用万用表检查各个回路的电压是否正常,若控制回路的电压正常,可扳动手柄到任意运动方向,观察其相关的接触器是否吸合,若吸合则控制回路正常。再着重检查主电路,检查是否有接触器主触头接触不良、电动机接线脱落和绕组断路。

9. 工作台不能快速进给

工作台不能快速进给,常见的原因是牵引电磁铁回路不通,如线头脱落、线圈损坏或机械卡死。如果按下 SB6 或 SB7 后,牵引电磁铁吸合正常,则故障是由于杠杆卡死或离合器摩擦片间隙调整不当。

4.4.3　X62W 型万能铣床实训

1. 实训目的

(1) 学习用通电试验的方法发现故障。

(2) 学习故障分析的方法,并通过故障分析缩小故障范围。

(3) 排除 X62W 万能铣床主电路或控制电路中人为设置的两个电气自然故障点。

2. 实训内容

(1) 充分了解机床的各种工作状态,以及操作手柄的作用,并观察机床的操作。

(2) 熟悉机床的电气元件的安装位置、布线情况以及操作手柄在不同位置时,行程开关的工作状态。

(3) 人为设置故障点,指导学生从故障的现象着手进行分析,并采用正确的检查步骤和检查方法查出故障。

(4) 设置两个故障点,由学生检查,排除,并记录检查的过程。

要求学生应首先根据故障现象,在原理图上标出最小故障范围,然后采用正确的步骤和方法在规定的时间内排除故障。排除故障时,必须修复故障点,不得采用更换电气元件,或改动线路的方法。检修时严禁扩大故障范围或产生新的故障点。

4.5　Z3040 型摇臂钻床

钻床(Drilling Machine)是一种加工孔的机床。它可用于钻孔、扩孔、铰孔、攻丝及修刮端面等多种形式的加工。钻床的种类很多,按其用途和结构可分为台式钻床、立式钻床、卧式钻床、摇臂钻床、多轴钻床及其他专用钻床等。Z3040 型摇臂钻床具有操作方便、灵活、适用范围广等特点,特别适用于生产中带有多孔的大型零件的孔加工,是钻床中应用最广泛的一种机床。

4.5.1　Z3040 型摇臂钻床的电气控制线路

1. Z3040 型摇臂钻床的结构

摇臂钻床主要由底座、内立柱、外立柱、摇臂、主轴箱及工作台等部分组成,Z3040 型摇臂钻床的外形结构如图 4 – 12 和图 4 – 13 所示。主轴箱由主传动电动机、主轴和主轴传动机构、进给和变速机构以及机床的操作机构等部分组成,主轴箱安装在摇臂的水平导轨上,内立柱固定在底座的一端,外面套有外立柱,外立柱可绕内立柱回转 360°。摇臂的一端为套筒,它套装在外立柱作上下移动。由于丝杆与外立柱连成一体,而升降螺母固定在摇臂上,因此摇臂不能绕外立柱转动,只能与外立柱一起绕内立柱回转。主轴箱是一个复合部件,由主传动电动机、主轴和主轴传动机构、进给和变速机构、机床的操作机构等部分组成。主轴箱安装在摇臂的水平导轨上,可以通过手轮操作,使其在水平导轨上沿摇臂移动。

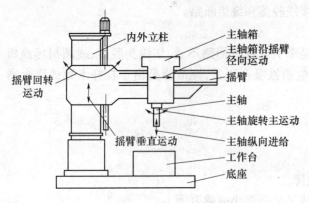

图 4-12 Z3040 型摇臂钻床的结构图   图 4-13 Z3040 型摇臂钻床的实物图

2. Z3040 型摇臂钻床的技术参数

最大钻孔直径:40mm。

主轴中心线至立柱母线距离:300mm ~ 1300mm。

主轴箱水平移动距离:1000mm。

主轴端面至底座工作台距离:260mm ~ 1050mm。

主轴行程:200mm。

主轴圆锥孔:莫氏 4 号。

主轴转速范围 6 级:75r/min,130r/min,240r/min,380r/min,660r/min,1200r/min。

主轴进给量 3 级(mm/r):0.10mm/r,0.16mm/r,0.25mm/r。

主轴允许最大进给抗力:6300N。

摇臂升降速度:1.3m/min。

摇臂回转角度:360°。

主电机功率:2.2kW。

升降电机功率:1.1kW。

机床净重约:2200kg。

外形尺寸(长×宽×高):2000mm×810mm×2200mm。

3. Z3040 型摇臂钻床的主要运动形式和控制要求

1) Z3040 型摇臂钻床的主要运动形式

当进行加工时,由特殊的加紧装置将主轴箱紧固在摇臂导轨上,而外立柱紧固在内立柱上,摇臂紧固在外立柱上,然后进行钻削加工。钻削加工时,钻头一边进行旋转切削,一边进行纵向进给,其运动形式如下。

(1)主运动:摇臂钻床的主运动是指主轴的旋转运动。

(2)进给运动:摇臂钻床的进给运动是指主轴的纵向进给运动。

(3)辅助运动:

① 摇臂与外立柱一起绕内立柱的回转运动。

② 摇臂沿外立柱上导轨的上下垂直移动。

③ 主轴箱沿摇臂长度方向的左右移动。

2) Z3040 型摇臂钻床的电力拖动特点及控制要求

（1）摇臂钻床采用直接启动方式控制四台电动机：主轴电动机 M1 带动主轴旋转；摇臂升降电动机 M2 带动摇臂进行升降；液压泵电动机 M3 拖动液压泵供出压力油，使液压系统的夹紧机构实现夹紧与放松；冷却泵电动机 M4 驱动冷却泵供给机床冷却液。其中，M1 只能正转；M2 为摇臂升降电动机，能正、反转控制；M3 能正、反转控制；M4 只能正转控制。

（2）为了适应多种形式的加工要求，摇臂钻床主轴的旋转及进给运动有较大的调速范围，一般情况下多由机械变速机构实现。主轴变速机构与进给变速机构均装在主轴箱内。

（3）摇臂钻床的主运动和进给运动均为主轴的运动，为此这两项运动有一台主轴电动机拖动，分别经主轴传动机构，进给传动机构实现主轴的旋转和进给。

（4）在加工螺纹时，要求主轴能正反转。摇臂钻床主轴正反转一般采用机械方法实现，因此主轴电动机仅需要单向旋转。

（5）摇臂升降电动机要求能正反向旋转。

（6）内外主轴的夹紧与放松、主轴与摇臂的夹紧与放松可用机械操作、电气—机械装置、电气—液压或电气—液压—机械等控制方法实现。若采用液压装置，则备有液压泵电机，拖动液压泵提供压力油来实现，液压泵电机要求能正反向旋转，并根据要求采用点动控制。

（7）摇臂的移动应严格按照摇臂松开→移动→摇臂夹紧的程序进行。因此摇臂的夹紧与摇臂升降按自动控制进行。

（8）冷却泵电动机带动冷却泵提供冷却液，只要求单向旋转。

（9）具有连锁与保护环节以及安全照明、信号指示电路。

4. Z3040 型摇臂钻床的电气控制线路

Z3040 型摇臂钻床的电气控制线路图，如图 4 – 14 所示。Z3040 摇臂钻床电气元件明细表见表 4 – 4。

表 4 – 4　Z3040 摇臂钻床电气元件明细表

符号	元件名称	型号	规格	件数	作用
M1	主轴电动机	JO2 – 42 – 4	5.5kW,1440 r/min	1	主轴转动
M2	摇臂升降电动机	JO2 – 22 – 4	1.5kW,1410 r/min	1	摇臂升降
M3	液压泵电动机	JO2 – 21 – 6	0.8kW,930 r/min	1	立柱夹紧松开
M4	冷却泵电动机	JCB – 22 – 2	0.125kW,2790r/min	1	供给冷却液
KM1	交流接触器	CJ0 – 20	20A 线圈,127V	1	控制主轴电动机
KM2	交流接触器	CJ0 – 10	10A 线圈,127V	1	摇臂上升
KM3	交流接触器	CJ0 – 10	10A 线圈,127V	1	摇臂下降
KM4	交流接触器	CJ0 – 10	10A 线圈,127V	1	主轴箱和立柱松开

符号	元件名称	型号	规格	件数	作用
KM5	交流接触器	CJ0 – 10	10A 线圈,127V	1	主轴箱和立柱夹紧
KT	时间继电器	JJSK2 – 4	线圈 127V,50Hz		提供 1s~3s 的延时断电延时型
FU1	熔断器	RL1 型	60/25A	3	电源总保险
FU2	熔断器	RL1 型	15/10A	3	M3、M2 短路保护
FU3	熔断器	RL1 型	15/2A	2	照明电路短路保护
FR1	热继电器	JR2 – 1	11.1A	1	主轴电动机 M1 过载保护
FR2	热继电器	JR2 – 1	1.6A		液压电动机过载保护
YV	电磁阀	MFJ1 – 3	线圈 127V,50Hz		控制立柱夹紧机构
QS	转换开关	HZ2 – 25/3	25A	1	电源总开关
SA1	照明开关	KZ 型灯架	带开关	1	控制 EL
SA2	冷却泵电动机开关	HZ2 – 10/3	10A	1	控制冷却泵电动机 M1
SQ1	限位开关	HZ4 – 22 型		1	摇臂升降限位开关
SQ2	行程开关	LX5 – 11Q/1 型		1	摇臂松开后压下
SQ3	行程开关	LX5 – 11Q/1 型			摇臂夹紧后压下
SQ4	行程开关	LX5 – 11Q/1 型		1	立柱主轴箱夹紧后压下
SB1	按钮	LA2 型	5A	1	主轴停止按钮
SB2	按钮	LA2 型	5A	1	主轴启动按钮
SB3	按钮	LA2 型	5A	1	摇臂上升按钮
SB4	按钮	LA2 型	5A	1	摇臂下降按钮
SB5	按钮	LA2 型	5A	1	主轴箱和立柱松开按钮
SB6	按钮	LA2 型	5A	1	主轴箱和立柱夹紧按钮
TC	控制变压器	BK – 150	380/127、36V	1	控制、照明电路的低压电源
EL	照明灯泡		36V,40W	1	机床局部照明

1）主电路分析

M1 为主轴电动机,摇臂钻床的主运动和进给运动都为主轴的运动,由一台主轴电动机 M1 拖动,再通过主轴传动机构和进给传动机构实现主轴的旋转和进给。主轴变速机构和进给变速机构都装在主轴箱内。主轴在一般的转速下进行钻削加工,而低速时主要用于扩孔、铰孔、攻螺纹等加工。为加工螺纹,主轴要求有正反转,主轴的正、反转一般采用机械的方法实现,主轴电动机 M1 只需作单方向的旋转。主轴电动机 M1 由接触器 KM1 控制,热继电器 FR1 作过载保护。

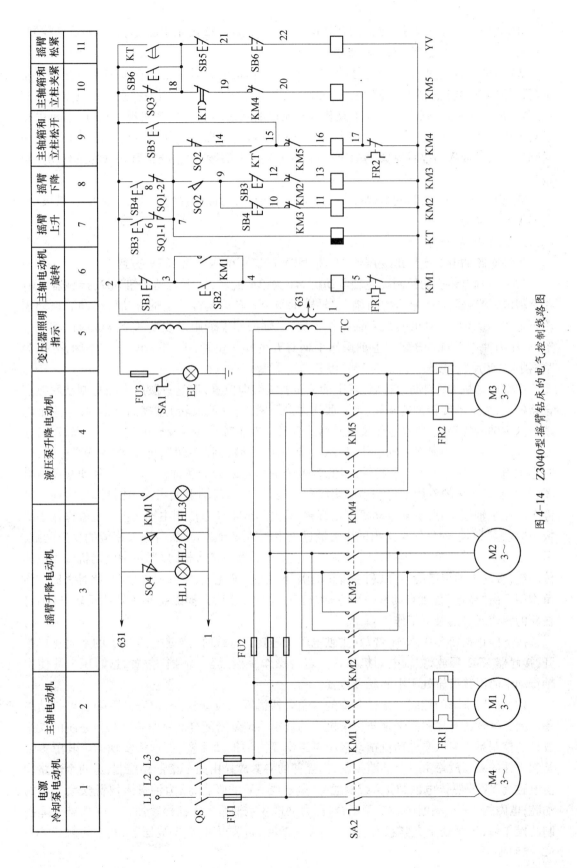

图 4-14 Z3040型摇臂钻床的电气控制线路图

电源冷却泵电动机	主轴电动机	摇臂升降电动机	液压泵升降电动机	变压器照明指示	主轴电动机旋转	摇臂上升	摇臂下降	主轴箱和立柱松开	主轴箱和立柱夹紧	摇臂松紧
1	2	3	4	5	6	7	8	9	10	11

M2 为摇臂升降电动机,摇臂的升降运动由 M2 拖动,M2 要求进行正、反转的点动控制,由接触器 KM2、KM3 进行控制,不加过载保护。

M3 为液压泵电动机,内外立柱的夹紧放松、主轴箱的夹紧放松和摇臂夹紧放松可采用手柄机械操作、电气—机械装置、电气—液压装置或电气—液压—机械装置等控制方法来实现,若采用液压装置,则靠液压泵电动机 M3 拖动油泵送出压力油来实现。M3 电动机由接触器 KM4、KM5 控制其正、反转。热继电器 FR2 进行过载保护。摇臂的升降运动必须按照摇臂松开→升或降→摇臂夹紧的顺序进行,因此摇臂的夹紧、放松与摇臂的升降按自动控制进行。

M4 为冷却泵电动机,它拖动冷却泵供出冷却液对刀具进行冷却,由于 M4 的容量很小,所以由 SA2 直接控制。

2) 控制电路分析

控制电路的电源电压由变压器 TC 将 380V 的交流电压降为 127V 得到。

(1) 主轴电动机的控制。主轴电动机 M1 为单向旋转,按下启动按钮 SB2,接触器 KM1 线圈得电,接触器 KM1 吸合并自锁,主轴电动机 M1 启动运转。主轴电动机启动后拖动齿轮泵送出压力油,此时可操纵主轴操作手柄,主轴操作手柄用来改变两个操纵阀的相互位置,使压力油作不同的分配。主轴操作手柄有五个操作位置:上、下、里、外和中间,分别为"空挡"、"变速"、"反转"、"正转"和"停车"。

主轴电动机 M1 启动运转后,将手柄扳至所需转向位置,于是一股压力油将制动摩擦离合器松开,为主轴旋转创造条件,另一股压力油压紧正转(或反转)摩擦离合器,接通主轴电动机到主轴的传动链,驱动主轴实现正转或反转。在主轴正转或反转的过程中,可转动变速旋钮,改变主轴的转速或主轴进给量,然后将操作手柄扳回"中间",即主轴"停车"位置,这时主轴电动机仍拖动齿轮泵旋转,但此时整个液压系统为低压油,不能松开制动摩擦离合器,而在制动弹簧的作用下将制动摩擦离合器压紧,使制动轴上的齿轮不能转动,实现主轴停车。在主轴停车时,主轴电动机仍在旋转,只是不能将动力传到主轴。再将主轴操作手柄扳至"变速"位置,使齿轮泵送出的压力油进入主轴转速预选阀,然后进入相应的变速油缸,另一油路系统推动拨插缓慢移动,逐渐压紧主轴正转摩擦离合器,接通主轴电动机到主轴的传动链,带动主轴缓慢旋转,以利于齿轮的啮合。当变速完成,松开操作手柄,此时手柄在弹簧作用下由"变速"位置自动复位到主轴"停车"位置,然后再操纵主轴正转或反转,转轴将在新的转速或进给量下工作。

按下停止按钮 SB1,KM1 释放,主轴电动机停转。过载时,热继电器 FR1 的常闭触点断开,接触器 KM1 释放,主轴电动机停转。若将操作手柄扳至"空挡"位置,这时压力油使主轴传动中的滑移齿轮处于中间脱开位置。

(2) 摇臂升降的控制。摇臂升降的控制包括摇臂的自动松开,上升或下降后再自动夹紧。因此摇臂的升降控制必须与夹紧机构的液压系统紧密配合。夹紧机构液压系统的夹紧放松的控制是由液压泵电动机拖动液压泵送出压力油推动活塞、菱形块实现的。其中主轴箱和立柱的夹紧放松由一个油路控制,而摇臂的夹紧放松由另一个油路控制,这两个油路均由电磁阀 YV 操纵。电磁阀 YV 线圈通电,电磁阀 YV 的吸合,压力油进入摇臂松紧控制的油腔;电磁阀 YV 线圈断电,YV 不吸合,压力油进入主轴箱和立柱松紧油腔。在摇臂升降控制的操作前,摇臂处于夹紧状态,油进入夹紧油腔,行程开关 SQ3 被压下,其常闭触点 SQ3 (2－18)断开。

若进行摇臂上升的控制,则按下上升复合按钮 SB3,其常闭触点 SB3(9-12)断开,切断摇臂下降的 KM3 线圈回路;其常开触点 SB3(2-6)闭合,时间继电器 KT 线圈通电并吸合,其瞬动常开触点 KT(14-15)瞬时动作,接通了接触器 KM4 的线圈回路,接触器 KM4 吸合,使液压泵电动机 M3 正转,液压泵供出正向压力油。同时 KT 延时断开的常开触点 KT(2-18)闭合,接通电磁阀 YV 的线圈。电磁阀的吸合使压力油进入摇臂松开油腔,推动松开机构,使摇臂松开,并压下行程开关 SQ2,其常闭触点 SQ2(7-14)断开,接触器 KM4 因线圈断电而释放,液压泵电动机 M3 停止转动,同时 SQ2 的常开触点 SQ2(7-9)闭合,接触器 KM2 线圈通电,使接触器 KM2 吸合,摇臂升降电动机 M2 正转,拖动摇臂上升。在压力油进入摇臂松开油腔后,行程开关 SQ3 被释放,其常闭触点 SQ3(2-18)闭合,此时由于 KT 线圈通电,其延时闭合的常闭触点 KT(18-19)断开,所以接触器 KM5 线圈回路处于断电状态。

当摇臂上升到所需的位置时,松开按钮 SB3,接触器 KM2 和时间继电器 KT 均释放,摇臂升降电动机 M2 停转,摇臂停止上升,时间继电器 KT 释放后,延时 1s~3s,其延时闭合的常闭触点 KT(18-19)闭合,接通接触器 KM5 的线圈回路,接触器 KM5 吸合,液压泵电动机 M3 反转,反向供给压力油。这时 SQ3 的常闭触点 SQ3(2-18)是闭合的,电磁阀仍通电吸合,结果使压力油进入摇臂夹紧的油腔,推动夹紧机构,使摇臂夹紧。夹紧后压下 SQ3,其常闭触点 SQ3(2-18)断开,接触器 KM5 和电磁阀 YV 线圈断电而释放,液压泵电动机 M3 停转,摇臂的上升过程结束。行程开关 SQ2 保证只有摇臂完全松开后才能升降。如果摇臂没有完全松开,则 SQ2 不动作,其常开触点 SQ2(7-9)不能闭合,接触器 KM2 和 KM3 就不能通电吸合,摇臂升降电动机 M2 不会动作。断电延时型时间继电器 KT 保证接触器 KM2 断电后 1s~3s,待摇臂升降电动机停止时再将摇臂夹紧。

摇臂升降的限位保护,由组合限位开关 SQ1 来实现,SQ1 有两对常闭触头。当摇臂上升到极限位置时,与上升按钮串联的常闭触头 SQ1-1(6-7)断开,接触器 KM2 释放,摇臂升降电动机 M2 停转。SQ1 的两对触头平时应调整在同时接通的位置,SQ1 一旦动作,一对触头断开,而另一对触头仍保持闭合。这样当上升限位 SQ1-1 断开后,与 SB4 串联的触点 SQ1-2 仍然闭合,压下 SB4 按钮,可以使摇臂下降。

摇臂下降的过程与摇臂上升的过程类似。

摇臂自动夹紧程度由 SQ3 控制。摇臂夹紧后,由行程开关 SQ3 常闭触点 SQ3(2-18)断开液压泵电动机 M3 的控制回路,使 M3 停止。如果液压系统出现故障使摇臂不能夹紧,或由于行程开关 SQ3 调整不当,会使 SQ3 的常闭触点不断开,而使液压泵电动机长期过载,易将电动机烧毁,为此 M3 的主电路采用热继电器 FR2 作过载保护。

(3)主轴箱与立柱松开夹紧的控制。主轴箱的松开与夹紧的控制是由夹紧机构液压系统的一个油路控制的。主轴箱与立柱的松开夹紧控制是同时进行的。

按下松开复合按钮 SB5,其常开触点 SB5(2-15)闭合,接触器 KM4 吸合,液压泵电动机 M3 正转,拖动液压泵送出压力油,这时与摇臂升降不同,由于常闭触点 SB5(18-21)断开,电磁阀 YV 线圈处于断电状态,并不吸合,压力油经二位六通阀进入主轴箱松开油腔和立柱松开油腔,推动活塞和菱形块,使主轴箱与立柱松开,同时行程开关 SQ4 松开,其常闭触点闭合,松开指示灯 HL1 亮。而 YV 线圈断开,电磁阀 YV 不动作,压力油不会进入摇臂松开油腔,摇臂仍然处于夹紧状态。这时可以手动操作主轴箱沿摇臂的水平导轨移动,也可以推动摇臂使外立柱绕内立柱转动。

按下夹紧复合按钮 SB6,其常开触点 SB6(2-18)闭合,接触器 KM5 吸合,液压泵电动机 M3 反转,这时由于 SB6 的常闭触点 SB6(21-22)断开,电磁阀 YV 并不吸合,压力油进入主轴箱夹紧油腔和立柱夹紧油腔,使主轴箱和立柱都夹紧。同时行程开关 SQ4 被压下,其常闭触点断开,常开触点闭合,松开指示灯 HL1 熄灭而夹紧指示灯 HL2 亮。

(4) 冷却泵电动机 M4 的控制。由于冷却泵电动机容量小(0.125kW),直接由 SA1 开关控制,进行单向旋转。

3) 照明和信号指示电路分析

照明电源是变压器 TC 提供的 36V 交流电压。照明灯 EL 由装在灯头上的开关 SA1 控制,灯的一端保护接地。熔断器 FU3 作为照明电路的短路保护。

HL3 为主轴旋转工作指示灯,HL2 为主轴箱、立柱夹紧指示灯,HL1 为主轴箱、立柱松开指示灯。

4.5.2 Z3040 型摇臂钻床电气控制线路的故障分析与检修

1. 主轴电动机无法启动

(1) 电源总开关 QS 接触不良,需调整或更换。

(2) 控制按钮 SB1 或 SB2 接触不良,需调整或更换。

(3) 接触器 KM1 线圈断线或触点接触不良,需重接或更换。

(4) 低压断路器的熔丝已断,应更换熔丝。

2. 摇臂不能升降

(1) 行程开关 SQ2 的位置移动,使摇臂松开后没有压下 SQ2。

(2) 电动机的电源相序接反,导致行程开关 SQ2 无法压下。

(3) 液压系统出现故障,摇臂不能完全松开。

(4) 控制按钮 SB3 或 SB4 接触不良,需调整或更换。

(5) 接触器 KM2、KM3 线圈断线或触点接触不良,需重接或更换。

3. 摇臂升降松开夹紧线路故障

摇臂升降和松紧是由电气和机械结构配合实现放松→上升(下降)→夹紧的半自动工作顺序的控制。维修时除检查电气部分外,还要检查机械部分是否正常。

若摇臂升降后不能完全夹紧,主要是由于 SQ2-1 或 SQ2-2 过早分断致使摇臂未夹紧就停止了夹紧动作,应将 SQ2 的动触点 SQ2-1 和 SQ2-2 调到适当的位置,故障便可消除。

若摇臂升降后不能按需要停止,这是因为检修时误将触点 SQ2-1 和 SQ2-2 的接线互换了。如将十字开关扳到下降位置为例,KM3 线圈通电吸合,电动机 M3 反转,摇臂先松开后下降,摇臂松开后 SQ2-1 闭合,若将触点 SQ2-1 和 SQ2-2 的接线互换了,将造成 SA1-4 和限位开关 SQ1-2 不起作用,这样即使将十字开关扳到中间位置或限位开关 SQ1-2 断开也不能切断接触器 KM3 线圈的电源,下降不能停止,结果将导致机床运动部件和已夹好的工件相撞,发生此类故障应立即切断总电源开关。

摇臂升降电动机正反转重复不停,致使摇臂升降后夹紧放松的动作反复不止。故障的原因是 SQ2 的两个触点 SQ2-1 和 SQ2-2 之间的距离调得太近。如当上升到位后,将十字开关扳回零位,接触器 KM2 已释放,触点 SQ2-2 已闭合,KM3 吸合,电动机反转将摇臂夹紧,夹紧后 SQ2-2 断开,KM3 释放,但由于电动机和传动机械的惯性,使得机械部分继续转动一小段距离,由于 SQ2-1 离得太近而被接通,接触器 KM2 又吸合,电动机 M3 又正转,经过很短的距离,SQ2-1 断开,KM2 释放,但由于电动机和传动机械的惯性,使得机械部分再转动一小段距离,由于 SQ2-2 离得太近而被接通,接触器 KM3 又吸合,电动机又反转,如此循环,致使摇臂升降后夹紧放松的动作反复不止。所以在检修时,在调整好机械部分后,应对行程开关进行仔细地调整。

4. 立柱夹紧与松开电路的故障

若立柱松紧电动机不能启动,则故障的原因可能为:FU2 熔丝熔断;按钮 SB1 或 SB2 接触不良;接触器 KM4、KM5 的常闭触头或主触头接触不良。

若立柱松紧电动机工作后不能停止,这是由于 KM4、KM5 的主触头脱焊造成的,应立即切断总电源,更换主触点,防止电动机过载而烧毁。

4.5.3 Z3040 型钻床实训

1. 训练目的

(1) 进一步掌握 Z3040 型摇臂钻床的工作原理、电力拖动的特点。

(2) 熟练掌握机床控制线路安装的方法和调试过程中故障排除的方法。

2. 训练内容

(1) 在模拟板上安装 Z3040 的控制电路,并按操作过程进行模拟操作。

(2) 在调试的过程中,能根据故障的现象,按电气原理图分析故障的原因。

(3) 在试车成功的模拟板上设置摇臂上升后不能夹紧的故障。

3. 训练步骤及要求

(1) 按电气元件明细表配齐电气设备和元件,并逐个校验。

(2) 按编号原则在原理图上给各电气元件接线端编号。

(3) 给各电气元件按原理图的符号作好标记,并给各电气元件接线端作编号标记。

(4) 根据电动机的容量、线路的走向和电气元件的尺寸,正确选配导线规格、导线通道类型和导线数量,选配接线板的节数、控制板的尺寸及管夹。

(5) 并根据原理图的编号给各连接线端作好标记。

(6) 在控制板上安装电气元件并布线。布线时应选择合理的走向。

(7) 安装控制板外的所有控制元件,进行控制板外布线。

(8) 检查电路的接线是否正确及检测线路的绝缘。

(9) 接通电源,按机床的控制过程进行模拟操作。

(10) 在调试的过程中,根据故障的现象,按电气原理图分析故障的原因。

(11) 试车成功后,在模拟板上设置摇臂上升后不能夹紧的故障。

4. 注意事项

(1) 在安装机床电气设备时,应当注意三相交流电源的相序。如果三相电源的相序接错了,电动机的旋转方向就要与规定的方向不符,在开动机床时容易发生事故,Z3040 型摇臂钻床三相电源的相序可以用立柱和主轴箱的夹紧机构来检查。可先按下松开按钮 SB5,若立柱和主轴箱都松开,表示电源的相序正确,否则将电源线路中任意两根导线对调位置。电源的相序正确后,再调整升降 M2 的接线。

(2) 不要漏接接地线。

4.6 T68 型卧式镗床

镗床(Boring Machine)是一种用于精密加工的机床,可进行镗孔和钻孔加工。镗床可分为立式镗床、卧式镗床、坐标镗床、专用镗床。

4.6.1 T68 型卧式镗床的电气控制线路

1. T68 型卧式镗床的结构

卧式镗床的主要结构如图 4 - 15 和图 4 - 16 所示,前立柱固定安装在床身的右端,在它的垂直导轨上装有可上下移动的主轴箱。主轴箱中装有主轴部件、主运动和进给运动的变速传动机构和操纵机构等。在主轴箱的后部固定着后尾筒,里面装有镗轴的轴向进给机构。后立柱固定在床身的左端,装在后立柱垂直导轨上的后支撑架用于支撑长镗杆的悬伸端,后支撑架可沿垂直导轨与主轴箱同步升降,后立柱可沿床身的水平导轨左右移动,在不需要时也可以卸下。工件固定在工作台上,工作台部件装在床身的导轨上,由下滑座、上滑座和工作台三部分组成,下滑座可沿床身的水平导轨作纵向移动,上滑座可沿下滑座的导轨作横向移动,工作台则可在上滑座的环形导轨上绕垂直轴线转位,使工件在水平面内调整至一定的角度位置,以便能在一次安装中对互相平行或成一定角度的孔与平面进行加工。根据加工情况不同,刀具可以装在镗轴前端的锥孔中,或装在平旋盘(又称为"花盘")与径向刀具溜板上。

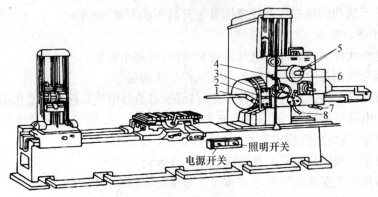

图 4 - 15 T68 型卧式镗床的结构图

1—主轴点动按钮;2,3—主轴停止、启动按钮;4—进给快移操作手柄;
5—主轴、主轴箱及工作台进给变速操纵手柄;6—主轴、主轴箱手动精确移动手柄;
7—主轴箱夹紧手柄;8—主轴手动、机动进给换向手柄。

2. T68 型卧式镗床的技术参数

主轴直径:85mm。

主轴的最大许用扭转矩:1100N·m。

主轴可承受最大进给抗力(轴向):13000N。

平旋盘最大许用扭转力矩:2200N·m。

主轴内孔锥度:NO.5。

主轴最大行程:600mm。

平旋盘径向刀架最大行程:170mm。

图 4 – 16 T68 型卧式镗床的实物图

最经济镗孔直径:240mm。

工作台可随最大质量:2000kg。

主轴中心线距工作台面最大距离:800mm,最小距离:30mm。

主轴转速种数:18 种。

主轴转速范围 20r/min ~ 1000r/min。

平旋盘转速种数:14 种。

平旋盘转速范围 10r/min ~ 200r/min。

主轴每转时主轴进给量范围:0.05mm ~ 16mm。

平旋盘每转时径向刀架的进给量范围:0.025mm ~ 8mm。

主轴每转时主轴箱、工作台进给量范围:0.025mm ~ 8mm。

工作台行程:纵向 1140mm,横向 850mm。

工作台工作面面积:1000mm × 800mm。

主轴快速移动:4.8m/min。

主轴箱及工作台快速移动:2.4m/min。

主电动机功率:5.2/7kW。

主电动机转度:1500/3000r/min。

快速移动电动机功率:2.8kW。

快速移动电动机转度:1500r/min。

机床外形尺寸(长 × 宽 × 高):5070mm × 2270mm × 2700mm。

机床质量:10500kg。

3. T68 型卧式镗床的主要运动形式和控制要求

1)T68 型卧式镗床的主要运动形式

(1)主运动:镗轴和平旋盘的旋转运动。

(2)进给运动包括:

① 镗轴的轴向进给运动。

② 平旋盘上刀具溜板的径向进给运动。

③ 主轴箱的垂直进给运动。

④ 工作台的纵向和横向进给运动。

（3）辅助运动包括：

① 主轴箱、工作台等的进给运动上的快速调位移动。

② 后立柱的纵向调位移动。

③ 后支撑架与主轴箱的垂直调位移动。

④ 工作台的转位运动。

2）卧式镗床的电力拖动形式和控制要求

（1）卧式镗床的主运动和进给运动多用同一台异步电动机拖动。为了适应各种形式和各种工件的加工，要求镗床的主轴有较宽的调速范围，因此多采用由双速或三速鼠笼式异步电动机拖动的滑移齿轮有级变速系统。

（2）镗床的主运动和进给运动都采用机械滑移齿轮变速，为有利于变速后齿轮的啮合，要求有变速冲动。

（3）要求主轴电动机能够正反转；可以点动进行调整；并要求有电气制动，通常采用反接制动。

（4）卧式镗床的各进给运动部件要求能快速移动，一般由单独的快速进给电动机拖动。

（5）主轴要求快速而准确的制动，所以必须采用效果好的停车制动，如反接制动。

4. T68 型卧式镗床的电气控制线路

T68 型卧式镗床的电气控制线路，如图 4 - 17 所示。

1）主电路分析

T68 型卧式镗床电气控制线路采用双速鼠笼式异步电动机作为主拖动电机。一台是主轴电动机 M1，作为主轴旋转及常速进给的动力，同时还带动润滑油泵；另一台为快速进给电动机 M2，作为各进给运动的快速移动的动力。主轴电动机能正反向点动，并有准确的制动。

M1 为双速电动机，由接触器 KM4、KM5 控制主轴电动机，低速时直接启动，KM4 吸合，M1 的定子绕组为三角形连接，$n = 1460r/min$；高速时先低速启动，延时后转为高速运转。KM5 吸合，KM5 为两只接触器并联使用，定子绕组为双星形连接，$n = 2880r/min$。KM1、KM2 控制 M1 的正反转。KV 为与 M1 同轴的速度继电器，在 M1 停车时，由 KV 控制进行反接制动。为了限制启、制动电流和减小机械冲击，M1 在制动、点动及主轴和进给的变速冲动时串入了限流电阻器 R，运行时由 KM3 短接。热继电器 FR 作 M1 的过载保护。

M2 为快速进给电动机，由 KM6、KM7 控制正反转。由于 M2 是短时工作制，所以不需要用热继电器进行过载保护。

QS 为电源引入开关，FU1 提供全电路的短路保护，FU2 提供 M2 及控制电路的短路保护。主轴变速和进给变速设低速冲动环节。各运动部件能实现快速移动。工作台或镗头架的自动进给与主轴或花盘刀架的自动进给设有连锁。

2）控制电路分析

由控制变压器 TC 提供 110V 工作电压，FU3 提供变压器二次侧的短路保护。控制电路包括 KM1 ~ KM7 交流接触器和 KA1、KA2 中间继电器，以及时间继电器 KT 的线圈支路，该电路的主要功能是对主轴电动机 M1 进行控制。在启动 M1 之前，首先要选择好主轴的转速和进给量，并且调整好主轴箱和工作台的位置（在调整好后行程开关 SQ1、SQ2 的动断触点（1 - 2）均处于闭合接通状态）。

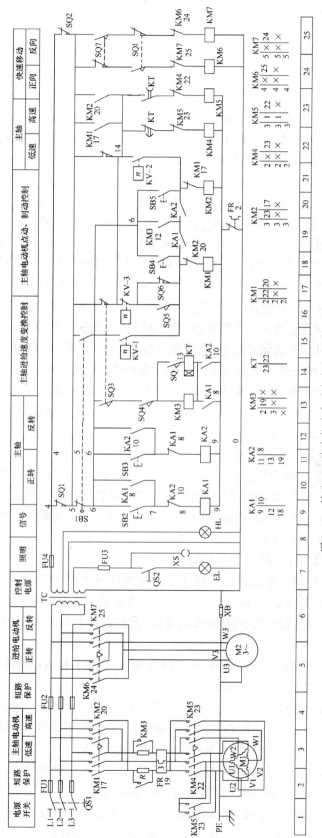

图4-17 所示T68型卧式镗床的电气控制线路

（1）M1 的正反转控制。SB2、SB3 分别为正、反转启动按钮，下面以正转启动为例：

按下 SB2→KA1 线圈通电自锁→KA1 动合触点（10-11）闭合，KM3 线圈通电→KM3 主触点闭合短接电阻 R；KA1 另一对动合触点（14-17）闭合，与闭合的 KM3 辅助动合触点（4-17）使 KM1 线圈通电→KM1 主触点闭合；KM1 动合辅助触点（3-13）闭合，KM4 通电，电动机 M1 低速启动。

同理，在反转启动运行时，按下 SB3，相继通电的电器为 KA2→KM3→KM2→KM4。

（2）M1 的高速运行控制。若按上述启动控制，M1 为低速运行，此时机床的主轴变速手柄置于"低速"位置，微动开关 SQ7 不吸合，由于 SQ7 动合触点（11-12）断开，时间继电器 KT 线圈不通电。要使 M1 高速运行，可将主轴变速手柄置于"高速"位置，SQ7 动作，其动合触点（11-12）闭合，这样在启动控制过程中 KT 与 KM3 同时通电吸合，经过 3s 左右的延时后，KT 的动断触点（13-20）断开而动合触点（13-22）闭合，使 KM4 线圈断电而 KM5 通电，M1 为 YY 连接高速运行。无论是当 M1 低速运行时还是在停车时，若将变速手柄由低速挡转至高速挡，M1 都是先低速启动或运行，再经 3s 左右的延时后自动转换至高速运行。

（3）M1 的停车制动。M1 采用反接制动，KV 为与 M1 同轴的反接制动控制用的速度继电器，它在控制电路中有三对触点：动合触点（13-18）在 M1 正转时动作，另一对动合触点（13-14）在反转时闭合，还有一对动断触点（13-15）提供变速冲动控制。当 M1 的转速达到约 120 r/min 以上时，KV 的触点动作；当转速降至 40r/min 以下时，KV 的触点复位。下面以 M1 正转高速运行、按下停车按钮 SB1 停车制动为例进行分析：

按下 SB1→SB1 动断触点（3-4）先断开，先前得电的线圈 KA1、KM3、KT、KM1、KM5 相继断电→然后 SB1 动合触点（3-13）闭合，经 KV-1 使 KM2 线圈通电→KM4 通电→M1 D 形接法串电阻反接制动→电动机转速迅速下降至 KV 的复归值→KV-1 动合触点断开，KM2 断电→KM2 动合触点断开，KM4 断电，制动结束。

如果是 M1 反转进行制动，则由 KV-2（13-14）闭合，控制 KM1、KM4 进行反接制动。

（4）M1 的点动控制。SB4 和 SB5 分别为正反转点动控制按钮。当需要进行点动调整时，可按下 SB4（或 SB5），使 KM1 线圈（或 KM2 线圈）通电，KM4 线圈也随之通电，由于此时 KA1、KA2、KM3、KT 线圈都没有通电，所以 M1 串入电阻低速转动。当松开 SB4（或 SB5）时，由于没有自锁作用，所以 M1 为点动运行。

（5）主轴的变速控制。主轴的各种转速是由变速操纵盘来调节变速传动系统而取得的。在主轴运转时，如果要变速，可不必停车。只要将主轴变速操纵盘的操作手柄拉出，与变速手柄有机械联系的行程开关 SQ3、SQ5 均复位，此后的控制过程如下（以正转低速运行为例）：

将变速手柄拉出→SQ3 复位→SQ3 动合触点断开→KM3 和 KT 都断电→KM1 断电，KM4 断电，M1 断电后由于惯性继续旋转。

SQ3 动断触点（3-13）后闭合，由于此时转速较高，故 KV-1 动合触点为闭合状态→KM2 线圈通电→KM4 通电，电动机 D 接法进行制动，转速很快下降到 KV 的复位值→KV-1 动合触点断开，KM2、KM4 断电，断开 M1 反向电源，制动结束。

转动变速盘进行变速，变速后将手柄推回→SQ3 动作→SQ3 动断触点（3-13）断开；动合触点（4-9）闭合，KM1、KM3、KM4 重新通电，M1 重新启动。

由以上分析可知，如果变速前主电动机处于停转状态，那么变速后主电动机也处于停转状态。若变速前主电动机处于正向低速（D 形连接）状态运转，由于中间继电器仍然保持通电状态,变速后主电动机仍处于 D 形连接下运转。同样道理,如果变速前电动机处于高速(YY)正转状态,那么变速后,主电动机仍先连接成 D 形,再经 3s 左右的延时,才进入 YY 连接高速运转状态。

(6) 主轴的变速冲动。SQ5 为变速冲动行程开关,在不进行变速时,SQ5 的动合触点(14 - 15)是断开的;在变速时,如果齿轮未啮合好,变速手柄就合不上,即在图 7 - 17 中处于③的位置,则 SQ5 被压合→SQ5 的动合触点(14 - 15)闭合→KM1 由(13 - 15 - 14 - 16)支路通电→KM4 线圈支路也通电→M1 低速串电阻启动→当 M1 的转速升至 120r/min 时→KV 动作,其动断触点(13 - 15)断开→KM1、KM4 线圈支路断电→KV - 1 动合触点闭合→KM2 通电→KM4 通电,M1 进行反接制动,转速下降→当 M1 的转速降至 KV 复位值时,KV 复位,其动合触点断开,M1 断开制动电源;动断触点(13 - 15)又闭合→KM1、KM4 线圈支路再次通电→M1 转速再次上升……这样使 M1 的转速在 KV 复位值和动作值之间反复升降,进行连续低速冲动,直至齿轮啮合好以后,方能将手柄推合,使 SQ3 被压合,而 SQ5 复位,变速冲动才告结束。

(7) 进给变速控制。与上述主轴变速控制的过程基本相同,只是在进给变速控制时,拉动的是进给变速手柄,动作的行程开关是 SQ4 和 SQ6。

(8) 快速移动电动机 M2 的控制。为缩短辅助时间,提高生产效率,由快速移动电动机 M2 经传动机构拖动镗头架和工作台作各种快速移动。运动部件及运动方向的预选由装在工作台前方的操作手柄进行,而控制则是由镗头架的快速操作手柄进行的。当扳动快速操作手柄时,将压合行程开关 SQ8 或 SQ9,接触器 KM6 或 KM7 通电,实现 M2 快速正转或快速反转。电动机带动相应的传动机构拖动预选的运动部件快速移动。将快速移动手柄扳回原位时,行程开关 SQ5 或 SQ6 不再受压,KM6 或 KM7 断电,电动机 M2 停转,快速移动结束。

(9) 连锁保护。为了防止工作台及主轴箱与主轴同时进给,将行程开关 SQ1 和 SQ2 的动断触点并联接在控制电路(1 - 2)中。当工作台及主轴箱进给手柄在进给位置时,SQ1 的触点断开;而当主轴的进给手柄在进给位置时,SQ2 的触点断开。如果两个手柄都处在进给位置,则 SQ1、SQ2 的触点都断开,机床不能工作。

3) 照明电路和指示灯电路

由变压器 TC 提供 24V 安全电压供给照明灯 EL,EL 的一端接地,SA 为灯开关,由 FU4 提供照明电路的短路保护。XS 为 24V 电源插座。HL 为 6V 的电源指示灯。

4.6.2 T68 型卧式镗床电气控制线路的故障分析与检修

镗床常见电气故障的诊断与检修与铣床大致相同,但由于镗床的机—电连锁较多,且采用双速电动机,所以会有一些特有的故障,现举例分析如下。

1. 主轴的转速与标牌的指示不符

这种故障一般有两种现象:

(1) 主轴的实际转速比标牌指示转数增加一倍或减少 1/2;

(2) M1 只有高速或只有低速。

前者大多是由于安装调整不当而引起的。T68 型镗床有 18 种转速,是由双速电动机和机械滑移齿轮联合调速来实现的。第 1,2,4,6,8,…挡是由电动机以低速运行驱动的,而 3,5,7,9,…挡是由电动机以高速运行来驱动的。由以上分析可知,M1 的高低速转换是靠主轴变速手柄推动微动开关 SQ7,由 SQ7 的动合触点(11 - 12)通、断来实现的。如果安装调整不当,使 SQ7 的动作恰好相反,则会发生第一种故障。而产生第二种故障的主要原因是 SQ7 损坏(或安装位置移动):如果 SQ7 的动合触点(11 - 12)总是接通,则 M1 只有高速;如果总是断开,则 M1 只有低速。此外,KT 的损坏(如线圈烧断、触点不动作等),也会造成此类故障发生。

2. M1 能低速启动,但置"高速"挡时,不能高速运行而自动停机

M1 能低速启动,说明接触器 KM3、KM1、KM4 工作正常;而低速启动后不能换成高速运行且自动停机,又说明时间继电器 KT 是工作的,其动断触点(13 - 20)能切断 KM4 线圈支路,而动合触点(13 - 22)不能接通 KM5 线圈支路。因此,应重点检查 KT 的动合触点(13 - 22);此外,还应检查 KM4 的互锁动断触点(22 - 23)。按此思路,接下去还应检查 KM5 有无故障。

3. M1 不能进行正反转点动、制动及变速冲动控制

其原因往往是上述各种控制功能的公共电路部分出现故障,如果伴随着不能低速运行,则故障可能出在控制电路 13 - 20 - 21 - 0 支路中有断开点。否则,故障可能出在主电路的制动电阻器 R 及引线上有断开点。如果主电路仅断开任意一相电源,电动机还会伴有断相运行时发出的"嗡嗡"声。

4.7 组 合 机 床

组合机床(Transfer and Unit Machine)是以通用部件为基础,配以按工件特定形状和加工工艺设计的专用部件和夹具,组成的半自动或自动专用机床。组合机床一般采用多轴、多刀、多工序、多面或多工位同时加工的方式,生产效率比通用机床高几倍至几十倍。由于通用部件已经标准化和系列化,可根据需要灵活配置,能缩短设计和制造周期。因此,组合机床兼有低成本和高效率的优点,在大批、大量生产中得到广泛应用,并可用以组成自动生产线。

组合机床一般用于加工箱体类或特殊形状的零件。加工时,工件一般不旋转,由刀具的旋转运动和刀具与工件的相对进给运动,来实现钻孔、扩孔、铰孔、镗孔、铣削平面、切削内外螺纹以及加工外圆和端面等。有的组合机床采用车削头夹持工件使之旋转,由刀具作进给运动,也可实现某些回转体类零件(如飞轮、汽车后桥半轴等)的外圆和端面加工。

1. 组合机床的结构

通用部件按功能可分为动力部件、支撑部件、输送部件、控制部件和辅助部件五类。动力部件是为组合机床提供主运动和进给运动的部件。主要有动力箱、切削头和动力滑台。支撑部件是用以安装动力滑台、带有进给机构的切削头或夹具等的部件,有侧底座、中间底座、支架、可调支架、立柱和立柱底座等。输送部件是用以输送工件或主轴箱至加工工位的部件,主要有分度回转工作台、环形分度回转工作台、分度鼓轮和往复移动工作台等。控制部件是用以控制机床的自动工作循环的部件,有液压站、电气柜和操纵台等。辅助部件有润滑装置、冷却装置和排屑装置等。组合机床的外形结构图,如图 4 - 18 和图 4 - 19 所示。

2. 组合机床的技术参数

1) LMX - 63 龙门铣削组合机床的技术参数

工作台面积(长×宽):1250mm×630mm。

最大行程:1600mm。

T 形槽(槽数×槽宽×槽距):5mm×22mm×135mm。

主轴滑套直径:190mm。

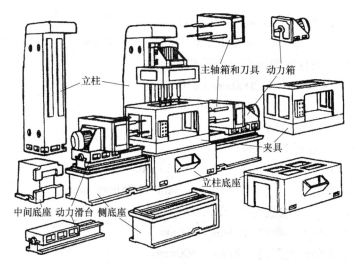

图 4-18 组合机床的结构图

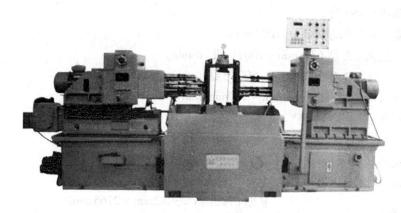

图 4-19 组合机床的实物结构图

铣头在立柱上的调整量:0~600mm。

主轴转速级数:2 组 6 级。

主轴功率:Ⅰ型 5.5kW;

Ⅱ型 7.5kW。

主轴转速范围:Ⅰ型 100r/min~320r/min;

Ⅱ型 150r/min~500r/min。

工作台进给范围(变频无级):80mm/min~6000mm/min。

2)ZHXZ160C 型转盘铣组合机床的技术参数

主轴端部号(7:24):NO.50(ϕ128.57mm)。

滑套移动量:125mm。

主轴转速:A 型 63r/min~300r/min,90r/min~300r/min;

B 型 125r/min~400r/min,192r/min~600r/min。

主轴功率:7.5kW、11kW、15kW。

刀盘最大直径:ϕ400mm。

工作台回转速度:Ⅰ型 6.0min/r~30min/r。

Ⅱ型 4.0min/r ~ 19min/r。

机床外形尺寸(长×宽×高) 4320mm×3000mm×2830mm。

3) ZHXK63Z211 双柱铣削组合机床的技术参数

工作台面积(长×宽)：Ⅰ型 2000mm×630mm；

　　　　　　　　　　　Ⅱ型 2500mm×630mm。

工作台最大行程：Ⅰ型 2000mm；

　　　　　　　　　Ⅱ型 2500mm。

T 形槽(槽数 – 槽宽×槽距)：5 – 22mm×135mm。

工作台进给速度范围：工进 170(110)mm/min ~ 2500mm/min；

　　　　　　　　　　　快进 5760 或 3760mm/min。

主轴端面至工作台中心距离：250mm ~ 460mm。

主轴轴线至工作台台面距离：100mm ~ 800mm。

主轴支撑处直径：ϕ110mm。

主轴端部规格：50 号。

主轴滑套行程(手动)：200(160)mm。

主轴转速范围：A 型 63r/min ~ 200(6 级)r/min。

　　　　　　　B 型 160r/min ~ 500(6 级)r/min。

铣头垂直升降速度：100mm/min ~ 560mm/min。

铣头倾斜角度：–30° ~ 15°。

主电机功率：7.5kW 或 11kW。

推荐刀盘直径：ϕ350mm。

机床外形尺寸(长×宽×高)：Ⅰ型 5290mm×3982mm×2765mm；

　　　　　　　　　　　　　Ⅱ型 6290mm×3982mm×2765mm。

习 题 四

4 – 1 M7120 型万能外圆磨床必须具备哪些运动？

4 – 2 CA6140 型车床电气控制电路有何特点？

4 – 3 分析卧轴矩台平面磨床与立轴圆台平面磨床在磨削方法、加工质量、生产率等方面有何不同？

4 – 4 卧式数控镗铣床或加工中心采用 T 形床身和框架结构双立柱各有什么优点？

4 – 5 铣削时造成铣床振动的铣床本身的原因主要有哪两个方面？应调整到什么数值范围较合适？

4 – 6 在 Z3040 型摇臂钻床电气控制电路中,设有哪些连锁与保护环节？

4 – 7 T68 型镗床是如何实现变速时的连续反复低速冲动的？

4 – 8 在 Z3040 型摇臂钻床电气控制电路中,行程开关 SQ1 – SQ4 的作用各是什么？KT 与 YV 各在什么时候通电动作,KT 各触头的作用是什么？

4 – 9 XA62W 型铣床电气控制具有哪些连锁与保护？为何设有连锁与保护？如何实现的？

4 – 10　试述能进行孔加工的机床有哪些?

4 – 11　T68 型卧式镗床的运动形式有哪些?

4 – 12　X62W 型卧式万能铣床的运动形式有哪些?

4 – 13　Z3040 型摇臂钻床的运动形式有哪些?

4 – 14　如果机床要求工作一个单循环后电机就停止运转,试画出其控制电路? 同样是完成一个单循环,但要求工作台前进到头停留一段时间后电机停转,试画出其控制电路?

4 – 15　利用时间继电器设计机床控制系统中两台电动机的连锁控制电路。要求:(1)按下启动按纽,第一台启动电动机先启动,经一定延时后第二台电动机自行启动;(2)第二台电动机启动后,经一定延时后第一台电动机自行停止;(3)按下停止按纽后,第二台电动机停止运转。

4 – 16　有一台四级皮带运输机,分别由 M1、M2、M3、M4 四台电动机拖动,其动作顺序要求如下:

(1) 启动时要按 M1、M2、M3、M4 顺序自动启动;

(2) 停止时要按 M4、M3、M2、M1 顺序自动停止;

(3) 各电动机的启动或停止,都要有一定的时间间隔,试设计这一控制电路?

习 题 解 答

4 – 1　答:(1)砂轮旋转运动(主运动);

(2)工件圆周进给运动;

(3)工件纵向进给运动;

(4)砂轮周期或横向进给运动。

4 – 2　答:(1)采用三台电动机拖动,尤其是车床溜板箱的快速移动单由一台快速移动电动机 M3 拖动。

(2)主电动机 MI 不但有正、反向运转,还有单向低速点动的调整控制,MI 正反向停车时均具有反接制动停车控制。

(3)设有检测主电动机工作电流的环节。

(4)具有完善的保护和连锁功能:主电动机 MI 正反转之间有互锁。熔断器 FU1 ~ FU6 可实现各电路的短路保护;热继电器 FR1、FR2 实现 M1、M2 的过载保护;接触器 KM1、KM2、KM4 采用按钮与自锁环节,对 M1、M2 实现欠电压与零电压保护。

4 – 3　答:卧轴矩台平面磨床采用砂轮周边磨削,磨削时砂轮和工件的接触面积小,发热量少,冷却和排屑条件较好,可获得较高的加工精度和表面质量;且工艺范围较宽,除了用砂轮周边磨削水平面外,还可以用砂轮的端面磨削沟槽,台阶等的垂直侧平面。

立轴圆台平面磨床,由于采用砂轮端面磨削,砂轮与工件接触面积大,同时参与磨削的磨粒多,且为连续磨削,没有工作台换向时间损失,故生产率高。但磨削时发热量大,冷却和排屑条件差,加工精度和表面质量差,且工艺范围较窄,主要用于大批量生产中磨削小零件和大直径的环形零件的端面,但不能磨削窄长零件。

4 – 4　答:T 型床身布局可以使工作台沿床身作 X 向移动时,在全行程范围内,工作台和工件完全支撑在床身上,因此,机床刚性好,工作台承载能力强,加工精度容易得到保证。

而且,这种结构可以很方便地增加 X 轴行程,便于机床品种的系列化、零部件的通用化和标准化。

框架结构双立柱采用了对称结构,主轴箱在两立柱中间上、下运动,与传统的主轴箱侧挂式结构相比,大大提高了结构刚度。另外,主轴箱是从左、右两导轨的内侧进行定位,热变形产生的主轴中心变位被限制在垂直方向上,因此,可以通过对 Y 轴的补偿,减小热变形的影响。

4-5 答:铣削时造成机床振动大的主要原因有:

(1) 主轴轴承太松,主轴轴承的径向和轴向间隙一般应调整到不大于 0.015mm。

(2) 工作台松动,主要原因是导轨处的镶条太松,调整时可用塞尺来测定,一般在 0.03mm 以内为合适。

4-6 答:SQ1:摇臂上升与下降的限位保护。

SQ2:摇臂确已松开,开始升降的连锁。

SQ3:摇臂确以夹紧,液压泵电动机 M3 停止运转的连锁。

KT:升降电动机 M2 断开电源,待完全停止后才开始夹紧的连锁。

升降电动机 M2 正反转具有双重互锁,液压泵电动机 M3 正反转具有电气互锁。

立柱与主轴箱松开、夹紧按钮 SB5、SB6 的常闭触头串接在电磁阀线圈 YV 电路中,实现进行立柱与主轴箱松开、夹紧操作时,确保压力油只进入立柱与主轴箱夹紧松开油腔而不进入摇臂松开夹紧油腔的连锁。

熔断器 FU1~FU3 作短路保护,热继电器 FR1、FR2 作电动机 M1、M3 的过载保护。

4-7 答:M1 主电动机在高速运行,此时要进行主轴变速,拉出主轴变速手柄,主轴变速行程开关 SQ1、SQ2 不再受压,触头 SQ1(10-11) 断开,触头 SQ1(4-14) 与 SQ2(17-15) 接通,则 KM3、KT 线圈断电释放,KM1 线圈断电释放,KM2 线圈通电吸合,KM7、KM8 线圈断电释放,KM6 线圈通电吸合。于是 M1 定子绕组由双星形接法改接成三角形接法,串入限流电阻 R 接入反相序三相交流电源进行正向低速反接制动,使 M1 转速迅速下降,当转速下降到速度继电器 KS 释放转速 100r/min 时,又由 KS 控制使 M1 进行正向低速启动,实现连续低速冲动,以利齿轮的啮合。

4-8 答:SQ1 为摇臂升降的极限保护组合开关,SQ2 是反映摇臂是否松开并发出松开信号的行程开关,SQ3 为摇臂夹紧信号开关,SQ4 是立柱与主轴箱松开并发出松开信号的行程开关。

按下摇臂上升点动按钮 SB3,时间继电器 KT 线圈通电吸合瞬动常开触头 KT(13-14) 使接触器 KM4 线圈通电吸合;延时断开的动合触头 KT(1-17) 闭合,使电磁 YV 线圈通电;KT 的延时闭合触头 KT(l7-18)延时时间而闭合,使 KM5 线圈通电吸合。

4-9 答:1. 连锁

(1) 主运动与进给运动的顺序连锁:进给电气控制电路接在中间继电器 KAI 触头 KA1 (20-21)之后,这就保证了只有在启动主轴电动机之后才可启动进给电动机,而当主轴电动机停止时,进给电动机也立即停止。

(2) 工作台 6 个运动方向的连锁:铣床工作时,只允许工作台一个方向运动。为此,工作台 6 个运动方向之间都有连锁。

(3) 长工作台与圆工作台的连锁:圆工作台的运动必须与长工作台 6 个运动方向的运动有可靠的连锁,否则将造成道具与机床的损坏。

若长工作台正在运动,扳动圆工作台选择开关 SA3 于"接通"位置,此时触头 SA3(24-25)断开,于是断开了 KM3 或 KM4 线圈电路,进给电动机也立即停止,长工作台也停止了运动。

（4）工作台进给运动与快速运动的连锁:工作台工作进给与快速移动分别由电磁离合器 YC2 与 YC3 传动,而 YC2 与 YC3 是由快速进给继电器 KA2 控制,利用 KA2 的常开触头与常闭触头实现工作台工作进给与快速运动的连锁。

2. 保护

（1）熔断器 FU1～FU5 实现相应电路的短路保护。

（2）热继电器 FR1～FR3 实现相应电动机的长期过载保护。

（3）断路器 QS 实现整个电路的过电流、欠电压等保护。

（4）工作台 6 个运动方向的限位保护采用机械与电气相配合的方法来实现,当工作台左、右运动到预定位置时,安装在工作台前方的挡铁将撞动纵向操作手柄,实现工作台左右运动的限位保护。在铣床床身导轨旁设置了上、下两块挡铁,实现工作台垂直运动的限位保护。工作台横向运动的限位保护由安装在工作台左侧底部挡铁来撞动垂直与横向操作手柄,使其回到中间位置,实现工作台垂直运动的限位保护。

（5）打开电气控制箱门断电的保护:在机床左壁龛上安装了行程开关 SQ7、SQ7 常开触头与断路器 QS 失压线圈串联,当打开控制箱门时 SQ7 触头断开,使断路器 QS 失压线圈断电,QS 跳闸,达到开门断电目的。

4-10 答:能进行孔加工的机床有钻床、车床、镗床、铣床、磨床、拉床、电火花成型机床、超声波加工机床、激光加工机床等。

4-11 答:镗床的主要结构和运动形式:

（1）主要结构由床身、前立柱、镗头架、工作台、后立柱和尾架等部分组成。

（2）主运动:镗轴的旋轴和花盘的旋转运动。进给运动:镗轴的轴向进给,花盘上刀具的径向进给,镗头的垂直进给,工作台的横向进给和纵向进给。辅助运动:工作台的旋转,后立柱的水平移动,尾架的垂直移动及各部分的快速移动。

4-12 答:铣床的主要结构和运动形式:

（1）主要结构由底座、床身、悬梁、刀杆支架、工作台滑板和升降台。

（2）主运动:主轴带动铣刀的旋转运动。进给运动:工作台的上下、左右,前后运动和工作台的旋转运动。辅助运动:工作台带动工件在三个方向上的快速移动。

4-13 答:Z3040 型摇臂钻床的主要运动形式有:主运动,摇臂钻床的主运动是指主轴的旋转运动;进给运动,摇臂钻床的进给运动是指主轴的纵向进给运动;辅助运动,摇臂钻床的辅助运动是指:

① 摇臂与外立柱一起绕内立柱的回转运动;

② 摇臂沿外立柱上导轨的上下垂直移动;

③ 主轴箱沿摇臂长度方向的左右移动。

4-14 答:(1)

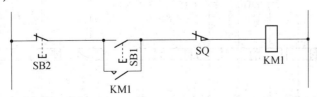

(2)

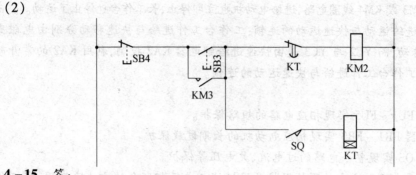

4 –15 答：

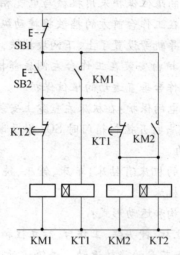

4 –16 答：

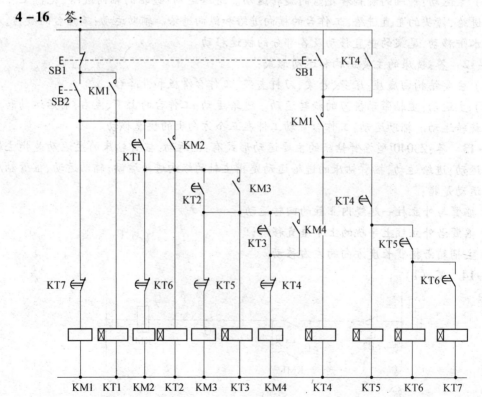

248

第5章 机电设备的分类及应用

5.1 机电设备的分类

机电设备种类很多,分类方法也不尽相同,通常按其作用可分为输送设备、金属加工设备、铸造设备、动力设备、起重设备、冷冻设备、分离设备和成型与包装设备。

(1)输送设备按输送介质的物理状态可分为:

① 气体输送设备,如风机、压缩机、真空泵、液环泵等。

② 液体输送设备,如各种水泵、油泵等。

③ 固体输送设备,如皮带运输机、斗式提升机、螺旋输送机、链式输送机、振动输送机等。

(2)金属加工设备按照加工金属材料的方法可分为:

① 金属切削设备,如磨床、铣床、拉床、齿轮加工机床等。

② 锻压设备,如锤类、剪切机、锻机、弯曲矫正机等。

(3)铸造设备分以下几种:

① 砂处理设备。

② 造型及造芯设备。

③ 落砂及清理设备。

④ 抛丸清理室。

⑤ 金属型铸造机。

(4)动力设备主要包括锅炉、发电机、汽轮机等。

(5)起重设备包括各种桥式起重机、门式起重机、电动葫芦等。

(6)冷冻设备主要有各式冷冻机、结晶机等。

(7)分离设备包括离心机、分离机、过滤机、缓冲器等。

(8)成型与包装设备包括压块机、包装机、缝包机等。

5.2 金属切削机床

5.2.1 概述

金属切削机床(Metal-cutting Machine Tool)是指用切削、磨削或特种加工方法加工各种金属工件,使之获得所要求的几何形状、尺寸精度和表面质量的机床(手携式的除外)。金属切削机床是使用最广泛、数量最多的机床类别。

通常狭义的机床仅指金属切削机床类产品。金属切削机床是采用切削的方法把金属毛坯加工成机器零件的机器,又称为"工作母机"或"工具机",习惯上简称机床。金属切削的过程是刀具与工件相互运动、相互作用的过程。刀具与工件的相对运动可以分解为两个方面,一个是主运动,另一个是进给运动。使工件与刀具产生相对运动而进行切削的最主要的运动,称为主运动。刀刃上选定点相对于工件的主运动速度称为切削速度。主运动特点是运动速度最高,消耗功率最大。主运动一般只有一个。保证金属的切削能连续进行的运动,称为进给运动。工件或刀具每转或每一行程时,工件和刀具在进给运动方向的相对位移量,称为进给量。进给运动的特点是运动速度低,消耗功率小。进给运动可以有几个,可以是连续运动,也可以是间歇运动。

5.2.2　金属切削机床的基本结构、分类和基本参数

1. 金属切削机床的基本结构

车床由主轴箱、夹盘、刀架、后顶尖、尾座、床身、光杠、丝杠、溜板箱、底座、进给箱组成。铣床由底座、床身、悬梁、主轴、支架、工作台、回转盘、床鞍、升降台组成。钻床分为立式钻床和摇臂钻床,其中立式钻床由工作台、主轴、主轴箱、立柱、底座组成;摇臂钻床由底座、工作台、立柱、摇臂、主轴箱和进给箱、主轴组成。磨床由床身、头架、砂轮、主轴、尾架、导轨、工件、工作台组成。尽管这些机床的外形布局和构造各不相同,但归纳起来,它们都是由如下几个主要部分组成的。

(1) 动力源:为机床提供动力(功率)和运动的驱动部分。

(2) 传动系统:包括主传动系统、进给传动系统和其他运动的传动系统,如变速箱、进给箱等部件。

(3) 支撑件:用于安装和支撑其他固定的或运动的部件,承受其重力和切削力,如床身、底座、立柱等。

(4) 工作部件包括:① 与主运动和进给运动的有关执行部件,如主轴及主轴箱、工作台及其溜板、滑枕等安装工件或刀具的部件;② 与工件和刀具有关的部件或装置,如自动上下料装置、自动换刀装置、砂轮修整器等;③ 与上述部件或装置有关的分度、转位、定位机构和操纵机构等。

(5) 控制系统:控制系统用于控制各工作部件的正常工作,主要是电气控制系统,有些机床局部采用液压或气动控制系统。数控机床则是数控系统。

(6) 冷却系统:在机电设备中,冷却系统是关于被冷却机电装置的安全运行和使用寿命的重要一环,也是易被忽视的薄弱环节。由于主机装置的不同,冷却系统也有各种类型,依照冷却的方式可分为气冷式冷却系统及水冷式冷却系统。通常,金属切削机床采用水冷式冷却系统。

(7) 润滑系统:指的是向润滑部位供给润滑剂的一系列的给油脂、排油脂及其附属装置的总称。润滑系统可分为五种,包括循环润滑系统、集中润滑系统、喷雾润滑系统、浸油与飞溅润滑系统、油和脂的全损耗性润滑系统。

(8) 其他装置:如排屑装置,自动测量装置。

2. 金属切削机床的分类

机床主要是按加工方法和所用刀具进行分类,根据国家制定的机床型号编制方法,机床分为11大类:车床,钻床,镗床,磨床,齿轮加工机床,螺纹加工机床,铣床,刨插床,拉床,锯床和其他机床。除了上述基本分类方法外,还有以下分类方法。

(1) 按照万能性程度,机床可分为:

① 通用机床。工艺范围很宽,可完成多种类型零件不同工序的加工,如卧式车床、万能

外圆磨床及摇臂钻床等。

② 专门化机床。工艺范围较窄,是为加工某种零件或某种工序而专门设计和制造的,如铲齿车床、丝杠铣床等。

③ 专用机床。工艺范围最窄,一般是为某特定零件的特定工序而设计制造的,如大量生产的汽车零件所用的各种钻、镗组合机床。

(2) 按照机床的工作精度,可分为普通精度机床、精密机床和高精度机床。

(3) 按照质量和尺寸,可分为仪表机床、中型机床(一般机床)、大型机床(质量大于10t)、重型机床(质量在30t以上)和超重型机床(质量在100t以上)。

(4) 按照机床主要器官的数目,可分为单轴、多轴、单刀、多刀机床等。

(5) 按照自动化程度不同,可分为普通、半自动和自动机床。

自动机床具有完整的自动工作循环,包括自动装卸工件,能够连续的自动加工出工件。半自动机床也有完整的自动工作循环,但装卸工件还需人工完成,因此不能连续地加工。

3. 金属切削机床的基本参数

1) 主参数

代表机床规格的大小,在机床型号中,用阿拉伯数字给出的是主参数折算值(1/10 或 1/100)。

2) 基本参数

包括尺寸参数、运动参数和动力参数。其中,尺寸参数是机床的主要结构尺寸。运动参数是机床执行中的运动速度,包括主运动的速度范围、速度数列和进给运动的进给量范围、进给量数列以及空行程速度等。机床的动力参数是指驱动主运动、进给运动和空行程运动的电动机功率。

(1) 主运动参数。

① 主轴转数。对作回转运动的机床,其主运动参数是主轴转数。计算公式为

$$n = 1000V/(\pi d)$$

主运动是直线运动的机床。其主运动参数是机床工作台或滑枕的每分钟往复次数。

② 主轴最低和最高转数的确定。专用机床用于完成特定的工艺,主轴只需一种固定的转速。通用机床的加工范围较宽,主轴需要变速,需要确定其变速范围,即最低和最高转数。采用分级变速时,还应确定转速的级数。

$$n_{min} = 1000V_{min}/(\pi D_{max}), n_{max} = 1000V_{max}/(\pi D_{min})$$

变速范围为

$$R_n = n_{max}/n_{min}$$

③ 有级变速时主轴转速序列。无级变速时,n_{max} 与 n_{min} 之间的转速是连续变化的;有级变速时,应该在 n_{max} 和 n_{min} 确定后,再进行转速分级,确定各中间级转速。

④ 标准公比 ϕ。为了便于机床设计和使用,规定了标准公比值:1.06,1.12,1.26,1.41,1.58,1.78,2.00。其中,$\phi = 1.06$ 是公比 ϕ 数列的基本公比,其他可以由基本公比派生而来。

(2) 进给运动参数——进给量。

① 大部分机床(如车,钻床等):进给量用工件或刀具每转的位移(mm/r)表示。

② 直线往复运动机床(如刨,插床):进给量以每以往复的位移量表示。

③ 铣床和磨床:进给量以每分钟的位移量(mm/min)表示。

（3）动力参数。

① 主传动功率：机床的主传动功率 $P_{主}$ 由三部分组成，即

$$P_{主} = P_{切} + P_{空} + P_{附}$$

② 切削功率 $P_{切}$：与加工情况、工件和刀具材料及切削用量的大小有关。

$$P_{切} = F_{z} \times V_{c}/60000$$

③ 空载功率 $P_{空}$：指机床不进行切削，即空转时所消耗的功率。

④ 附加功率 $P_{附}$：指机床进行切削时，因负载而增加的机械摩擦所耗的功率。

⑤ 进给传动功率：通常也采用类比和计算相结合的方法来确定。

⑥ 空行程功率：指为节省零件加工的辅助时间和减轻工人劳动强度，在机床移动部件空行程时快速移动所需的传动功率。其大小由移动部件质量和部件启动时的惯性力决定。

5.2.3 金属切削机床的机械系统与安全保护系统

1. 金属切削机床的机械系统

机床的基本组成部分由动力源、执行件和传动件组成。其中执行件和传动件属于金属切削机床的机械系统。执行件是机床上直接夹持刀具或工件并实现所需运动的零部件，如主轴、刀架、工作台等。传动件是将动力源的动力和运动按要求传递给执行件或将运动由一个执行件传递到其他执行件的零部件，如齿轮、丝杠螺母、液压传动件等。

1）主轴

机床主轴是机床上带动工件或刀具旋转的轴。通常由主轴、轴承和传动件（齿轮或带轮）等组成主轴部件。主轴部件的运动精度和结构刚度是决定加工质量和切削效率的重要因素。衡量主轴部件性能的指标主要是旋转精度、刚度和速度适应性。

（1）旋转精度：主轴旋转时在影响加工精度的方向上出现的径向和轴向跳动（见形位公差），主要取决于主轴和轴承的制造和装配质量。

（2）动、静刚度：主要取决于主轴的弯曲刚度、轴承的刚度和阻尼。

（3）速度适应性：允许的最高转速和转速范围，主要取决于轴承的结构和润滑，以及散热条件。

2）刀架

刀架是数控车床非常重要的部件。刀架上可安装的刀具数量一般为 4 把、6 把、8 把、10 把、12 把、20 把、24 把，有些数控车床可以安装更多的刀具。刀架的结构形式一般为回转式，刀具沿圆周方向安装在刀架上，可以安装径向车刀、轴向车刀、钻头、镗刀。车削加工中心还可安装轴向铣刀、径向铣刀。车床可以配备两种刀架：

（1）专用刀架。由车床生产厂商自己开发，所使用的刀柄也是专用的。这种刀架的优点是制造成本低，但缺乏通用性。

（2）通用刀架。根据一定的通用标准而生产的刀架，数控车床生产厂商可以根据数控车床的功能要求进行选择配置。

3）工作台

机床工作台主要用于机床加工工作平面使用，上面有孔和 T 形槽，用来固定工件和清理加工时产生的铁屑。按 JB/T 7974—99 标准制造，产品制成筋板式和箱体式，工作面采用刮研工艺，工作面上可加工 V 形、T 形、U 形槽和圆孔、长孔。

机床工作台材质:高强度铸铁 200HT~300HT 工作面硬度为 170HB~240HB,经过两次人工处理(人工退火 600℃~700℃和自然时效 2 年~3 年)使用该产品的精度稳定,耐磨性能好。机床工作台规格:300mm×300mm~3000mm×6000mm。

4)齿轮

金属切削机床的齿轮多为闭式齿轮。

5)丝杠螺母

丝杠螺母副是一种低摩擦、高精度、高效率的机构。机构效率($\eta = 0.92 \sim 0.96$)比滑动丝杠($\eta = 0.20 \sim 0.40$)高 3 倍~4 倍。丝杠螺母副的动(静)摩擦系数基本相等,配以转动导轨,启动力矩很小,运动灵敏,低速时不会出现爬行。丝杠螺母副可以完全消除间隙并可预紧,故有较高的轴向刚度,且反向无空程死区,反向定位精度高。丝杠螺母摩擦系数小,无自锁,能实现可逆传动。

6)液压传动件

金属切削机床的中最常见的传动件是轴、键、联轴器和离合器,用于支持、固定旋转零件和传递扭矩。

2. 金属切削机床的安全保护系统

金属切削机床的安全保护系统包括机械保护部分和电器保护部分,起重一般电气保护环节有欠压保护、过压保护、过流保护、过载保护、短路保护等,具体内容详见第 4 章。

5.2.4 金属切削机床的主要部件

1. 传动系统

1)主传动系统

主传动系统可按不同的特征来分类:① 按驱动主传动的电动机类型可分为交流电动机驱动和直流电动机驱动;② 按传动装置类型可分为机械传动装置、液压传动装置、电气传动装置以及它们的组合;③ 按变速的连续性可以分为分级变速传动和无级变速传动。

2)进给传动系统

电气伺服进给传动系统的控制类型,按有无检测和反馈装置分为开环、闭环和半闭环系统,如图 5-1~图 5-3 所示。

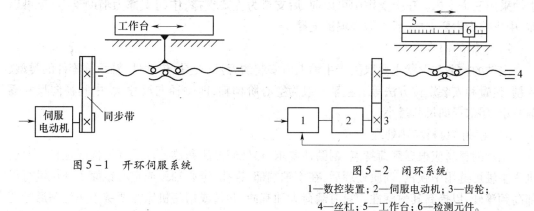

图 5-1 开环伺服系统

图 5-2 闭环系统

1—数控装置;2—伺服电动机;3—齿轮;
4—丝杠;5—工作台;6—检测元件。

电气伺服进给系统由伺服驱动部件和机械传动部件组成。伺服驱动部件有步进电动机、直流伺服电动机、交流伺服电动机等。机械传动部件主要指齿轮(或同步齿轮带)和丝

253

杠螺母传动副,如图 5-4 所示。电气伺服进给系统中,运动部件的移动是靠脉冲信号来控制,要求运动部件动作灵敏、低惯量、定位精度好,具有适宜的阻尼比及传动机构,不能有反向间隙。

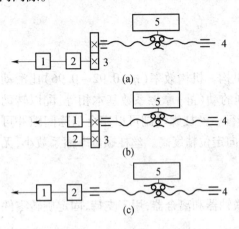

图 5-3 半闭环系统
(a)伺服电动机反馈;(b),(c)从动杠反馈。
1—反馈装置;2—伺服电动机;
3—齿轮;4—丝杠;5—工作台。

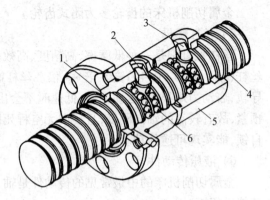

图 5-4 滚珠丝杠螺母副的结构
1—密封环;2,3—回珠器;
4—丝杠;5—螺母;6—滚珠。

2. 主轴部件

主轴部件是机床重要部件之一,是机床的执行件。它的功用是支撑并带动工件或刀具旋转进行切削,承受切削力和驱动力等载荷,完成表面成形运动。主轴部件由主轴及其支撑轴承、传动件、密封件及定位元件等组成。主轴部件的传动方式主要有齿轮传动、带传动、电动机直接驱动等。主轴传动方式的选择,主要取决于主轴的转速、所传递的转矩、对运动平稳性的要求以及结构紧凑、装卸维修方便等要求。

1)主轴的支撑形式

多数机床的主轴采用前、后两个支撑。这种方式结构简单,制造装配方便,容易保证精度。为提高主轴部件的刚度,前后支撑应消除间隙或预紧。为提高刚度和抗振性,有的机床主轴采用三个支撑。三个支撑中可以前、后支撑为主要支撑,中间支撑为辅助支撑;也可以前、中支撑为主要支撑,后支撑为辅助支撑。

2)主轴的构造

主轴的构造和形状主要取决于主轴上所安装的刀具、夹具、传动件、轴承等零件的类型、数量、位置和安装定位方法等。主轴一般为空心阶梯轴,前端径向尺寸大,中间径向尺寸逐渐减小,尾部径向尺寸最小。

3)主轴的材料和热处理

主轴的材料应根据载荷特点、耐磨性要求、热处理方法和热处理后变形情况选择。普通机床主轴可选用中碳钢,调质处理后,在主轴端部、锥孔、定心轴颈或定心锥面等部位进行局部高频淬硬,以提高其耐磨性。只有载荷大和有冲击时,或精密机床需要减小热处理后的变形时或有其他特殊要求时,才考虑选用合金钢。

4)主轴轴承

主轴部件中最重要的组件是轴承。轴承的类型、精度、结构、配置方式、安装调整、润滑和冷却等状况,都直接影响主轴部件的工作性能。典型的主轴轴承包括有双列短圆柱滚子轴承、双列空心圆锥滚子轴承、单列空心圆锥滚子轴承、圆锥轴承、双列圆锥轴承、双向推力角接触球轴承、角接触球轴承,如图5-5所示。

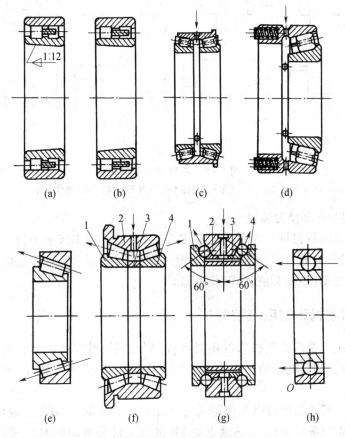

图5-5 典型的主轴轴承

(a),(b)双列短圆柱滚子轴承;(c)双列空心圆锥滚子轴承;(d)单列空心圆锥滚子轴承;

(e)圆锥轴承;(f)双列圆锥轴承;(g)双向推力角接触球轴承;(h)角接触球轴承。

1,4—内圈;2—外圈;3—隔套。

3. 机床支撑件

支撑件的结构通常分为:①箱形类。支撑件在三个方向的尺寸都相差不多,如各类箱体、底座、升降台等。②板块类。支撑件在两个方向的尺寸比第三个方向大得多,如工作台、刀架等。③梁类。支撑件在一个方向的尺寸比另两个方向大得多,如立柱、横梁、摇臂、滑枕、床身等。支撑件的常用材料有铸铁、钢板和型钢、天然花岗岩、预应力钢筋混凝土等。

4. 机床导轨

导轨的功用是承受载荷和导向。它承受安装在导轨上的运动部件及工件的质量和切削力,运动部件可以沿导轨运动。运动的导轨称为动导轨,不动的导轨称为静导轨或支撑导轨。动导轨相对于静导轨可以作直线运动或者回转运动。

导轨根据其结构类型及特点分为滑动导轨、静压导轨、卸荷导轨、滚动导轨。导轨根据其截面形状分为矩形导轨、三角形导轨、燕尾形导轨、圆柱形导轨,如图5-6所示。

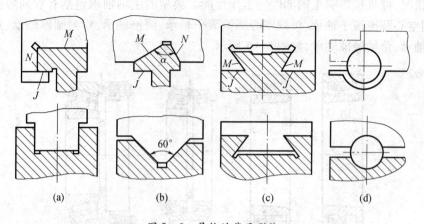

图 5－6　导轨的截面形状

（a）矩形导轨；（b）三角形导轨；（c）燕尾形导轨；（d）圆柱形导轨。

5. 机床刀架和自动换刀装置

按照安装刀具的数目可分为单刀架和多刀架,例如自动车床上的前、后刀架和天平刀架;按结构形式可分为方刀架、转塔刀架、回轮式刀架等;按驱动刀架转位的动力不同可分为手动转位刀架和自动(电动和液动)转位刀架。

5.2.5　金属切削机床的电气控制

电气控制系统是金属切削机床的重要组成部分,在机械设备中起着神经中枢的作用。通过它对电动机的控制,能驱动生产机械,实现各种运行状态,达到加工生产的目的。

1. 启动线路

金属切削机床的单向运行电气控制线路,如图 5－7 所示,主电路由隔离开关 QS、熔断器 FU、接触器 KM 的常开主触点、热继电器 FR 的热元件和电动机 M 组成。控制电路由启动按钮 SB2、停止按钮 SB1、接触器 KM 线圈和常开辅助触点、热继电器 FR 的常闭触头构成。

2. 制动线路

金属切削机床的单向运转反接制动控制线路,如图 5－8 所示。

启动时,闭合电源开关 QS,按启动按钮 SB2,接触器 KM1 得电闭合并自锁,电动机 M 启动运转。当电动机转速升高到一定值时(如 100r/min),速度继电器 KS 的常开触头闭合,为反接制动作好准备。

停止时,按停止按钮 SB1,按钮 SB1 常闭触头断开,接触器 KM1 失电释放,而按钮 SB1 的常开触头闭合,使接触器 KM2 得电吸合并自锁,KM2 主触头闭合,串入电阻 RB 进行反接制动,电动机产生一个反向电磁转矩,即制动转矩,迫使电动机转速迅速下降;当电动机转速降至约 100r/min 以下时,速度继电器 KS 常开触头断开,接触器 KM2 线圈断电释放,电动机断电,防止了反向启动。

3. 调速线路

金属切削机床的电磁调速控制线路如图 5－9 所示。图中 VC 是晶闸管可控整流电源,其作用是将交流电变换成直流电,供给电磁转差离合器的直流励磁电流,电流的大小可通过变阻器 RV 进行调节。由于电磁转差离合器是依靠电枢中的感应电流而工作的,感应电流

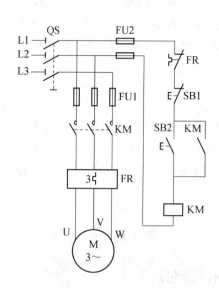

图 5-7 金属切削机床的单
向运行电气控制线路

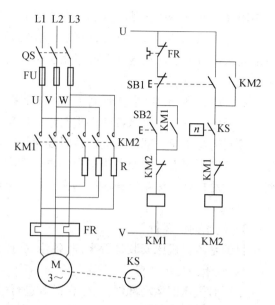

图 5-8 金属切削机床的
单向运转反接制动控制线路

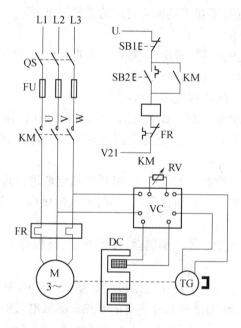

图 5-9 金属切削机床的电磁调速控制线路

会引起电枢发热,在一定负载转矩下,转速越低,则转差率就越大,感应电流也就越大,电枢发热也就越严重。因此,电磁调速异步电动机不宜长期低速运行。

5.2.6 金属切削机床电气设备的安装与维护

1. 金属切削机床的安装

1)基础施工与机床就位

在机床安装之前应先按照厂家提供的机床基础图打好地基。机床的位置应远离振源、

257

避免阳光直射、放置在干燥的地方,有必要时应设置防振沟。机床拆箱后,要先取出随机技术文件和装箱单,按照装箱单清点包装箱内的零部件、附件以及资料等是否齐全,按照说明书的要求进行安装。在地基上放置用于调整机床水平的垫铁,然后按照机床吊装图将机床吊装就位。

2）机床部件组装（主要针对大、中型机床）

按照图文资料将机床各部件重新组装成整机,组装之前要将连接面和导轨运动面上的防锈涂料清洗干净,部件连接定位时要使用随机的定位销、定位块,以便进一步地调整精度。部件安装完后,按照说明书中的电气图和液压气动布管图以及连接标记,把电缆、油管、气管对接好。注意检查连接的密封性、电器是否有损坏、电路板是否插入到位、接触是否良好。

3）机床的试运行

目的是考核机床安装是否牢固,各传动、操控、润滑、液压、气动等系统是否正常。

4）机床的初步调整

主要对机床的运动部件、工作台面等进行一些粗调,其中包括:

（1）主轴轴承的调整:对主轴轴承的预紧载荷进行适当的调整。

（2）滚珠丝杠螺母副的调整:主要对滚珠丝杠的预拉伸量进行适当的调整。

（3）机床所适用的刀柄:要知道机床所适用的刀柄的型号。

2. 金属切削机床的维护

（1）点检。按有关维护文件的规定,对数控机床进行定点、定时的检查和维护。

专职点检——重点设备、部位（设备部门）。

日常点检——一般设备的检查及维护（车间）。

生产点检——开机前检查、润滑、日常清洁、紧固等工作（操作者）。

（2）机床电气柜散热通风。门上热交换器或轴流风扇对控制柜的内外进行空气循环（少开柜门）。

（3）纸带阅读机的定期维护。对光电头、纸带压板定期进行防污处理。

（4）支持电池的定期更换。在机床断电期间,有电池供电保持存储在 COMS 器件内的机床数据。

（5）检测反馈元件的维护。光电编码器、接近开关、行程开关与撞块、光栅等元件的检查和维护。

（6）备用电路板的定期通电。备用电路板应定期装到 CNC 系统上通电运行,长期停用的数控机床也要经常通电,利用电器元件本身的发热来驱散电气柜内的潮气,保证电器元件性能的稳定可靠。

5.2.7　金属切削机床电气控制系统的常见故障及分析

1. 金属切削机床的常见危险因素

1）静止部件的危害因素

（1）切削刀具与刀刃;

（2）突出较长的机械部分;

（3）毛坯、工具和设备边缘锋利飞边及表面粗糙部分;

（4）引起滑跌坠落的工作台。

2）旋转部件的危害因素

旋转部分、轴、凸块和孔,研磨工具和切削刀具。

3）内旋转咬合

（1）对向旋转部件的咬合;

（2）旋转部件和成切线运动部件面的咬合;

（3）旋转部件和固定部件的咬合。

4）往复运动或滑动的危害

（1）单向运动;

（2）往复运动或滑动相对固定部分——接近类型、通过类型;

（3）旋转部件与滑动之间;

（4）振动;

（5）飞出物——飞出的装夹具或机械部件、飞出的切屑或工件。

2. 常见故障及分析

从常见机械事故来分,常见事故有触电、伤人、伤手、伤眼、零件飞出等。

（1）设备接地不良、漏电,照明没有采用安全电压,可发生触电事故。

（2）旋转部位楔子、销子突出,没加防护罩,易绞缠人体。

（3）清除铁屑无专用工具,操作者未戴护目镜,可发生刺割事故及崩伤眼球。

（4）加工细长杆轴料时,尾部无防弯装置或托架,导致长料甩击伤人。

（5）零部件装卡不牢,可飞出击伤人体。

（6）防护保险装置、防护栏、保护盖不全或维修不及时,造成绞伤、碾伤。

（7）砂轮有裂纹或装卡不符合规定,发生砂轮碎片伤人事故。

（8）操作旋转机床戴手套,易发生绞手事故。

5.3 起重设备

5.3.1 概述

起重机械是指用于搬运或移动重物的机电设备,是一种对重物能同时完成垂直升降和水平移动的机械。起重机(Crane)属于起重机械的一种,是一种作循环、间歇运动的机械装置。一个工作循环包括:取物装置从取物地把物品提起,然后水平移动到指定地点降下物品,接着进行反向运动,使取物装置返回原位,以便进行下一次循环。

5.3.2 起重设备的基本结构、分类和基本参数

1. 起重机的基本结构

起重机由三大部分组成,即起重机金属结构、机构和控制系统。图 5-10 所示为桥架型起重机基本结构图,由桥架、大车运行机构、小车架、起升机构、小车运行机构和俯仰悬臂组成。图 5-11 所示为臂架型起重机基本结构图,由门架(或其他底架)、塔架、臂架、起升机构、变幅机构、回转机构和起重运行机构组成,通常分为三类:门式起重机、塔式起重机以及汽车起重机。

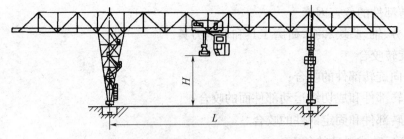

图 5 - 10　桥架型起重机基本结构图

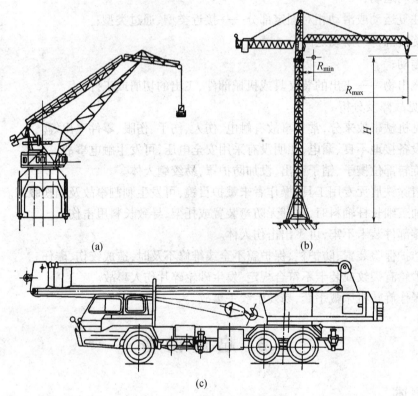

(a)　　　　　　　　　　　　　　　　　(b)

(c)

图 5 - 11　臂架型起重机简图

(a) 门式起重机;(b) 塔式起重机;(c) 汽车起重机。

1) 起重机的金属结构

由金属材料轧制的型钢和钢板作为基本构件,采用铆接、焊接等方法,按照一定的结构组成规则连接起来,能够承受载荷的结构物称为金属结构。这些金属结构可以根据需要制作梁、柱、桁架等基本受力组件,再把这些金属受力组件通过焊接或螺栓连接起来,构成起重机用的桥架、门架、塔架等承载结构,这种结构又称为起重机钢结构。

起重机钢结构作为起重机的主要组成部分之一,其作用主要是支撑各种载荷,因此本身必须具有足够的强度、刚度和稳定。

(1) 通用桥式起重机的钢结构。通用桥式起重机的钢结构是指桥式起重机的桥架而言,如图 5 - 12 所示。

桥式起重机的钢结构(桥架)主要由主梁、端梁、栏杆、走台、轨道和司机室等构件组成。其中主梁和端梁为主要受力构件,其他为非受力构件。主梁与端梁之间采用焊接或螺栓连

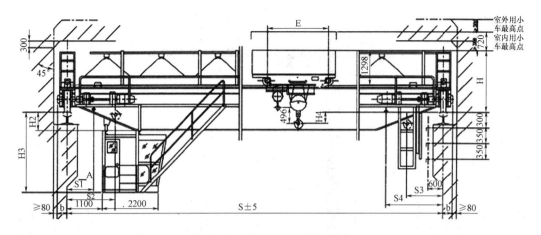

图 5 - 12　桥式起重机的钢结构

接。端梁多采用钢板组焊成箱形结构,主梁断面结构形式多种多样,常用的多为箱形断面梁或桁架式结构主梁。

(2)桁架式门式起重机的钢结构。门式起重机的钢结构是指门式起重机的门架而言,图 5 - 13 示出了双梁桁架式门式起重机钢结构。

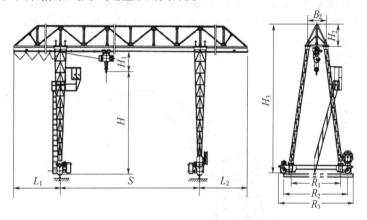

图 5 - 13　桁架式门式起重机钢结构

桁架式门式起重机的钢结构主要由马鞍、主梁、支腿、下横梁和悬臂梁等部分组成,其均为受力构件。为便于生产制作、运输与安装,各构件之间多采用螺栓连接。门式起重机的门架采用箱形梁的形式也很常见,根据桁架式门式起重机主梁的断面形式不同,可分为门形双梁、四桁架式和三角形断面等型式。

(3)塔式起重机的钢结构。塔式起重机的钢结构是指塔式起重机的塔架而言,图 5 - 14示出了塔式起重机的钢结构。

自升塔式起重机的钢结构是由塔身、臂架,平衡臂、爬升套架、附着装置及底架等构件组成,其中塔身、臂架和底座是主要受力构件,臂架和平衡臂与塔身之间是通过销轴相连接,塔身与底架之间是通过螺杆相连接固定。图 5 - 14 的自升塔式起重机属于上回转式中的自升附着型结构形式。塔身是截面为正方形的桁架式结构,由角钢组焊而成。臂架为受弯臂架,断面多为矩形桁架式结构,由角钢或圆管组焊而成。

(4)门座起重机的钢结构。图 5 - 15 示出的是刚性拉杆式组合臂架式门座起重机的钢

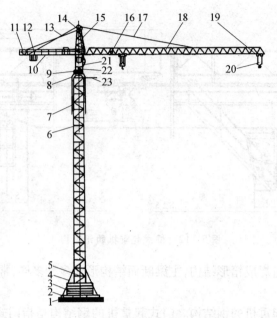

图 5-14　自升塔式起重机的钢结构

1—基座；2—底架；3—压重；4—斜撑；5—塔身基础节；6—塔身标准节；

7—顶升套架；8—承座；9—转台；10—平衡臂；11—起升机构；12—平衡重；

13—平衡臂拉索；14—塔帽操作平台；15—塔帽；16—小车牵引机构；17—起重臂拉索；

18—起重臂；19—起重小车；20—吊钩滑轮；21—驾驶室；22—回转机构；23—引进轨道。

图 5-15　刚性拉杆式组合臂架式门座起重机的钢结构

结构，是由交叉式门架 1、转柱 2、桁架式人字架 3 与刚性拉杆组合臂架 4 等构件组成。其中门架、人字架和臂架是主要受力构件。各构件之间是采用销轴连接或螺栓连接固定。

（5）轮胎起重机的钢结构。图 5-16 示出了轮胎起重机的钢结构，主要由吊臂 1、转台 2 和车架 3 组成。其中吊臂如图 5-17 所示，吊臂结构形式分为桁架式和伸缩臂式，伸缩臂式为箱形结构。桁架式吊臂由型钢或钢管组焊而成，箱形伸缩臂由钢板组焊而成。吊臂是主要受力构件，它直接影响起重机的承载能力、整机稳定性和自重的大小。

2）起重机的机构

能使起重机发生某种动作的传动系统，统称为起重机的机构。因起重运输作业的需要，起重机要做升降、移动、旋转、变幅、爬升及伸缩等动作，而这些动作必然要由相应的机构来完成。起重机最基本的机构是起升机构、运行机构、旋转机构（又称为回转机构）和变幅机

262

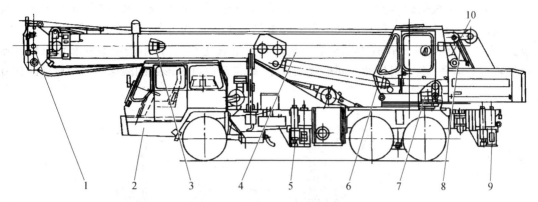

图 5-16 轮胎起重机的钢结构

1—电气系统及安全装置；2—底盘；3—伸缩机构；4—起重臂；5—取力装置；
6—支腿机构；7—变幅机构；8—回转机构；9—起升机构；10—液压系统。

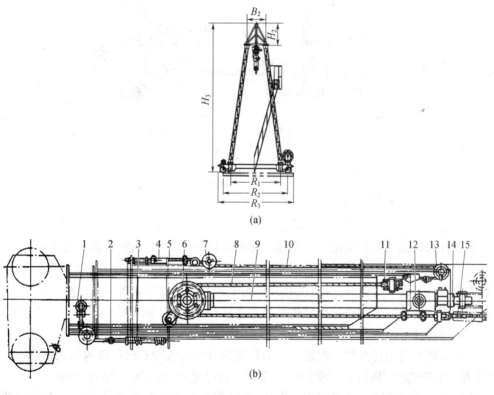

(a)

(b)

图 5-17 轮胎起重机吊臂结构形式

(a) 起重臂桁架式；(b) 起重臂伸缩式。

1—插销轴；2—四节臂拉伸钢丝绳；3—拉杆和弹簧；4—紧绳器；5—滚轮；6—缸头滑轮；
7—导向滑轮；8—伸臂钢丝绳；9—缸筒；10—伸缩钢丝绳；11—平衡滑轮；
12—缸筒铰轴；13—导向滑轮；14—活塞杆；15—紧绳器。

构。此外，还有塔式起重机的塔身爬升机构和汽车、轮胎等起重机专用的支腿伸缩机构。

（1）起重机的起升机构。起重机的起升机构由驱动装置、制动装置、取物装置和缠绕装置组成。如起升机构的取物缠绕装置、运行机构的车轮装置、回转机构的旋转支撑装置和变幅机构的变幅装置。其中，驱动装置分为人力、机械和液压驱动装置。手动起重机是依靠人力直接驱动；机械驱动装置是电动机或内燃机；液压驱动装置是液压泵和液压油缸或液压马达。制动装置是制动器，各种不同类型的起重机根据各自的特点与需要，将采用各种块式、盘式、带式、内张蹄式和锥式等制动器。传动装置是减速器，各种不同类型的起重机根据各自的特点与需要，将采用各种不同形式的齿轮、蜗轮和行星等形式的减速器。最典型的起升机构的组成形式如图5－18所示。

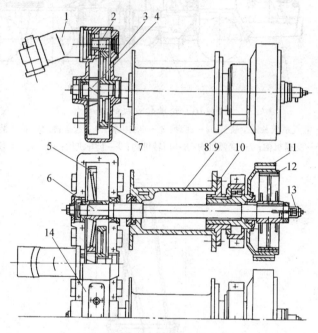

图5－18　起重机的起升机构

1—变量液压马达；2—齿轮套；3,5—齿轮；4—齿轮轴；6—卷筒轴；7—下箱体；
8—轴承座；9—卷筒；10—法兰盘；11—制动毂；12—离合器；13—密封圈；14—上箱体。

起升机构的驱动装置采用电力驱动时为电动机，其中葫芦起重机多采用鼠笼式电动机，其他电动起重机多采用绕线式电动机或直流式电动机。履带、铁路起重机的起升机构驱动装置为内燃机。汽车、轮胎起重机的起升机构驱动装置是由原动机带动的液压泵、液压油缸或液压马达。常见的取物缠绕装置包括起升卷筒（或链轮）、钢丝绳（或链条）、定滑轮、动滑轮、吊钩（或抓斗、吊环、吊梁、电磁吸盘）等。

（2）起重机的运行机构。起重机的运行机构可分为轨行式运行机构和无轨行式运行机构（轮胎、履带式运行机构），这里只介绍轨行式运行机构，以下简称运行机构。

轨行式运行机构除了铁路起重机以外，基本都为电动机驱动形式。为此，起重机的运行机构是由驱动装置、电动机制动装置和制动器、传动装置、减速器和车轮装置部分组成。起重机的运行机构分为集中驱动和分别驱动两种形式。其中，集中驱动是由一台电动机通过传动轴驱动两边车轮转动运行的运行机构形式，如图5－19所示。集中驱动只适合小跨度的起重机或起重小车的运行机构。分别驱动是两边车轮分别由两套独立的无机械联系的驱动装置的运行机构形式，如图5－20所示。

（3）起重机的旋转机构。起重机的旋转机构又称为回转机构。起重机的回转机构是由驱动装置、制动装置、传动装置和回转支撑装置组成。其中，回转支撑装置分为柱式和转盘式两大类。

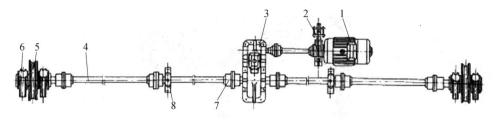

图 5 – 19　集中驱动的运行机构

1—电动机；2—制动器；3—减速器；4—联轴器；5—角型轴承箱；6—大车车轮。

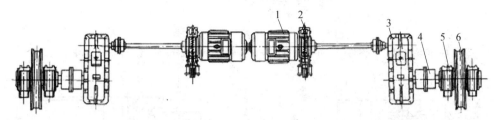

图 5 – 20　分别驱动的运行机构

1—电动机；2—制动器；3—减速器；4—传动轴；5—大车车轮；6—角型轴承箱；7—联轴器；8—轴承座。

　　柱式回转支撑装置又分为定柱式回转支撑装置和转柱式回转支撑装置。定柱式回转支撑装置如图 5 – 21 所示，由一个推力轴承与一个自位径向轴承及上、下支座组成。浮式起重机多采用定柱式回转支撑装置。转柱式回转支撑装置由滚轮、转柱、上下支撑座及调位推力轴承、径向球面轴承等组成。通常塔式、门座起重机多采用转柱式回转支撑装置。

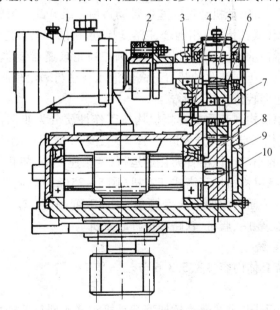

图 5 – 21　定柱式回转支撑装置

1—定量液压马达；2—联轴器；3—油封；4,7,9—密封圈；5—齿轮轴；6,8—齿轮；10—蜗杆。

　　转盘式回转支撑装置又分为滚子夹套式回转支撑装置和滚动轴承式回转支撑装置。其中,滚子夹套式回转支撑装置是由转盘、锥形或圆柱形滚子、轨道及中心轴枢等组成,如图 5 – 22所示。滚动轴承式回转支撑装置是由球形滚动体、回转座圈和固定座圈组成,如图 5 – 23和图 5 – 24 所示。

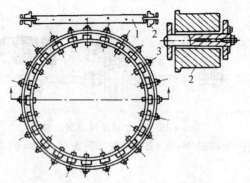

图 5-22 滚子夹套式回转支撑装置

1—滚轮座圈；2—滚轮；3—中心轴枢；4—固定轨道；5—拉杆；6—滚子；7—反抓滚子。

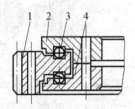

图 5-23 滚动轴承双排球式回转支撑装置

1—回转座圈；2—上座圈；3—球形滚动体；4—下座圈。

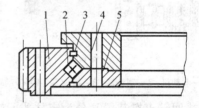

图 5-24 滚动轴承单排柱式回转支撑装置

1—大齿圈；2—滚柱；3—密封；4—上座圈；5—下座圈。

回转驱动装置分为电动回转驱动装置和液压回转驱动装置。电动回转驱动装置通常装在起重机的回转部分上，由电动机经过减速机带动最后一级开式小齿轮，小齿轮与装在起重机固定部分上的大齿圈（或针齿圈）相啮合，以实现起重机的回转。电动回转驱动装置有卧式电动机与蜗轮减速器传动、立式电动机与立式圆柱齿轮减速器传动和立式电动机与行星减速器传动三种形式。液压回转驱动装置有高速液压马达与蜗轮减速器或行星减速器传动和低速大扭矩液压马达回转机构两种形式。

（4）起重机的变幅机构。起重机变幅机构按工作性质分为非工作性变幅（空载）和工作性变幅（有载）；按机构运动形式分为运行小车式变幅和臂架摆动式变幅，如图 5-25 所示。其中，运行小车式的小车可以沿臂架往返运行，变幅速度快，装卸定位准确，常用于工作性变幅，运行小车式变幅机构适用于塔式起重机（图 5-25（a））。俯仰臂架式变幅机构通过臂架绕固定铰轴在垂直平面内俯仰来改变倾角，从而改变幅度（图 5-25（b））。臂架摆动式变幅机构实用于汽车、轮胎、履带、铁路和桅杆起重机。

3）起重机的控制系统

起重机的控制系统具体内容参见 5.3.6 节。

2. 起重机的分类

起重机根据结构的不同，主要分为桥架型起重机和臂架型起重机两类。

1）桥架型起重机

桥架型起重机可在长方形场地及其上空作业，多用于车间、仓库、露天堆场等处的物品装卸，有梁式起重机、桥式起重机、门式起重机、缆索起重机、运载桥等。

（1）梁式起重机。按桥架梁结构，起重机分为支撑式和悬挂式两种。前者桥架沿车梁上的起重机轨道运行；后者的桥架沿悬挂在厂房屋架下的起重机轨道运行。单梁桥式起重机分手动、电动两种。手动单梁桥式起重机各机构的工作速度较低，起重量也较小，但自身

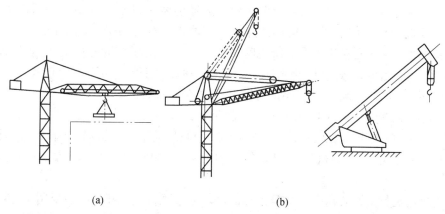

图 5-25 普通臂架变幅机构
(a) 运行小车式;(b) 吊臂俯仰摆动式。

质量小,用于对速度与生产率要求不高的场合。电动单梁桥式起重机工作速度、生产率较手动的高,起重量也较大。

(2) 桥式起重机。桥式起重机是桥架在高架轨道上运行的一种桥架型起重机,又称天车。桥式起重机的桥架沿铺设在两侧高架上的轨道纵向运行,起重小车沿铺设在桥架上的轨道横向运行,构成矩形的工作范围,就可以充分利用桥架下面的空间吊运物料,不受地面设备的阻碍。桥式起重机广泛地应用在室内外仓库、厂房、码头和露天储料场等处。桥式起重机可分为普通桥式起重机、简易梁桥式起重机和冶金专用桥式起重机三种。

(3) 门式起重机。根据门架结构形式进行分类:

① 全门式起重机。主梁无悬伸,小车在主跨度内进行。

② 半门式起重机。支腿有高低差,可根据使用场地的土建要求而定。

③ 双悬臂门式起重机。最常见的一种结构形式,其结构的受力和场地面积的有效利用都是合理的。

④ 单悬臂门式起重机。这种结构形式往往是因场地的限制而被选用。

根据主梁结构形式进行分类:

① 单主梁门式起重机。结构简单,制造安装方便,自身质量小,主梁多为偏轨箱形架结构。与双主梁门式起重机相比,整体刚度要弱一些。

② 双梁桥式起重机。双梁桥式起重机承载能力强,跨度大、整体稳定性好,品种多,但自身质量与相同起重量的单主梁门式起重机相比要大些,造价也较高。根据主梁结构不同,又可分为箱形梁和桁架两种形式。目前一般多采用箱形结构。

2) 臂架型起重机

(1) 悬臂起重机。悬臂起重机常见有立柱式、壁挂式、平衡起重机三种形式。

① 柱式悬臂起重机是悬臂可绕固定于基座上的定柱回转,或者是悬臂与转柱刚接,在基座支撑内一起相对于垂直中心线转动的由立柱和悬臂组成的悬臂起重机。它适用于起重量不大,作业服务范围为圆形或扇形的场合。柱式悬臂起重机多采用环链电动葫芦作为起升机构和运行机构,较少采用钢丝绳电动葫芦和手拉葫芦。

② 壁上起重机是固定在墙壁上的悬臂起重机,或者可沿墙上或其他支撑结构上的高架轨道运行的悬臂起重机。壁行起重机的使用场合为跨度较大、建筑高度较大的车间或仓库,靠近墙壁附近处吊运作业较频繁时最适合。壁行起重机多与上方的梁式或桥式起重机配合

使用，在靠近墙壁处服务于长方体空间，负责吊运轻小物件，大件由梁式或桥式起重机承担。

③ 平衡起重机俗称平衡吊，运用四连杆机构原理使载荷与平衡配重构成平衡系统，可以采用多种吊具灵活而轻松地在三维空间吊运载荷。平衡起重机轻巧灵活，是一种理想的吊运小件物品的起重设备，被广泛用于工厂车间的机床上下料，工序间、自动线、生产线的工件、砂箱吊运、零部件装配，以及车站、码头、仓库等各种场合。

（2）塔式起重机（Tower Crane）。塔式起重机的动臂形式分水平式和压杆式两种。动臂为水平式时，载重小车沿水平动臂运行变幅，变幅运动平衡，其动臂较长，但动臂自重较大。动臂为压杆式时，变幅机构曳引动臂仰俯变幅，变幅运动不如水平式平稳，但其自重较小。

塔式起重机是动臂装在高耸塔身上部的旋转起重机，作业空间大，主要用于房屋建筑施工中物料的垂直和水平输送及建筑构件的安装，由金属结构、工作机构和电气系统三部分组成。其中，塔机的金属结构由起重臂、塔身、转台、承座、平衡臂、底架、塔尖等组成。塔机有五种工作机构，即起升机构、变幅机构、小车牵引机构、回转机构和大车走行机构（行走式的塔机）。电气系统包括电动机、控制器、保护电器、配电柜、连接线路、信号及照明装置等。

塔式起重机的起重量随幅度而变化。起重量与幅度的乘积称为载荷力矩，是这种起重机的主要技术参数。通过回转机构和回转支撑，塔式起重机的起升高度大，回转和行走的惯性质量大，故需要有良好的调速性能，特别是起升机构要求能轻载快速控制、重载慢速控制、安装就位后微动控制。所以一般除采用电阻调速外，还常采用涡流制动器、调频、变极、晶闸管和机电联合等方式调速。

（3）流动式起重机。常见的流动式起重机有汽车起重机、轮胎起重机、履带起重机和专用流动式起重机。

① 汽车起重机。汽车起重机是以经过改装的通用汽车底盘部分或用于安装起重机的专用底盘为运行部分，车桥多数采用弹性悬挂。汽车起重机在行驶状态和起重作业状态分别使用不同的驾驶室。它具有行驶速度快、机动性强的特点，适用于长距离地迅速转换作业场地。汽车起重机不能吊载行驶，且车身长，转弯半径大，因此通过性能较差。

② 轮胎起重机。轮胎起重机使用特制的运行底盘，车桥为刚性悬挂，可以吊载行驶，上下车采用同一个驾驶室。由于轮胎起重机的轮距与轴距相近，既能保证各向倾翻稳定性一致，又增加了机动性。它还具有良好的通过性，可以在360°的范围内进行全周作业。轮胎起重机能带载行驶，作业适应性大，它适合于建筑工地、车站、码头等相对稳定的作业场所。

③ 履带起重机。履带起重机是以履带及其支撑驱动装置为运行部分的流动式起重机。与前两种起重机比较，除行走部分用履带代替轮胎外，其余各机构的工作原理基本相同。由于履带的接地面积大，又能在松软的路面上行走，它具有地面附着力大、爬坡能力强、转弯半径小（甚至可在原地转弯）、作业时不需要支腿支撑、可以吊载行驶等特点。

④ 专用流动式起重机。专用流动式起重机指那些作业对象或作业场地不变的流动起重设备。如码头用于吊装集装箱的门式轮胎集装箱起重机，装于汽车底盘上的高空作业车及抢险救援起重机等。

3. 起重机主要性能参数指标

对于臂架类型起重机，其额定起重量是随幅度而变化的，其起重特性指标是用起重力矩来表征的。起重机标牌上标定的起重量，通常都是指起重机的额定起重量。当取物装置可以放到地面或轨道顶面以下时，其下放距离称为下降深度，即吊具最低工作位置与起重机水平支撑面之间的垂直距离。

1）起重量 G

起重量指被起升重物的质量,单位为 kg 或 t。可分为额定起重量、最大起重量、总起重量、有效起重量等。

（1）额定起重量 G_n：额定起重量为起重机能吊起的物料连同可分吊具或属具（如抓斗、电磁吸盘、平衡梁等质量的总和。

（2）最大起重量 G_a：起重机吊钩承载的最大重量,各型号起重机在设计时就按照标准生产的,同一型号的起重机最大起重量也是固定值。

（3）总起重量 G_z：总起重量为起重机能吊起的物料连同可分吊具和长期固定在起重机上的吊具（包括吊钩、滑轮组、起重钢丝绳及在起重小车以下的其他起吊物）的质量总和。

（4）有效起重量 G_p：有效起重量为起重机能吊起的物料的净质量。

2）起升高度 H

起升高度是指起重机运行轨道顶面（或地面）到取物装置上极限位置的垂直距离,单位为 m。通常用吊钩时,算到吊钩的钩环中心;用抓斗及其他容器时,算到容器底部。

（1）下降深度 h：当取物装置可以放到地面或轨道顶面以下时,其下放距离称为下降深度。即吊具最低工作位置与起重机水平支撑面之间的垂直距离。

（2）起升范围 D：起升范围为起升高度和下降深度之和,即吊具最高和最低工作位置之间的垂直距离。

3）跨度 S

跨度指桥式类型起重机运行轨道中心线之间的水平距离,单位为 m。桥式类型起重机的小车运行轨道中心线之间的距离称为小车的轨距。地面有轨运行的臂架式起重机的运行轨道中心线之间的距离称为该起重机的轨距。

4）幅度 L

旋转臂架式起重机的幅度是指旋转中心线与取物装置铅垂线之间的水平距离,单位为 m。非旋转类型的臂架起重机的幅度是指吊具中心线至臂架后轴或其他典型轴线之间的水平距离。当臂架倾角最小或小车位置与起重机回转中心距离最大时的幅度为最大幅度;反之为最小幅度。

5）工作速度 V

工作速度是指起重机工作机构在额定载荷下稳定运行的速度。

（1）起升速度 V_q。起升速度是指起重机在稳定运行状态下,额定载荷的垂直位移速度,单位为 m/min。

（2）大车运行速度 V_k。大车运行速度是指起重机在水平路面或轨道上带额定载荷的运行速度,单位为 m/min。

（3）小车运行速度 V_t。小车运行速度是指稳定运动状态下,小车在水平轨道上带额定载荷的运行速度,单位为 m/min。

（4）变幅速度 V_1。变幅速度是指稳定运动状态下,在变幅平面内吊挂最小额定载荷,从最大幅度至最小幅度的水平位移平均线速度,单位为 m/min。

（5）行走速度 V。行走速度是指在道路行驶状态下,流动式起重机吊挂额定载荷的平稳运行速度,单位为 km/h。

（6）旋转速度 ω。旋转速度是指稳定运动状态下,起重机绕其旋转中心的旋转速度,单位为 r/min。

5.3.3　起重设备的机械系统与安全保护系统

1. 起重设备的机械系统

起重机械通常由卷绕装置、取物装置、制动装置、运行支撑装置、驱动装置和金属构架等装置中的几种组成。

1）卷绕装置

卷绕装置在起重机械中的应用很广泛。图5-26为桥式起重机起升机构图，卷绕装置是其中的一个组成部分。起升物品时，卷筒旋转，通过钢丝绳经动滑轮和定滑轮，使吊钩竖直上升或下降。由此可知，卷绕装置是由起重用挠性件（钢丝绳或焊接链）、起重滑轮组、卷筒等构成。

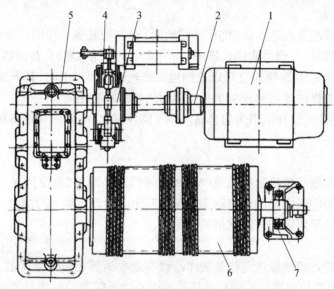

图5-26　桥式起重机起升机构图

1—电动机；2—联轴器；3—制动轮联轴器；

4—制动器；5—减速器；6—卷筒；7—轴承座。

2）取物装置

取物装置是起重机械的一个重要部件，利用它才能对物品进行正常的起重工作。不同物理性质和形状的物品，应使用不同的取物装置。通用取物装置中最常见的是吊钩，专用的取物装置有抓斗、夹钳和电磁吸盘、真空吸盘、吊环、料斗、盛桶、承重梁和集装箱吊具等。其中，吊钩和抓斗是使用得最多的取物装置，一般情况下，吊钩并不与钢丝绳直接连接，通常是与动滑轮合成吊钩组进行工作。吊钩组的形状如图5-27所示。抓斗是一种装运散状物料的自动取物装置。抓斗按开闭方式不同有单绳抓斗、双绳抓斗和马达抓斗等，最常用的是双绳抓斗，如图5-28所示。

3）制动装置

起重机是一种间歇动作的机械，要经常地启动或制动。为保证起重机安全准确地吊运物品，无论在起升机构中或是在运行机构、旋转机构中都应设有制动装置。常见的有单块制动器和双块制动器。

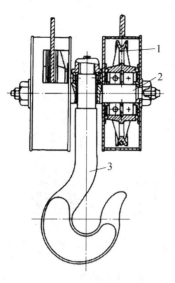

图 5 - 27　短型吊钩组
1—滑轮；2—滑轮轴；3—吊钩。

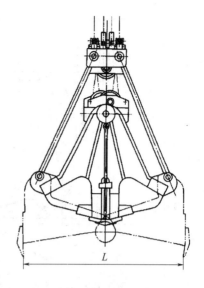

图 5 - 28　双绳抓斗

单块制动器中的制动轮轮缘外侧安装着一块瓦块,瓦块固定在杠杆上。在制动杠杆端部合闸力的作用下,瓦块压紧在制动轮上,靠摩擦力进行制动。单块制动器在制动时对制动轮轴会产生很大的径向作用力,使轴弯曲,所以单块制动器只用于小起重量的手动起重机械上。

双块制动器是在制动轮轮缘外侧对称地安装两个制动瓦块,并用杠杆系统把它们联系起来,使两个制动瓦块根据机构合闸或松闸的要求,同时压紧或脱开制动轮,其适用于需要正、反转的机构,如起重机的起升机构或运行机构。其工作原理:在驱动机构的电动机通电工作时,制动器上的松闸装置同时通电推动制动杆松闸,使瓦块脱开制动轮,机构运转;而在电动机断电不工作时,松闸装置不通电,依靠弹簧、重锤或元件自重产生的作用力合闸制动,使机构速度降低直至停止。这种能实现机构断电制动、通电运转的制动器称为常闭式制动器。在起重机械突然断电的情况下,常闭式制动器使机构合闸制动停止运动,对保证人身设备安全有着特别重要的意义。

双块制动器所用的松闸装置(又称松闸器)有制动电磁铁和电动推杆两类。制动电磁铁又有交流、直流,长行程、短行程和液压电磁铁之分;而电动推杆则有电动液压推杆和电动离心推杆之分。图 5 - 29 所示为 ZWZ 系列 A 型直流(短行程)电磁铁块式制动器。

4) 运行支撑装置

为使起重机或载重小车作水平运动,起重机上都有运行机构。运行机构分有轨的和无轨的(如汽车起重机)两种,均由运行支撑装置和运行驱动装置组成。起重机用的有轨运行支撑装置常采用钢制车轮,运行在钢制轨道上。

2. 起重设备的安全保护系统

1) 安全防护控制要求

(1) 施工期间供电距离(主桥箱式变电站至主跨中最大直线距离)南岸为 480mm;北岸为 350mm。因此,要求起重机电气部分的设计和元器件的选用须符合施工现场馈电距离的要求。采用电缆供电方式,电缆导线的截面积应符合起重机所有设备用电量的要求,主电缆

271

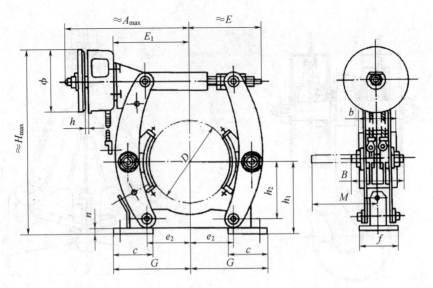

图 5-29 ZWZ 系列 A 型直流(短行程)电磁铁块式制动器

采用 YC 型三相五线橡套电缆。

（2）由起升、变幅、回转、走行机构、照明电路等几部分电路组成,起重机的照明系统除满足自身工作的要求外,还需为夜间施工提供照明。

（3）控制部分:在机体上设电气控制柜,司机室内设联动控制台,采用可编程控制器作为控制核心。

（4）动力部分起升、变幅、回转机构采用变频器驱动相应电机,其余机构采用全电压直接启动方式驱动。主、副起升机构以及行走机构的起升速度应能够实现在其额定起升速度内的无极变速。

（5）起重机应配有完善的安全装置,在移动、调整位置、起吊、就位安装等作业过程中,若出现过载或环境条件发生变化并危及设备本身的安全和稳定时,这些装置应能及时发出声、光信号向操作者提示并限动,各机构动作应有必要的互锁安全装置。

（6）力矩限制器:力矩限制器在起重机的起重力矩(或起重量)超过规定的起重力矩(起重量)90% 时报警,在超过 104% 时限动。该装置还能够向操作人员分别动态显示起重机主、副起升机构当前的吊重、起升高度和起重机的工作半径、吊臂角度等相关信息。

（7）风速报警仪:该报警仪在风速超过 10m/s 时报警,当风速达到起重机规定的安全使用风速时限动。

（8）电气过欠压保护和过流保护。

（9）主、副起升机构卷扬机的过卷和欠绕保护;高度限位。

（10）变幅机构的限位保护。

2）起重机的主要安全防护装置

起重机的主要安全防护装置包括起升限位器、行程限位器、紧急开关和连锁开关、缓冲器和终端止挡、扫轨板和滑线防护板、音响和灯光信号、防护栏杆、接地和接零、防护罩以及防护装置等。

（1）起升限位开关:重锤式限位、旋转限位,防止起升行程过极限。

（2）起重量限制器或者电子秤,防止起吊重物过载。

272

（3）行程限位开关：单限位、双限位（带有预减速限位），防止大、小车运行超过行程。

（4）防撞装置：激光检测防撞，通过激光反射检测距离、缓冲器，吸收碰撞动能。

（5）电气连锁开关：门开关、登机请求开关。

（6）超速开关：检测起升电机转速，电机失速时起作用。

（7）特殊起升机构有速度反馈、安全制动器（如行星减速器的铸造起重机）。安全制动器直接抱死卷筒。

（8）钢结构防护设计：栏杆、防护罩等。必要处设置检修平台。

（9）钢丝绳防脱槽装置。

（10）特殊用途起重机设置防热辐射板、防火焰板、绝缘防酸等保护装置。

（11）司机室讯响警告设备。

5.3.4 起重设备的主要电器部件

起重机的电气设备一般由三大部分构成，即供配电与保护设备、各主要机构和辅助机构的传动与控制设备以及照明、信号、采暖、降温的电气设备。

1. 供配电与保护设备

包括电源进线保护开关、保护柜（屏）或总电源柜（屏）以及相应的操作及指示器件，如钥匙开关、启动停止按钮、紧急开关、指示灯等。

2. 各主要机构、辅助机构的传动与控制设备

由起重机各主要机构（如起升、平移机构）、辅助机构（如液压夹轨器）的电力拖动与控制及相应的安全保护装置所组成，如控制柜（屏）、电阻器、制动器的电力驱动器件、操作器件（按钮、主令控制器或凸轮控制器）。

3. 照明、信号、采暖、降温的电气设备

由起重机各部位照明、检修照明及特殊要求的司机室、电气室的通信、采暖与降温等设施的供电与控制设备所组成，如变压器、断路器、插座等。另外，由于起重机功能不同，配有某些特殊吊具，如起重电磁铁、电动或液压抓斗、旋转吊钩等，随之也将增设相应的电气设备。

5.3.5 起重设备的电气控制

起重设备动作的启动、运转、换向和停止等均由电气或液压控制系统来完成，为了起重机运转动作能平稳、准确、安全可靠是离不开电气有效的传动、控制与保护。起重机对电气传动的要求有调速平稳、快速起制动、纠偏、保持同步、机构间的动作协调、吊重止摆等。

起重机的电源引入装置分为三类，即硬滑线供电、软电缆供电和滑环集电器。其中，硬滑线电源引入装置有裸角钢平面集电器、圆钢（或铜）滑轮集电器和内藏式滑触线集电器进行电源引入。软电缆供电的电源引入装置是采用带有绝缘护套的多芯软电线制成的，软电缆有圆电缆和扁电缆两种形式，它们通过吊挂的供电跑车进行引入电源。

以通用桥式起重机为例分析其主要电气设备和基本电气回路如下。

1. 通用桥式起重机的电气设备

通用桥式起重机的电气设备主要有各机构用的电动机、制动电磁铁、控制电器和保护电器。

1）电动机

桥式起重机各机构应采用起重专用电动机,它要求具有较高的机械强度和较大的过载能力。应用最广泛的是绕线式异步电动机,这种电动机采用转子外接电阻逐级启动运转,既能限制启动电流确保启动平稳,又可提供足够的启动力矩,并能适应频繁启动、反转、制动、停止等工作的需要。要求较高且容量大的场合可采用直流电动机,小起重量起重机,运行机构中有时采用鼠笼式电动机。

绕线式电动机型号为 JZR、JZR 和 JZRH 和 YZR 系列电动机。

鼠笼式电动机型号为 JZ、JZ2 和 YZ 系列电动机。

2）制动电磁铁

制动电磁铁是各机构常闭式制动器的打开装置。起重机常用的打开装置有如下四种:单相电磁铁（MZD1 系列）、三相电磁铁（MZS1 系列）、液压推动器（TY1 系列）和液压电磁铁（MY1 系列）。

3）操作电器

又称为控制电器,包括控制器、接触器、控制屏和电阻器等。其中,主令控制器主要用于大容量电动机或工作繁重、频繁启动的场合（如抓斗操作）。它通常与控制屏中相应的接触器动作,实现主电动机的正、反转、制动停止与调速工作。其常用型号为 LK4 系列和 LK14 系列。

凸轮控制器主要用于小起重量起重机的各机构的控制中,直接控制电动机的正、反转和停止。要求控制器具有足够的容量和开闭能力、熄弧性能好、触头接触良好、操作应灵活、轻便、挡位清楚、零位手感明确、工作可靠、便于安装、检修和维护。常用型号为 KT10 和 KT12 系列。

电阻器在起重机各机构中用于限制启动电流,实现平稳和调速之用。要求应有足够的导电能力,各部分连接必须可靠。

4）保护电器

桥式起重机的保护电器有保护柜、控制屏、过电流继电器、各机构的行程限位、紧急开关、各种安全连锁开关及熔断器等。对于保护电器要求保证动作灵敏、工作安全可靠、确保起重机安全运转。

2. 通用桥式起重机的电气回路

桥式起重机电气回路主要有主回路、控制回路及照明、信号回路等。以集中驱动单钩全凸轮控制的桥式起重机电气原理示意图为例进行说明,如图 5-30 所示。

1）主电路（动力电路）

直接驱使各机构电动机运转的那部分回路称为主回路,包括电动机外接电路和电动机绕组两部分。外接电路有外接定子电路和外接转子电路,简称定子电路和转子电路。如图5-30 所示,主电路是由起重机主滑触线开始,经保护柜刀开关 XC、保护柜接触器主触头,再经过各机构控制器定子触头至各相应电动机,即由电动机外接定子回路和外接转子回路组成。

（1）定子电路。定子电路就是电动机定子与电源间的电路,主要控制电动机正反转。

定子电路的故障主要是断路和短路两种情况,三相电路中有一相短路时,电动机就处于单相接电状态,使其不能启动,温度升高,并发出"嗡嗡"响声,时间一长,就会烧毁电动机。

短路故障有相间短路、接地短路和电弧短路。相间短路和接地短路主要是由于导线磨损绝缘老化造成的。可逆接触器的连锁装置失去作用,在一个接触器没有断开的情况下,打反车也会造成相间短路电弧,短路件有强烈的"放炮"现象,主要是发生在控制屏上,是可逆

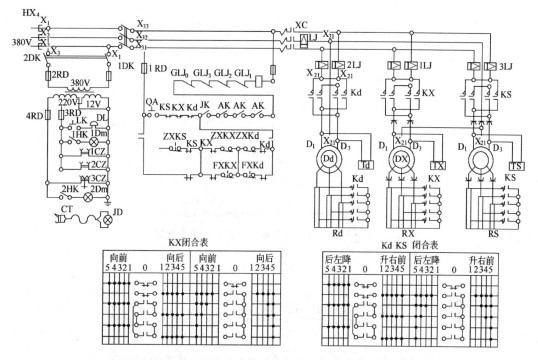

图 5-30 集中驱动单钩全凸轮控制的桥式起重机电气原理示意图

接触器中先闭合的接触器释放动作慢,在其电弧没有熄灭时,后闭合的接触器已经接通,造成了相间短路。

(2)转子电路。转子电路包括附加电阻元件与控制器连接的电路。接在转子电路中的电阻是由三组元件组成,这三组元件的一端用导线短接。电阻器的接线方式有平衡接线方式和不平衡接线方式之分。平衡接线方式是电动机工作时,在转子三相电路中同时切除或接入相同阻值的电阻,不平衡接线方式是电动机工作时,在转子三相电路中一相一相地切除或接入电阻。不平衡接线方式的特点是接线简单,控制触点少,但在切换过程中电动机三相电流是不平衡变化的。

转子电路故障主要是电动机转子的滑环部分、滑线部分、电阻器、控制器(或接触器)触头。转子电路接触不良时电动机产生剧烈震动。转子电路接地或线间短路时,没有"放炮"现象,所以不易被发觉。

2)控制回路

图 5-31 中所示起重机启动控制回路的工作原理主要分两大部分:第一部分是按动按钮 QA→KS→KX→Kd→组成的零位保护部分,与 JK→AK→GLJ0→GLJ3→GLJ2→GLJ1→XC 组成的安全限位部分,联成一个闭合回路;第二部分是由 Kd→ZXKd→ZXKX→KX→KS→ZXKX→组成的安全限位部分与安全连锁部分连成又一个闭合回路。实质是零位保护部分与安全连锁部分相串联。

(1)零位保护部分的电路分析。零位保护部分主要是用来保证控制器只有在零位才能启动,而在其他位置上不通电不启动,以防止电动机自行运转发生事故,如图 5-32 所示。按动按钮 QA,两对辅助触点 XC1、XC2 闭合,23 使安全限位投入了工作,这样零位保护部分完成了它的工作。当松开启动按钮 QA,零位触点断开,线路主要接触器的吸引线圈,由于

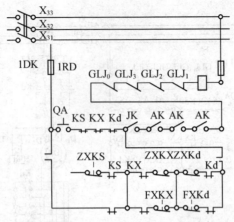

图 5-31　通用桥式起重机控制回路原理图

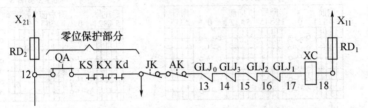

图 5-32　三台电动机的桥式起重机工作原理的零位保护部分

两对辅助触点接通及安全限位开关和有关控制器的限位触点闭合而继续得到电源,形成自保回路。

(2) 安全限位部分。安全限位部分电路是用来限制电动机所带动的机械越位,以免发生越位事故。

当转动大车或小车控制器时,电动机开始运转,同时该控制器内与转动方向一致的限位触点继续闭合,而相反方向的限位触点同时断开。如果该控制器的运停机构的两个方向的限位开关均处于闭合状态时,串联在安全限位部分的这段并联小回路,只有运转方向的一组为闭合回路,而相反方向的一组,在控制电器限位触点处,断开成断路。

当电动机带动机械运转到端点碰撞到限位开关,限位触点断开,相反方向的一条支路的限位触点已成断路,所以,两条并联的小支路全部断路,整个安全限位线路断开,此时主接触器的吸引线圈断电停止工作,有关电动机停止运转,起到保护作用,如图 5-33 所示。

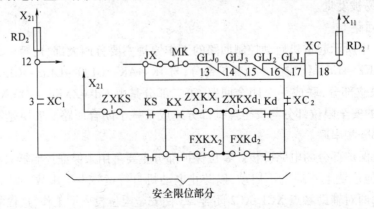

图 5-33　三台电动机的桥式起重机工作原理的安全限位部分

276

（3）安全及连锁部分电路。零位保护部分和安全限位部分并联，与安全连锁部分相串联。零位保护部分和安全限位部分工作时都要与安全连锁部分联合工作，所以称安全连锁部分为公用线路。由此可见，起重机工作时，只要安全连锁部分的某一开关或某一处断路都会使线路主要接触器的吸引线圈失掉电源而停止工作，从而起到了安全保护作用。

（4）照明信号电路。起重机的照明电路和信号电路，包括桥架上和桥架下照明、司机室照明及可携式照明灯，电源分合状况信号灯及电铃等。桥式起重机的照明信号回路如图5-34所示。其回路特点如下：照明信号回路为专用线路，其电源由起重机主断路器的进线端分接，当起重机保护柜主刀开关拉开后（切断1DK），照明信号回路仍然有电供应，以确保停机检修之需要。

照明信号回路由刀开关2DK控制，并有熔断器作短路保护之用。手提工作灯、司机室照明及电铃等均采用36V的低电源，以确保安全。照明变压器的次级绕组必须作可靠接地保护。

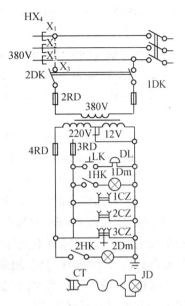

图5-34　照明信号回路

5.3.6　起重设备的安装与维护

起重机电气设备的安装（包括电动机、电控设备和元器件的安装、电线电缆的敷设、安全接地的装设等）和调试（包括安装过程中的调整工作和电气设备安装后的通电试验等），应按照随机提供的电气系统图、电路图、接线图（表）、电气布线图（管线图）等图样和有关说明书等文件所提示的要求进行。

1. 起重设备的安装

（1）首先检查起重机使用的电气设备与器材，均应符合国家或部颁的现行技术标准，并且有合格证书，设备应有铭牌。

（2）外部检查应符合下列要求：外壳、漆层、手柄无损伤或变形；内部仪表、灭弧罩、瓷件等无裂纹和伤痕；附件齐全、完好；观察活动部分动作是否灵活，如有损伤、松动或卡住等现象，应予以消除。

（3）测量电动机、电磁铁、接触器、继电器、电阻器等电器元件的绝缘电阻，用500V绝缘电阻表测量，不得低于0.5MΩ，否则，应进行干燥处理。

（4）检查电动机电刷与集电环间的压力以及控制器、接触器、继电器触头间的压力是否符合各自的规定，如压力过大或过小应予以调整。

（5）检查司机室、控制屏（柜）、电器元件内部接线情况，如有松动或脱落等现象应予以消除。

（6）按照电气总图或其他安装用图所示意的位置，安装全部电气设备。

安装在走台上的控制屏（柜）、电阻器、机组等较重的设备时应尽量使支架牢固地搭接在走台大拉筋上，安装位置允许按图示尺寸作适当的调整。电阻器应尽量靠近控制屏（柜）以使连接导线最短。

（7）控制屏（柜）安装应牢固，但不得焊接固定，紧固螺栓应有防松措施，并尽量减少在起重机运行中产生的颤动,必要时增加支撑;屏面的倾斜度不大于5°,以保证屏上元件正常工作。

控制屏前面的通道,不应小于500mm,屏后距离视具体情况而定。有必要进入屏后检修时,屏后距离应为500mm,当无需进入时可减至150mm,屏上面距屋顶应大于100mm。不是安装在专用电气室内的控制屏,要采用控制柜,在导电性灰尘严重的场合,还需采取防尘措施。

(8)电阻器架的布置,应考虑到便于检修和更换电阻元件,有利于散热。架前通道宜不小于500mm,电阻器距金属墙壁和地板距离不小于150mm。电阻器必须安装牢固,减少在起重机运行中产生的颤动,必要时在架子上端增加拉板,拉板的一端可焊接到钢体结构上。

四箱及四箱以下的电阻器可直接叠装在一起。四箱以上的电阻器最好装在电阻器架上,各箱之间距离80mm,中间还可添加隔热板以减少上部电阻器的温度。除少数容量较小的附加电阻器外,电阻器不宜与控制屏安装在同一个电气室内。引到电阻器的电线或电缆,垂直部分应布置在电阻器左侧或右侧,不得妨碍电阻器的装卸。水平方向的连接线靠电阻元件过近,绝缘层容易烤坏,可以包缠石棉绳等耐高温材料,或者将橡胶绝缘层全剥去,另包缠玻璃布等耐高温材料。

电阻器与电阻元件间的连线应用裸导线,在电阻元件允许发热条件下,能可靠地接触。电阻器引出线夹板或螺钉应有与设备接线图相应的标号,与绝缘导线连接时,不应由于接头处的温度升高而降低导线的绝缘强度。电阻器应设防护网或防护罩,以防触电或烫伤。

(9)凸轮控制器及主令控制器应装在便于操作和观察的位置上,操作手柄或手轮安装高度一般为1m~12m,动作方向应与起重机各机构动作方向一致。

(10)限位开关的安装应能使开关动作正确,且不应阻碍机械部件的运动。碰块或撞杆应安装在开关滚轮或推杆的动作轴线上,并且碰块或撞杆对开关的作用力不应大于开关的允许值。

(11)角钢或圆钢滑线在安装前应校直,安装时应保持水平。滑线的中心线应与起重机轨道的实际中心线保持水平,其偏差不应大于长度的1/1000,最大偏差不应大于10mm;滑线之间的水平或垂直距离应一致,其偏差也不应大于长度的1/1000,最大偏差不应大于10mm。滑线接头处的接触面,其高低差不应大于0.5mm。相邻滑线导电部分和导电部分对接地部分间的净距离不应小于30mm。滑线固定点的距离(电柱间距)一般应在15m~25m范围内。当起重机在终端位置时,集电器距离滑线末端不应小于200mm,固定装设的型钢滑线,其终端支架距离滑线末端不应大于800mm。滑线和集电器分别安装后,将无负载小车处于起重机中间位置,调整导电架,使集电器滑块处于水平状态,并使滑块中心与滑线中心重合。在起重机试运转中,不允许集电器有跳动现象。

(12)起重机上带电部分之间、带电部分和金属结构之间的距离应大于20mm。起重机运行时,可能产生相对晃动的带电部分与金属构件之间的最小距离应大于40mm。接线盒内接线端子之间的电气间隙应大于12mm。

2. 起重设备的维护

1)桥式起重机检查与维护制度

由于桥式起重机的部件较多,针对各个部件的不同技术特性,在实际工作中将维护、检查的周期分为周、月、年,各个周期的具体内容如下。

(1)每周检查与维护。每周维护与检查一次,检查与维护的内容包括:

① 检查制动器上的螺母、开口销、定位板是否齐全、松动,杠杆及弹簧无裂纹,制动轮上的销钉螺栓及缓冲垫圈是否松动、齐全;制动器是否制动可靠。制动器打开时制动瓦块的开度应小于 1.0mm 且与制动轮的两边距离间隙应相等,各轴销不得有卡死现象。

② 检查安全保护开关和限位开关是否定位准确、工作灵活可靠,特别是上升限位是否可靠。

③ 检查卷筒和滑轮上的钢丝绳缠绕是否正常,有无脱槽、串槽、打结、扭曲等现象,钢丝绳压板螺栓是否紧固,是否有双螺母防松装置。

④ 检查起升机构的联轴器密封盖上的紧固螺钉是否松动、短缺。

⑤ 检查各机构的传动是否正常,有无异常响声。

⑥ 检查所有润滑部位的润滑状况是否良好。

⑦ 检查轨道上是否有阻碍桥机运行的异物。

(2) 每月检查与维护。每月维护与检查一次,检查与维护的内容除了包括每周的内容外还有:

① 检查制动器瓦块衬垫的磨损量不应超过 2mm,衬垫与制动轮的接触面积不得小于 70%;检查各销轴安装固定的状况及磨损和润滑状况,各销轴的磨损量不应超过原直径的 5%,小轴和心轴的磨损量不应大于原直径的 5% 及椭圆度小于 0.5mm。

② 检查钢丝绳的磨损情况,是否有断丝等现象,检查钢丝绳的润滑状况。

③ 检查吊钩是否有裂纹,其危险截面的磨损是否超过原厚度的 5%;吊钩螺母的防松装置是否完整,吊钩组上的各个零件是否完整可靠。吊钩应转动灵活,无卡阻现象。

④ 检查所有的螺栓是否松动与短缺现象。

⑤ 检查电动机、减速器等底座的螺栓紧固情况,并逐个紧固。

⑥ 检查减速器的润滑状况,其油位应在规定的范围内,对渗油部位应采取措施防渗漏。

⑦ 对齿轮进行润滑。

⑧ 检查平衡滑轮处钢丝绳的磨损情况,对滑轮及滑轮轴进行润滑。

⑨ 检查滑轮状况,看其是否灵活,有无破损、裂纹,特别注意定滑轮轴的磨损情况。

⑩ 检查制动轮,其工作表面凹凸不平度不应超过 1.5mm,制动轮不应有裂纹,其径向圆跳动应小于 0.3mm。

(3) 半年检查与维护。每半年维护与检查一次,除了包括月检查内容外还应有:

① 检查所有减速器的齿轮啮合和磨损情况,齿面点蚀损坏不应超过啮合面的 30%,且深度不超过原齿厚度的 10%(固定弦齿厚);齿轮的齿厚磨损量与原齿厚的百分比不得超过 15% ~25%;检查轴承的状态;更换润滑油。

② 检查大、小车轮状况,对车轮轴承进行润滑,消除啃轨现象。

③ 检查主梁、端梁各主要焊缝是否有开焊、锈蚀现象,锈蚀不应超过原板厚的 10%,各主要受力部件是否有疲劳裂纹;各种护栏、支架是否完整无缺;检查主梁、端梁螺栓并紧固一遍。

④ 检查主梁的变形情况及检查小车轨道的情况。空载时主梁下挠不应超过其跨度的 1/2000;主梁向内水平旁弯不得超过测量长度的 1/1500;小车的轨道不应产生卡轨现象,轨道顶面和侧面磨损(单面)量均不得超过 3mm。

⑤ 检查卷筒情况,卷筒壁磨损不应超过原壁厚的 20%,绳槽凸峰不应变尖。

⑥ 拧紧起重机上所有连接螺栓和紧固螺栓。

⑦ 检查连轴器,其上键和键槽不应损坏、松动;两联轴器之间的传动轴轴向串动量应在 2mm～7mm 范围内。

⑧ 检查大小车的运行状况,不应产生啃轨、三个支点、启动和停止时扭摆等现象。检查车轮的轮缘和踏面的磨损情况,轮缘厚度磨损情况不应超过原厚度的 50%,车轮踏面磨损情况不应超过车轮原直径的 3%。

⑨ 检查大车轨道情况,看其螺栓是否松动、短缺,压板是否固定在轨道上,轨道有无裂纹和断裂;两根轨道接头处的间隙是否为 1mm～2mm(夏季)或 3mm～5mm(冬季),接头上下、左右错位是否超过 1mm。

⑩ 对起重机进行全面清扫,清除其上污垢。

2) 门座式起重机维护保养的内容

(1) 门座式起重机的齿条传动变幅驱动装置的各项安全设置应灵敏、可靠。因为在作业中齿条较易磨损,致使启动和制动时有冲击,如安全设置不可靠,会发生臂架超过行程而坠落的危险。

(2) 门座式起重机的液压传动变幅驱动装置是具有结构紧凑、能承受双向力等特点,但其活塞、缸筒、推杆都有一定的精度,要加强维护保养。

(3) 安装连接螺栓要使用扭力扳手,这样使预紧力比较均匀。由于门座式起重机操作中易出现震动,要定期检查螺栓是否松动。

(4) 采用液压驱动的制动器应经常检查液压油的数量,不足时要适量补充。要检查油管接头处是否有液压油漏出或空气进入油缸内部,如油缸内有空气应及时排除。

(5) 运行机构和制动器要经常检查,特别要检查起重机制动器电磁铁是否因震动而被卡住不动,还要检查电磁铁的线圈是否受潮。

(6) 油泵内的液压油的品种,应根据地区温度来选择。为防止油泵在工作过程中吸入空气,要经常检查排出。

(7) 由于门座式起重机的自重大,因此均衡台车的轴承应每周加钙基润滑脂一次,保证摩擦表面不致出现干摩擦的现象。

3) 履带式起重机维护保养的内容

(1) 发动机启动时,必须将所有操纵手柄放在空档位置。启动后应检查各仪表指示值和听视发动机运转情况,确认正常后,方可开始工作。

(2) 作业前,应先试运转检查各机构工作是否正常可靠。特别在雨雪后作业,应作起重试吊,确认可靠后方能工作。

(3) 起重机作业范围内不得有影响作业的障碍物。工作时起重臂下方不得有人停留或通过。严禁用起重机载运人员。

(4) 起重机的变幅指示器、力矩限制器和行程开关等安全保护装置,不得随意调整和拆除。严禁用限位装置代替操纵。对无提升限位装置的起重机,起重臂最大仰角不得超过 78°。

(5) 起重机必须按规定的起重性能作业,不得超载和吊不明质量的物体。严禁用起重钩斜拉、斜吊。

(6) 满载起吊时,起重机必须置于坚实的水平地面上,先将重物吊离地面 20mm～50mm,检查并确认起重机的稳定性、制动可靠性后,才能继续起吊。动作要平稳,禁止同时进行两种动作。

（7）如遇重大物件必须使用双机抬吊时,重物质量不得超过两台起重机所允许起重量总和的75%。绑扎应注意载荷的平均分配,使每台起重机的载荷不超过该机允许载荷的80%。在统一指挥、密切配合下,两机的吊钩滑轮组应基本保持垂直状态。

（8）液压和气压驱动的起重机,应按规定的压力、转速运行,严禁用提高压力、加快转速等手段来满足施工需要。

（9）采用蜗杆、蜗轮传动的变幅机构,严禁在起重臂未停稳前将牙嵌离合器拨入空挡。

（10）起重机带载行走时,起重机臂应与履带平行,重物应拴拉绳。行走转弯时不应过急,路面崎岖或凹凸不平的地方,不得转弯。

（11）起重机在坡道上无载行驶,上坡时应将起重臂的仰角放小一些,而下坡行驶则应将起重臂的仰角放大一些,以此平衡起重机的重心。严禁下坡时空挡滑行。

（12）如遇大风、大雪、大雨或大雾时,应停止起重作业,并将起重臂转至顺风方向。

4）塔式起重机的日常维护保养

（1）机械部分的维护保养:须对各机构的制动器、各机构的运转情况、各部件连接螺栓的紧固情况、各部位的钢丝绳等进行检查,发生故障应及时排除,检查各机构的连接螺栓、焊缝和构件的工作情况,定时紧固和上油漆。

（2）液压系统的维护保养:按时添加或更换液压油,并检查油管及其接头、安全阀、液压泵和液压缸等,发现问题应及时处理。

（3）电气系统的维护保养:电线、电缆应无损伤,安全装置的行程开关须可靠,接地保护电阻要符合要求。

（4）润滑工作:应经常检查塔机各部位的润滑情况,做好周期润滑工作,按时添加或更换润滑剂。

（5）为保证塔机正常工作,确保人机安全,必须做好以检查、调整、清洁、紧固、润滑和补给六大内容为中心的日常维护工作。

5）悬挂式起重机维护保养

（1）检查紧固传动轴座、变速箱、联轴器及轴链。

（2）检查调整制动器与制动轮间隙,特别是大车同步传动器与制动轮间隙的均匀及一致性,并要求灵敏可靠。

（3）检查调整钢丝绳、卷扬筒、吊钩、滑轮有无断丝、裂纹及磨损情况。

（4）检查调整制动器是否灵敏可靠。

（5）检查变速箱油位、油质,并按规定添加新油,同时对轴承座、制动架、连接器注入适量的润滑脂。

（6）检查限位开关是否灵敏可靠,导电架是否安全可靠,电器箱要清除烧毛部分,调换触头,防护装置是否齐全有效。

（7）查看信号灯、电传是否有效可靠。

（8）擦拭吊车外表,做到无积发、油垢、锈蚀,补充各部紧固件,保持设备清洁完好。

5.3.7　起重设备控制系统的常见故障及分析

起重设备在工厂车间里起着非常重要的作用,为了保证它能安全、有效运行,科学地进行故障分析并有针对性地做好日常维护和保养工作十分必要。对起重机使用过程中出现的各种故障所做的抽样统计结果是:电气系统故障占56.12%,大、小车运行机构故障占

15.19%,起升机构故障占 10.19%,减速器漏油占 8.14%,安装缺陷或其他原因造成的故障占 8.16%。据此归纳出桥式起重机的常见故障及其产生的原因,并提出故障的预防和排除措施。

1. 机械故障

1）钢丝绳

（1）故障分析。钢丝绳在运行过程中,每根钢丝绳的受力情况非常复杂,因各钢丝在绳中的位置不同,有的在外层,有的在内层。即使受最简单的拉伸力,每根钢丝绳之间受力分布也不同,此外钢丝绳绕过卷筒、滑轮时产生弯曲应力、钢丝与钢丝之间的挤压力等,因此精确计算其受力比较困难,一般采用静力计算法。

钢丝绳中的最大静拉力应满足下式要求:

$$P_{max} \leqslant P_d/n$$

式中:P_{max} 为钢丝绳作业时可以承受的最大静应力;P_d 为钢丝绳的破断应力;n 为安全系数。

$$P_{max} = (Q + q)/(a\eta)$$

式中:Q 为起重机的额定起重量;q 为吊钩组重量;a 为滑轮组承载的绳分支总数;η 为滑轮组的总效率。

钢丝绳最大允许工作拉力的计算式为

$$P = P_d/n$$

式中:P 为钢丝绳作业时额定的最大静应力。

$P \geqslant P_{max}$ 是安全的。由此可知,钢丝绳破断的主要原因是超载,同时还与在滑轮、卷筒的穿绕次数有关,每穿绕一次钢丝绳就产生由直变曲再由曲变直的过程,穿绕次数越多就易损坏、破断;其次钢丝绳的破断与绕过滑轮、卷筒的直径、工作环境、工作类型、保养情况有关。

（2）预防措施。

① 起重机在作业运行过程中起重量不要超过额定起重量。

② 起重机的钢丝绳要根据工作类型及环境选择适合的钢丝绳。

③ 对钢丝绳要进行定期的润滑（根据工作环境确定润滑周期）。

④ 起重机在作业时不要使钢丝绳受到突然冲击力。

⑤ 在高温及有腐蚀介质的环境里的钢丝绳须有隔离装置。

2）卷筒及钢丝绳压板

卷筒是起重机重要的受力部件,在使用过程中会出现筒壁减薄、孔洞及断裂故障。造成这些故障的原因是卷筒和钢丝绳接触相互挤压和摩擦。当卷筒减薄到一定的程度时,因承受不住钢丝绳施加的压力而断裂。为防止卷筒这种机械事故的发生,按照国家标准,卷筒的筒壁磨损达到原来的20%或出现裂纹时应及时进行更换。同时要注意操作环境卫生和对卷筒、钢丝绳的润滑。

3）吊钩

吊钩是桥式起重机用的最多的取物装置,它承担着吊运的全部载荷,在使用过程中,吊钩一旦损坏断裂易造成重大事故。造成吊钩损坏断裂的原因是由于摩擦及超载使得吊钩产生裂纹、变形、损坏断裂。为防止吊钩出现故障,就要在使用过程中严禁超负荷吊运,在检查过程中要注意吊钩的开口度、危险断面的磨损情况,同时要定期对吊钩进行退火处理,吊钩一旦发现裂纹要按照 GB 10051—88 给予报废,坚决不要对吊钩进行焊补。特种设备管理人员对吊钩的检查要按照 GB 10051—88 的要求判断吊钩是否能够使用。

4)减速器齿轮

(1)故障分析。减速器是桥式起重机的重要传动部件,通过齿轮啮合对扭矩进行传递,把电动机的高速运转调到需要的转速,在传递扭矩过程中齿轮会出现轮齿折断、齿面点蚀、齿面胶和、齿面磨损等机械故障,造成齿轮的故障原因分别如下:

① 短时间过载或受到冲击载荷,多次重复弯曲引起的疲劳折断;

② 齿面不光滑,有凸起点产生应力集中,或润滑剂不清洁;

③ 由于温度过高引起润滑失效;

④ 由于硬的颗粒进入摩擦面引起磨损。

(2)预防措施。

① 起重机不能超载使用,启动、制动要缓慢、平稳,非特定情况下禁止突然打反车;

② 更换润滑剂要及时,并把壳体清洁干净,同时要选择适当型号的润滑剂;

③ 要经常检查润滑油是否清洁,发现润滑不清洁要及时更换。

5)制动器

(1)故障分析。制动器是桥式起重机重要的安全部件,具备阻止悬吊物件下落、实现停车等功能,只有完好的制动器才能对起重机运行的准确性和安全生产有保证,在起重机作业中制动器会出现制动力不足、制动器突然失灵,制动轮温度过高与制动垫片冒烟、制动臂张不开等机械故障。造成这些机械故障的原因分析如下:

① 制动带或制动轮磨损过大;制动带有小块的局部脱落;主弹簧调得过松;制动带与制动轮间有油垢;活动铰链外有卡滞的地方或有磨损过大的零件;锁紧螺母松动,整拉杆松脱;液压推杆松闸器的叶轮旋转不灵活。

② 制动垫片严重或大片脱落,或长行程电磁铁被卡住,主弹簧失效,或制动器的主要部件损坏。

③ 制动器与垫片间的间隙调得过大或过小。

④ 铰链有卡死的地方或制动力矩调得过大,或液压推杆松闸器油缸中缺油及混有空气,或液压推杆松闸使用的油脂不符合要求,或制动片与制动轮间有污垢。

(2)预防措施。定期对制动器进行检查、维护,起升机构的制动器必须每班一次,运行机构的制动器要每天一次,主要检查以下内容:

① 铰链处有无卡滞及磨损情况,各紧固处有无松劲;

② 各活动件的动作是否正常;

③ 液压系统是否正常;

④ 制动轮与制动带间磨损是否正常,是否清洁。

根据检查的情况来确定制动器是否正常,坚决杜绝带"故障"运行,同时对制动器要定期进行润滑和保养。为了保证起重机的安全运行,制动器必须经常进行调整,从而保证相应机构的工作要求。

6)车轮与轨道

起重机在运行过程中车轮与轨道常见的故障为车轮的啃道及小车的不等高、打滑。其中造成啃道的原因是多方面的,且啃道的形式是多样的。啃道轻者影响起重机的寿命,重者会造成严重的伤亡事故,因此特种设备管理人员对于啃道要引起足够的重视。造成啃道的主要原因是:安装时产生不符合要求的误差,不均匀摩擦及大车传动系统中零件磨损过大,键连接间隙过大造成制动不同步。因此各单位的特种设备主管部门在安装、维修起重机时一定要找有资质的单位进行安装、维修,从而保证设备安全及运行寿命;同时特种设备管理人员要加强平时的检查管理,避免起重机发生啃道的机械故障,在检查过程中要认真、细致地找出啃道的原因,并采取相应的措施。小车车轮的不等高是起重机运行中极不安全的因素,小车的不等高使小车在运行中一个车轮悬空或轮压太小可能引起小车车体的震动。造成小车车轮不等高的因素是由多方原因引起的,但是主要原因是安装误差不符合要求及小车设计本身重量不均匀,因此对小车不等高的故障要全面分析,把小车不等高的问题解决好。

起重机在运行过程中由于轨道不清洁、启动过猛、小车轨道不平、车轮出现椭圆、主动轮之间的轮压不等的原因使得小车产生打滑环象,这就要求特种设备管理人员在检查过程中一定要认真仔细,发现问题要及时解决,避免产生小车打滑的现象。

2. 电气故障

1)主电路

(1)故障现象及产生原因。主电机回路一般包括主电机绕组、电阻箱中串联电阻、控制箱中的交流接触器和联动线路等。由于起重机在正常工作时,电阻箱中的电阻组大部分时间均投入运行,因此将产生大量的热量,从而使电阻组的温度较高。在高温环境中,无论是电阻本身还是电阻连接端子均易变质。一方面将改变电阻材质,引起电阻阻值的改变;另一方面可能导致电阻连接端子的断裂,使得电机转子或定子的串联电阻阻值不平衡。与此同时,起重机工作过程中各种交流接触器的切换频率特别高,其触点很容易在频繁的切换中损伤、老化,造成部分触点接触电阻变大或发生缺相现象,使电机绕阻的串联电阻阻值不平衡。在上述两种情况下,起重机重载或长时间工作时均会导致电机损坏等故障。

(2)主供电系统故障主要是供电滑触线故障。如由滑触线引起的断电现象,导管明显变形造成受电器无法移动,电刷侧面擦伤和表面有粒状凹坑,工作时导管晃动太大,电刷磨损太快,电器滑行有较大声响及外壳擦伤等。其原因往往是导轨安装不合适引起的变形,环境温度过高热膨胀造成卡死现象,受电器的不正确安装及定位偏差等。

(3)电气系统中的电子元器件的质量问题会导致主电机和其他电机的损坏。如交流接触器质量差,机械可靠性不好,线圈发热,吸合不好及线圈烧坏;各种保护继电器质量差及损坏。有的交流接触器触点含银量低或接触铜片选用镀铜铁片,接触器塑料外壳薄或使用再生塑料,因而造成触点接触不良,冒火花和易熔化,三相触点弹簧压力不均和外壳破裂等。

(4)电源电压瞬时降低。由于主电机(起升电机)功率大(一般在15kW以上),又是全电压启动,如果起重机安装地点距电源变压器较远或专用供电线路上搭载有其他较大功率的电器,且选用的电源供电线的线径较小时,就会使电源电压瞬时降低,有时造成电源电压降低值大于额定值的10%。电源电压降低必然会使电机的启动时间加长或造成启动困难,也会导致电机损坏。

(5)预防措施。无论是主电机串联电阻阻值不平衡或三相电压不平衡,电机均会出现或长或短、或强或弱的异常声响和其他异常现象。如驱动电机在短时间内产生较高的温升,电机会出现剧烈抖动,起重机可能产生"无力"现象;电机的制动片将互相撞击,发出高频率、不平稳的摩擦声响,时间一长就会造成电机损坏。此时,司机应立即停机,以便维修工及时检查处理。为防止此类事故,应定期组织维修工对电阻箱和控制箱进行检查保养。加强对供电滑触线系统易损件的检查,及时修复或定期更换受电器。定期或经常检查滑触线导轨和拨叉状态,调节浮动悬吊夹,使导管能自由延伸。增加导管的热膨胀段,在室外加装遮阳板和采用隔热板。维修时应选用高质量的电器元件,杜绝劣质产品的混入。需经常检查电器元件的固定螺栓和接线端子,加装弹簧垫或防振橡胶垫。安装时合理布置起重机的供电回路,采用较粗的电源线,在专用回路上避免连接较大功率的其他用电设备。

2)大车及小车运行机构

(1)故障现象及产生原因。小车运行机构经常出现制动不良的故障,有时不能在某一位置停车;减速器底座固定螺栓松动;由于润滑不良使减速器内部元件损坏。大车运行机构故障为制动过程中起重机产生剧烈抖动和振动噪声;减速器固定螺栓松动和内部元件损坏;运行限位装置缓冲系统损坏。产生的原因:

① 启动或制动时的运行惯性力作用;

② 司机违章操作或误操作,在起重机向一个方向运行时突然反向操作使电机反转造成冲击扭矩过大;

③ 减速器润滑油不足或其他原因引起的润滑不良;

④ 大车运行机构的左右制动机构调整不平衡,在制动过程中左右制动扭矩不等产生侧扭转而造成振动。

(2)预防措施。经常检查小车运行轨道的平行度、水平度和清洁度,注意修复轨道的局部损坏和变形。保持大车运行轨道的水平度、清洁度,保证左右轨道的平面度误差。应经常检查和拧紧各个减速器的固定螺栓。经常检查和调整制动器,尤其是大车左右两个制动器弹簧的松紧及闸瓦与制动轮的间隙应调整相等。经常检查各个减速器的润滑状况,尽量选用脂润滑方式,选用抗扭性好、底座直径大的减速器。

3)起升机构

(1)故障现象及产生原因。由于起升电机或其他电器方面的原因,导致电机输出力矩不平衡,使减速器齿轮副啮合过程中产生较大的冲击力。齿轮副齿轮压紧螺母松脱,导致减速器内部元件损坏,如齿轮啮合错位或轴承损坏,电机主轴与减速器连接轴同轴度超差、连接销轴损坏等原因,引起齿轮啮合不好或阻力过大并产生噪声。在这些情况下,起重机长时间工作必然会引发故障。有时固定螺栓松动或防雨罩固定螺栓松动也会引发故障。

(2)预防措施。为防止故障的发生,每班作业前司机应对起升机构进行空转检查。注意减速器运转声响是否正常,并拆下箱体放油螺栓检查齿轮油质和杂质含量。如有异常,必须停机检查直到异常现象排除。作业中如发现起升机构噪声大时,应立即停机检查各部件螺栓是否松动,电机与减速器连接轴是否同轴,是否损坏,制动机构是否正常,并根据损坏情况进行相应处理。

4)减速器漏油

(1)故障现象及产生原因。起重机减速器漏油现象较为普遍,原因是:

① 设计不合理。如未设计通气孔或通气孔过小,无法使减速器内部压力与外部压力均衡而使润滑油外溢;小车运行机构的减速器的油池是由上下箱体结合而成的,长时间运行箱内压力增大使润滑油的渗透性增强,若两箱体结合面密封不严便易漏油。

② 制造达不到设计要求。箱体结合面加工精度不够,致使密封不严从而产生渗漏。

③ 使用维护不当。通气罩积尘过多造成堵塞,导致内部压力过高;油量过多,油位超高;固定螺栓松动,使两箱体的结合面不严实;垫片损坏或失落,导致放油孔或观察孔处渗漏。

（2）预防措施。

① 改进设计。在减速器观察孔盖和加油孔盖上加设通气装置，使箱体内外均压顺气；重新设计 ZSC 型立式减速器；采取开回油槽防止渗漏油的措施，提高 ZQ 型减速器的防漏能力。

② 提高箱体结合面及各配合面的加工精度，防止箱体变形。

③ 做好维护保养工作。经常检查和疏通减速器的通气孔；使用中注意各个垫片是否失效和螺栓的松紧情况；保持适当的油量；对放油螺塞周边的渗漏，可在螺纹上缠上生料带或聚四氟己烯薄膜。另外，检修后一定要将输入和输出轴的通盖迷宫槽上阻塞回油孔的润滑脂清洗干净，使润滑油能畅通无阻地返回到回油池。

5.4 电梯的电气控制

5.4.1 概述

电梯是一种以电动机为动力的垂直升降机，装有箱状吊舱，用于多层建筑乘人或载运货物，服务于规定楼层的固定式升降设备。它具有一个轿厢，运行在至少两列垂直的或倾斜角小于 15° 的刚性导轨之间。轿厢尺寸与结构形式便于乘客出入或装卸货物。习惯上不论其驱动方式如何，将电梯作为建筑物内垂直交通运输工具的总称。

5.4.2 电梯的基本结构、分类和基本参数

1. 电梯的基本结构

按结构划分，电梯由机房、井道、厅门、轿厢四个部分组成。电梯的基本结构如图 5-35 所示。

（1）机房部分。包括电源开关、曳引机、控制柜（屏）、选层器、导向轮、减速器、限速器、极限开关、制动抱闸装置、机座等。

（2）井道部分。包括导轨、导轨支架、对重装置、缓冲器、限速器张紧装置、补偿链、随行电缆、底坑及井道照明等。

（3）层站部分。包括层门（厅门）、呼梯装置（召唤盒）、门锁装置、层站开关门装置、层楼显示装置等。

（4）轿厢部分。包扣轿厢、轿厢门、安全钳装置、平层装置、安全窗、导靴、开门机、轿内操纵箱、指层灯、通信及报警装置等。

2. 电梯的分类

电梯分类方法很多，可以从不同角度对其分类。

（1）按用途电梯，电梯可分为乘客电梯、货梯、客货两用梯、病床电梯、住宅电梯、杂物梯和其他专用

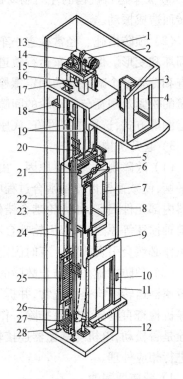

图 5-35 电梯的基本结构

1—制动器；2—曳引电动机；3—电气控制柜；4—电源开关；5—位置检测开关；6—开门机；7—轿内操纵盘；8—轿厢；9—随行电缆；10—呼梯盒；11—厅门；12—缓冲器；13—减速箱；14—曳引机；15—曳引机底盘；16—导向轮；17—限速器；18—导轨支架；19—曳引钢丝绳；20—开关碰块；21—终端紧急开关；22—轿厢框架；23—轿厢门；24—导轨；25—对重；26—补偿链；27—补偿链导向轮；28—张紧装置。

电梯。

（2）按额定速度，电梯可分为：①低速电梯（丙类梯），指速度 $v \leqslant 1 m/s$ 的电梯。通常有 $0.25 m/s$、$0.5 m/s$、$0.75 m/s$、$1 m/s$ 等几种速度。②中速电梯（乙类梯），指速度 $v > 1 m/s$ 的电梯。一般为 $1.5 m/s$、$1.75 m/s$ 两种速度。③高速电梯（甲类梯），指速度 $v \geqslant 2m/s$ 的电梯。当速度 $v \geqslant 5m/s$ 时，称超高速电梯。

（3）按驱动方式，电梯可分为曳引式电梯和液压式电梯两大类。曳引式电梯系由电动机驱动的电梯，可分为交流电梯、直流电梯两种。液压式是靠液压传动的电梯，又分为柱塞直顶式和柱塞侧置式。柱塞直顶式液压电梯是靠液压缸柱塞直接支撑轿厢底部，使轿厢升降的，是油缸柱塞设置在井道的侧面，借助曳引绳或链，通过滑轮组与轿厢连接，使轿厢升降。

（4）按控制方式，电梯可分为手柄操纵控制、信号控制、集选控制、并联控制、群控电梯等。

（5）按提升方式，电梯分为：①钢丝绳式，以钢丝绳提升轿厢；②齿轮齿条式，靠齿轮在齿条上爬行起升轿厢；③螺旋式，通过丝杠旋转，使其相配的螺母带动轿厢。

3. 电梯的基本参数

1）额定载重量

电梯设计所规定的轿内最大载荷，可理解为制造厂保证正常运行的允许载重量，单位为 kg。它对制造厂来说是设计与制造的主要依据，对用户来说则是选用电梯的主要依据，因此它是电梯的主参数。乘客电梯、客货电梯、病床电梯通常采用 320kg、400kg、630kg、800kg、1000kg、1250kg、1600kg、2000kg、2500kg 等系列，载货电梯通常采用 630kg、1000kg、1600kg、2000kg、3000kg、5000kg 等系列，杂物电梯通常采用 40kg、100kg、250kg 等系列。

2）额定速度

额定速度指设计规定的电梯的运行速度，也可理解为制造厂保证正常运行的电梯速度，单位为 m/s。额定速度也是电梯设计、制造和选用的主要依据，亦为电梯的主参数。标准推荐乘客电梯、客货电梯、病床电梯采用 $0.63 m/s$、$1.00 m/s$、$1.60 m/s$、$2.50 m/s$ 等系列，载货电梯采用 $0.25 m/s$、$0.40 m/s$、$0.63 m/s$、$1.00 m/s$ 等系列，杂物电梯采用 $0.25 m/s$、$0.40 m/s$ 等系列。而实际使用上还有 $0.50 m/s$、$1.50 m/s$、$1.75 m/s$、$2.00 m/s$、$4.00 m/s$、$6.00 m/s$ 等系列。

5.4.3 电梯的机械系统与安全保护系统

1. 电梯的机械系统

电梯机械系统由驱动系统、轿箱和对重装置、导向系统、层轿门和开关门系统组成。其中导向系统是由导轨架、导轨、导靴组成。层轿门和开关门系统是由轿门、层门、开关门机构、门锁等部件组成。机械安全保护系统是由缓冲器、超速保护装置、门锁等部件组成。

（1）驱动系统。电梯的电力驱动系统对电梯的启动加速、稳速运行、制动减速起着控制作用。驱动系统的优劣直接影响电梯的启动、制动加减速度、平层精度、乘座的舒适性等指标。

（2）轿厢。轿厢称为运人与运货的关闭式结构物。除特殊用途的电梯及建筑用提升机外，所有的电梯都装设轿厢。

（3）对重装置。对重的用途是使轿厢的质量与有效荷载部分之间保持平衡，以减少能量的消耗及电动机功率的耗损。此外,在带钢绳传动轮的卷扬机上,对重可以保持轿厢与对重一侧的钢绳分支所需的应力比值。为了在钢绳与钢绳传动轮绳槽之间得到适当的摩擦力,这是必要的。

(4)导向系统。选择器用于自动选择轿厢运行的方向。在按下电梯的启动按钮后,还可用于使轿厢在规定的楼层自动停车和轿厢在梯井中所处位置的灯光显示。选择器电气触点的状态反映在电梯轿厢在梯井中位置的准确性上。楼层转换开关系统、楼层的中心连锁系统,及附有轿厢位置感应式传感器或干簧管式传感器的继电器选择器可用于电梯上的选择器。

(5)层轿门。

① 灯光讯号盘。用于显示轿厢在梯井中所在位置的信号,以及记录从楼层平台呼唤的灯光信号。在指示轿厢位置的灯光信号盘上,以可见的透光数字或放在两层玻璃间并从内部照明的标记作为信号。灯光信号盘还可以采用两个指示灯的。以灯泡内的发光片按规定的编排方法显示指明轿厢将抵达的楼层序号的数码。

② 楼层灯光信号。用于公用建筑物的客梯。中间楼层安装有两灯与指向的灯光信号,在底层和顶层则安装一灯与单指向的灯光信号。

③ 信号显示器。用于以信号呼唤空轿厢到用梯楼层的货梯上。显示器由电磁铁和有呼唤楼层号码的开关按钮组成。电磁铁的数量等于电梯服务的楼层数。

④ 信号铃。用于呼唤轿厢到用梯的楼层和电梯有故障呼唤维修人员时发出信号。电梯上采用无触点的交流无火花振铃。

(6)开关门系统。

① 自动开关。电梯上的自动开关用来保护电动机和电气设备的电流超过容许值,其中包括短路电流。自动开关由有铁芯的电流线圈、带弹簧的触点系统及延滞时间的热机构组成。当在保护回路中的电流高于容许值时,线圈中的铁芯受吸引,而释放带动触点的弹簧,电气回路切断,自动开关手动复位。

② 刀开关。刀开关安装在单独的绝缘材料板上或控制盘上。当接通刀开关时,其可动触点合到簧式固定触点上。

③ 转换开关。转换开关用于同时闭合与切断几个电气回路。Y Ⅱ型万能转换开关使用最广。

④ 终端开关。终端开关配置在梯井中或在卷扬机上,用于保护轿厢升降不超出容许的水平范围以外。梯井中装有两个终端开关:一个稍高于上楼层,另一个稍低于底层。作用在这些终端开关上时,便使固定在轿厢上的断电装置断电。卷扬机只安装一个终端开关,紧固在限速器传动钢绳上的卡爪。

2. 安全保护系统

电梯是垂直升降的运行设备,因而一旦发生事故,很容易造成设备损毁、人员伤亡的惨剧,因而电梯的安全保护系统就显得尤其重要。安全保护系统由门系统的安全保护、超载保护装置、超速保护装置、终端限位保护装置、电气系统的安全保护装置组成。

1)电梯门系统的电气安全保护系统

据统计电梯发生的人身伤亡事故中,约有70%以上是由于门系统的质量及使用不当造成的。门系统的安全保护,主要包括以下几个方面的内容:

(1)电梯必须在层门和轿门均关闭好之后,才能启动运行。而在电梯运行过程中,若轿门或层门意外打开,应停止电梯的运行,或通过门自闭合装置将门强制关上。这个安全保护过程由层门自动门锁上的电气连锁保护开关和轿门的关门到位微动开关以及门自闭合装置来完成。

（2）在电梯关闭过程中,为避免门夹到乘客或障碍物,应设置安全触板或其他保护装置,如光电式和超声波保护装置。常见电梯门关闭时的电气安全保护装置如图 5-36 所示。

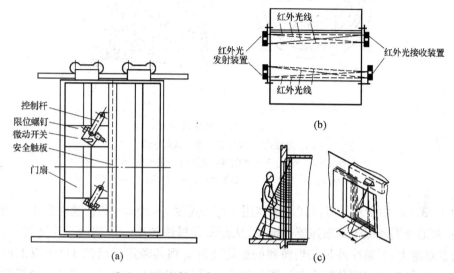

图 5-36 电梯门关闭时的电气安全保护装置
(a) 安全触板保护装置; (b) 光电式保护装置; (c) 超声波监控装置。

电梯的安全触板凸出门扇约 30mm,在门关闭的过程中,若安全触板碰到乘客或其他障碍物,就带动控制杆转动,使控制杆将微动开关压下,那些微动开关发出的控制信号使关门停止,并使门电动机反转,重新将门打开。光电式和超声波保护装置的工作原理与安全触板基本相同,但它们都属于非接触式的保护装置,因而灵敏度更高,反应更加迅速。为了保证安全、可靠,上述几种保护装置也可配合使用,形成多重保护。

2）电梯的超载保护装置

若电梯超载,很容易发生事故,因而在大部分电梯特别是客梯中,都设有超载保护装置。该装置一般设于轿厢底部,有时在轿厢的顶部或机房内增设超载保护装置。

一般电梯的轿厢或轿厢地板设计成活动式的,当乘客或货物进入轿厢以后,便使轿厢的地板下沉,利用装于轿底的杠杆装置或压力传感器,就可对电梯超载进行保护。当轿厢满载,即载重量达到电梯轿厢额定载重量的 80% ~ 90% 时,轿底的杠杆装置或压力传感器使电梯的直驶限位开关接通,从而接通电梯的直驶控制线路,此时便将所有的层外召唤信号屏蔽,直驶预定楼层。而当轿厢超载,即载重量达到电梯轿厢额定载重量的 110% 时,轿厢底部的超载限位开关接通,使电梯不能启动,同时还可使正在关门的电梯停止关门,并将门重新打开。另外,此时还可通过轿厢内的声光报警装置进行报警。当多余乘客退出轿厢后,电梯方可关门启动运行。

3）电梯的超速保护装置

由于电梯的制动器失灵、曳引钢丝绳断裂或减速传动系统打滑及齿轮、轴、键销等断裂,都可能导致电梯超速坠落,因而应有超速保护装置。电梯的超速保护通常由限速器和安全钳来完成,如图 5-37 所示。

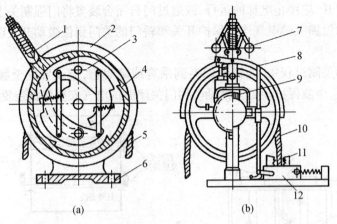

图 5 – 37　限速器

(a) 甩锤式限速器；(b) 甩球式限速器。

1—压绳舌；2—绳轮；3—甩锤；4—锤罩；5—钢丝绳；6,12—座；

7—甩球；8—连杆；9—伞形齿轮；10—钢丝绳；11—卡爪。

图 5 – 37(a) 中所示的甩锤式限速器用于电梯速度 $v \leqslant 10\mathrm{m/s}$ 的低速电梯中。当电梯运行时,轿厢通过钢丝绳带动限速器的绳轮,从而驱动甩锤转动。轿厢运行速度越快,甩锤的离心力也就越大,就越往外张。当轿厢的运行速度达到其额定速度的 115% 以上即电梯超速行驶时,甩锤的凸出部分就会与锤罩上的凸出部分相啮合,从而带动绳轮、锤罩和压绳舌往前转过一个角度,把钢丝绳紧紧地卡在绳轮槽和压绳舌之间,从而使钢丝绳不能运动,进而将安全钳中的楔块提起,把轿厢卡在导轨上,避免轿厢坠落。

图 5 – 37(b) 所示的甩球式限速器用于电梯速度 $v > 10\mathrm{m/s}$ 的快速和高速电梯中。其工作原理与甩锤式限速器基本相同。当轿厢超速下降时,甩球的离心力增大,两个甩球向两侧张开,当甩球张开到一定角度时(一般为电梯运行速度达到其额定速度的 115% 以上时),便驱动连杆,推动卡爪,让卡爪将钢丝绳卡住,从而带动安全钳动作,截停电梯轿厢。同时,甩球式限速器还常带有一个超速开关,当电梯超速行驶时,首先让超速开关动作,切断电梯驱动系统和制动器电源,使电梯制动停车。若超速开关的制动失败,再让安全钳动作,卡住电梯轿厢,这样就使超速保护更加合理。

上面提到过,当限速器将钢丝绳卡住之后,要靠安全钳来制停电梯。安全钳一般安装于轿厢下梁的下面,也有部分电梯将安全钳安装于轿厢上梁的上面。另外,有的电梯在对重上也安装安全钳。常用的安全钳有瞬时动作安全钳和滑移动作安全钳(也称渐进式安全钳),如图 5 – 38 所示。

瞬时动作安全钳动作比较迅速,一般从限速器卡住钢丝绳,到安全钳使电梯停止运行,轿厢只移动几厘米到十几厘米。也正因为这个原因,所以制动时的冲击较大,经常会在导轨上留下卡痕,故瞬时动作安全钳常与甩锤式限速器配合,用于低速电梯。其工作原理如下:安全钳上的拉杆与限速器的钢丝绳相连,正常情况时,由于拉杆弹簧张力大于限速器钢丝绳的拉力,因而安全钳的楔块和导轨面之间保持有 2mm ~ 3mm 的距离,不会影响电梯的运行。而当电梯超速,限速器动作时,限速器的钢丝绳被卡住,不能移动,而此时轿厢在下落,安全钳拉杆就被钢丝绳提起,从而将楔块向上拉,进而将电梯轿厢紧紧地卡在导轨之上。滑移动作安全钳的工作原理与瞬时动作安全钳基本相同,但在楔块外装有滚筒器,滚筒器内装有滚

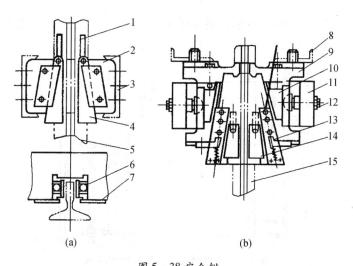

图 5-38 安全钳

（a）瞬时动作安全钳；（b）滑移动作安全钳。

1—拉杆；2—安全嘴；3—轿厢架下梁；4,14—楔块；5,15—导轨；6—滚柱；
7—盖板；8—轿厢架下梁；9—壳体；10—塞铁；11—安全垫头；12—调整箍；13—滚筒器。

柱,当限速器动作,卡住钢丝绳时,停止移动的楔块与继续下落的滚柱之间,产生的是滚动摩擦,从而减缓了制动过程。同时,轿厢向下滑动一段距离后,楔块在滚柱上滚动一段距离,受到的左右两边的挤压力越来越大,最终才将轿厢卡死在导轨上,实现轿厢的制动。因此,滑移动作安全钳在制动过程中有一个缓冲过程,这就避免了强烈制动带来的对设备和人身的伤害。所以,滑移动作安全钳能和甩球式限速器配合,用于快速和高速电梯中。

限速器和安全钳这两种装置,必须配合在一起,共同工作,才能完成对电梯的超速保护。限速器与安全钳的配合动作示意图如图 5-39 所示。

安全钳动作后,需用人工以检修速度或用盘车手轮使轿厢上升复位。这一释放操作应由专业维修人员完成,并作检查、调整,必要时应对导轨受夹持面进行修复后,电梯方可投入运行。以前,人们对电梯的载人问题一直心存疑虑,直到1854年,美国人奥的斯发明了安全钳装置,并作了公开表演,才打消了人们的疑虑,使载人电梯得到了广泛的应用。电梯的超速保护装置,避免了许多梯毁人亡事故的发生,因而是电梯必不可少的安全保护装置。

4）电梯的终端限位保护装置

当出现电梯的停层控制系统失灵、井道内的层楼永磁感应器或电梯的选层器失效、电梯的运行接触器触点熔焊或线圈铁芯被油污粘住、衔铁或机械部分卡死等故障时,就可能会导致电梯超越顶层或底层端站,甚至撞击井道顶部或底部;产生冲顶或蹲底现象而严重损坏设备,甚至危及人身安全。为避免上述情况的发生,因而在井道内设置了终端限位保护装置。终端

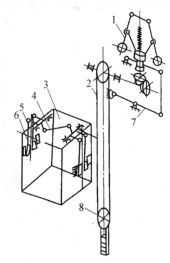

图 5-39 限速器和安全
钳配合动作示意图

1—限速器；2—钢丝绳；3—轿厢；
4—联动机构；5—安全钳楔块拉条；
6—安全钳楔块；7—钢丝绳制动机构；
8—张紧轮。

限位保护一般有三道防线,即上下强迫减速开关、上下终端限位开关和上下终端极限开关。电梯的终端限位保护装置如图5-40所示。

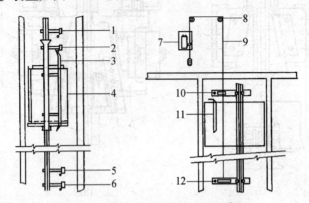

图5-40　电梯的终端限位保护装置

1—上限位开关;2—上强迫减速开关;3,11—碰铁;4—轿厢;5—下强迫减速开关;
6—下限位开关;7—极限开关;8—导轮;9—钢丝绳;10—上碰轮;12—下碰轮。

上下强迫减速开关是第一道防线。它们安装于井道内,顶部和底部各一个。当电梯到达顶端和底端层站,未能停车而继续行驶时,装在轿厢上的碰铁,便首先碰到了强迫减速开关,使开关触点动作,从而迫使电梯减速并停车。对于用机械选层器选层的电梯,也可将强迫减速开关安装在选层器钢架的上下两端。上下限位开关是第二道防线。当强迫减速开关未能截停电梯时,电梯轿厢碰铁紧跟着便碰到了限位开关,使限位开关的触头动作,迫使电梯停止运行。一般限位开关动作后,电梯仍能应答层站的召唤信号,向相反方向继续运行。

上下终端极限开关是电梯冲顶或蹲底的最后一道防线。在电梯轿厢地坎超越上下端站地坎200mm,轿厢或对重接触缓冲器之前(图5-41),轿厢上的碰铁与装在井道上、下端的

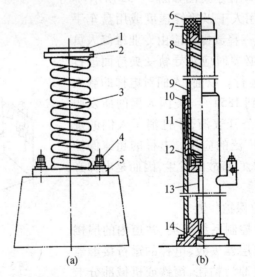

(a)　　　　(b)

图5-41 缓冲器

(a)弹簧缓冲器;(b)油压缓冲器。

1—缓冲橡皮;2—缓冲头;3—缓冲弹簧;4—地脚螺栓;5—缓冲弹簧座;
6—橡皮缓冲垫;7—通气孔螺栓;8—复位弹簧;9—柱塞;10—密封盖;
11—油缸;12—挡油圈;13—油孔立柱;14—油缸座。

上碰轮或下碰轮接触,牵动与装在机房墙上的极限开关相连的钢丝绳,使只有人工才能复位的极限开关动作,从而切断除照明和报警装置电源外的总电源,使电梯驱动和控制回路均断电,电磁制动器失电抱闸,从而可靠截停电梯。极限保护开关动作后,必须由专职的电梯维修人员检查并排除故障后,方可重新投入运行。

5) 电气系统的安全保护装置

电梯的电气系统应设置必备的短路保护、过载保护和供电系统断相、错相保护,以及接地或接零相保护。短路保护可通过熔断器或自动空气断路器来完成;过载保护可通过装于曳引电动机(或直流电梯中的交流原动机或主变压器)上的热继电器或热敏电阻来完成;供电系统的断相、错相保护可由专门的断相、错相保护继电器(如 XJ3 型和 XQJ86 Ⅱ型等)来完成。在电源中性点不接地的供电系统中,应采用接地保护,接地电阻不得大于4Ω;对于电源中性点接地的供电系统,应采用接零保护。

5.4.4 电梯的主要电器部件

1. 拖动系统

拖动系统的功能是提供动力,实行电梯速度控制,由曳引机、供电系统、速度反馈调速装置等组成。

1) 电梯曳引系统

电梯曳引系统的作用是输出并传递动力,从而使电梯完成向上或向下的运动。电梯曳引系统的主要组成部分有曳引轮、曳引绳、导向轮、反绳轮,如图 5-42 所示。

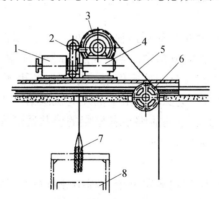

图 5-42　曳引系统

1—电动机;2—制动器;3—曳引轮;4—减速器;
5—钢丝绳;6—导向轮;7—绳头组合;8—轿厢。

曳引机是电梯的主要拖动机械,它驱动电梯的轿厢和对重装置做上、下运动。其组成部分主要有曳引电动机、制动器、减速箱、曳引轮和底座。根据需要有的曳引机还装有冷却风机、速度反馈装置(光码盘)、惯性轮等。根据电动机与曳引轮之间是否有减速箱,又可分为无齿曳引机和有齿曳引机。

(1) 无齿轮曳引机。无齿轮曳引机过去一般是以直流电动机作为动力的,随着变频变压技术的发展,交流无齿轮曳引机正普遍地用于高速和超高速电梯上。由于没有减速箱这一中间传动环节,所以传动效率高、噪声小、传动平稳,但是存在能耗大、造价高、维修不便等缺点,因而限制了它的应用。目前,多用在速度大于 2.0m/s 的电梯上。图 5-43 为无齿轮曳引机的外形结构,它由直流电动机、电磁制动器、曳引轮和支座组成,并固定在底座上。

（2）有齿轮曳引机。有齿轮曳引机的技术比较成熟,其拖动装置的动力是通过中间减速器传递到曳引轮上的。图5-44为有齿轮曳引机的外形结构,它由电动机、制动器、减速器和曳引轮组成,并固定在底座上。减速箱的作用是降低电动机输出转速,同时提高输出力矩。减速箱常采用蜗轮蜗杆传动,这种传动方式具有传动比大、运行平稳、噪声低、体积小的优点。在减速箱中,根据蜗杆置于蜗轮的上面或下面而分为蜗杆上置式结构和蜗杆下置式结构。曳引用电动机有交流电动机和直流电动机之分,广泛应用于速度不大于2.0m/s的电梯上。

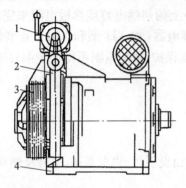

图5-43 无齿轮曳引机的外形结构图
1—电动机；2—制动器；
3—曳引轮；4—底座。

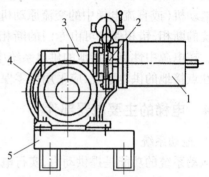

图5-44 有齿轮曳引机的外形结构图
1—电动机；2—制动器；
3—减速器；4—曳引轮；5—底座。

2）供电系统

高层电梯的供电系统一般都配置两路独立的供电电源,以保证电梯的用电,防止电梯的供电中断而使乘客滞留在行驶的电梯内。当一路电源发生故障或进行维修时,另一路电源自动投入。若发生意外事故或大范围地区停电使第二电源也不能供电时,这时供电系统应转换到第三电源,超高层的第三电源一般由柴油发电机供给。当第三电源也发生故障时,只有依靠蓄电池供电,一般要求蓄电池能够给各楼层的公共通道提供应急照明和应急电力,其余向电梯供电,并且能够维持电梯继续工作。

3）速度反馈调速装置

调速控制是指对电梯从启动到平层整个过程中速度的变化规律进行控制,从而减轻人在乘坐电梯时由于启、制动过程中加、减速产生的不舒适感(上浮、下沉感),并保证平层停车正确可靠。调速控制性能的优劣在很大程度上决定着电梯的性能和质量,电梯的运行可分为启动、稳速、制动三个阶段稳速运行。

液压电梯速度反馈计算机调速装置,包括一套具有数据采集和处理的计算机系统,速度传感器反馈接口电路,键盘与显示电路,脉宽调制D/A输出电路,脉宽调制功率输出及保护电路。利用装在轿厢上的速度传感器输出与轿厢位移相对应的脉冲信号,控制比例阀电磁铁线圈,使轿厢按预定的曲线运行。采用轿厢速度反馈,提高电梯控制系统动静态性能,消除由于油温等因素对电梯运行参数的影响,降低对比例阀的制造难度,电梯启动和平层时平稳。

4）电动机调速装置

直流调速器就是调节直流电动机速度的设备,上端和交流电源连接,下端和直流电动机连接,直流调速器将交流电转化成两路输出直流电源,一路输入给直流电机励磁(定子),一

294

路输入给直流电机电枢(转子),直流调速器通过控制电枢直流电压来调节直流电动机转速。同时直流电动机给调速器一个反馈电流,调速器根据反馈电流来判断直流电机的转速情况,必要时修正电枢电压输出,以此来再次调节电机的转速。

直流电机的调速方案一般有下列三种方式:改变电枢电压;改变激磁绕组电压;改变电枢回路电阻。最常用的是调压调速系统,即改变电枢电压。

2. 电气控制系统

1)自动开关门控制

自动门机是安装于轿厢顶上,它在带动轿门启闭时,还需通过机械联动机构带动层门与轿门同步启闭。为使电梯门在启闭过程中达到快、稳的要求,必须对自动门机系统进行速度调节。当用小型直流伺服电机时,可用电阻串并联方法。采用小型交流转矩电动机时,常用加涡流制动器的调速方法。直流电机调速方法简单,低速时发热较少,交流门机在低速时电机发热厉害,对三相电机的堵转性能及绝缘要求均较高。

2)轿内指令和层站召唤控制

轿内操纵箱上对应每一层楼设一个带灯的按钮,也称指令按钮。乘客入轿厢后按下要去的目的层站按钮,按钮灯便亮,即轿内指令登记,运行到目的层站后,该指令被消除,按钮灯熄灭。

电梯的层站召唤信号是通过各个楼层门口旁的按钮来实现的。信号控制或集选控制的电梯,除顶层只有下呼按钮,底层只有上呼按钮外,其余每层都有上下召唤按钮。

3)选层定向控制

常用的机种如下:手柄开关定向,井道分层转换开关定向,井道永磁开关与继电器组成的逻辑电路定向,机械选层器定向,双稳态磁开关和电子数字电路定向,电子脉冲式选层装置定。

电梯的定向选层线路:电梯的方向控制就是根据电梯轿厢内乘客的目的层站指令和各层楼召唤信号与电梯所处层楼位置信号进行比较,凡是在电梯位置信号上方的轿厢内指令和层站召唤信号,令电梯定上行,反之定下行。

楼层显示线路:乘客电梯轿厢内必定有楼层显示器,而层站上的楼层显示器则由电梯生产厂商视情况而定。过去的电梯每层都有显示,随着电梯速度的提高,群控调度系统的完善,现在很多电梯取消了层站楼层显示器,或者只保留基站楼层显示,到达召唤站时采用声光预报板,如电梯将要到达,报站钟发出声音,方向灯闪动或指示电梯的运行方向,有的采用轿内语音报站,提醒乘客。

检修运行线路:为了便于检修和维护,应在轿顶安装一个易于接近的控制装置。该装置应有一个能满足电气安全要求的检修运行开关。该开关应是双稳态的,并设有无意操作防护。

4)安全保护系统

一般设有如下保护环节:超速保护开关,层门锁闭装置的电气连锁保护,门入口的安全保护,上下端站的超越保护,缺相、断相保护,电梯控制系统中的短路保护,曳引电机的过载保护。

5)消防控制

电梯应能适应消防控制的基本要求,有以下典型的消防控制系统:电梯的底层(或基站)设置有供消防火警用的带有玻璃窗的专用消防开关箱,在火警发生时,敲碎玻璃窗,拨动箱内开关,就可使电梯立即返回底层;电梯的底层(或基站)除设置有供消防火警用的带有玻璃窗的专用消防开关箱外,尚有可供消防员操作的专用钥匙开关,只要接通该钥匙开关就可使已返回底层(或基站)的电梯消防员使用。消防员专用钥匙开关不是设在轿厢内操纵箱上,而是设置在底层(或基站)外多个召唤按钮箱中的某一个按钮箱上,只要消防员专用钥匙开关工作,即可使一组电梯中的所有电梯均投入消防紧急运行状态。

5.4.5 电梯电气控制的基本环节

一般电梯集选控制系统包括轿内指令登记与消号、厅外召唤登记与消号、安全保护线路、定向选层线路、启动线路、减速平层线路、楼层指示线路、开关门控制线路、驱动回路控制线路、检修运行线路、消防运行线路、主控回路等,共同构成电梯的控制系统,实现电梯的登记、开关门、启动、运行、减速、平层等各种功能。

电梯的电气自动控制系统必须启动各种控制信号元件,如接触器、继电器、发光指示器、电动机等。从系统的实现方法来看,电梯的控制系统经历了继电器控制、可编程序控制(PLC)、单片机控制、多微机控制等多种形式,这些控制方式代表了不同时期电梯控制系统的主流,并且随着大规模集成电路和计算机技术的发展而逐步推陈出新。

1. 自动开关门的控制线路

自动门机是安装于轿厢顶上,它在带动轿门启闭时,还需通过机械联动机构带动层门与轿门同步启闭。为使电梯门在启闭过程中达到快、稳的要求,必须对自动门机系统进行速度调节。当用小型直流伺服电机时,可用电阻串并联方法。采用小型交流转矩电动机时,常用加涡流制动器的调速方法。直流电机调速方法简单,低速时发热较少,交流门机在低速时电机发热厉害,对三相电机的堵转性能及绝缘要求均较高。

电梯的门系统包括轿门、层门、开门机构、门锁、层外召唤按钮盒和层楼显示装置等部分。作为控制对象,电梯的门包括轿门和层门。轿门安装于轿厢靠近层站的一侧,可供乘客和货物进出。层门安装于电梯层站的入口处,将层站与井道隔开,避免发生事故。层门旁设有召唤按钮盒和电梯运行状态指示装置,以使乘客能发出召唤信号,并能了解电梯目前运行的方向和位置。电梯层站的外观如图5-45所示。轿门和层门均由门扇、门导轨、门滑轮、门地坎和门滑块等部分构成。

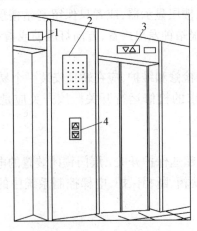

图5-45 电梯层站外观图

1—电梯位置指示器;2—层站综合指示器;3—电梯运行方向指示器;4—层外召唤按钮。

1）电梯门的开门方式

电梯门依据其开门方式可分为中分式、旁开式和直分式几种：

（1）中分门。门由中间向两侧打开，由两侧向中间关闭，如图 5-46(a) 所示。常用的中分门有两扇中分式和四扇中分式两种。具有自动开门机的客梯，一般都采用中分门。

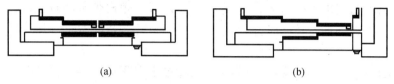

(a)　　　　　　　　　　(b)

图 5-46　电梯门的开门方式

(a) 中分门；(b) 旁开门。

（2）旁开门。门由一侧向另一侧打开，由一侧向另一侧合拢，如图 5-46(b) 所示。常见的有单扇、双扇和三扇旁开门。双扇旁开门又称为双折门。旁开门又分为左开式门和右开式门两种。货梯一般都希望能把门口开得大一些，因而常使用旁开门。

（3）直分门。门由下向上打开，由上向下关闭，又称为闸门式门。直分门用于特殊场合，一般用在杂物电梯和大吨位货梯中。另外，还有一些电梯门，如交栅门、旋转门等，只用于特殊场合，平常很少见到。

2）开关门机构

电梯的开关门机构，可分为手动和自动两大类。手动开关门机构目前仅用于少数的货梯和医梯中，而大多数电梯都已采用自动开关门机构。中分门的自动开关门机构如图 5-47 所示。

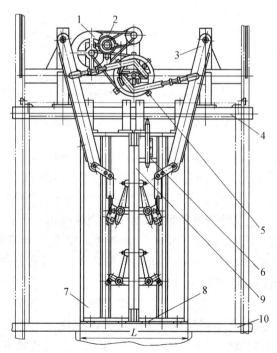

图 5-47　中分门的自动开关门机构图

1—减速皮带轮；2—门电动机；3—拨杆；4—吊门导轨；5—开关门调速开关；

6—门刀；7—轿门；8—门滑块；9—安全触板；10—轿门踏板。

自动开关门机构的轿门和层门之间有机械联动装置,在轿门开关的同时,便带动了层门一起开关。因而又把轿门称为主动门,把层门称为被动门。开关门机构设置在轿厢上部特制的钢架上,由门电动机来驱动。门电动机一般使用110V的永磁式直流电动机,功率为120W~130W,转速一般为1000r/min。

当电梯开门时,门电动机通电旋转,电动机经两级三角皮带传动减速,第二级大皮带轮是一个曲柄轮,当此曲柄轮转动时,便带动拨杆将门打开。当曲柄轮转到180°时,正好将门完全打开。

当电梯关门时,门电动机反转,曲柄轮反向转过去180°时,正好将门完全关闭。在开关门的起始和最后阶段,都要求开关门的速度缓慢一些,以减小门的抖动和撞击。因而在开关门过程中,可利用开关门调速开关的触点,在合适的时间发出相应的控制信号,以实现门电动机的调速。

3)自动开关门控制线路

电梯的自动开关门,靠门电动机来完成。门电动机常用小型直流伺服电机,在有些电梯中也使用小型三相交流力矩电动机。自动开关门控制线路如图5-48所示。其中MD为一台由小型直流伺服电机构成的开关门电动机。

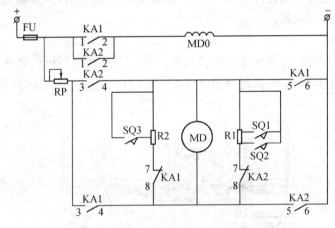

图5-48 电梯的自动开关门控制线路

(1)电梯关门过程:电梯关门过程经历了快速→一级减速→二级减速→停止的过程。当关门继电器KA1吸合时,110V的直流电源正极经过熔断器FU,一方面通过KA1的1、2触点接通开关门电动机MD的励磁绕组MD0;另一方面经电位器RP,KA1的3、4触点,MD的电枢绕组,KA1的5、6触点回到电源负极,给电枢绕组提供了下正上负的电压,使门电动机MD向关门方向旋转。同时,电源还经开门继电器KA2的7、8动断触点和电阻R1进行"电枢分流",以备实现关门调速。当关门至门宽的2/3时,行程开关SQ1动作,短接了R1的部分电阻,使电枢分流加大,电枢两端的电压降低,使关门速度减慢。当门继续关闭至只有100mm~150mm的距离时,行程开关SQ2动作,又短接了一部分R1的电阻,使关门实现第二次减速,关门速度更慢,直至将门轻轻地平稳关闭到位。当门关闭到位时,让关门到位微动开关动作,从而使关门继电器KA1失电复位,至此关门过程结束。

(2)电梯开门过程:电梯开门过程与关门过程类似,开门继电器是KA2。不同的是当KA2动作时,电枢两端得到的是上正下负的电压,门电动机反转,实现开门。开门的减速过程是靠行程开关SQ3和电枢分流电阻R2来实现的。

298

2. 轿内指令和层站召唤线路

该部分电路主要对轿内指令和层外召唤信号进行控制。当乘客进入电梯,按下轿内指令按钮,或有乘客在层站按下层外召唤按钮时,这些信号应被登记,同时使记忆指示灯亮起。当电梯到达该层站,响应了这些指令后,这些指令信号应被消除,同时对应的指示灯熄灭。

电梯的轿内指令控制线路如图 5-49 所示,对应每层分别设置了 5 个轿内指令信号继电器 KA11~KA15。5 个楼层的轿内选层按钮分别为 SB1~SB5。图中 KA10 和 KA20 是上行和下行方向继电器。如当有乘客在轿厢内按下了 3 层的选层按钮 SB3 时,就使 3 层指令信号继电器 KA13 的线圈得电,随即通过电梯的定向控制线路,定出电梯的运行方向,使 KA10(上行方向继电器)或 KA20(下行方向继电器)中的一个闭合,此时,指令信号继电器 KA13 便可通过其动合触点自锁,实现了轿内指令的登记,并将带灯按钮 SB3 的信号登记指示灯点燃。

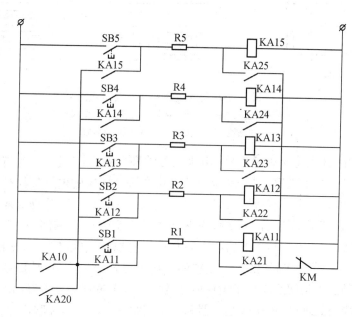

图 5-49 电梯的轿内指令控制线路图

当电梯启动运行至 3 层时,3 层的层楼继电器 KA23 动合触点闭合,将 KA13 的线圈短接,使继电器 KA13 失电释放,从而实现了对已登记指令信号的消除,即"消号"。消号后,按钮 SB3 的指示灯同时熄灭。图中 R1~R5 是为了在消号时避免发生短路的消号电阻。另外,KM 是电梯的快速运行继电器,当电梯接近欲到达层时,从快速换为慢速,准备停层时,快速继电器 KM 线圈失电,其动断触点复位闭合,此时便可将该层的轿内指令信号消号,从而使消号的时机恰好合适。

电梯的层外召唤信号控制线路,与上述轿内指令控制线路的工作原理基本一致。但由于层外召唤信号有"上行召唤"信号和"下行召唤"信号两种(一般在最底一层只有上行召唤按钮,在最高一层只有下行召唤按钮,而在中间层同时设有上行和下行召唤按钮),因而在消号时,还应考虑层外召唤信号的方向与电梯的运行方向是否一致,只有当层外召唤信号与电梯的运行方向一致时,才应消号。另外,当轿内指令和层外召唤信号同时出现时,一般按"轿内指令优先"的原则来进行控制。

3. 电梯的定向控制线路

电梯的运行方向是如何确定的呢？在自动化程度较低的电梯中,电梯的定向可用操纵手柄开关或定向按钮的方法来实现。而在自动化程度较高的电梯中,则采用了自动定向控制线路。自动定向控制线路是将轿内乘客欲到达的层站或出现层外召唤信号的层站及其召唤的方向,与电梯目前所处的位置作比较,来自动决定电梯的运行方向。那么如何感知电梯所处的位置呢？可通过机械选器或层楼指示器来实现。而在现代新型电梯中,大量采用的是安装于井道内的永磁感应开关或双稳态磁开关,还有的采用光电编码盘等更加先进和精确的设备来实现。应用比较广泛的永磁感应开关的结构如图 5-50 所示。

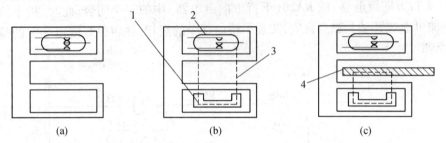

图 5-50 永磁感应开关结构示意图
(a) 永久磁铁进入前；(b) 永久磁铁进入后；(c) 割磁板插入后。
1—永久磁铁；2—干簧管；3—磁感线；4—割磁板。

永磁感应开关(也称永磁感应器)由永久磁铁和干簧管组成。在井道内每个楼层的电梯停层位置都设一个永磁感应开关(也有的电梯在每个楼层的电梯停层位置设置有两个永磁感应开关,一个为上平层感应开关,另一个为下平层感应开关,分别对应于电梯的上行和下行状态)。在正常情况下,永久磁铁的磁场通过干簧管形成磁回路,使干簧管的触点动作,动断触点断开。在电梯轿厢的轿架上装有一块隔磁板,当电梯经过该楼层时,隔磁板便插入永久磁铁和干簧管之间,使永久磁铁的磁场通过隔磁板旁路,从而使干簧管的触点复位,动断触点接通,于是便反映出了电梯所处的楼层。干簧管触点所发出的信号经继电器组成的逻辑控制线路处理后,由层楼继电器和层楼控制继电器便可反映出电梯所处的位置。

五层电梯的电梯位置信号控制线路,如图 5-51 所示。其中 SQ1~SQ5 为各层的永磁感应开关,当电梯运行到某一层时,该楼层的永磁感应开关动断触点便复位闭合。KA21~KA25 为层楼继电器,其通断情况与永磁感应开关动断触点的通断情况完全一致,当电梯刚一离开某层,则该层的层楼继电器便失电复位了。而层楼控制继电器 KA31~KA35 则加入了自锁环节,要等电梯运行到新的一层时,前一层的层楼控制继电器才复位。如当电梯停在 1 层时,SQ1 的动断触点复位闭合,KA21 接通,进而由 KA21 的动合触点接通 KA31 线圈,并由 KA31 的动合触点实现自锁。当电梯离开 1 层向上运行时,电梯轿厢上的隔磁板离开永磁感应开关 SQ1,使其内部的干簧管动作,SQ1 的动断触点断开,KA21 随之断开,但由于此时 KA31 的线圈已通过其动合触点自锁,故 KA31 不会随之失电,而要等到电梯运行到 2 层时,SQ2 的动断触点复位闭合,KA22 接通,KA22 的动断触点才会使 KA31 的线圈失电。因而利用层楼控制继电器驱动指示灯或数码管,便可以对电梯的位置进行显示,这样就可避免当电梯运行到两层之间,SQ1~SQ5 均不接通时电梯位置信号消失的问题出现。将层楼控制继电器的信号(电梯的位置)与轿内指令和层外召唤信号相比较,便可决定出电梯的运行方向,具体的实施电路如图 5-52 所示。

300

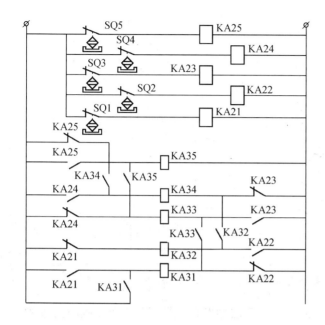
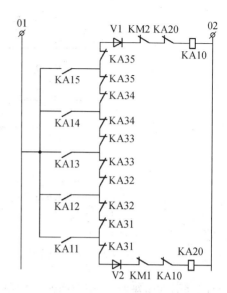

图 5 - 51 电梯的位置信号控制线路图   图 5 - 52 电梯的自动定向控制线路

该控制线路也称为一条"定向链"。如电梯停在 2 层,则 2 层的层楼控制继电器 KA32 的两对动断触点均应断开。此时,如有乘客进入轿厢,按下了 5 层的轿内指令按钮,则轿内指令继电器 KA15 的动断触点便闭合了。此时电源的电流由 01 号线经 KA15 动合触点后,向下方流不通,只能向上方流动,经过 KA10 的线圈回到 02 号线,从而使上行方向继电器 KA10 的线圈得电,电梯方向定为上行。而若此乘客按下的是 1 层的轿内指令按钮,使轿内指令继电器 KA11 的动合触点闭合,则接通的就是下行方向继电器 KA20 的线圈,于是电梯方向便定为下行。

图 5 - 52 中,KM1 为电梯上行接触器,KM2 为电梯下行接触器。KA10 和 KA20 线圈前的 KA10、KA20、KM1 和 KM2 四个动断触点,起到互锁的作用。在上述自动定向控制线路中,再加上层楼召唤信号继电器的触点,就能同时实现层楼召唤信号的自动定向功能。

4. 电梯的停层控制线路

当电梯运行到该停靠的层之前一段距离时,便应开始减速,在接近停靠层时应能完成平层控制,当轿门底部与层门地坎相平时,便可切断电梯的曳引电动机电源,让电梯停止运行。那么如何使电梯知道该在哪一层停靠,也就是说何时开始换速呢? 这就要靠换速控制线路来决定了。电梯换速控制线路的原理如图 5 - 53 所示。

如电梯原停在 1 层,某乘客按下了 3 层的轿内指令按钮,则轿内指令继电器 KA13 动合触点闭合,电梯启动上行,运行继电器 KA40 的动合触点闭合。当电梯接近 3 层,使 3 层的永磁感应开关复位时,层楼继电器 KA23 的动合触点闭合,同时停层触发继电器 KA42 的线圈(图中未画出)失电。停层触发继电器线圈的控制电路是由运行继电器 KA40 的动合触点和层楼继电器 KA21 ~ KA25 的动断触点串联构成的,停层触发继电器 KA42 是断电延时型时间继电器,当电梯在运行过程中,且层楼继电器 KA21 ~ KA25 均未动作(轿厢运行在楼层之间,隔磁板均未插入各层的永磁感应开关 SQ1 ~ SQ5)时,该时间继电器线圈得电,而当电梯到达任一层,使该层的永磁感应开关复位,对应的层楼继电器动作时,该时间继电器的线

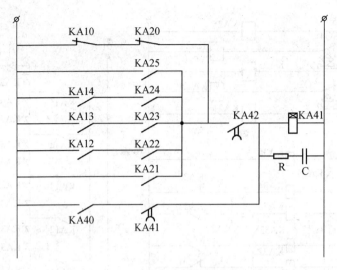

图 5-53　电梯换速控制线路原理图

圈便失电开始延时。当电梯到达 3 楼时,由于此时停层触发继电器 KA42 尚在延时过程中,其延时断开动合触点仍未断开,便可使停层继电器 KA41 的线圈得电,并通过运行继电器 KA40 的动合触点和 KA41 的延时断开动合触点自锁,从而发出减速控制信号。如电梯曳引电动机是 Y/YY 型双速电动机,则切断快车运行接触器,接通慢车运行接触器,使曳引电动机从 YY 型快速接法(一般同步转速为 1000r/min),变为慢速接法(一般同步转速为 250 r/min),使电梯从快速运行转入制动减速状态,实现了电梯的减速过程。停层触发继电器 KA42 和停层继电器 KA41 均使用断电延时型时间继电器。一方面可以使停层换速过程及时进行(断电延时型时间继电器在线圈得电时触点动作无延时),同时可确保当电梯在层站停靠后,时间继电器延时时间到自动复位,为电梯的下一次启动运行做好准备。图 5-53 中,R 和 C 是延时时间调整电阻和电容。将 KA10 和 KA20 的动断触点串联,以保证在电梯失去方向信号时(如当电梯到达两个端站时),也能使减速信号继电器 KA41 吸合,以保证电梯能减速停车,从而避免电梯冲击极限限位开关。

　　上述介绍的是电梯自动换速的原理电路,在实际控制线路中,还应考虑"顺向截梯"、"最远反向截梯"和"直驶"等功能。即在轿内指令继电器 KA12～KA14 动合触点的两端并联受直驶继电器和相应方向继电器(上行召唤信号继电器触点受上行方向继电器控制,下行召唤信号继电器触点受下行方向继电器控制)触点控制的层外召唤信号继电器动合触点。当电梯运行方向与层外召唤信号的方向一致,到达对应层时,停层控制线路也会接通,从而可使电梯停层,实现"顺向截梯"。另外如电梯停在 1 层,此时 3 层和 4 层同时都有了下行召唤信号,则电梯上行启动,由于电梯上行,上行方向控制继电器 SKJ 动合触点闭合,当电梯到达 3 层时,虽然 3 层的下行召唤信号继电器 3XZJ 动合触点闭合,但此时下行方向控制继电器 XKJ 的动合触点是断开的,因此不能接通停层继电器 TJ,所以电梯不会停止,继续上行,一直要等到了 4 层时,电梯结束上行,转而自动定向为下行之后,下行方向控制继电器 XKJ 的动合触点才会接通,同时 4 层的下行召唤信号继电器 4XZJ 动合触点也是闭合的,电梯在 4 层停靠,即实现了"最远反向截梯"功能。有了此功能,可避免高楼层的反向召唤乘客老是等不到电梯的问题出现。当司机按下直驶按钮时,直驶继电器 ZJ 通电,其动断触点断开,就把所有的层外召唤信号继电器动合触点的停层控制回路断开,电梯不会响应所有的层外召唤信号,只受轿内指令的控制,直达目的地,即实现了"直驶"控制功能。

当电梯实现换速后,接下来就是平层控制的问题。电梯的平层是一个比较重要的问题,平层的准确度反映了电梯性能和舒适程度的好坏。电梯的平层由平层器及继电器控制系统来完成。平层器安装于电梯轿厢顶部,其外形和平层控制线路如图5-54所示。

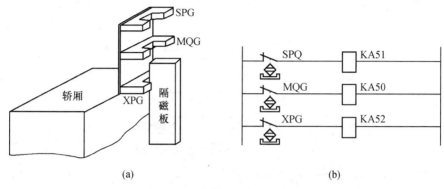

图 5-54　电梯平层控制原理图

(a) 平层器;(b) 平层控制器。

平层器由上平层感应器 SPG、下平层感应器 XPG 和门区感应器 MQG 三个永磁感应器构成(也有的电梯不设门区感应器 MQG,当上、下平层感应器 SPG 和 XPG 均复位时,方才开门)。当电梯接近平层位置时,井道内装置的隔磁板顺序从三个永磁感应器中划过,使上、下平层继电器 KA51、KA52 和门区继电器 KA50 顺序接通,完成电梯的平层。如当电梯上行时,上平层感应器(SPG)首先进入隔磁板,使对应的上平层继电器 KA50 接通,断开上行接触器的其中一条供电回路,但并不影响电梯的运行,电梯继续慢速上行。紧接着门区感应器(MQG)也进入隔磁板,使门区继电器 KA50 接通,从而驱动开门机构,实现提前开门,以提高电梯的运行效率。当下平层感应器(XPG)进入隔磁板时,下平层继电器 KA52 接通,让电梯的上行接触器失电,并同时使制动器断电,实现电梯抱闸停车,而此时电梯门也正好打开。当电梯下行时,下平层感应器(XPG)首先进入隔磁板,其平层过程正好与上述过程相反。有部分电梯的平层器也采用在井道里装圆形永久磁钢,而在轿顶装双稳态开关的方式来构成。

5. 电梯的消防运行状态控制线路

电梯的消防运行状态是为建筑物中发生火警情况而设置的。当建筑物发生火灾,消防员按下位于基站的消防开关,或电梯监控系统发出火灾控制指令时,便可使电梯进入专用的消防运行状态。消防运行主要包括两个过程,即消防返基站过程和电梯进入消防员专用状态过程。当有消防状态转换信号时,不论电梯处于何种状况,都应马上返回基站,这就是消防返基站过程。此时,若电梯正处于下行状态,则直接返回基站;若电梯处于上行状态,则应立即在最近楼层停靠,不开门,并马上返回基站;处于开门状态中的电梯应马上关门返回基站。在上述过程中,电梯都应保持门是关闭的,同时将电梯门控制线路断开,使开门按钮失去作用,但安全触板仍起作用。还应将所有轿内指令和层外召唤信号消除。电梯的消防返基站功能,一方面可以迅速将电梯中的乘客送到基站,便于疏散;另一方面可使电梯到基站待命,让消防员使用。当电梯返回基站后,将门打开,便进入消防员专用状态。如电梯本来已停在基站,则立即开门,并进入消防员专用状态。电梯进入消防员专用状态后,层外召唤信号仍被屏蔽,但应使轿内指令恢复。消防员按下欲到达楼层按钮,便可操纵电梯运行。此时轿内指令一般处于一次有效状态,即轿内指令信号的登记,只能逐次进行,电梯运行一次后便将全部轿内指令消除。要让电梯第二次运行,必须再次按下轿内指令按钮。另外,处于消防员专用状态时,电梯的关门一般都切换为点动方式,必须一直按着关门按钮,直至关门到位为止。图5-55为某电梯的消防运行状态控制线路原理图。

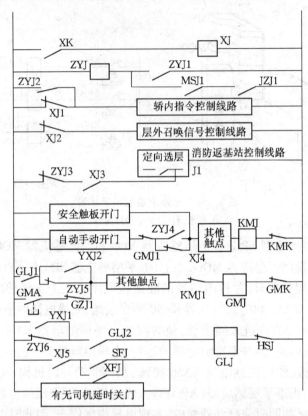

图5-55 电梯的消防运行状态控制线路原理图

图5-55中,XJ为消防运行继电器,ZYJ为消防员专用继电器,XK为消防开关。当消防员将消防开关XK合上时,消防运行继电器XJ便得电吸合。其动断触点XJ1和XJ2分别将轿内指令和层外召唤信号控制线路断开。同时,动合触点XJ3使消防返基站线路接通,动断触点XJ4使手动和自动开门电路均失效,但此时安全触板仍在起作用。另外,动合触点XJ5将关门指令继电器GLJ接通,从而接通了关门继电器GMJ,实现强制关门。至此,电梯便关门,屏蔽所有轿内指令和层外召唤信号,自动返回基站。当电梯到达基站时,使基站继电器JZJ动作,将门打开,同时使消防员专用继电器ZYJ吸合并自锁。ZYJ吸合后,其动合触点ZYJ2使轿内指令恢复;动断触点ZYJ3断开返基站信号;动合触点ZYJ4使开门功能恢复。同时,动断触点ZYJ5和ZYJ6使停梯时关门指令继电器GLJ不起作用,从而使关门过程变为点动,一直按下关门按钮GMA,才能实现关门到位,从而使电梯进入了消防员专用状态。消防状态控制线路还应保证,当火警解除后,电梯应能及时退出消防状态,转入正常运行状态。

6. 电梯的信号指示控制线路

电梯在运行过程中,需告知轿厢内和在层站候梯的乘客电梯目前所处的位置以及运行方向,这就由电梯的信号指示控制线路来完成。电梯的位置信号可由前述电梯的位置信号控制线路中的层楼控制继电器发出,也可由机械选层器或层楼指示器提供;电梯的运行方向信号可由前述"电梯的自动定向控制线路"中的"运行方向继电器"提供。用上述位置信号和运行方向信号驱动指示灯或数码管,便可实现电梯的信号指示。

7. 电梯的检修运行状态控制线路

为了对电梯进行检修和调试,因而设置了检修运行状态控制线路。当检修人员把装在轿厢内、轿厢顶或控制柜上的电梯运行方式选择开关转换至"检修"位置时,电梯便进入了检修运行状态。检修运行时,一般电梯进入慢速运行状态,速度不能超过 0.63m/s;上、下运行此时均采用点动控制;同时,当一个开关在操纵电梯运行时,其余的控制开关都不起作用;另外,在检修运行状态时,应将轿内指令、层外召唤信号控制线路,减速和平层控制线路以及快速运行控制线路均切断。

除了前面介绍的控制线路之外,电梯还应具有主驱动系统的控制线路,但随驱动系统的不同(交流双速、交流调压和交流变压变频调速以及直流调速等),其控制线路有较大的差别,限于篇幅,在此不再作详细介绍。另外,电梯的电气控制系统还包括轿厢内的照明、风扇、警铃、插座等一些附属电路。

8. 电梯的电气安全保护系统

一般设有如下保护环节:超速保护开关、层门锁闭装置的电气连锁保护、门入口的安全保护、上下端站的超越保护、缺相、断相保护、电梯控制系统中的短路保护、曳引电机的过载保护。

5.4.6 电梯电气设备的安装与维护

1. 安装

电梯安装曳引绳两端分别连着轿厢和对重,缠绕在曳引轮和导向轮上,曳引电动机通过减速器变速后带动曳引轮转动,靠曳引绳与曳引轮摩擦产生的牵引力,实现轿厢和对重的升降运动,达到运输目的。固定在轿厢上的导靴可以沿着安装在建筑物井道墙体上的固定导轨往复升降运动,防止轿厢在运行中偏斜或摆动。

常闭块式制动器在电动机工作时松闸,使电梯安装运转,在失电情况下制动,使轿厢停止升降,并在指定层站上维持其静止状态,供人员和货物出入。电梯安装轿厢是运载乘客或其他载荷的箱体部件,对重用来平衡轿厢载荷、减少电动机功率。补偿装置用来补偿曳引绳运动中的张力和质量变化,使曳引电动机负载稳定,轿厢得以准确停靠。

电梯安装步骤:

(1)先将导架底架及围护底架运至事先准备好的基座上,用地脚螺栓连接紧固,并安装好第一、二、三节标准节。标准节与底架连接好后,用经纬仪或铅垂线在两个方向上检查导架与水平的垂直度,误差应小于 0.001m。

(2)安装基础底架四周围栏、门框,将它们与底架用螺栓相连接,调整好门框的垂直度和灵活度。

(3)安装吊笼,将转动机构上的压轮调到最大偏心位置,卸下吊笼上的安全钩及对安全有影响的滚轮,松开笼内电机上的制动器。用塔吊将吊笼吊起,从导架上将吊笼对入导架,平稳放在适合高度的垫木上,重新安装好卸下的安全钩和滚轮,柱管的间隙为 0.5mm,压轮与齿条背面的间隙为 0.55mm,传动齿轮和齿条的咬合间隙应保证 0.2mm~0.3mm。同时保证防坠安全器齿轮和传动轮在宽度方向的中心平面处于齿条厚度的中间位置。除楔块使制动器复位,还需用撬棍插入联轴器孔内,每撬动一次须同时手动打开制动器,往复进行。吊笼升 1m 左右,拆去笼下垫木,装上缓冲弹簧,再使吊笼缓慢降至缓冲弹簧上。手动上、下运行的同时检查传动齿轮和齿条间隙应保持 0.2mm～0.3mm。

（4）安装好吊笼顶部安全护栏。

（5）用塔吊将对重吊起于吊架的正方,将导向轮对入导轨,并平稳地停靠在垫木上。

（6）将导架加高至 10.5m 后,须在离地面 9m 处设置第一道附墙架,并再一次用经纬仪测量导架整体与水平的垂直偏差应小于等于 5mm。

（7）电气设备和控制系统的电梯安装,应由专职的专业电工进行,各安全控制开关接线应正确。电源相序要确保与吊笼的上、下运行方向同操纵手柄标记方向一致。检查各安全控制开关,包括围栏门限位开关,吊笼单、双门限位开关、笼顶门限位开关,包括吊笼上、下限位及三相极限开关、断绳保护开关等是否正常,动作灵敏可靠。正确电梯安装调整导架底部限位挡板,使动作正确无误。采用接地电阻测试仪测量接地电阻,应不大于 4Ω,用 500V 兆欧表测量电动机及电器元件的对地绝缘电阻应不小于 0.5MΩ。各方面都符合后接通电源,由带证司机谨慎操纵手柄。行程高度不得大于 5m,吊笼运行平稳、无异响、制动器动作正常、滚轮、齿轮咬合符合上述规定、空载试车正常后,再进行荷载试车,由于此时电梯还未安装上限位挡板、挡块,所以在试车时必须谨慎,且吊笼顶部必须有人监视指挥,以防吊笼冒顶。

（8）导架的加高安装、试车正常后,再进行对导架的加高安装,加高安装的高度应根据工程施工的需要而定。同时相应地安装好过道竖杆和过桥连杆的附墙架及电缆导向架。最后安装好头架及滑轮,装上钢丝绳,钢丝绳的两端与笼顶偏心绳具及对重各采用三颗绳子卡拧紧,拧紧度为 1/3。安装好限位挡板,使之位置正确,动作灵敏可靠。

（9）该施工电梯自由高度为 9m,附墙架在主体每两层设一道,附墙架预埋件每层均埋设,临作业层的两层均设附墙架,升高后拆去一道。

（10）坠落试验:整个架体电梯安装过程完成后,还需要进行防坠落试验。在进行防坠落试验时,吊笼内不允许有人,要确保制动器工作正常。防坠落试验符合要求后,防坠安全器应复位。

2. 调试

交流双速梯的电气控制功能简单,自动化程度低。曳引电动机采用普通的交流双速鼠笼式电动机,调试简单,一般情况下,待电梯的所有设备全部安装完毕,减速箱和各转动部位的注油孔都加了相应牌号的润滑油脂后才进行运行调试。

首先,用蜂鸣器根据电气原理图对所有接线进行校对,保证接线全部正确,用绝缘表检查各种电气设备的绝缘。送电后核对曳引电动机慢速绕组的相序,应使轿厢的运行方向和各操作开关的要求一致。

然后,让轿厢慢速上下运行一周,将井道中的各种垃圾清除掉,对主副导轨和厅门桥门导轨清洗并加油润滑。调整厅门和门套、厅门和地坎之间的尺寸,使之为 6mm±2mm。检查调整厅门滚轮与导轨的运行状况,使每扇门在未装强迫关门装置前的开关门的阻力小于 300g。轿门的调整要求和厅门相同。厅门开门滚轮与轿厢地坎间隙调整为 5mm～8mm,开门刀与厅门间隙也调整为 5mm～8mm。检查调整安全钳锲块与导轨之间的间隙,双锲块的为 2mm～3mm,单锲块的为 0.5mm。检查调整安全钳的提拉应灵活,渐进式安全钳的提拉力应小于 30kg。调整轿厢和配重的导靴的尺寸,使之符合轿厢的额定载重量的要求。调整开门电机电枢的串并联电阻的阻值和减速开关的位置,使轿门和厅门在开或关时的噪声小于 65dB,开关门的时间小于 3s。

调试过程中,应用万用表将电动机的各挡电压测量记录下来。根据需要和要求调整机房内、井道内和轿厢上的各种安全开关和各种感应开关的位置,保证各开关动作灵敏可靠。核对曳引电动机快速绕组的相序使轿厢的运行方向符合控制系统的要求。调整曳引电动机的串联电阻电抗值和加速时间继电器的延时时间,达到起制动平稳无冲击而且迅速。

机械制动器的调整,制动器闸瓦与制动轮的间隙应小于 0.7mm 且间隙应四周均匀,制动力矩在满足静载试验要求的前提下尽量小一些,以使电梯在平层制动时的冲击能减到最小。调整制动器的电磁线圈的维持电压是额定电压的 70% ~ 80%。平层调整(在平层调整过程中一般机械制动器不应再调整)选择中间一层为试验层。轿厢从上面快速下降至该层,调整上平层感应器使平层达到要求。然后轿厢从下面快速上升至该层,调整下平层感应器使平层也达到要求。反复数次试验符合平层要求后,上下平层感应器的位置不得再随便变动。轿厢再在其他各层楼进行平层调整,当然只能上下移动平层感应铁板的位置来调整平层的误差。

系统调试,根据原理说明一项一项进行。若有问题根据图纸排除故障后再进行下一项的试验。由于双速梯的提升高度一般比较低,调试过程中对通信工具的要求不高,而当时性能好的通信工具也很少,一般利用人工呼喊的方法来进行机房和井道轿厢之间的联络通信。

直流电梯和交流调速电梯都属于调速梯,调试过程中除了晶闸管调速部分外,其他的部分和交流双速电梯一样。调速装置一般用万用表和转速表,根据原理图的要求也能调好,但是要比较精确地对调速装置进行调整,就必须采用慢扫描示波器或带波形记忆的示波器,对装置的各个环节进行仔细调整,使各个环节都工作在最佳状态,才能充分发挥调速装置的优点。调速装置调试时的重点,是晶闸管触发脉冲的相序和触发角的一致性、最高速和最低速的速度、起制动的加速度、电动机运行速度变化的连续性和圆滑性等。调速梯的提升高度一般较高,调试时机房和井道内、轿厢内必须使用无线对讲机进行通信联络。

(1)电梯在投入使用前,必须对各机械部位及电气等各方面进行全面的调试检查。导架、附墙、限位挡板、挡块安装应正确,符合要求。

(2)试验要求:整个架体安装完成后,应进行静、动载试验,试验结果应符合设计标准要求。

(3)电气接线应正确,各安全限位开关制动器灵敏可靠。各方面检查调试正常后,应报请有关部门进行验收,验收合格后方可投入运行使用。

(4)避雷的设置及调避雷针采用 $\phi 20$ 钢筋,长度 $L = 1m \sim 2m$,置于架体最顶端。引下线不得采用铝线,防止氧化、断开。接地体可与重复接地合用,阻值不大于 10Ω。

(5)联络信号的设置及调试,按上述方法进行调试验收才能有效地保证施工电梯的安全使用。

5.4.7 电梯电气控制系统的常见故障及分析

1. 电梯机械系统的常见故障分析

电梯机械系统的故障在电梯全部故障中所占的比重比较少,但是一旦发生故障,可能会造成长时间的停机待修或电气故障,甚至会造成严重设备和人身事故。产生故障的原因主要有以下几方面。

（1）由于润滑不良或润滑系统的故障会造成部件传动部位发热烧伤和抱轴,造成滚动或滑动部位的零部件损坏而被迫停机修理。

（2）由于没有开展日常检查保养,未能及时检查发现部件的传动、滚动和滑动部件中有关机件的磨损程度和磨损情况,没能根据各机件磨损程度进行正确的修复,而造成零部件损坏被迫停机修理。

（3）由于电梯在运行过程中振动造成紧固螺栓松动,使零部件产生位移,失去原有精度,而不能及时修复,造成磨、碰、撞坏机件被迫停止修理。

（4）由于电梯平衡系数与标准相差太远而造成过载电梯轿厢蹲底或冲顶,冲顶时限速器和安全钳动作而迫使电梯停止运行,等待修理。

2. 电梯电气系统的故障分析

电梯故障绝大系数是电气控制系统的故障。电气控制系统故障比较多的原因是多方面的,主要原因是电器元件质量和维修保养不合格。电气系统的故障大致可以分为两类。

1）电气回路发生的断路故障

电路中往往会发现电气元件入线和出线的压接螺钉松动或焊点虚焊造成电气回路断路或接触不良。断路时必须马上进行检查修理,接触不良久而久之会使引入或引出线拉弧烧坏接点和电器元件。

2）短路故障

当电路中发生短路故障时,轻则会烧毁熔断器,重则烧毁电气元件,甚至会引起火灾。常见的有接触器或继电器的机械和电器连锁失效,可能产生接触器或继电器抢动造成短路。接触器的主接点接通或断开时,产生的电弧使周围的介质击穿而产生短路。电气元件绝缘材料老化、失效、受潮也会造成短路。

3. 电梯常见故障及排除

（1）电网供电正常,电梯没有快车和慢车。

主要原因:

① 主电路或控制回路的熔断器熔体烧断。

② 电压继电器损坏,其他电路中安全保护开关的接点接触不良或损坏。

③ 经控制柜接线端子至电动机接线端子的接线未接到位。

④ 各种保护开关动作未恢复。

排除方法:

① 检查主电路和控制电路的熔断器熔体是否熔断,熔断器熔体是否夹紧到位。根据检查的情况排除故障。

② 查明电压继电器是否损坏,例如,电压继电器是否吸合,线圈接线是否接通,动作是否正常。根据检查的情况排除故障。

③ 检查控制柜接线端子的接线是否到位;检查电机接线盒接线是否到位夹紧,根据检查情况排除故意。

④ 检查电梯的电流、过载、弱磁、电压、安全回路各种元件接点或动作是否正常,根据检查的情况排除故障。

（2）电梯下行正常,上行无快车。

主要原因:

① 上行第一、第二限位开关接线不实,开关接点接触不良或损坏。

② 上行控制接触器、继电器不吸合或损坏。

③ 控制回路接线松动或脱落。

排除方法：

① 将限位开关接点的接线接实，更换限位开关的接点，更换限位开关。

② 将下行控制接触器继电器线圈的接线接实，更换接触器继电器。

③ 将控制回路松动或脱落的接线接好。

（3）电梯轿厢到平层位置不停车。

主要原因：

① 上、下平层感应器的干簧管接点接触不良，隔磁板或感应器相对位置尺寸不符合标准要求，感应器接线不良。

② 上、下平层感应器损坏。

③ 控制回路出现故障。

④ 上、下方向接触器不复位。

排除方法：

① 将干簧管接点接好，将感应器调整好，调整隔磁板或感应器的尺寸。

② 更换平层感应器。

③ 排除控制回路的故障。

④ 调整上、下方向接触器。

（4）轿厢运行到所选楼层不换速。

主要原因：

① 所选楼层换速感应器接线不良或损坏。

② 换速感应器与感应板位置尺寸不符合标准要求。

③ 控制回路存在故障。

排除方法：

① 更换感应器或将感应器接线接好。

② 调整感应器与感应板的位置尺寸，使其符合标准。

③ 检查控制回路，排除控制回路故障。

④ 调整快速接触器。

（5）电梯有慢车没快车。

主要原因：

① 轿门、层门的厅门电锁开关接点接触不良或损坏。

② 上、下运行控制继电器、快速接触器损坏。

③ 控制回路有故障。

排除方法：

① 调整修理层门及轿门电锁接点或更换接点。

② 更换上、下行控制继电器或接触器。

③ 检查控制回路，排除控制回路故障。

（6）轿厢运行未到换速点突然换速停车。

主要原因：

① 开门刀与层门锁滚轮碰撞。

② 开门刀层门锁调整不当。

排除方法：

① 调整开门刀或层门锁滚轮。

② 调整开门刀或层门锁。

（7）轿厢平层准确度误差过大。

主要原因：

① 轿厢超负荷。

② 制动器未完全打开或调整不当。

③ 平层感应器与隔磁板位置尺寸发生变化。

④ 制动力矩调整不当。

排除方法：

① 严禁超负荷运行。

② 调整制动器，使其间隙符合标准要求。

③ 调整平层传感器与隔磁板位置尺寸。

④ 调整制动力矩。

（8）电梯运行时轿厢内有异常的噪声和振动。

主要原因：

① 导靴轴承磨损严重。

② 导靴靴衬磨损严重。

③ 传感器与隔磁板有碰撞现象。

④ 反绳轮、导向轮轴承与轴套润滑不良。

⑤ 导轨润滑不良。

⑥ 门刀与层门锁滚轮碰撞，或碰撞层门地坎。

⑦ 随行电缆刮导轨支架。

⑧ 曳引钢丝绳张力调整不良。

⑨ 补偿链蹭导向装置或底坑地面。

排除方法：

① 更换导靴轴承。

② 更换导靴靴衬。

③ 调整感应器与隔磁板位置尺寸。

④ 润滑反绳轮、导向轮轴承。

⑤ 润滑导轨。

⑥ 调整门刀与层门锁滚轮、门刀与层门地坑间隙。

⑦ 调整或重新捆绑电缆。

⑧ 调整曳引钢丝绳张力。

⑨ 提升补偿链或调整导向装置。

（9）选层记忆且关门后电梯不能启动运行。

主要原因：

① 层轿门电连锁开关接触不良或损坏。

② 制动器抱闸未能松开。

③ 电源电压过低。

④ 电源断相。

排除方法：

① 修复或更换层轿门连锁开关。

② 调整制动器使其松闸。

③ 待电源电压正常后再投入运行。

④ 修复断相。

（10）电梯启动困难或运行速度明显降低。

主要原因：

① 电源电压过低或断相。

② 电动机滚动轴承润滑不良。

③ 曳引机减速器润滑不良。

④ 制动器抱闸未松开。

排除方法：

① 检查修复。

② 补油、清洗、更换润滑油。

③ 补油或更换润滑油。

④ 调整制动器。

（11）开门、关门过程中门扇抖动、有卡阻现象。

主要原因：

① 踏板滑槽内有异物阻塞。

② 吊门滚轮的偏心轮松动，与上坎的间隙过大或过小。

③ 吊门滚轮与门扇连接螺栓松动或滚轮严重磨损。

④ 吊门滚轮滑道变形或门板变形。

排除方法：

① 清扫踏板滑槽内异物。

② 修复调整。

③ 调整或更换吊门滚轮。

④ 修复滑道门板。

（12）直流门机开、关门过程中冲击声过大。

主要原因：

① 开、关门限位电阻调整不当。

② 开、关门限速电阻调整不当或调整环接触不良。

排除方法：

① 调整限位电阻位置。

② 调整电阻环位置或者调整电阻环接触压力。

（13）电梯到达平层位置不能开门。

主要原因：

① 开关门电路熔断器熔体熔断。

② 开关门限位开关接点接触不良或损坏。

③ 提前开门传感器插头接触不良,脱落或损坏。

④ 开门继电器损坏或其控制电路有故障。

⑤ 开门机传动带脱落或断裂。

排除方法:

① 更换熔断器的熔体。

② 更换或修复限位开关。

③ 更换或修复传感器插头。

④ 更换断电器、修复控制电路故障。

⑤ 调整或更换开门机皮带。

(14) 按关门按钮不能自动关门。

主要原因:

① 开关门电路的熔断器熔体熔断。

② 关门继电器损坏或其控制回路有故障。

③ 关门第一限位开关的接点接触不良或损坏。

④ 安全触板未复位或开关损坏。

⑤ 光电保护装置有故障。

排除方法:

① 更换熔断器熔体。

② 更换继电器或检查电路故障并修复。

③ 更换限位开关。

④ 调整安全触板或更换安全触板开关。

⑤ 修复或更换门光电保护装置。

4. 电梯故障的逻辑排除方法

要迅速正确地排除电梯故障,必须对自己所保养的电梯的机械结构和电气控制系统有比较详细的了解和掌握。世界上有许多型号的电梯,有各种形式的控制和驱动方式,存在一定的差异,但它们运行的逻辑过程基本上是一样的。掌握电梯运行的逻辑过程,可以大致判断故障的部位。

习 题 五

5-1 金属切削机床的基本构造是什么?

5-2 塔式起重机的工作机构是什么? 主要电气设备有哪些?

5-3 桥式起重机对电力拖动有哪些要求? 有几种工作方位?

5-4 起重机在某幅度处不能起吊相应额定起重量的可能的原因是什么?

5-5 试述塔式起重机塔身主要承受哪些载荷,并说明这些载荷是由哪些因素引起的?

5-6 列举曳引电梯的基本结构都包含哪些?

5-7 无机房电梯限速器与有机房电梯限速器的主要区别? 有机房电梯限速器机械机构动作后,如何复位? 无机房电梯限速器机械机构动作,如何复位?

5-8 电梯应具备哪些正常工作的安全设施或保护功能?

5-9　为防止人员坠落或剪切,对电梯门系统的设置有何要求?

5-10　防止超越行程的保护装置由哪些开关组合而成? 各起什么作用?

习 题 解 答

5-1　答:(1) 动力源:为机床提供动力(功率)和运动的驱动部分。

(2) 传动系统:包括主传动系统、进给传动系统和其他运动的传动系统,如变速箱、进给箱等部件。

(3) 支撑件:用于安装和支撑其他固定的或运动的部件,承受其重力和切削力,如床身、底座、立柱等。

(4) 工作部件:

① 与主运动和进给运动的有关执行部件,如主轴及主轴箱、工作台及其溜板、滑枕等安装工件或刀具的部件;

② 与工件和刀具有关的部件或装置,如自动上下料装置、自动换刀装置、砂轮修整器等;

③ 与上述部件或装置有关的分度、转位、定位机构和操纵机构等。

(5) 控制系统:控制系统用于控制各工作部件的正常工作,主要是电气控制系统,有些机床局部采用液压或气动控制系统。数控机床则是数控系统。

(6) 冷却系统。

(7) 润滑系统。

(8) 其他装置:如排屑装置,自动测量装置。

5-2　答:塔机的工作机构有五种:起升机构、变幅机构、小车牵引机构、回转机构和大车走行机构(行走式的塔机)。

塔机的主要电气设备包括:电缆卷筒 - 中央集电环;电动机;操作电动机用的电器,如控制器、主令控制器、接触器和继电器;保护电器,如自动熔断器、过电流继电器和限位开关等;主副回路中的控制、切换电器,如按钮、开关和仪表等;辅助电气设备,有照明灯、信号灯、电铃等。

5-3　答:电力拖动的要求:

工作方位:桥式起重机是桥架在高架轨道上运行的一种桥架型起重机,又称天车。桥式起重机的桥架沿铺设在两侧高架上的轨道纵向运行,起重小车沿铺设在桥架上的轨道横向运行,构成一矩形的工作范围,就可以充分利用桥架下面的空间吊运物料,不受地面设备的阻碍。工作方位在空中任意方向。

5-4　答:(1) 液压泵内部泄露或故障致使油泵供应压力不足;

(2) 溢流阀设定值偏小或故障,致使系统压力不足;

(3) 换向阀内部泄露或故障,致使马达上升分支回路供油压力不足;

(4) 油路渗漏,致使系统压力不足;

(5) 液压马达内部泄露或故障,马达内部能量损失过大;

(6) 液压油油质恶化,滤油器太脏,吸油不畅;

(7) 制动器因液压或机械原因不能充分打开。

5-5 答:(1)塔身主要承受压力、弯矩、扭转、剪切载荷。

(2)这些载荷的影响因素是:

①压力载荷——塔身承受起重机上部机构与结构的自重,以及起重载荷引起的垂直力构成对塔身的压力;

②弯曲载荷——由于空载的自重力矩和工作时的起重力矩一般不能平衡,以及受到风力的影响,构成对塔身施加弯矩;

③扭转载荷——由于塔机回转起、制动的水平惯性力,构成对塔身施加扭转载荷;

④剪切载荷——由于风力,以及水平变幅小车起、制动的惯性力,构成对塔身施加水平剪切载荷。

5-6 答:①曳引系统;②导向系统;③门系统;④轿厢;⑤重量平衡系统;⑥电力拖动系统;⑦电气控制系统;⑧安全保护系统。

5-7 答:无机房电梯限速器与有机房电梯限速器的主要区别:

(1)无机房电梯限速器安装于井道上部,有机房电梯安装在机房内。

(2)有机房电梯限速器可手动置位,也可手动复位电器开关,而无机房电梯限速器由于人无法靠近,要有动作和复位电器开关的线圈。

有机房电梯限速器机械机构动作后,复位步骤如下:

(1)由于此时限速器通过限速器钢丝绳、拉杆使安全钳也动作了,同时切断了安全回路,要先到控制柜侧,转入检修状态,短接安全回路,

(2)按上行按钮,使电梯向上运行一段距离,安全钳契块施放,使安全钳和限速器机械装置复位。

(3)松开按钮及安全回路短接线,在机房手动复位限速器电气开关。

(4)进如轿顶,转检修,手动复位安全钳电器开关。

无机房电梯限速器机械机构动作后,复位步骤如下:

(1)由于此时限速器通过限速器钢丝绳、拉杆使安全钳也动作了,同时切断了安全回路,要先到控制柜侧,转入检修状态,短接安全回路,

(2)按上行按钮,使电梯向上运行一段距离,安全钳契块施放,使安全钳和限速器机械装置复位。

(3)松开按钮及安全回路短接线,在控制柜手动按下复位限速器电气开关的按钮,使限速器电器开关复位。

(4)进如轿顶,转检修,手动复位安全钳电器开关。

5-8 答:要点:GB/T 10058《电梯技术条件》中规定:

(1)供电系统断、错相保护装置或功能;

(2)限速器——安全钳联动超速保护装置,包括限速器、安全钳动作的电气保护装置和限速器、绳断裂或松弛保护装置;

(3)撞底缓冲装置,包括耗能型缓冲器的复位保护装置;

(4)超越上下极限工作位置的保护装置;

(5)层门和轿门的电气连锁装置,包括门锁、紧急开锁与层门自动关闭装置和自动门关门时被撞击自动重开的装置;

(6)紧急操作和停止保护装置;

(7)轿顶应有检修运行装置,并优先于其他地方设置的检修运行装置。

5-9 答:(1) 当轿门和层门中任一门扇未关好和门锁未啮合7mm以上时,电梯不能启动。

(2) 当电梯运行时轿门和层门中任一门扇被打开,电梯应立即停止运行。

(3) 当轿厢不在层站时,在层门外应不能将层门打开。

(4) 当轿厢不在层站时,层门无论什么原因开启时,应有一种装置能使层门自动关闭。

(5) 紧急开锁的钥匙应专人保管,只有紧急情况才能由称职人员使用。

5-10 答:一般是由设在井道内上下端站附近的强迫换速开关、限位开关和极限开关组成。

强迫换速开关设在端站正常换速开关之后,开关动作时,轿厢立即强制转为低速运行,构成防止越程的第一道保护。当轿厢在端站没有正常停层而触动限位开关时,立即切断方向控制电路使电梯停止运行,但此时电梯仍能向反方向(安全方向)运行。限位开关构成防止越程的第二道保护。极限开关是防止越程的第三道保护。当限位开关动作后电梯仍不能停止运行,则触动极限开关切断电路,使驱动主机和制动器失电,电梯停止运转。

第6章 机电设备控制线路的设计

6.1 设计的基本原则和内容

6.1.1 机电设备控制线路设计的原则

机电设备控制线路设计应遵循以下原则：

(1) 机电设备应最大限度地满足机械设备对电气控制线路的控制要求和保护要求。

(2) 在满足生产工艺要求的前提下,应力求使控制线路简单、经济、合理。

(3) 保证控制的可靠性和安全性。

(4) 操作和维修方便。

6.1.2 机电设备控制线路设计的内容

1. 机电设备控制线路的设计步骤

1) 分析设计要求

设计机电设备控制线路时,主要考虑以下几个方面：

(1) 熟悉所设计设备的总体要求及工作过程,弄清其对电气控制系统的要求。

(2) 通过技术分析,选择合理的传动方案和最佳控制方案。

(3) 设计简单合理、技术先进、工作可靠、维修方便的电气控制线路,进行模拟试验,验证控制线路能否满足设计要求。

(4) 保证使用的安全性,贯彻最新国家标准。

2) 确定拖动方案和控制方式

(1) 确定电力拖动方案。电力拖动方案包括传动的调速方式、启动、正反转和制动等,一般情况下对于设备的电力拖动方案应从以下几个方面考虑：

① 确定传动的调速方式。机械设备的调速要求,对确定其拖动方案是一个重要的因素。因为机械设备的调速方式分为机械调速和电气控制调速,又分为有级调速和无级调速。而设备对调速没有设计要求,所以对调速不采取设计措施。

② 确定电动机的启动方式。由于电动机的启动方式分为直接启动和降压启动,根据设计要求选择合理的启动方式。设备要求顺序启动、逆序停止,故只选择在控制线路采取顺序启动、逆序停止方案。

③ 确定主电动机有无正反转的要求。由于设备要求主电动机具有正反转控制,所以主电动机采用正反转控制方式。

④ 确定电动机的制动方式。电动机是否需要制动,要根据机床工作需要而定。如无特殊要求,一般采用反接制动,这样可以使线路简化。如在制动过程中要求平稳、准确,而且不允许有反转情况发生,则必须采用其他的可靠措施,如能耗制动方式、电磁制动器、锥形转子电动机等。而设备对制动没有提出要求,故采用失电停转的控制方式。

总之,对于其他一些要求起制动频繁、转速平稳、定位准确的精密机械设备,除必须采用限制电动机启动电流外,还需要采用反馈控制系统、高转差电动机系统、步进电动机系统或其他较复杂的控制方式,以满足控制要求。

（2）机电设备控制方案的确定。在考虑设计设备的拖动方案中,实际上对设备的电气控制方案也同时进行了考虑,才能实现设备的工艺要求。机电设备控制的方案有继电接触式控制系统、可编程控制器、数控装置及微机控制等。

在一般普通设备中,需要的控制元件很少,其工作程序往往是固定的,使用中一般不需要改变固有程序。因此可采用有触头的继电接触式控制系统。虽然该控制系统在线路形式上是固定的,但它能控制的功率较大,控制方法简单,价格便宜,应用广泛。

对于在控制中需要进行模拟量处理及数学运算的,输入、输出信号多,控制要求复杂或控制要求经常变动的,控制系统要求体积小、动作频率高、响应时间快的,可根据情况采用可编程控制、数控及微机控制方案等。

（3）控制方式的选择。控制方式的选择主要有时间控制、速度控制、电流控制及行程控制。

① 时间控制方式。时间控制方式是利用时间继电器或 PLC 的延时单元,它将感测系统接收的信号经过延时一段时间后才发出输出信号,从而实现线路的切换时间控制。

② 速度控制方式。速度控制方式是利用速度继电器或测速发电机,间接或直接地检测某运动部件的运动速度,来实现按速度控制原则的控制。

③ 电流控制方式。电流控制方式是借助于电流继电器,它的动作反映了某一线路的电流变化,从而实现按电流控制原则的控制。

④ 行程控制方式。行程控制方式是利用生产机械运动部件与事先安排好位置的行程开关或接近开关进行相互配合,达到位置控制作用。

在实际生产中,反接制动中不允许采用时间控制方式,而在能耗制动控制中采用时间控制方式;一般对组合机床和自动生产线等的自动工作循环,为了保证加工精度而常用行程控制;对于反接制动和速度反馈环节用速度控制;对 Y－△降压启动或多速电动机的变速控制则采用时间控制,对过载保护、电流保护等环节则采用电流控制。

2. 设计主电路

设计电气原理图是在拖动方案和控制方式后进行的。继电—接触式基本控制线路的设计方法通常有两种,一种方法是经验设计法;另一种是逻辑设计法。

1）经验设计方法

经验设计法是根据生产工艺要求,参照各种典型的继电—接触式基本控制线路,直接设计控制线路。这种设计方法比较简单,但是要求学生必须熟悉基本控制线路,同时又要掌握一定的设计方法和技巧。

2）逻辑设计方法

逻辑设计法是根据生产工艺要求,利用逻辑代数来分析、设计线路。这种设计方法虽然设计出来的线路比较合理,但是掌握这种方法的难度比较大,一般情况下不用,只是在完成较复杂生产工艺要求的所需控制线路才使用。

具体内容见 6.2。

3. 设计控制电路

机电设备控制线路的设计应注意遵循以下规律:

（1）当要求在几个条件中，只要具备其中一个任何条件，被控电器线圈就能得电时，可用几个常开触点并联后与被控线圈串联来实现。

（2）当要求在几个条件中，只要具备其中一个任何条件，被控电器线圈就能得电时，可用几个常闭触点与被控线圈串联的方法来实现。

（3）当要求必须同时具备其几个条件，被控电器线圈才能得电时，可采用几个常开触点与被控线圈串联的方法来实现。

（4）当要求必须同时具备其几个条件，被控电器线圈才能断电时，可采用几个常闭触点并联后与被控线圈串联来实现。

控制线路初步设计完成后，可能还有不合理、不可靠、不安全的地方，应当根据经验和控制要求对线路进行认真仔细的校核，以保证线路的正确性和实用性。

6.2　机电设备控制线路的设计方法

机电设备控制线路的设计方法通常有经验设计法和逻辑代数设计法。其中，经验设计法是根据生产工艺要求，利用各种典型的线路环节，直接设计控制线路，其特点是无固定的设计程序和设计模式，灵活性很大，主要靠经验进行。这种设计方法比较简单，但要求设计人员必须熟悉基本控制线路，掌握多种典型线路的设计资料，同时具有丰富的设计经验。在设计过程中往往还要经过多次反复地修改、试验，才能使线路符合设计要求。即使这样，设计出来的线路可能不是最简化线路，所用的电器及触点不一定是最少，所得出的方案不一定是最佳方案。

逻辑设计法是根据生产工艺要求，利用逻辑代数来分析、设计线路。用这种方法设计的线路比较合理，特别适合完成较复杂的生产工艺所要求的控制线路。但是相对而言，逻辑设计法难度较大，不易掌握。

一般比较简单的电路，用分析设计法比较直观、自然，所以一般都采用分析设计法。本节介绍一般设计法，逻辑设计法不作专门介绍。本节通过龙门刨床（或立车）横梁升降自动控制线路设计实例来说明电气控制线路的一般设计方法。

1. 经验设计法

1）控制系统的工艺要求

设计一个龙门刨床的横梁升降控制系统。在龙门刨床（或立车）上装有横梁机构，刀架装在横梁上，用来加工工件。由于加工工件位置高低不同，要求横梁能沿立柱上下移动，而在加工过程中，横梁又需要夹紧在立柱上，不允许松动。因此，横梁机构对电气控制系统提出了如下要求：

（1）保证横梁能上下移动，夹紧机构能实现横梁的夹紧或放松。

（2）横梁夹紧与横梁移动之间必须有一定的操作程序。当横梁上下移动时，应能自动按照"放松横梁→横梁上下移动→夹紧横梁→夹紧电动机自动停止运动"的顺序动作。

（3）横梁在上升与下降时应有限位保护。

（4）横梁夹紧与横梁移动之间及正反向运动之间应有必要的连锁。

2）电气控制线路设计步骤

（1）设计主电路。根据工艺要求可知，横梁移动和横梁夹紧需用两台异步电动机（横梁升降电动机 M1 和夹紧放松电动机 M2）拖动。为了保证实现上下移动和夹紧放松的要求,电动机必须能实现正反转,因此需要 4 个接触器 KM1、KM2、KM3、KM4 分别控制两个电动机的正反转。那么,主电路就是两台电动机的正反转电路。

(2)设计基本控制电路。使用了 4 个接触器,即具有 4 个控制线圈,由于只能用两个点动按钮去控制上下移动和放松夹紧两个运动,按钮的触点不够,因此需要通过两个中间继电器 KA1 和 KA2 进行控制。

根据上述要求,可以设计出图 6 - 1 所示的控制电路,但它还不能实现在横梁放松后自动向上或向下移动,也不能在横梁夹紧后使夹紧电动机自动停止。为了实现这两个自动控制要求,还需要做相应的改进,这需要恰当地选择控制过程中的变化参量来实现。

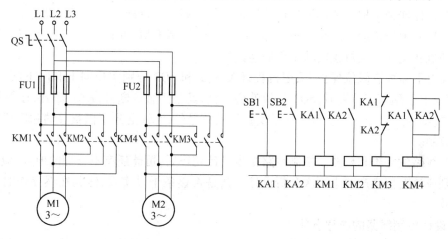

图 6 - 1 横梁控制的主电路与控制电路

(3)选择控制参量、确定控制方案。对于第一个自动控制要求,可选行程这个变化参量来反映横梁的放松程度,采用行程开关 SQ1 来控制,如图 6 - 2 所示。当按下向上移动按钮 SB1 时,中间继电器 KA1 通电,其常开触点闭合,KM4 通电,则夹紧电动机作放松运动;同时,其常闭触点断开,实现与夹紧和下移的连锁。当放松完毕,压块就会压合 SQ1,其常闭触点断开,接触器线圈 KM4 失电;同时 SQ1 常开触点闭合,接通向上移动接触器 KM1。这样,横梁放松以后,就会自动向上移动。向下的过程类似。

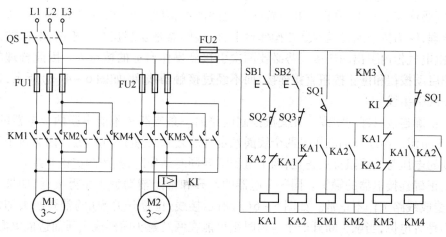

图 6 - 2 龙门刨床的横梁升降控制系统

对于第二个自动控制要求，即在横梁夹紧后使夹紧电动机自动停止，也需要选择一个变化参量来反映夹紧程度。可以用行程、时间和反映夹紧力的电流作为变化参量。如采用行程参量，当夹紧机构磨损后，测量就不精确；如采用时间参量，则更不易调整准确。因此这里选用电流参量进行控制。图 5.11 中，在夹紧电动机夹紧方向的主电路中串联接入一个电流继电器 KI，其动作电流可整定在额定电流两倍左右。KI 的常闭触点应该串接在 KM3 接触器电路中。横梁移动停止后，如上升停止，行程开关 SQ2 的压块会压合，其常闭触点断开，KM3 通电，因此夹紧电动机立即自动启动。当较大的启动电流达到 KI 的整定值时，KI 将动作，其常闭触点一旦断开，KM3 又断电，自动停止夹紧电动机的工作。

（4）设计连锁保护环节。设计连锁保护环节主要是将反映相互关联运动的电器触点串联或并联接入被连锁运动的相应电器电路中，这里采用 KA1 和 KA2 的常闭触点实现横梁移动电动机和夹紧电动机正反转工作的连锁保护。

横梁上下需要有限位保护，采用行程开关 SQ2 和 SQ3 分别实现向上和向下限位保护。例如，横梁上升到预定位置时，SQ2 压块就会压合，其常闭触点断开，KA1 断开，接触器 KM1 线圈断电，则横梁停止上升。SQ1 除了反映放松信号外，它还起到了横梁移动和横梁夹紧间的连锁控制。

（5）线路的完善和校核。控制线路初步设计完毕后，可能还有不合理的地方，应仔细校核。特别应该对照生产要求再次分析设计线路是否逐条予以实现，线路在误操作时是否会产生事故。

2. 设计控制线路的注意事项

（1）合理选择控制电源。当控制电器较少，控制电路较简单时，控制电路可直接使用主电路电源，如 380V 或 220V 电源。当控制电器较多，控制电路较复杂时，通常采用控制变压器，将控制电压降低到 110V 及以下。对用于要求吸力稳定又操作频繁的直流电磁器件，如液压阀中的电磁铁，必须采用相应的直流控制电源。

（2）尽量缩减电器种类的数量，采用标准件和尽可能选用相同型号的电器。设计线路时，应减少不必要的触头以简化线路，提高线路的可靠性。若把如图 6-3（a）所示线路改接成如图 6-3（b）所示线路，就可以减少一个触头。

（3）尽量缩短连接导线的数量和长度。设计线路时，应考虑到各电器元件之间的实际接线，特别要注意电气柜、操作台和位置开关之间的连接线。例如，如图 6-4（a）所示的接线就不合理，因为按钮通常是安装在操作台上，而接触器是安装在电气柜内，所以按此线路安装时，由电气柜内引出的连接线势必要两次引接到操作台上的按钮处。因此合理的接法应当是把启动按钮和停止按钮直接连接，而不经过接触器线圈，如图 6-4（b）所示，这样就减少了一次引出线。

（4）正确连接电器的线圈。在交流控制电路的一条支路中不能串联两个电器的线圈，如图 6-5 所示。即使外加电压是两个线圈额定电压之和，也是不允许的。因为每个线圈上所分配到的电压与线圈阻抗成正比，两个电器需要同时动作时，其线圈应该并接。

（5）正确连接电器的触头。同一个电器的常开和常闭辅助触头靠得很近，如果连接不当，将会造成线路工作不正常。如图 6-6（a）所示接线，位置开关 SQ 的常开触头和常闭触头由于不是等电位，当触头断开产生电弧时很可能在两对触头间形成飞弧而造成电源短路。因此，在一般情况下，将共用同一电源的所有接触器，继电器以及执行电器线圈的一端，均接在电源的一侧，而这些电器的控制触头接在电源的另一侧，如图 6-6（b）所示。

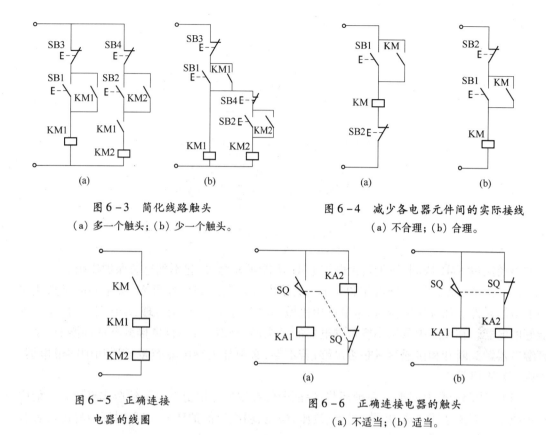

图 6-3　简化线路触头
（a）多一个触头；（b）少一个触头。

图 6-4　减少各电器元件间的实际接线
（a）不合理；（b）合理。

图 6-5　正确连接
电器的线圈

图 6-6　正确连接电器的触头
（a）不适当；（b）适当。

（6）在满足控制要求的情况下，应尽量减少电器通电的数量。

（7）应尽量避免采用许多电器依次动作才能接通另一个电器的控制线路。在如图 6-7（a）、（b）所示线路中，中间继电器 KA1 得电动作后，KA2 才动作，而后 KA3 才能得电动作。KA3 的得电动作要通过 KA1 和 KA2 两个电器的动作，若接成如图 6-7（c）所示线路，KA3 的动作只需 KA1 电器动作，而且只需要经过一对触头，故工作可靠。

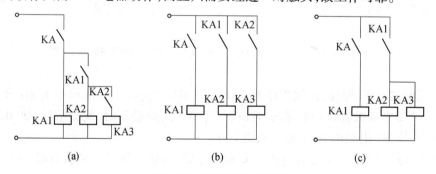

图 6-7　触头的合理使用
（a）不适当；（b）不适当；（c）适当。

（8）在控制线路中应避免出现寄生回路。在控制线路的动作过程中，非正常接通的线路叫寄生回路。在设计线路时要避免出现寄生回路，因为它会破坏电器元件和控制线路的动作顺序。如图 6-8 所示线路是一个具有指示灯和过载保护的正反转控制线路，其在正常工作时，能完成正反转启动，停止和信号指示，但当热继电器 FR 动作时，线路就出现了寄生回路。这时虽然 FR 的常闭触头已断开，由于存在寄生回路，仍有电流沿图 6-8 中虚线所

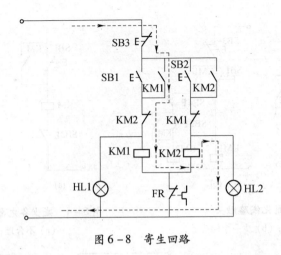

图 6-8 寄生回路

示的路径流过 KM1 线圈,使正转接触器 KM1 不能可靠释放,起不到过载保护作用。

(9) 保证控制线路工作可靠和安全。为了保证控制线路工作可靠,最主要的是选用可靠的电器元件。如选用电器时,尽量选用机械和电气寿命长、结构合理、动作可靠、抗干扰性能好的电器。在线路中采用小容量继电器的触头断开和接通大容量接触器的线圈时,要计算继电器触头断开和接通容量是否足够,若不够,必须加大继电器容量或增加中间继电器,否则工作不可靠。

(10) 线路应具有必要的保护环节,保证即使在误操作情况下也不致造成事故。一般应根据线路的需要选用过载、短路、过流、过压、失压、弱磁等保护环节,必要时还应考虑设置合闸、断开、事故、安全等指示信号。

3. 龙门刨床(或立车)横梁升降自动控制线路的设计过程

1) 主电路的设计

(1) 从横梁运动要求出发,横梁移动由横梁升降电动机 M1 和横梁夹紧放松电动机 M2 拖动,且都有正反转。

(2) 夹紧电动机需要的夹紧力保护,用过电流继电器 KI 来实现。

2) 控制电路的设计

(1) 由于横梁升降运动为调整运动,所以对 M1 采用点动控制,M2 则按一定的顺序自动控制。

(2) 根据横梁移动时的控制程序要求,M2 与 M1 之间有一定的顺序关系:当发出"上升"指令后,M2 电动机启动工作,将横梁松开,待横梁完全松开后,发出信号,使 M2 电动机停止工作,并使 M1 电动机启动,拖动横梁上升。

横梁松开信号的发出由复合行程开关 SQ1 完成,当横梁处于夹紧状态时,SQ1 不受压,当横梁完全松开时,夹紧机构经杠杆将 SQ1 压下,于是发出"松开"信号。

(3) 当横梁上升到位时,撤除"上升"指令,M1 电动机立即停止工作,同时接通 M2 电动机,使 M2 反向运转,拖动夹紧机构使横梁夹紧。

在夹紧过程中,开关行程开关 SQ1 复原,为下次发出放松信号做准备。当横梁夹紧到一定程度时,夹紧电动机 M2 主电路的电流升高,借助于 M2 定子电路中的过电流继电器发出"夹紧"信号,切断 M2 电动机的电路,使夹紧过程结束。

(4) 横梁下降在不考虑短时回升时,其动作过程与上升时相同。

综上所述,设计出草图之一,如图6-9所示。

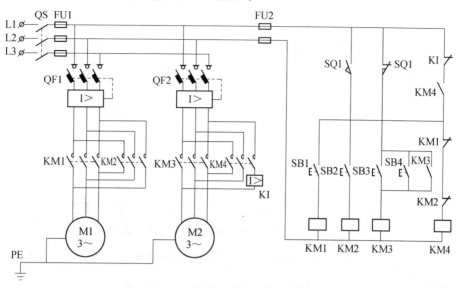

图6-9　横梁升降电气控制线路设计草图之一

3)横梁升降电气控制线路中的控制电路部分的修改

(1)图6-9所示的设计草图中,控制电路需要具有两组常开触点的按钮,而常用按钮为一组常开触点、一组常闭触点,为此可引入一个中间继电器KA,用按钮SB1、SB2去控制KA,再由KA来控制横梁的升、降和放松。

(2)用SB1、SB2按钮的常闭触点完成横梁上升与下降的机械互锁。

综上所述,修改后的设计草图之二,如图6-10所示。

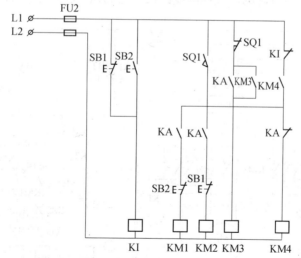

图6-10　横梁升降电气控制线路设计草图之二

4)横梁升降电气控制线路中的控制电路部分的优化

进一步考虑横梁下降时的回升控制。由于回升时间短,所以可采用时间继电器来控制,选择断电延时时间继电器KT,将其通电瞬时闭合、断电延时断开的触点与夹紧接触器KM4的常开触点串联后,再与KA常开触点并联,去控制上升接触器KM1。而KT则由下降接触器KM2触点控制,构成设计草图之三,如图6-11所示。

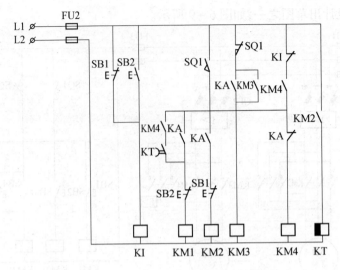

图 6-11 横梁升降电气控制线路设计草图之三

5）横梁升降电气控制线路中的控制电路部分的进一步完善

考虑电路各种保护与连锁，有必要设置如下环节：

（1）SQ2：横梁与侧刀架运动的极限保护；

（2）SQ3：横梁上升极限保护；

（3）SQ4：横梁下降极限保护；

（4）KM1 和 KM2 的常闭触点：横梁上升与下降的电气互锁；

（5）KM3 和 KM4 的常闭触点：横梁放松与夹紧的电气互锁。

至此，龙门刨床横梁升降的电气控制线路设计完成，电气原理图如图 6-12 所示。

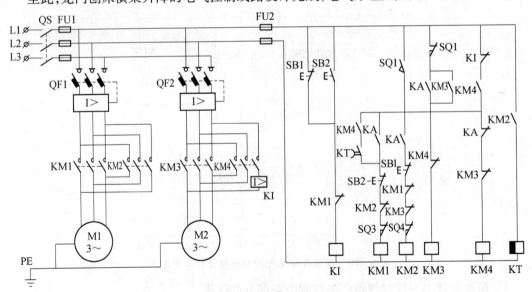

图 6-12 龙门刨床横梁升降的电气原理图

6）对电气原理图进行校核

设计完成后，必须认真进行校核，看其是否满足生产工艺要求，电路是否合理，有无需要进一步简化之处，是否存在寄生电路，电路工作是否安全可靠等。

6.3 机电设备控制线路设计中的电动机选择

1. 电动机选择的基本原则

在电力拖动系统中，正确选择拖动生产机械的电动机是系统安全、经济、可靠和合理运行的重要保证。而衡量电动机的选择合理与否，要看选择电动机是否遵循了以下基本原则：

（1）电动机能够完全满足生产机械在机械特性方面的要求。如生产机械所需要的工作速度、调速的指标、加速度以及启动、制动时间等。

（2）电动机在工作过程中，其功率能被充分利用，即温升应达到国家标准规定的数值。

（3）电动机的结构形式应适合周围环境的条件，如防止外界灰尘，水滴等物质进入电动机内部；防止绕组绝缘受有害气体的侵蚀；在有爆炸危险的环境中应把电动机的导电部位和有火花的部位封闭起来，不使它们影响外部等。

2. 电动机选择的具体内容

电动机的选择包括以下内容：电动机的额定功率（额定容量），额定电压，额定转速，电动机的种类，电动机的结构形式。其中以电动机额定功率的选择最为重要。

1）电动机额定功率的选择

正确合理的选择电动机的功率是很重要的，电动机的工作方式有以下三种：连续工作制（或长期工作制）、短期工作制和周期性断续工作制。

（1）连续工作制电动机额定功率的选择。在这种工作方式下，电动机连续工作时间很长，可使其温升达到规定的稳定值，如通风机、泵等机械的拖动运转就属于这类工作制。连续工作制电动机的负载可分为恒定负载和变化负载两类。

（2）短期工作制电动机额定功率的选择。在这种工作方式下，电动机的工作时间较短，在运行期间温度未升到规定的稳定值，而在停止运转期间，温度则可能降到周围环境的温度值，如吊桥、水闸、车床的夹紧装置的拖动运转。

为了满足某些生产机械短期工作需要，电机生产厂家专门制造了一些具有较大过载能力的短期工作制电动机，其标准工作时间 15min、30min、60min、90min 四种。因此，若电动机的实际工作时间符合标准工作时间时，选择电动机的额定功率 P_N 只要不小于负载功率 P_L 即可，即满足 $P_N \geqslant P_L$。

（3）周期性断续工作制电动机额定功率的选择。这种工作方式的电动机的工作与停止交替进行。在工作期间内，温度未升到稳定值，而在停止期间，温度也来不及降到周围温度值，如很多超重设备以及某些金属切削机床的拖动运转即属此类。

2）电动机额定电压的选择

电动机额定电压与现场供电电网电压等级相符。中小型交流电动机的额定电压一般为380V，大型交流电动机的额定电压一般为 3kV、6kV 等。直流电动机的额定电压一般为110V、220V、440V 等，最常用的直流电压等级为 220V。直流电动机一般是由车间交流供电电压经整流器整流后的直流电压供电。选择电动机的额定电压时，要与供电电网的交流电压及不同形式的整流电路相配合，当交流电压为 380V 时，若采用晶闸整流装置直接供电，电动机的额定电压应选用 440V（配合三相桥式整流电路）或 160V（配合单相整流电路），电动机采用改进的 Z3 型。

3）电动机额定转速的选择

电动机额定转速选择合理与否，将直接影响到电动机的价格、能量损耗及生产机械的生产率各项技术指标和经济指标。额定功率相同的电动机，转速高的电动机的尺寸小，所用少，因而体积小、质量轻、价格低，所以选用高额定转速的电动机比较经济，但由于生产机械的工作速度稳定且较低(30r/min～900r/min)，因此，电动机转速越高，传动机构的传动比越大，传动机构越复杂。所以，选择电动机的额定转速时，必须全面考虑，在电动机性能满足生产机械要求的前提下，力求电能损耗少，设备投资少，维护费用少。通常，电动机的额定转速选在750r/min～1500r/min比较合适。

4）电动机种类的选择

选择电动机种类时，在考虑电动机性能必须满足生产机械的要求下，优先选用结构简单、价格便宜、运行可靠、维修方便的电动机。在这方面，交流电动机优于直流电动机，鼠笼式电动机优先于绕线式转子电动机，异步电动机优于同步电动机。

（1）三相鼠笼式异步电动机。

三相鼠笼式异步电动机的电源采用的是应用最普遍的动力电源——三相交流电源。这种电动机的优点是结构简单、价格便宜、运行可靠、维修方便；缺点是启动和调速性能差。因此，在不要求调速和启动性能要求不高的场合，如各种机床、水泵、通风机等生产机械上应优先选用三相鼠笼式异步电动机；对要求大启动转矩的三相鼠笼式异步电动机，如斜槽式、深槽式或双鼠笼式异步电动机等；对需要有级调速的生产机械，如某些机床和电梯等，可选用多速鼠笼式异步电动机。目前，随着变频调速技术发展，三相鼠笼式异步电动机越来越多地应用在要求无级调速的生产机械上。

（2）三相绕线转子异步电动机。在启动、制动比较频繁，启动、制动转矩较大，而且有一定调速要求的生产机械上，如桥式起重机、矿井提升机等可以优先选用三相绕线式转子异步电动机。绕线式转子电动机一般采用转子串接电阻（或电抗器）的方法实现启动和调速，调速范围有限，使用晶闸管串级调速，扩展了绕线式转子异步电动机的应用范围，如水泵、风机的节能调速。

（3）三相同步电动机。在要求大功率、恒转速和改善功率因数的场合，如大功率水泵、压缩机、通风机等生产机械上应选用三相同步电动机。

（4）直流电动机。由于直流电动机的启动性能好，可以实现无级平滑调速，且调速范围广、精度高，所以对于要求在大范围内平滑调速和需要准确的位置控制的生产机械，如高精度的数控机床、龙门刨床、可逆轧钢机、造纸机、矿井卷扬机等可使用他励或并励直流电动机；对于要求启动转矩大、机械特性较软的生产机械；如电车、重型起重机等则选用串励直流电动机。近年来，在大功率的生产机械上，广泛采用晶闸管励磁的直流发电机—电动机组或晶闸管—直流电动机组。

5）电动机形式的选择

电动机按其安装方式不同可分为卧式和立式两种。由于立式电动机的价格较贵，所以一般情况下应选用卧式电动机。只有当需要简化传动装置时，如深井水泵和钻床等，才使用立式电动机。

电动机按轴的个数分为单轴和双轴两种。一般情况下，选用单轴伸电动机；特殊情况下才选双轴伸电动机，如需要一边安装测速发电机，另一边需要拖动生产机械时，则必须选用双轴伸电动机。

电动机按防护形式分为开启式、防护式、封闭式和防爆式四种。为防止周围的媒介质对电动机的损坏以及因电动机本身故障而引起的危害，电动机必须根据不同环境选择适当的防护形式。开启式电动机价格便宜，散热好，但灰尘、铁屑、水滴及油垢等容易进入其内部，影响电动机的正常工作和寿命，因此只有在干燥、清洁的环境中使用。防护式电动机的通风孔在机壳的下部，通风条件较好，并能防止水滴、铁屑等杂物落入电动机内部，但不能防止潮气和灰尘侵入，因此只能用于比较干燥、灰尘不多、无腐蚀性气体和爆炸性气体的环境。封闭式电动机分为自扇冷式、他扇冷式和密闭式三种，前两种用于潮湿、尘土多、有腐蚀性气体、易引起火灾和易受风雨侵蚀的环境中，如纺织厂、水泥厂等；密闭式电动机则用于浸入水中的机械，如潜水泵电动机。防爆式电动机在易燃、易爆气体的危险环境中选用，如煤气站、油库及矿井等场所。

综合以上分析可见，选择电动机时，应从额定功率、额定电压、额定转速、种类和形式几方面综合考虑，做到既经济又合理。

6.4　机电设备控制线路设计中的元器件选择

1．电器元件选择的基本原则

电器元件的选择对控制线路的设计是很重要的，电器元件的选择应遵循以下原则：

（1）根据对控制元件功能的要求，确定元件的类型。

（2）确定元件承受能力的临界值及使用寿命。主要是根据控制的电压、电流及功率的大小来确定元件的规格。

（3）确定元件的工作环境及供应情况。

（4）确定元件在使用时的可靠性，并进行一些必要的计算。

2．电器元件选择的具体内容

1）电源开关的选择

电源开关的选用主要是选择其额定电流值，另外，还要考虑开关的形式、极数、挡次、额定电压等也都必须满足要求。

（1）自动空气开关的选用。

① 自动空气开关的工作电压应大于等于线路或电动机的额定电压；自动空气开关的额定电流应大于等于线路的实际工作电流。

② 热脱扣器的整定电流应等于所控制的电动机或其他负载的额定电流。

③ 电磁脱扣器的瞬时动作整定电流应大于负载电路正常工作时可能出现的峰值电流。

④ 自动空气开关欠电压脱扣器的额定电压应等于线路额定电压。

（2）封闭式负荷开关的选用。选用封闭式负荷开关时应使其额定电压不应小于线路工作电压；用于照明、电热负荷的控制时，开关额定电流应不小于所有负载额定电流之和；用于控制电动机时，开关的额定电流应不小于电动机额定电流的3倍。

2）热继电器的选择

热继电器的选择要求：

（1）热继电器的额定电压应大于等于电动机额定电压。

（2）热继电器的额定电流应大于等于电动机的额定电流。

（3）在结构形式上，一般都选三相结构；对于三角形接法的电动机，可选用带断相保护装置的热继电器。

（4）对于短时工作制的电动机，如机床刀架或工作台快速进给的电动机以及长期运行、过载可能性很小的电动机，如排风扇等，可不用热继电器来进行过载保护。

3）接触器的选择

（1）接触器类型的选用。根据被控制电动机或负载电流的类型选择相应的接触器类型，即交流负载应选用交流接触器，直流负载应选用直流接触器；如果控制系统中主要是交流电动机，而直流电动机或直流负载的容量比较小时，也可以全选用交流接触器进行控制，但是触头的额定电流应适当选择大一些。

（2）接触器触头额定电压的选用。接触器主触头的额定电压应大于等于负载回路的额定电压。

（3）接触器主触头额定电流的选用。控制电阻性负载（如电热设备）时，主触头的额定电流等于负载的工作电流。控制电动机时，主触头的额定电流应大于等于电动机的额定电流。也可以根据所控制电动机的最大功率查表进行选择。

（4）接触器吸引线圈的电压选择。一般情况下，接触器吸引线圈电压应等于控制回路电压。

（5）接触器触头的数量、种类　接触器触头的数量、种类应满足控制线路的要求。

（6）如果接触器使用在频繁启动、制动和频繁可逆的场合时，一般可选用大一个等级的交流接触器。

4）熔断器的选择

熔断器选用时应根据使用环境和负载性质选择适合类型的熔断器；熔体额定电流的选择应根据负载性质选择；熔断器的额定电压必须等于或大于线路的额定电压，熔断器的额定电流必须等于或大于所装熔体的额定电流；熔断器的分断能力应大于电路中可能出现的最大短路电流。

对于不同的负载，熔体按以下原则选用：

（1）照明和电热线路。应使熔断体的额定电流 I_{RN} 稍大于所有负载的额定电流 I_N 之和。

（2）单台电动机线路。应使熔体的额定电流为 1.5 倍 ~ 2.5 倍电动机的额定电流 I_N，即

$I_{RN} = (1.5 \sim 2.5)I_N$，启动系数取 2.5 仍不能满足时，可以放大到不超过 3。

（3）多台电动机线路。应使熔体的额定电流 $I_{RN} \geq (1.5 \sim 2.5)I_{NMAX} + \Sigma I_N$。

式中：INMAX 为最大一台电动机的额定电流；ΣI_N 为其他所有电动机的额定电流之和。如果电动机的容量较大，而实际负载又较小时，熔体额定电流可适当选小些，小到以启动时熔体不熔断为准。

根据以上计算的熔体额定电流，结合使用场合和安装条件，查表选择熔断器的型号。

5）按钮的选择

按钮开关可根据下列要求进行选用：

（1）根据使用场合，选择按钮的种类，如开启式、保护式和防水式等。

（2）根据用途选用合适的形式，如一般式、旋钮式和紧急式等。

（3）根据控制回路的需要，确定不同的按钮数，如单联钮、双联钮和三联钮等。

（4）按工作状态指示和工作情况要求，选择按钮和指示灯的颜色。

6）时间继电器的选用

（1）根据系统的延时范围和精度选择时间继电器的类型和系列。在延时精度要求不高的场合，一般可选用价格较低的 JS7 - A 系列空气阻尼式时间继电器，反之，对精度要求较高的场合，可选用晶体管时间继电器。

（2）根据控制线路的要求选择时间继电器的延时方式（通电延时或断电延时）。同时，还必须考虑线路对瞬时触头的要求。

（3）根据控制线路电压选择时间继电器吸引线圈的电压。

（4）当电磁式时间继电器不能满足要求时，及控制回路相互协调需要无触点输出等应选用晶体管时间继电器。

7）中间继电器的选择

选用中间继电器的依据：①继电器的额定电流应满足被控电路的要求；②继电器触点的品种和数量必须满足控制电路的要求。另外，还要注意核查一下继电器的额定电压和励磁线圈的额定电压是否适用。

8）其他电器的选用

（1）制动电磁铁的选用。

① 电源的性质。制动电磁铁取电应遵循就近、容易、方便的原则。此外，当制动装置的动作频率超过 300 次/h，应选用直流电磁铁。

② 行程的长短。制动电磁铁行程的长短，主要根据机械制动装置制动力矩的大小、动作时间的长短及安装位置来确定。

③ 线圈连接方式。串励电动机的制动装置都是采用串励制动电磁铁，并励电动机的制动装置则采用并励制动电磁铁。有时为安全起见，在一台电动机的制动中，既用串励制动电磁铁，又用并励制动电磁铁。

④ 容量的确定。制动电磁铁的形式确定以后，要进一步确定容量、吸力、行程和回转角等参数。

（2）控制变压器的选用。控制变压器用来降低辅助电路的电压，以满足一些电气元件的电压要求，保证控制电路安全可靠的工作。其选用原则是：

① 控制变压器一、二次侧电压应符合交流电源电压、控制电路和辅助电路电压的要求。

② 保证接在变压器二次侧的交流电磁器件启动时可靠地吸合。

③ 电路正常运行时，变压器的温升不应超过额定温升的 ±5%。

（3）整流变压器的选用。整流变压器是将电网电压变换成整流器所需交流电压，经整流元件整流后，为电磁器件提供直流电源。其选用原则是：

① 整流变压器一次侧电压应与交流电源电压相等，二次侧电压应满足直流电压的要求。

② 整流变压器的容量 P_T 要根据直流电压、直流电流来确定，二次侧的交流电压 U_2、交流电流 I_2 与整流方式有关。整流变压器容量可按下式计算：$P_T = I_2 U_2$。

（4）机床工作灯和信号灯的选用。应根据机床机构、电源电压、灯泡功率、灯头形式和灯架长度，确定所用的工作灯。信号灯的选用主要是确定其额定电压、功率、灯壳、灯头型号、灯罩颜色及附加电阻的功率和阻值等参数。目前有各种型号发光二极管可替代信号灯，它具有工作电流小、能耗小、寿命长、性能稳定等优点。

（5）接线板的选用。根据连接线路的额定电压、额定电流和接线形式，选择接线板的形式与数量。

(6)导线的选用。根据负载的额定电流选用铜芯多股软线,考虑其强度,不能采用 $0.75mm^2$ 以下的导线(弱电线路除外),应采用不同颜色的导线表示不同电压及主、辅电路。

6.5 生产机械电气设备施工设计

机电设备控制系统在完成电气控制电路设计、电气元件选择后,就应该进行电气设备的施工设计。电气设备施工设计的依据是电气控制电路图和所选顶的电气元件明细表。

电气设备施工设计的内容与步骤如下:

(1)电气设计总体方案的拟定;

(2)电气控制装置的结构设计;

(3)绘制电气控制装置的电器布置图;

(4)绘制电气控制装置的接线图;

(5)绘制各部件的电气布置图;

(6)绘制电气设备内部接线图;

(7)绘制电气设备外部接线图;

(8)编制电气设备技术资料。

1. 电气设备的总体布置

按照国标规定,尽可能把电气设备组装在一起,使其成为一台或几台控制装置。只有那些必须安装在特定位置的部件,如按钮、手动控制开关、行程开关、离合器、电动机等才允许分散安装在设备的各处。安放发热元件,如电阻器,必须使电气柜内其他元件的温升不超过它们各自的允许极限。对于发热量大的元件,如电动机的启动电阻等,必须隔开安放,必要时,还可采用风冷。所有电气设备应该可以靠近安放,便于更换、识别与检测。

按照上述要求,首先要根据设备电气控制电路图和设备控制操作要求,决定采用哪些电气控制装置,如控制柜、操纵台或悬挂操纵箱等,然后确定设备电气装置的安放位置。需经常操作和监视的部分应放在操作方便、通观全局的位置;悬挂箱应置于操作者附近,接近加工工件且有一定移动方位处;发热或振动噪声大的电气设备要置于远离操作者的地方。

2. 绘制电气控制装置的电器布置图

按国标规定,电气柜内电气元件必须位于维修站台之上 $0.4m \sim 2m$。所有器件的接线端子和互联端子,必须位于维修站台之上至少 $0.2m$ 处,以便装拆导线。安排器件时,必须隔开规定的间隔,并考虑有关的维修条件。电气柜和壁龛中裸露、无电弧的带电零件与电气柜和壁龛导体壁板间必须有适当的间隙,一般250V 以下电压时,不小于15mm;250V~500V电压时,不小于25mm。电气柜内电器的安排:按照用户技术要求制作的电气装置,最少要留出 10% 的备用面积,以供控制装置改进或局部修改。除了人工控制开关、信号和测量部件,门上不得安装任何器件。由电源电压直接供电的电器最好装在一起,从而与控制电压供电的电器分开。电源开关最好安装在电气柜内右上方,其操作手柄应装在电气柜前面或侧面。电源开关上方最好不安装其他电器,否则,应把电源开关用绝缘材料盖住,以防电击。

遵循上述规定,电气柜内电器可按下述原则布置:

(1)体积大或较重的电器置于控制柜下方。

(2)发热元件安装在电气柜的上方,并注意将发热元件与感温元件隔开。

330

（3）弱电部分应加屏蔽和隔离，以防强电及外界电磁干扰。

（4）应尽量将外形与结构尺寸相同的电气元件安装在一起，既便于安装和布线处理，又使布置整齐美观。

（5）布置的电器应便于维修。

（6）布置电器时应尽量考虑对称性。

一般可通过实物排列来进行控制柜的设计。操纵台及悬挂操纵箱则可采用标准结构设计，也可根据要求选择，或适当进行补充加工和单独自行设计。

3. 绘制电气控制装置的接线图

根据电气控制原理图与电气装置布置图，可进一步绘制电气控制装置接线图。

（1）图中所有电器元件图形，应按实物，依对称原则绘制。

（2）图中各电器元件，均应注明与电气控制原理图上一致的文字符号、接线编号。

（3）图中一律用细实线绘制，应清楚地表示出各电气元件的接线关系和接线走向。

接线图的接线关系有两种画法：①直接接线法，即直接画出两元件之间的接线，它适用于电气系统简单、电器元件少、接线关系简单的场合；②符号标准接线法，即仅在电器元件接线端处标注符号，以表明相互连接关系，它适用于电气系统复杂、电器元件多、接线关系较为复杂的场合。

（4）按规定清楚标注配线导线的型号、规格、截面积和颜色。

（5）图中各电气元件应按实际位置绘制。

（6）板后配线的接线图应按控制板翻转后的方位绘制电器元件，以便施工配线，但触点方向不能倒置。

（7）接线板或控制柜的进出线，除面积较大外，都应经接线板外接。

（8）接线板上各接点按接线号顺序排列，并将动力线、交流控制线、直流控制线等分类排开。

4. 设备内部接线图和外部接线图

1）设备内部接线图

（1）根据设备上各电器的布置位置，绘制内部接线图。

（2）设备上各处电器元件、组件、部件间的接线应通过管路进行。

（4）图上应标明分线盒进线与出线的接线关系。接线柱排上的线号应标清，以便配线施工。

2）设备外部接线图

（1）设备外部接线图表示设备外部的电动机或电器元件的接线关系，它主要供用户单位安装配线用。

（2）设备外部接线图应按电气设备的实际相应位置绘制，其要求与设备内部接线图相同。

习 题 六

6-1 什么叫寄生电路？设计电路时应如何防止产生寄生电路？并举例说明。

6-2 接触器两个线圈为何不允许串联后接于控制电路？

6-3　如何选用熔断器和热继电器?

6-4　如何确定变压器的容量?

6-5　选择熔断器时,应如何考虑所选用的熔体的材料?

6-6　在电气控制线路设计中,什么情况下选用三相鼠笼式异步电动机?

6-7　在电气控制线路设计中,选择控制方式时是不是越先进越好?

习 题 解 答

6-1　答:在控制电路的故障情况下或动作过程中,意外接通或非正常接通的电路叫寄生电路。因为它会破坏电器元件和控制电路的动作顺序,损坏电器,因此在设计电路时要避免出现寄生电路。通常的做法是:仔细分析构成电路的各组成部分,不仅要确认工作时相应部分的电器元件和电路都能正常反应,而且要确认电路指示部分或保护部分工作时是否会接通不该通的电路,甚至停止时是否会有意外接通的电路。

如下述电路:

控制电路的线电压为 380V, KM1 和 KM2 的线圈额定电压分别为 380V 和 220V,当按下按钮 SB2 后,KM1 和 KM2 线圈得电正常工作,但是按下按钮 SB1 后,即电路应该处于断电状态时,却产生了寄生回路,如答题图 6-1 中虚线所示,使 KM1 和 KM2 线圈不正常得电而烧毁。

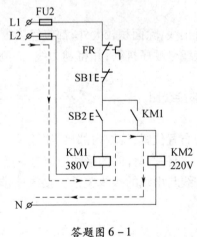

答题图 6-1

6-2　答:电压线圈通常不能串联使用,如答题图 6-2(a)所示为不正确的连接。由于它们的阻抗不尽相同,造成两个线圈上的电压分配不等。即使是两个同型号线圈,外加电压是他们的额定电压之和,也不允许这样连接,因为电器动作总有先后,当有一个接触器先动作时,其线圈阻抗增大,该线圈上的电压降增大,使另一个接触器不能吸合,严重时将使线圈烧毁。

在直流控制电路中,对于电感较大的电磁线圈,如电磁阀、电磁铁或直流电动机励磁线圈等不宜与相同电压等级的继电器直接并联工作。如答题图 6-2(b)所示直流电磁铁 YA 与继电器 KA 并联,在 KM 触点闭合,接通电源时,可正常工作,但在 KM 触点断开后,由于电磁铁线圈的电感比继电器线圈的电感大得多,所以断电时,继电器很快释放,但电磁铁线

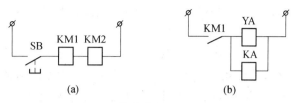

(a)　　　　　　　　(b)

答题图 6-2

（a）接触器线圈的错误连接；（b）电磁铁与继电器线圈错误的连接。

圈产生的自感电动势可能使继电器又吸合一段时间，从而造成继电器的误动作。图 6-2(c)所示的两个电路可以可靠工作。

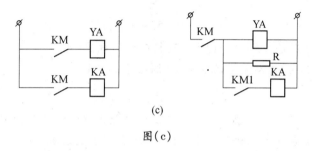

(c)

图(c)

6-3 答：**熔断器的选择：**主要是熔断器种类、额定电压、额定电流等级和熔体的额定电流的确定。

1）熔断器类型与额定电压选择

根据负载保护特性和短路电流大小、各类熔断器的适用范围来选用熔断器的类型。根据被保护电路的电压来决定熔断器的额定电压。

2）熔体与熔断器额定电流选择

熔断器熔体的额定电流大小与负载大小、负载性质有关。对于负载平稳、无冲击电流，如一般照明电路、电热电路可按照负载电流大小来确定的熔体额定电流。

对于有冲击电流的电动机负载为达到短路保护目的，又保证电动机正常启动，对三相鼠笼式异步电动机其熔断器熔体的额定电流如下：

单台电动机时为

$$I_R = (1.5 \sim 2.5)I_N$$

式中：I_R 为熔体额定电流（A）；I_N 为电动机额定电流（A）；

多台电动机共用一个熔断器保护时为

$$I_R \geq (1.5 \sim 2.5)I_{NMAX} + \sum I_N$$

式中：I_R 为熔体额定电流（A）；I_{NMAX} 为容量最大的电动机的额定电流（A）；$\sum I_N$ 为其他电动机额定电流之和（A）。

轻载启动或启动时间较短时，式中系数取 1.5；重载启动或启动时间较长时，式中系数取 2.5。

熔断器的额定电流大于或等于熔体额定电流。

3）熔断器上下级的配合

为满足选择性保护的要求，应注意熔断器上下级之间的配合，一般要求上一级熔断器的熔断时间至少是下一级的 3 倍，不然将会发生越级动作，扩大停电范围。为此，当上下级采用同一种型号的熔断器时,其电流等级以相差两级为宜;若上下级所采用的熔断器型号不同时,则应根据保护特性上给出的熔断时间选取。

热继电器选择:主要用于电动机的过载保护,因此必须了解电动机的工作环境、启动情况、负载性质、工作制及允许过载能力等因素之后再来综合考虑。应使热继电器的安秒特性位于电动机的过载特性之下,并尽可能接近,以便充分发挥电动机的过载能力,同时对电动机在短时过载与启动瞬间不受影响。

(1)热继电器结构形式的选择。星形连接的电动机可以选择两相或三相结构的热继电器,三角形连接的电动机应当选择带断相保护装置的三相结构热继电器。

(2)热元件额定电流的选择。一般可按下式选取:

$$I_R = (0.95 \sim 1.05)I_N$$

式中:I_R为热元件的额定电流(A);I_N为电动机的额定电流(A);

对于工作环境恶劣、启动频繁的电动机,则按下式选取:

$$I_R = (1.15 \sim 1.5)I_N$$

(3)根据需要的整定电流值选择热继电器的发热元件的编号和额定电流。选择时应使发热元件的整定电流等于电动机的额定电流,同时整定电流应流有一定限度的上、下调整范围。在重载启动以及启动时间较长时,为防止热继电器产生误动作,可将热元件在启动期间予以短接。

6-4 答:控制变压器一般用于降低控制电路或辅助电路的电压,以保证控制电路安全可靠。选择控制变压器的原则为:

(1)控制变压器原、副边电压应与交流电源电压、控制电路电压、与辅助电路电压要求相符。

(2)应保证接于变压器副边的交流电磁器件在通电时能可靠地吸合。

(3)电路正常运行时,变压器温升不应超过允许温升。

(4)控制变压器可按长期运行的稳升来考虑,这时变压器的容量应大于或等于最大工作负载的功率,即

$$S \geqslant 0.6 \sum S_1 + \frac{1}{4} \sum S_2 + \frac{1}{8} \sum S_3 K$$

式中:S为控制变压器容量(VA);S_1为电磁器件的吸持功率(VA);S_2为接触器、继电器启动功率(VA);S_3为电磁铁启动功率(VA);K为电磁铁工作行程L与额定行程L_N之比的修正系数。

满足上式时,既可保证已吸合的电器在启动其他电器时仍能保持些状态,且正在启动的电器也能可靠地吸合。

6-5 答:熔断器有不同的熔体材料,铅锡锌为低熔点材料,所制成的熔体不易熄弧,一般用在小电流电路中;银、铜、铝为高熔点材料,所制成的熔体容易熄弧,一般用在大电流电路中,当熔体已熔断或已严重氧化,需要更换熔体时,还应注意使新换熔体和原来熔体的规格保持一致。

6-6 答:在电动机类型的选择中,优先考虑采用结构简单、价格便宜、使用维护方便的三相交流异步电动机,如一般机床、自动生产线、传送带、风机及各类机泵等电力拖动场合,大量选用普通三相鼠笼式异步电动机;高启动转矩的三相鼠笼式异步电动机适用于某些纺

织机械的压缩机及皮带运输机等;对于调速要求不高的有级调速机械,可选用双速或三速鼠笼式异步电动机。

6-7 答:控制方式并非越先进越好,而应该以经济效益为标准,控制方式应当与拖动需要相适应,控制方式与通用化程度相适应,控制方式根据加工对象的工艺要求,控制线路应具有自动循环、半自动循环、手动调整、紧急快退、保护性连锁、信号指示和故障诊断等功能,以最大限度满足工艺要求。

参 考 文 献

[1] 肖珑. 液压与气压传动技术. 西安:西安电子科技大学出版社,2007.

[2] 马振福. 液压与气压传动. 北京:机械工业出版社,2004.

[3] 兰建设. 液压与气压传动学习指导与练习. 北京:高等教育出版社,2004.

[4] 刘淬. 常用低压电器与可编程序控制器. 西安:电子科技大学出版社,2005.

[5] 闫和平. 常用低压电器应用手册. 北京:机械工业出版社,2005.

[6] 唐继跃,房兆源. 电气设备检修技能训练. 北京:中国电力出版社,2007.

[7] 陈定明. 电机与控制. 北京:高等教育出版社,2004.

[8] 陈家斌. 电气设备运行维护及故障处理. 北京:中国水利水电出版社,2003.

[9] 周志敏,周纪海,纪爱华. 低压电器实用技术问答. 北京:电子工业出版社,2004.

[10] 方大千,鲍俏伟. 实用电子控制电路. 北京:国防工业出版社,2003.

[11] 刘玉敏. 机床电气线路原理及故障处理. 北京:机械工业出版社,2005.

[12] 李洋. 维修电工操作技能手册. 北京:机械工业出版社,2005.

[13] 杨翠敏. 电工常识. 北京:机械工业出版社,2005.

[14] 张永飞. 电工技能实训教程. 西安:西安电子科技大学出版社,2005.

[15] 贺哲荣. 实用机床电气控制线路故障维修. 北京:电子工业出版社,2003.

[16] 黄燕. 开关电源故障检修方法北京:国防工业出版社,2004.

[17] 罗辑. 机床设备电气与PLC控制. 重庆:重庆大学出版社,2004.

[18] 柳青松. 机械设备制造技术. 西安:西安电子科技大学出版社,2007.

[19] 王广仁,韩晓东,王长辉. 机床电气维修技术. 北京:中国电力出版社,2004.

[20] 李忠文. 实用电机控制电路维修技术. 北京:化学工业出版社,2004.

[21] 杜德昌. 机床维修电工. 北京:高等教育出版社,2004.

[22] 王炳实. 机床电气控制. 北京:机械工业出版社,2004.

[23] 刘子林. 电机与电气控制. 北京:电子工业出版社,2003.

[24] 徐耀生. 电气综合实训. 北京:电子工业出版社,2003.

[25] 聂建武. 金属切削与机床. 西安:西安电子科技大学出版社,2006.

[26] 马慧,赵建国,马伟民. 金属切削加工基本技能实训教程. 北京:机械工业出版社,2005.

[27] 戴曙. 金属切削机床设计. 北京:机械工业出版社,2006.

[28] 中国机械工程学会设备与维修工程分会. 起重设备维修问答. 北京:机械工业出版社,2004.

[29] 朱学敏. 起重机械. 北京:机械工业出版社,2003.

[30] 周希章. 起重机电气设备的故障诊断与修理. 北京:机械工业出版社,2004.

[31] 叶安丽. 电梯技术基础. 北京:中国电力出版社,2004.

[32] 陈剑锋. 电梯安装维修与故障排除. 郑州:河南科学技术出版社,2004.

[33] 张琦. 现代电梯构造与使用. 北京:北京交通大学出版社,2004.